# CHEMIE aktuell

von Dr. Edith Schenk

mit z. T. vierfarbigen Abbildungen

sowie zahlreichen Versuchen, praxisbezogenen Beispielen
und Kontrollfragen mit Lösungen

2., durchgesehene und erweiterte Auflage

Dr. Felix Büchner – Handwerk und Technik

HT 37014

ISBN 3.582.37014.3



Gesamtherstellung: Philipp Reclam jun. Graphischer Betrieb GmbH, Ditzingen
Verlag Dr. Felix Büchner – Verlag Handwerk und Technik G.m.b.H., Lademannbogen 135, 2 Hamburg 63 * 1983

## ALLGEMEINE UND ANORGANISCHE CHEMIE

## ORGANISCHE CHEMIE

## AUSGEWÄHLTE THEMEN

# CHEMIE

## anorganisch

Rohprodukt

## organisch

Rohprodukt

## Stahl

Endprodukt

## Zucker

Endprodukt

ALLGEMEINE UND ANORGANISCHE CHEMIE

# 1 Chemische Grundbegriffe

## 1.1 Der Begriff des chemischen Vorgangs

**Versuche:**

**V. 1** *Das Verhalten von Platin und von Magnesium beim Erhitzen*

*a) Einen Platindraht in der Flamme eines Bunsenbrenners bis zum Glühen erhitzen. Ist nach Entfernen aus der Flamme eine Veränderung erkennbar?*

*b) Mit der Tiegelzange ein etwa 1.5 cm langes Stückchen Magnesiumband in die Flamme halten – Vorsicht! – grelles Licht, daher nur kurz hinschauen. Das erhaltene Produkt mit dem Ausgangsmetall vergleichen.*

**V. 2** *Das Verhalten von Zucker beim Erhitzen*

*Ein Reagenzglas etwa 3 cm hoch mit Zucker beschicken und erhitzen. Beobachtung?*

Halten wir einen Platindraht in eine Flamme, so beginnt er unter Lichtaussendung zu glühen. Er zeigt also während des Erhitzens andere Eigenschaften als vorher. Nach dem Entfernen aus der Flamme kehrt er in den ursprünglichen Zustand zurück. Der Stoff ist derselbe geblieben. Das Platin hat während des Erhitzens keine stoffliche Änderung erfahren (V. 1 a).

Anders liegen die Verhältnisse beim Erhitzen von Magnesium. Unter greller Lichtaussendung verbrennt das Metall zu einem weißen, bröckligen Pulver, das von dem Ausgangsstoff völlig verschieden ist. Ein neuer Stoff mit neuen Eigenschaften ist entstanden (V. 1 b). Eine solche stoffliche Umwandlung nennen wir eine **chemische Reaktion**.

Vergleichen wir nun das Verhalten von Wasser und von Zucker beim Erhitzen. Wir wissen, daß Wasser beim Erwärmen in Wasserdampf übergeht, der beim Abkühlen wieder zu flüssigem Wasser wird. Eine stoffliche Änderung tritt dabei nicht ein. Der Übergang flüssig $\rightarrow$ gasförmig $\rightarrow$ flüssig ist eine Zustandsänderung, ein physikalischer Vorgang. Der Stoff bleibt erhalten, Wasser bleibt Wasser.

Zucker dagegen erfährt beim Erhitzen eine bleibende stoffliche Umwandlung (V. 2). Hier hat eine chemische Reaktion stattgefunden.

**Alle Vorgänge, bei denen stoffliche Umwandlungen eintreten, bei denen neue Stoffe mit neuen Eigenschaften entstehen, sind chemische Vorgänge oder chemische Reaktionen.**

**Chemische Reaktionen sind Stoffumwandlungen.**

Unsere Umwelt bietet eine Fülle von Beispielen für chemische Reaktionen: das Rosten des Eisens, das Mattwerden von Metallen, das Anlaufen von Silber, das Ranzigwerden der Fette, das Sauerwerden der Milch, die Verdauungsvorgänge u. v. a.

All diese Umwandlungen sind chemische Reaktionen. Es ist Aufgabe des Chemikers, den Aufbau der verschiedenen Stoffe zu erforschen, ihre Eigenschaften, ihre Umwandlungen und die dabei herrschenden Gesetzmäßigkeiten.

**Die Chemie beschäftigt sich mit den Stoffen und den stofflichen Umwandlungen.**

## 1.2 Eigenschaften von Stoffen

### 1.2.1 Schmelzpunkt, Siedepunkt

**Versuch:**

**V** *Siedepunktbestimmung*

*In ein Reagenzglas 5 cm³ Methanol bzw. Ethanol geben, Thermometer einhängen und Reagenzglas langsam im Wasserbad erwärmen. Bei welcher Temperatur beginnen die Flüssigkeiten zu sieden?*

Jeder Stoff hat bestimmte Eigenschaften, die für ihn charakteristisch sind. An diesen Eigenschaften kann ein Stoff erkannt und von anderen Stoffen unterschieden werden.

Wichtige charakteristische Eigenschaften eines Stoffes sind sein Schmelzpunkt und sein Siedepunkt.

Wir erinnern uns aus dem Physikunterricht:

**Der Schmelzpunkt ist die Temperatur, bei der ein Stoff aus dem festen in den flüssigen Zustand übergeht.**

**Der Siedepunkt ist die Temperatur, bei der eine Flüssigkeit unter Sieden in den gasförmigen Zustand übergeht.**

Der Siedepunkt hängt vom äußeren Druck ab. Im allgemeinen beziehen sich die in Tabellen angegebenen Siedepunkte auf normalen Luftdruck (1013 mbar).

**Tabelle 1.1: Schmelz- und Siedepunkte einiger Stoffe (bei 1013 mbar)**

| Stoff | Schmp. in °C | Sdp. in °C |
|---|---|---|
| Sauerstoff | −218,8 | −183 |
| Stickstoff | −210 | −195,8 |
| Methanol | − 97,5 | 64,5 |
| Ethanol | −114,4 | 78,3 |
| Quecksilber | − 38,8 | 357 |
| Wasser | 0 | 100 |
| Eisen | 1537 | 2730 |
| Blei | 327 | 1755 |
| Natriumchlorid | 800 | 1465 |

Wir erkennen, daß sich die einzelnen Stoffe in ihren Schmelz- und Siedepunkten unterscheiden.

**Schmelzpunkt und Siedepunkt sind kennzeichnend für einen bestimmten Stoff.**

## 1.2.2 Aggregatzustände

Wasser hat einen Schmelzpunkt von 0 °C und einen Siedepunkt von 100 °C (bei normalem Luftdruck = 1013 mbar, d. h., Wasser ist bei Temperaturen

- unterhalb von 0 °C **fest**
- zwischen 0 °C und 100 °C **flüssig**
- oberhalb 100 °C **gasförmig**

**Die 3 Erscheinungsformen fest flüssig und gasförmig nennen wir Aggregatzustände.**

Ebenso wie Wasser können sehr viele andere Stoffe in allen 3 Aggregatzuständen vorkommen. Eine Ausnahme machen die Stoffe, die sich beim Erhitzen zersetzen, bevor Schmelzpunkt und Siedepunkt erreicht sind, z. B. Stärke, Zucker.

Erwärmen wir einen festen Stoff, so schmilzt er, wenn der Schmelzpunkt erreicht ist. Er geht aus dem festen in den flüssigen Zustand über. Wird weiter bis zum Siedepunkt erhitzt, so verdampft die Flüssigkeit, sie geht in den gasförmigen Zustand über.

Bei Abkühlung vollziehen sich die Zustandsänderungen in umgekehrter Richtung. Das Gas kondensiert zur Flüssigkeit, die Flüssigkeit erstarrt zum Feststoff.

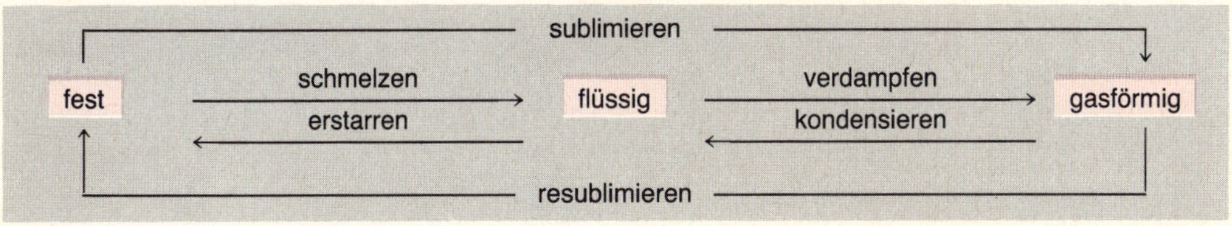


**Übergänge zwischen den Aggregatzuständen (Schema)**

**Der Aggregatzustand eines Stoffes hängt von der Temperatur ab.**

| Ein Stoff ist | bei Temperaturen |
|---|---|
| fest | unterhalb des Schmelzpunktes |
| flüssig | zwischen Schmelz- und Siedepunkt |
| gasförmig | oberhalb des Siedepunktes |

**Beispiele:**

Wir wissen, daß Sauerstoff bei gewöhnlicher Temperatur ein Gas ist. Bei Temperaturen unterhalb von − 218,8 °C (Schmelzpunkt) ist Sauerstoff fest, zwischen − 218,8 °C und − 183 °C flüssig.

Eisen ist bei gewöhnlicher Temperatur fest. Erwärmen wir das Metall auf 1537 °C, so schmilzt es. Wird das flüssige Eisen auf 2730 °C erhitzt, dann siedet es, und bei Temperaturen oberhalb von 2730 °C ist Eisen ein Gas.

**Sublimation**

Auch feste Stoffe können verdampfen. Ist der Dampfdruck eines festen Stoffes höher als der äußere Druck, dann geht der feste Stoff direkt in den gasförmigen Zustand über, also ohne vorher zu schmelzen. Diesen Vorgang nennen wir Sublimation.

Ein bekanntes Beispiel:

An trockenen Frosttagen schwindet allmählich der Schnee, ohne vorher zu schmelzen. Die Eiskristalle sublimieren. Das Wasser geht aus dem festen direkt in den gasförmigen Zustand über.

**Den unmittelbaren Übergang vom festen in den gasförmigen Zustand nennen wir Sublimation.**

Technische Anwendung findet die Sublimation bei der Gefriertrocknung zur schonenden Konservierung von Lebensmitteln und pharmazeutischen Präparaten. Das wasserhaltige Gut wird tiefgefroren (– 20 °C bis – 30 °C). Dann erfolgt anschließend im Hochvakuum der Wasserentzug durch Sublimation. Das Wasser ist in dem Gut gefroren und geht direkt aus dem festen in den gasförmigen Zustand über. Die getrocknete Substanz bleibt übrig.

## 1.2.3 Löslichkeit

**Versuche:**

**V. 1** *Löslichkeit fester Stoffe in Wasser*

*Verschiedene feste Stoffe wie Natriumchlorid, Natriumnitrat, Schwefel, Calciumcarbonat, Natriumcarbonat auf ihre Löslichkeit in Wasser prüfen. (Je eine Messerspitze mit 10 cm³ Wasser im Reagenzglas schütteln.)*

**V. 2** *Löslichkeit flüssiger Stoffe in Wasser*

*Verschiedene Flüssigkeiten wie Ethanol, Benzin, Glycerin, Essigsäure, Speiseöl auf ihre Löslichkeit in Wasser prüfen. (Je 1 cm³ mit 10 cm³ Wasser im Reagenzglas schütteln.)*

**V. 3** *Abhängigkeit der Löslichkeit fester Stoffe von der Temperatur*

*In ein Reagenzglas 10 cm³ Wasser und 15 g Kaliumnitrat geben. ist die Lösung gesättigt? Unter Schütteln erhitzen – Löslichkeit? Reagenzglas unter der Wasserleitung kühlen. Beobachtung? Den Versuch mit 4 g Natriumchlorid und 10 cm³ Wasser wiederholen.*

**V. 4** *Die Löslichkeit von Gasen in Wasser*

*a) In einem Becherglas Leitungswasser mit sehr kleiner Flamme erwärmen. Auf das Entweichen von Luftblasen achten.*

*b) Selterswasser in ein Becherglas geben. Nachdem die Gasentwicklung beendet ist, leicht erwärmen. Beobachtung?*

Eine wichtige Eigenschaft eines Stoffes ist seine **Löslichkeit**.

**Wasser ist das wichtigste Lösungsmittel.**

Viele feste, flüssige und gasförmige Stoffe lösen sich in Wasser. (V. 1 und 2) Von den meisten Stoffen vermag Wasser nicht beliebig viel, sondern nur eine begrenzte Menge zu lösen.

**Eine Lösung, die soviel von dem gelösten Stoff enthält, als sie aufzunehmen vermag, heißt gesättigt.**

Gibt man zu einer gesättigten Lösung noch eine weitere Menge von der betreffenden Substanz, so bleibt der Überschuß ungelöst.

**Die Löslichkeit ist bei den verschiedenen Stoffen sehr unterschiedlich.**

Manche Stoffe sind leicht löslich, andere sind schwer löslich. Was heißt das?

- Wenn sich in einer bestimmten Menge Wasser größere Mengen eines Stoffes lösen können, so ist diese Substanz leicht löslich.
- Löst sich ein Stoff nur in geringer Menge, so ist er schwer löslich.

Um vergleichen zu können, beziehen wir uns auf 100 g Lösungsmittel und definieren:

**Die Löslichkeit eines Stoffes gibt an, wieviel Gramm einer Substanz sich in 100 g Lösungsmittel bei einer bestimmten Temperatur gerade noch lösen.**

**Beispiel:**

Die Löslichkeit von Natriumnitrat in Wasser bei 20 °C beträgt 87 g, d. h. in 100 g Wasser von 20 °C können sich bis zu 87 g Natriumnitrat lösen, mehr nicht. Die Lösung ist dann gesättigt.

Die folgende Tabelle zeigt die Löslichkeit einiger Stoffe.

**Tabelle 1.2: Löslichkeit einiger Stoffe in 100 g Wasser bei 20 °C**

| | | |
|---|---|---|
| Natriumchlorid (Kochsalz) | 35,9 g | leichtlöslich |
| Kaliumnitrat | 31,7 g | leichtlöslich |
| Natriumnitrat | 87 g | leichtlöslich |
| Natriumcarbonat (Soda) | 21,7 g | leichtlöslich |
| Calciumsulfat (Gips) | 0,26 g | schwerlöslich |
| Calciumcarbonat (Kalk) | 0,0015 g | schwerlöslich |
| Methanol | | unbegrenzt mischbar |
| Ethanol | | unbegrenzt mischbar |
| Paraffin | | unlöslich |
| Fett | | unlöslich |

Wir erkennen:

**Die Löslichkeit ist eine charakteristische Eigenschaft des betreffenden Stoffes.**

### Temperatur und Löslichkeit

**Die Löslichkeit eines Stoffes hängt von der Temperatur ab.**

Viele feste Stoffe sind in heißem Wasser wesentlich leichter löslich als in kaltem, d. h., heißes Wasser vermag im allgemeinen eine größere Menge eines Feststoffes zu lösen als die gleiche Menge kaltes Wasser.

**Tabelle 1.3: Löslichkeit von Kaliumnitrat und Natriumchlorid in Abhängigkeit von der Temperatur**

| | Löslichkeit in g/100 g Wasser bei °C | | | | |
|---|---|---|---|---|---|
| Salz | 20 | 40 | 60 | 80 | 100 |
| Kaliumnitrat | 31,7 | 63,9 | 109,9 | 169 | 245,2 |
| Natriumchlorid | 35,9 | 36,4 | 37,1 | 38,1 | 39,2 |

Welche Informationen können wir der vorstehenden Tabelle entnehmen?

Die Tabelle zeigt uns, daß sich in 100 g Wasser bei beispielsweise 20 °C 31,7 g Kaliumnitrat lösen, bei 60 °C sind es bereits 109,9 g und bei 100 °C sogar 245,2 g. Die Löslichkeit von Kaliumnitrat in Wasser nimmt also mit steigender Temperatur stark zu. Aus einer heiß gesättigten Lösung von Kaliumnitrat scheidet sich daher beim Abkühlen ein Teil des gelösten Stoffes wieder aus (V. 3).

Die Löslichkeit von Natriumchlorid in Wasser dagegen steigt mit zunehmender Temperatur nur wenig an. Heißes Wasser löst also nur wenig mehr Natriumchlorid als kaltes Wasser.

### Löslichkeit von Gasen in Wasser

Auch viele Gase sind in Wasser löslich.

In Wasser gelöste Gase entweichen beim Erhitzen. Wird frisches Leitungswasser erwärmt, so beobachten wir bereits bei Temperaturen weit unterhalb des Siedepunktes kleine Gasblasen, die sich an der Gefäßwand bilden und dann aufsteigen. Es sind Luftblasen.

Im Wasser ist Luft gelöst, die bei steigender Temperatur ausgeschieden wird (V. 4a).

Aus abgestandenem Bier oder Selterswasser beginnen beim Erwärmen Kohlenstoffdioxidblasen aufzuperlen (V. 4b).

**Die Löslichkeit von Gasen in Wasser nimmt mit steigender Temperatur ab.**

### Wärmebelastung unserer Gewässer

Industrieanlagen werden häufig mit Wasser gekühlt. Das Kühlwasser erwärmt sich dabei. Große Mengen von Kühlwasser fallen vor allem bei Wärmekraftwerken an. Wird das heiße Abwasser direkt in Flüsse geleitet, so kann es zu einer bedrohlichen Erwärmung des Flußwassers kommen. Da die Löslichkeit des Sauerstoffs mit steigender Wassertemperatur abnimmt, verringert sich beim Erwärmen der Sauerstoffgehalt des Flußwassers. Dadurch wird das Leben der Fische bedroht und die natürliche Selbstreinigungskraft der Gewässer geschwächt.

Organische Verunreinigungen werden von Bakterien mit Hilfe des im Wasser gelösten Sauerstoffs zu Kohlenstoffdioxid und Wasser oxidiert. Bei Sauerstoffmangel werden die organischen Substanzen nicht mehr ausreichend abgebaut. Dann setzen Fäulnisprozesse ein, und die Gewässer beginnen übel zu riechen.

Durch Kühlung der heißen Abwässer kann die Wärmebelastung der Gewässer vermieden werden. Deshalb müssen Kernkraftwerke mit Kühltürmen ausgerüstet sein, in denen die Abwärme an die Luft abgegeben wird.

**Abb. 1.1**
**Fischsterben im Main**

## 1.2.4 Dichte

Auch die Dichte ist eine für viele Stoffe kennzeichnende Eigenschaft. Wir erinnern uns:

Die Dichte eines Stoffes ist die Masse von 1 $cm^3$ des betreffenden Stoffes.

Man erhält die Dichte, wenn man die Masse einer Stoffprobe durch ihr Volumen dividiert.

$$\textbf{Dichte} = \frac{\textbf{Masse}}{\textbf{Volumen}}$$

Die Dichte wird in $g/cm^3$ (Gramm durch Kubikzentimeter) angegeben. Die folgende Tabelle zeigt die Dichten verschiedener Stoffe.

**Tabelle 1.4: Dichteangaben verschiedener Stoffe in $g/cm^3$ bei 20 °C**

| Stoff | $g/cm^3$ | Stoff | $g/cm^3$ |
|---|---|---|---|
| Aluminium | 2,699 | Sand | 1,58–1,65 |
| Eisen | 7,86 | Porzellan | 2,3 |
| Blei | 11,39 | Benzin | 0,72–0,75 |
| Quecksilber | 13,55 | zum Vergleich: | |
| Gold | 19,3 | Wasser bei + 4 °C | 1,000 |

Wir entnehmen der Tabelle, daß die Dichte von Gold 19,3 $g/cm^3$ beträgt. Das bedeutet, daß die in einem Kubikzentimeter Gold enthaltene Masse 19,3 mal schwerer ist als die Masse von 1 Kubikzentimeter Wasser von + 4 °C.

### 1.2.5 Physikalische und chemische Stoffeigenschaften

Bei der Bestimmung der bisher behandelten Stoffeigenschaften, wie Siedepunkt, Schmelzpunkt, Löslichkeit, Dichte, treten keine stofflichen Umwandlungen ein. Es finden keine chemischen Reaktionen statt. Wird z. B. der Schmelzpunkt von Wasser ermittelt, so bleibt der Stoff »Wasser« dabei erhalten. Solche Eigenschaften nennen wir physikalische Eigenschaften.

**Schmelzpunkt, Siedepunkt, Löslichkeit, Dichte gehören zu den physikalischen Eigenschaften eines Stoffes.**

**Bei der Bestimmung seiner physikalischen Eigenschaften wird ein Stoff chemisch nicht verändert.**

Im Gegensatz dazu erfährt ein Stoff bei der Bestimmung seiner chemischen Eigenschaften eine stoffliche Umwandlung. Wenn wir z. B. Magnesium auf Brennbarkeit untersuchen, so stellen wir fest, daß das Metall zu einem weißen Pulver verbrennt. Das Magnesium hat sich stofflich verändert. Die Brennbarkeit ist eine chemische Stoffeigenschaft.

Weitere chemische Eigenschaften eines Stoffes sind z. B. sein Verhalten gegenüber Säuren oder sein Verhalten gegenüber Sauerstoff.

## 1.3 Trennung von Stoffgemischen

**Versuche:**

**V. 1** *Dekantieren*

*Ein schmales Becherglas oder einen kleinen Standzylinder zu etwa ¾ mit Wasser füllen, feinen Sand oder Kreidepulver oder Kartoffelstärke hineinschütten und kräftig umrühren. Die erhaltene Aufschlämmung stehenlassen, bis sich die festen Partikelchen abgesetzt haben. Die überstehende klare Flüssigkeit vorsichtig abgießen – dekantieren.*

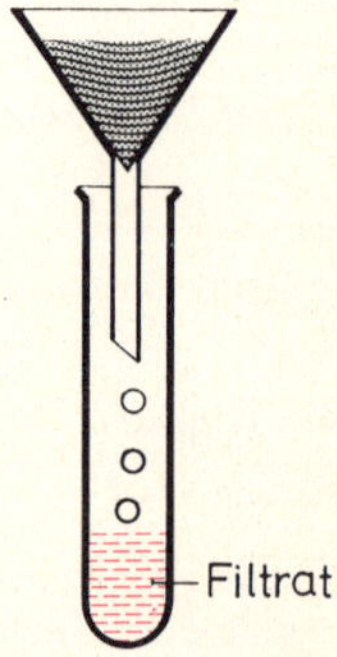


**Abb. 1.2 Filtrieren**

**V. 2** *Filtrieren*

*Ein rundes Papierfilter zum Halbkreis und dann nochmals zum Viertelkreis falten, zu einem Kegel öffnen und in einen Trichter legen. Das Papier an die Glaswandung andrücken und anfeuchten. (Abb. 1.2)*

*Zu einer Zuckerlösung Holzkohlepulver geben, schütteln und durch das Filter gießen. Eine Probe des Filtrats kosten.*

**V. 3** *Destillieren*

*Kochsalzlösung in einen Destillierkolben geben und 3 Siedesteinchen hinzufügen. Destillierkolben mit Liebigkühler verbinden (Abb. 1.3). In den Mantel des Kühlers langsam von u n t e n Wasser eintreten lassen. Die Lösung im Destillierkolben bis zum Sieden erhitzen. Wenn etwa 20 cm³ überdestilliert sind, Destillation unterbrechen und eine Probe des Destillats kosten.*

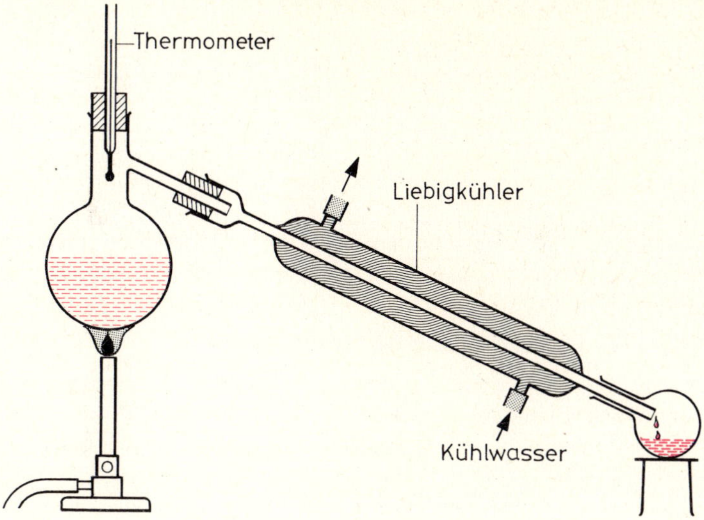


**Abb. 1.3 Einfache Destilliervorrichtung**

**V. 4** *Eindampfen*

*Ein Porzellanschälchen mit Natriumchloridlösung über kleiner Flamme oder besser auf dem Wasserbad bis zur Trockne eindampfen. Rückstand kosten.*

**Wie kann man Stoffe voneinander trennen?**

Eine wichtige Aufgabe in der Chemie ist es, Stoffgemische in ihre Bestandteile zu zerlegen. Man nutzt zur Trennung die unterschiedlichen physikalischen Eigenschaften der Stoffe.

Einfache Trennverfahren sind:

- Dekantieren
- Filtrieren
- Destillieren
- Eindampfen

## 1.3.1 Dekantieren

Wir können eine Aufschlämmung von festen Teilchen in einer Flüssigkeit, z. B. Sand in Wasser, dadurch trennen, daß man die Mischung zunächst absetzen läßt. Die festen Teilchen haben eine größere Dichte als das Wasser und setzen sich deshalb am Boden ab. Anschließend können wir dekantieren, d. h. die klare Flüssigkeit vom Bodensatz abgießen (V. 1).

**Das Dekantieren ist ein Trennverfahren aufgrund der verschiedenen Dichten von Flüssigkeit und festem Stoff.**

Durch Dekantieren läßt sich z. B. Wein vom Bodensatz trennen.

### 1.3.2 Filtrieren

Man kann eine Flüssigkeit von schwebenden festen Teilchen auch durch Filtrieren trennen. (V. 2).

**Das Filtrieren ist ein sehr gebräuchliches Trennverfahren.**

**Die Trennung erfolgt aufgrund der unterschiedlichen Teilchengrößen.**

Ein Filter wirkt wie ein Sieb. Seine feinen Poren lassen die kleinen Moleküle des Wassers und der gelösten Substanzen durchtreten, nicht aber die gröberen, festen Partikelchen. Diese bleiben als Rückstand auf dem Filter.

Die durch das Filter laufende klare Flüssigkeit heißt **Filtrat**.

Im Laboratorium verwendet man meist Papierfilter. In Wasseraufbereitungsanlagen werden im Wasser schwebende feste Verunreinigungen durch Filtrieren über Kies oder Koks entfernt.

### 1.3.3 Destillieren

Die Lösung eines Salzes in Wasser kann durch Destillieren in Wasser und Salz getrennt werden (V. 3, Abb. 1.3):

- Die Lösung wird im Destillierkolben bis zum Sieden erhitzt.
- Das Wasser entweicht als Wasserdampf,
- kondensiert im Kühler
- und tropft in die Vorlage.

Das gelöste Salz hat einen viel höheren Siedepunkt als Wasser und bleibt deshalb im Destillierkolben zurück. Es entweicht nur die Flüssigkeit. Das destillierte Wasser (aqua dest.) ist chemisch rein, es schmeckt fade.

**Unter Destillieren verstehen wir das Verdampfen einer Flüssigkeit durch Erhitzen und anschließende Kondensation des Dampfes durch Abkühlung.**

Auch Gemische von Flüssigkeiten kann man durch Destillieren trennen, wenn die Komponenten unterschiedliche Siedepunkte besitzen.

Beim vorsichtigen Erwärmen entweicht aus dem Gemisch zunächst die Flüssigkeit mit dem tieferen Siedepunkt. Wenn diese weitgehend verdampft ist, destilliert die höher siedende Flüssigkeit über. Allerdings ist die Trennung eines Flüssigkeitsgemisches unvollständig, wenn die Siedepunkte der Flüssigkeiten ziemlich dicht beieinander liegen, wie z. B. bei einer Mischung von Ethanol und Wasser (Ethanol siedet bei 78,3 °C, Wasser bei 100 °C). Da das Wasser bereits unterhalb seines Siedepunktes merklich verdunstet, enthält das zuerst entweichende Ethanol immer etwas Wasser. Die tiefer siedende Flüssigkeit enthält stets eine gewisse Menge der höher siedenden Flüssigkeit. Eine weitgehende Trennung läßt sich durch mehrmalige Destillation erreichen.

**Beim Destillieren nutzen wir die unterschiedlichen Siedepunkte der zu trennenden Stoffe.**

**Beispiele:**

In Raffinerien wird Erdöl in riesigen Mengen durch Destillation in seine verschieden hoch siedenden Bestandteile – Benzin, Heiz- und Dieselöl, Schmieröl und andere Produkte – zerlegt.

Spiritusbrennereien gewinnen durch Destillation von vergorenen Säften Branntweine.

In chemischen Reinigungsanstalten werden die gebrauchten Lösungsmittel durch Destillation von den Verunreinigungen getrennt und dann erneut verwendet.

### 1.3.4 Eindampfen

Lösen wir Kochsalz oder einen anderen festen Stoff in Wasser, so können wir die gelöste Substanz dadurch zurückgewinnen, daß wir die Lösung in einer offenen Schale eindampfen. Das Wasser verdampft, es entweicht in den Raum, der gelöste Stoff bleibt als Rückstand (V. 4). Wir verzichten also auf das Lösungsmittel.

Wollen wir auch das Lösungsmittel zurückgewinnen, dann müssen wir die Flüssigkeit destillieren.

**Tabelle 1.5: Überblick über Trennverfahren von Stoffgemischen**

| **Trennverfahren** | Anwendung | Zur Trennung genutzte Eigenschaften |
|---|---|---|
| **Dekantieren** | Trennung fester Stoffe von Flüssigkeiten | unterschiedliche Dichten |
| **Filtrieren** | Trennung fester Stoffe von Flüssigkeiten | unterschiedliche Teilchengrößen |
| **Destillieren** | Trennung der Bestandteile einer Lösung | unterschiedliche Siedepunkte |
| **Eindampfen** | Trennung gelöster Feststoffe vom Lösungsmittel | unterschiedliche Siedepunkte |

**Kontrollfragen**

1.1 In einer Flasche befindet sich Methanol, in einer zweiten Ethanol. Die Beschriftungen sind abgegangen. Wie würden Sie feststellen, welche Flasche Ethanol und welche Methanol enthält?

1.2 Welchen Aggregatzustand hat Methanol bei 70 °C und 1013 mbar?

1.3 Ether siedet bei 34,6 °C, Ethanol bei 78,3 °C. Welcher Stoff entweicht zuerst beim Destillieren? Begründung?

1.4 Ein Glas mit abgestandenem Bier wird auf einen warmen Heizkörper gestellt. Nach kurzer Zeit beginnen Gasblasen aufzuperlen. Wie ist diese Beobachtung zu erklären?

1.5 a) Wie läßt sich aus einer Salzlösung das Salz wiedergewinnen?
b) Welche Eigenschaften der Bestandteile Wasser und Salz werden bei diesem Trennverfahren genutzt?

1.6 Wie würden Sie ein Gemisch aus Sand und Kochsalz trennen?

1.7 Geben Sie ein Beispiel aus Ihrem Erfahrungsbereich für eine Stofftrennung durch Filtrieren.

**Zusammenfassung**

Ein Stoff ist an seinen Eigenschaften zu erkennen.
Charakteristische Stoffeigenschaften sind z. B. Schmelzpunkt, Siedepunkt, Löslichkeit, Dichte. Die genannten Eigenschaften gehören zu den physikalischen Eigenschaften, weil bei ihrer Bestimmung keine stoffliche Änderung der untersuchten Substanz eintritt.

Man kann Stoffgemische aufgrund der unterschiedlichen physikalischen Eigenschaften der Bestandteile trennen. Die Trennung eines Stoffgemisches kann erfolgen durch Dekantieren, Filtrieren, Destillieren, Eindampfen.

## 1.4 Einblick in chemische Stoffumwandlungen

### 1.4.1 Chemische Verbindungen

**Versuche:**

**V. 1** *Schwefel und Eisen*

*a) 7 g Eisenpulver mit 4 g Schwefelblüte innig mischen und das Gemenge unter der Lupe betrachten.*

*b) Trennen des Gemenges: 1. einen Magneten darüber halten, 2. eine kleine Probe des Pulvers im Reagenzglas mit Wasser, dem einige Tropfen Brennspiritus zugesetzt sind, schütteln (der schwerere Bestandteil sinkt zu Boden).*

*c) Den Rest des Gemenges in ein trockenes Reagenzglas geben, dieses schräg an ein Stativ klammern, das untere Ende erhitzen. Sobald die Masse an einer Stelle zu glimmen beginnt, sofort die Flamme entfernen. Beobachtung?*

*d) Das entstandene Produkt im Mörser zerreiben und mit Lupe und Magnet untersuchen.*

**V. 2** *Oxidationen*

*a) Blankes Magnesiumband, ca. 1,5 cm lang, mit der Tiegelzange in die Flamme eines Bunsenbrenners halten. Nicht in das grelle Magnesiumlicht schauen! Lehrerversuch.*

*b) Eine Spatelspitze Zinkpulver in ein kleines, flaches Porzellantiegelchen geben, dieses auf ein Tondreieck stellen und kräftig erhitzen. Schutzscheibe! Lehrerversuch.*

*c) Etwas Kupferpulver in einem Porzellantiegelchen erhitzen.*

*Die erhaltenen Produkte beschreiben.*

Durch Mischen von Schwefel und Eisen erhalten wir ein Gemenge, ein Stoffgemisch, in dem wir die beiden Bestandteile mit einer Lupe erkennen und sie mit Hilfe eines Magneten oder durch Aufschlämmen trennen können (V. 1).

Erwärmen wir die Mischung, so setzt eine chemische Reaktion ein. Schwefel und Eisen vereinigen sich unter lebhaftem Aufglühen zu einem schwarzen, porösen Stoff, der in seinen Eigenschaften weder dem Schwefel noch dem Eisen gleicht. Der neue Stoff heißt Eisensulfid.

**Eisen + Schwefel → Eisensulfid**

Eisen und Schwefel haben sich miteinander chemisch verbunden. Das entstandene Eisensulfid ist eine chemische Verbindung aus Eisen und Schwefel.

**Chemische Verbindungen haben ganz andere Eigenschaften als ihre Ausgangsstoffe.**

### Weitere Beispiele für einfache chemische Verbindungen

Wird Magnesium an der Luft erhitzt, so verbindet sich das silberglänzende Metall mit dem Sauerstoff der Luft zu Magnesiumoxid, einem weißen, bröckligen Stoff (V. 2a):

**Magnesium + Sauerstoff → Magnesiumoxid**

Magnesiumoxid ist eine chemische Verbindung aus Magnesium und Sauerstoff.

Zink verbindet sich mit Sauerstoff zu Zinkoxid, das in der Wärme gelb, in der Kälte weiß aussieht (V. 2b):

**Zink + Sauerstoff → Zinkoxid**

Zinkoxid ist eine chemische Verbindung aus Zink und Sauerstoff. Kupfer oxidiert langsam zu schwarzem Kupferoxid:

**Kupfer + Sauerstoff → Kupferoxid**

Kupferoxid ist eine chemische Verbindung aus Kupfer und Sauerstoff.

Sauerstoff ist sehr reaktionsfähig. Er verbindet sich mit fast allen Elementen. Dabei entstehen Oxide.

**Wenn sich ein Stoff mit Sauerstoff verbindet, so wird der betreffende Stoff oxidiert.**

**Oxide sind Verbindungen eines Elements mit Sauerstoff.**

## 1.4.2 Analyse, Synthese

**Versuche:**

**V. 1** *Zerlegung von Quecksilberoxid*

*Eine Messerspitze Quecksilberoxid in einem Reagenzglas erhitzen und das entweichende Gas an der Mündung mit glimmendem Holzspan prüfen. Auf das Auftreten von Quecksilbertröpfchen achten (Abb. 1.4).*

*Vorsicht! Quecksilberdämpfe sind giftig. Nur Lehrerversuch.*

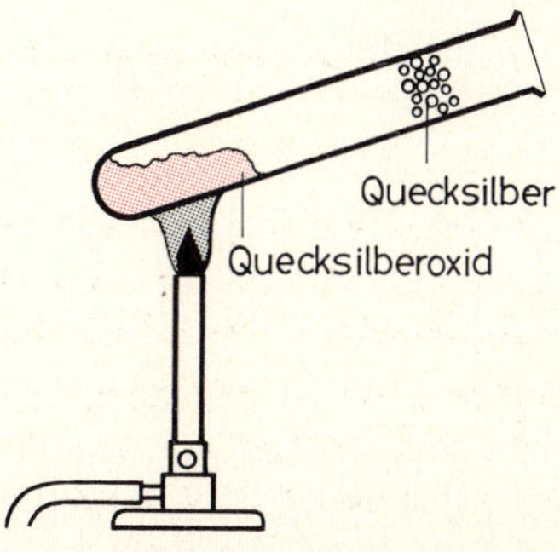


**Abb. 1.4 Zerlegung von Quecksilberoxid**

**V. 2** *Die Analyse des Wassers*

*Ein Reagenzglas etwa 2 cm hoch mit Zinkpulver füllen, dann soviel Wasser hineingeben, bis ein dicker Brei entsteht. Das Reagenzglas jetzt waagerecht an ein Stativ klammern und mit einer Papprinne trockenes Zinkpulver einführen. Das Glas durch einen Stopfen verschließen, durch dessen Bohrung ein rechtwinkliges und zu einer Spitze ausgezogenes Glasrohr führt.*

*Nun zunächst das trockene Zink kräftig erhitzen, dann etwas schwächer das feuchte, dann abwechselnd das feuchte und das trockene (das trockene kräftiger). Nach etwa einer Minute das an der Spitze austretende Gas anzünden (Abb. 1.5). Über die Flamme ein trockenes, kaltes Becherglas halten, auf Beschlag achten.*

*Nach Beendigung des Versuches Reagenzglas betrachten.*

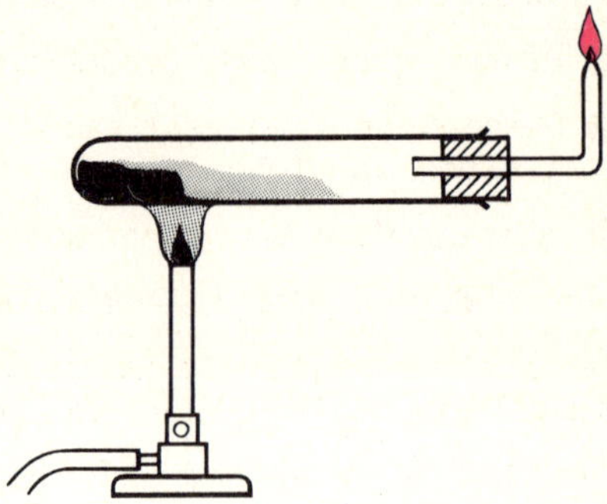

**Abb. 1.5 Einwirkung von Wasserdampf auf Zink**

Chemische Verbindungen lassen sich unter geeigneten Bedingungen wieder in ihre Bestandteile zerlegen.

Beispiel: Quecksilberoxid, ein rotes Pulver, zerfällt beim Erhitzen in Quecksilber und Sauerstoff. Das Quecksilber setzt sich in kleinen, silberglänzenden Tröpfchen an den kühlen Teilen des Reagenzglases ab, während der entweichende Sauerstoff durch Aufflammen eines glimmenden Holzspans zu erkennen ist (V. 1):

**Quecksilberoxid → Quecksilber + Sauerstoff**

Quecksilberoxid läßt sich also in Quecksilber und Sauerstoff zerlegen. Diese Reaktion ist eine Analyse. Sie beweist, daß Quecksilber und Sauerstoff Bestandteile vom Quecksilberoxid sind.

Umgekehrt lassen sich Quecksilber und Sauerstoff wieder zu Quecksilberoxid vereinigen. Dies ist eine Synthese:

**Quecksilber + Sauerstoff → Quecksilberoxid**

**Die Zerlegung einer Substanz in ihre Bestandteile heißt Analyse, der Aufbau einer Verbindung aus einfacheren Stoffen Synthese.**

Die Analyse läßt erkennen, aus welchen Stoffen eine chemische Verbindung aufgebaut ist.

Der Chemiker führt Analysen durch, um die Zusammensetzung einer unbekannten Substanz zu ermitteln, z. B. eines Arzneimittels, eines Düngemittels, eines Farbstoffs, eines Naturstoffs.

Ist die Zusammensetzung bekannt, ist es eine weitere Aufgabe des Chemikers, diese Substanz künstlich herzustellen. Viele Produkte, die die Natur uns liefert, lassen sich heute bequemer, preiswerter und reiner synthetisch erzeugen.

Darüber hinaus werden viele Stoffe synthetisiert, die in der Natur nicht vorkommen. Zahlreiche Güter des menschlichen Bedarfs, wie Textilfasern, Heilmittel, Farbstoffe, Düngemittel, Kunststoffe, Schädlingsbekämpfungsmittel u. v. a., werden in riesigen Mengen von der chemischen Industrie erzeugt.

**Analyse und Synthese des Wassers**

Wir wollen nun die Bestandteile des Wassers ermitteln. Dazu leiten wir Wasserdampf über glühendes Zinkpulver (V. 2). Was geschieht?

- Es entweicht ein farbloses, brennbares Gas. Es ist Wasserstoff.
- Gleichzeitig verändert sich das Metall. Aus dem grauen Zink entsteht weißes Zinkoxid. Der dazu benötigte Sauerstoff kann nur dem Wasser entzogen sein.
- Wasserstoff und Sauerstoff müssen demnach Bestandteile des Wassers sein.

Nun stellen wir folgende Überlegung an:

Wenn Wasser nur diese beiden Bausteine enthält, also eine Verbindung aus Wasserstoff und Sauerstoff ist, dann muß durch Vereinigung dieser beiden Elemente Wasser entstehen.

Zum Nachweis zünden wir den aus dem Reagenzglas ausströmenden Wasserstoff an. Er verbrennt zu Wasser. Damit ist der Beweis erbracht, daß Wasser aus Wasserstoff und Sauerstoff besteht.

**Wasserstoff verbrennt zu Wasser, Wasser ist eine Verbindung aus Wasserstoff und Sauerstoff.**

**Wasser ist das Oxid des Wasserstoffs.**

### 1.4.3 Chemische Elemente

Die Verbindung Quecksilberoxid haben wir durch Erhitzen in Quecksilber und Sauerstoff zerlegt. Wir könnten nun fragen, ob sich auch Quecksilber und Sauerstoff ihrerseits weiter zerlegen lassen. Wir wissen heute, daß dies auf chemischem Wege nicht möglich ist. Quecksilber und Sauerstoff sind nicht weiter zerlegbar. Sie sind chemische Grundstoffe oder Elemente.

**Chemische Elemente sind Stoffe, die sich durch chemische Reaktionen nicht weiter zerlegen lassen.**

Wir kennen bis heute 107 Elemente. Man teilt die Elemente in 2 Hauptgruppen ein, in Metalle und Nichtmetalle. Allerdings ist diese Unterteilung nicht streng, denn einige Elemente, z. B. Silicium, zeigen sowohl die Eigenschaften von Metallen als auch die von Nichtmetallen. Man nennt sie deshalb Halbmetalle.

**Die meisten Elemente sind Metalle (etwa 80 %).**

Beispiele für Metalle: Natrium, Magnesium, Kupfer, Eisen, Gold, Silber, Platin, ...

Beispiele für Nichtmetalle: Sauerstoff, Stickstoff, Wasserstoff, Kohlenstoff, Phosphor, Schwefel, ...

Bei gewöhnlicher Temperatur sind:

- 11 Elemente gasförmig: Wasserstoff, Sauerstoff, Stickstoff, Fluor, Chlor und die Edelgase Helium, Neon, Argon, Krypton, Xenon, Radon;
- 2 Elemente flüssig: Quecksilber, Brom;
- alle übrigen Elemente fest.

**Tabelle 1.6: Anteil der Elemente an dem uns zugänglichen Teil der Erde in Massenprozenten**

| | |
|---|---|
| Sauerstoff | 49,4 % |
| Silicium | 25,8 % |
| Aluminium | 7,5 % |
| Eisen | 4,7 % |
| Calcium | 3,4 % |
| Natrium | 2,6 % |
| Kalium | 2,4 % |
| Magnesium | 1,9 % |
| Wasserstoff | 0,9 % |
| Kohlenstoff | 0,1 % |
| | 98,7 % |
| Alle übrigen Elemente zusammen nur | 1,3 % |

## 1.4.4 Atome, Moleküle

Alle Stoffe bauen sich aus kleinsten Teilchen auf.

**Das kleinste Teilchen eines chemischen Elements ist ein Atom.**

Das kleinste Sauerstoffteilchen, das noch die Eigenschaft von Sauerstoff besitzt, ist ein Sauerstoffatom, das kleinste Schwefelteilchen ein Schwefelatom. Die Atome eines und desselben Elements zeigen die gleichen chemischen Eigenschaften. Sie unterscheiden sich aber von den Atomen anderer Elemente.

Das kleinste Teilchen von sehr vielen chemischen Verbindungen ist ein **Molekül**.

Das kleinste Teilchen von Wasser, das noch die Eigenschaft von Wasser besitzt, ist ein Wassermolekül. Das kleinste Teilchen von Zucker, das noch die Eigenschaft von Zucker besitzt, ist ein Zuckermolekül.

**Ein Molekül ist ein Partikelchen, das aus zwei oder mehreren Atomen zusammengesetzt ist.**

Alle Moleküle einer chemischen Verbindung sind untereinander gleich. Sie unterscheiden sich aber von den Molekülen anderer Verbindungen.

Der Begriff »Molekül« wird in der modernen Chemie bei Ionenverbindungen nicht mehr angewandt. Näheres erfahren wir später (5.2.1).

## 1.4.5 Chemische Formelsprache

### Chemische Symbole

Zur Vereinfachung der Schreibweise kennzeichnet man die chemischen Elemente durch Symbole. Diese bestehen aus den ersten und gegebenenfalls einem weiteren Buchstaben ihres lateinischen oder griechischen Namens.

**Tabelle 1.7: Symbole einiger Elemente**

| Deutscher Name | lat. oder griech. Name | **Symbol** |
|---|---|---|
| Sauerstoff | oxygenium | **O** |
| Wasserstoff | hydrogenium | **H** |
| Stickstoff | nitrogenium | **N** |
| Schwefel | sulfur | **S** |
| Eisen | ferrum | **Fe** |
| Kupfer | cuprum | **Cu** |
| Zink | zincum | **Zn** |
| Kohlenstoff | carboneum | **C** |
| Chlor | chloros | **Cl** |
| Phosphor | phosphorum | **P** |

### Chemische Formeln

Die Zusammensetzung chemischer Verbindungen wird durch Formeln zum Ausdruck gebracht. Man bildet sie, indem man die Symbole der Elemente, aus denen die Verbindung besteht, nebeneinander schreibt.

**Beispiele:**

Ein Molekül Hydrogenchlorid besteht aus einem Atom Wasserstoff und einem Atom Chlor. Die Formel für Hydrogenchlorid lautet daher

$$\mathbf{HCl}$$

Kommen in einem Molekül mehrere Atome des gleichen Elements vor, so schreibt man die betreffende Zahl als Index rechts unten an das Symbol. Der Index 1 wird nicht geschrieben.

Ein Molekül Wasser besteht aus zwei Atomen Wasserstoff und einem Atom Sauerstoff, daher lautet die Formel für Wasser

$$\mathbf{H_2O}$$

Die Formel für Kohlenstoffdioxid ist

$$\mathbf{CO_2}$$

Sie teilt uns mit, daß in einem Molekül Kohlenstoffdioxid ein Atom Kohlenstoff mit zwei Atomen Sauerstoff verbunden ist.

Die Moleküle der wichtigsten gasförmigen Elemente, wie Wasserstoff, Sauerstoff oder Chlor, setzen sich aus 2 Atomen zusammen. Die Formeln ihrer Moleküle lauten daher:

$$\mathbf{H_2} \text{ bzw. } \mathbf{O_2} \text{ bzw. } \mathbf{Cl_2}$$

### 1.4.6 Reaktionsgleichungen

Chemische Reaktionen lassen sich in übersichtlicher Form durch Reaktionsgleichungen beschreiben. Die chemische Reaktion von Eisen und Schwefel zu Eisensulfid wird wiedergegeben durch die Reaktionsgleichung:

$$\mathbf{Fe + S \rightarrow FeS}$$

Sie sagt aus, daß bei der Bildung von Eisensulfid (FeS) sich immer je ein Atom Eisen (Fe) mit einem Atom Schwefel (S) verbindet.

Schwefel verbrennt zu Schwefeldioxid nach der Gleichung:

$$\mathbf{S + O_2 \rightarrow SO_2}$$

Aus einem Atom Schwefel (S) und einem Molekül Sauerstoff ($O_2$) entsteht ein Molekül Schwefeldioxid ($SO_2$).

Magnesium verbrennt zu Magnesiumoxid (MgO). Dabei verbindet sich je ein Atom Magnesium (Mg) mit einem Atom Sauerstoff (O). Nun sind aber in der Luft oder auch in reinem Sauerstoff keine einzelnen Sauerstoffatome, sondern nur Sauerstoffmoleküle ($O_2$), die aus zwei Sauerstoffatomen bestehen.

Auf ein Molekül Sauerstoff kommen deshalb immer zwei Magnesiumatome. Die Reaktionsgleichung für die Oxidation von Magnesium lautet daher:

$$\mathbf{2\,Mg + O_2 \rightarrow 2\,MgO}$$

Quecksilberoxid (HgO) zerfällt beim Erhitzen in Quecksilber (Hg) und Sauerstoff:

$$\mathbf{HgO \rightarrow Hg + O}$$

Bei der Reaktion entstehen zunächst freie Sauerstoffatome, diese vereinigen sich aber sofort – schon in Bruchteilen einer Sekunde – paarweise zu Sauerstoffmolekülen. Die Reaktionsgleichung muß deshalb auf der rechten Seite nicht **O**, sondern $\mathbf{O_2}$ enthalten. Deshalb multiplizieren wir die obere Gleichung mit 2 und erhalten die Reaktionsgleichung in der korrekten Form:

$$\mathbf{2\,HgO \rightarrow 2\,Hg + O_2}$$

Wasserstoff verbrennt zu Wasser nach der Gleichung:

$$\mathbf{2\,H_2 + O_2 \rightarrow 2\,H_2O}$$

Aus zwei Molekülen Wasserstoff und einem Molekül Sauerstoff entstehen zwei Moleküle Wasser.

**Chemische Reaktionen werden durch Reaktionsgleichungen dargestellt.**

- Die linke Seite einer chemischen Gleichung enthält die Ausgangsstoffe,
- die rechte Seite die Endprodukte.

Die beiden Seiten werden durch einen Pfeil verbunden, der auf die Endprodukte zeigt. Alle Atome der Ausgangsstoffe finden sich in den Endprodukten wieder. Sie haben sich nur anders angeordnet. Deshalb muß die Anzahl der Atome von jedem Element auf der linken Seite der Gleichung gleich deren Anzahl auf der rechten Seite sein.

Nach Aufstellung einer chemischen Gleichung sollte man daher stets überprüfen, ob die Anzahl der Atome eines jeden Elements auf beiden Seiten übereinstimmt.

Betrachten wir nun wieder die Umsetzung von Zink und Wasser, V. 1, Abschnitt 1.4.2. Wir haben Wasserdampf auf glühendes Zink einwirken lassen und dabei Zinkoxid und Wasserstoff erhalten. Jetzt können wir die Reaktionsgleichung aufstellen:

$$\mathbf{Zn + H_2O \rightarrow ZnO + H_2}$$

Die glühenden Zinkteilchen entreißen den Wassermolekülen den Sauerstoff. Dadurch wird Wasserstoff frei. Man sagt: Zink reduziert Wasser.

**Der Entzug von Sauerstoff ist eine Reduktion, der umgekehrte Vorgang, die Aufnahme von Sauerstoff, ist eine Oxidation.**

Bei unserem Versuch wird das Wasser reduziert, weil ihm Sauerstoff entzogen wird. Gleichzeitig wird das Zink oxidiert, weil es Sauerstoff aufnimmt.

**Kontrollfragen**

1.8 a) Nennen Sie die Symbole folgender Elemente:
Blei, Zink, Brom, Silber, Fluor.

b) Welche Elemente gehören zu folgenden Symbolen:
**Na, Ra, I, Ni, U, Si?**

Entnehmen Sie die Antworten der Tabelle der Elemente am Ende des Buches.

1.9 Schwefelsäure hat die Formel $\mathbf{H_2SO_4}$. Wie ist ein Molekül Schwefelsäure zusammengesetzt?

1.10 Woraus besteht ein Molekül $\mathbf{P_4O_{10}}$?

1.11 Wasser läßt sich durch Magnesium zu Wasserstoff reduzieren. Das Metall wird dabei zu MgO oxidiert. Stellen Sie die Gleichung dieser Reaktion auf.

1.12 Kohlenstoff verbrennt zu $\mathbf{CO_2}$. Stellen Sie die Reaktionsgleichung auf.

1.13 Zink verbrennt zu **ZnO**. Wie lautet die Gleichung dieser Reaktion?

### 1.4.7 Energie bei chemischen Reaktionen

Bei vielen chemischen Reaktionen wird Wärme frei, z. B. bei der Verbrennung. Verbrennungen sind deshalb wichtige Energiequellen.

Reaktionen, bei denen Wärme abgegeben wird, sind **exotherme Reaktionen**.

Bei anderen chemischen Umsetzungen muß Wärme ständig zugeführt werden. Die Reaktion läuft unter Aufnahme von Wärme ab. Solche Vorgänge nennen wir **endotherm**.

Als Beispiel für eine endotherme Reaktion haben wir die Zerlegung von Quecksilberoxid kennengelernt. Quecksilberoxid ist bei Zimmertemperatur beständig. Beim Erhitzen, also bei Wärmezufuhr, zerfällt das Oxid in Quecksilber und Sauerstoff. Hört die Wärmezufuhr auf, kommt die Reaktion zum Stillstand.

**exotherme Reaktion: Wärme wird abgegeben.**

**endotherme Reaktion: Wärme muß zugeführt werden.**

Wärme ist eine Form der Energie. Andere Energieformen sind Lichtenergie, elektrische Energie, mechanische Energie.

Wir haben gesehen, daß eine chemische Reaktion Wärme abgibt oder aufnehmen kann. Aber auch andere Energieformen können umgesetzt werden. Beim Verbrennen von Magnesium wird viel Energie in Form von Wärme und Licht frei. Die chemischen Vorgänge in einer Taschenlampenbatterie liefern elektrische Energie, die Explosion eines Sprengstoffs liefert mechanische Energie.

Bei jeder chemischen Reaktion wird Energie entweder an die Umgebung abgegeben oder aus ihr aufgenommen – meist in Form von Wärme, aber auch als Licht, elektrische Energie, mechanische Energie.

**Jede chemische Reaktion ist mit einem Energieumsatz verknüpft.**

Wir fragen: **Weshalb verlaufen chemische Reaktionen unter Energieabgabe, andere dagegen unter Energieaufnahme?**

Jeder Stoff hat einen bestimmten **Energieinhalt**. Manche Stoffe sind energiereich, andere sind energiearm. Das hängt von der Art des Stoffes ab. Wenn bei einer chemischen Reaktion neue Stoffe entstehen, dann haben diese auch einen anderen Energieinhalt als die Stoffe, aus denen sie entstanden sind.

- Sind die Endprodukte energieärmer als ihre Ausgangsstoffe, so wird bei der Reaktion Wärme abgegeben.
- Wenn jedoch die Endprodukte energiereicher sind als die Ausgangsstoffe, so wird bei der Reaktion Energie aufgenommen.

**Beispiele:**

| | | | |
|---|---|---|---|
| **$2\,H_2 + O_2 \rightarrow 2\,H_2O$** | Endprodukte energieärmer als Ausgangsstoffe | Wärme wird abgegeben | exotherme Reaktion |
| **$2\,HgO \rightarrow 2\,Hg + O_2$** | Endprodukte energiereicher als Ausgangsstoffe | Wärme muß zugeführt werden | endotherme Reaktion |

Wasserstoff z.B. verbrennt mit heißer Flamme, also unter Energieabgabe, zu Wasser. Das gebildete Wasser ist energieärmer und deshalb stabiler als das Gemisch aus Wasserstoff und Sauerstoff, aus dem es entstanden ist.

**Energiearme Stoffe sind stabil.**

Energiearme Stoffe sind stabil, das heißt, sie zeigen wenig Neigung zu chemischen Umsetzungen. Sie möchten ihren Zustand nicht ändern. Sie sind reaktionsträge. Energiereiche Stoffe dagegen zeigen große Bereitschaft zu chemischen Umsetzungen. Sie sind sehr reaktionsfähig. Besonders energiereich sind Explosivstoffe.

Viele Reaktionen laufen nicht von selbst ab. Um die Reaktion in Gang zu bringen, ist es erforderlich, Energie zuzuführen. Die Teilchen müssen erst aktiviert werden. Brennstoffe z.B. müssen angezündet werden, damit sie mit dem Luftsauerstoff reagieren können. Die Reaktion von Eisen und Schwefel wird durch Erhitzen eingeleitet und läuft dann von allein weiter.

Die Energie, die zugeführt werden muß, um eine Reaktion einzuleiten, heißt **Aktivierungsenergie**.

**Kontrollfragen**

1.14 Wie nennt man Reaktionen, die unter Aufnahme von Wärme ablaufen?

1.15 Eisen und Schwefel vereinigen sich unter Aufglühen zu Eisensulfid. In welcher Form wird bei dieser Reaktion Energie freigesetzt?

1.16 Vergleichen Sie die Stabilität von Ausgangsstoffen und Endprodukten einer exothermen Reaktion.

## Zusammenfassung

Die Stoffe der uns umgebenden Materie sind entweder Stoffgemische oder reine Stoffe. Reine Stoffe unterteilt man in Elemente und Verbindungen. Elemente lassen sich durch chemische Reaktionen nicht weiter zerlegen.

Verbindungen sind aus zwei oder mehreren Elementen aufgebaut. Sie lassen sich durch chemische Reaktionen in einfachere Stoffe zerlegen.

Die Zerlegung eines Stoffes in seine Bestandteile heißt Analyse, der Aufbau einer Verbindung Synthese.

Man teilt die Elemente in zwei Hauptgruppen ein, in Metalle und Nichtmetalle. Wichtige Metalle sind z. B. Aluminium, Eisen, Gold, Platin ..., wichtige Nichtmetalle z. B. Sauerstoff, Wasserstoff, Stickstoff, Kohlenstoff.

Das kleinste Teilchen eines chemischen Elements ist das Atom, das kleinste Teilchen sehr vieler Verbindungen das Molekül. Ein Molekül ist ein Partikelchen, das aus zwei oder mehreren Atomen zusammengesetzt ist.

Elemente werden durch Symbole bezeichnet. Das Symbol von Sauerstoff z. B. ist **O**, das von Wasserstoff **H**.

Chemische Formeln geben Auskunft über die Zusammensetzung einer chemischen Verbindung. Sie sind eine international gebräuchliche Schreibweise für chemische Verbindungen mit Hilfe von Elementsymbolen.

Chemische Gleichungen oder Reaktionsgleichungen beschreiben eine chemische Reaktion mit Hilfe von Formeln.

Verbindungen eines Elements mit Sauerstoff heißen Oxide. Wenn sich ein Stoff mit Sauerstoff verbindet, so wird er oxidiert, wenn ein Stoff Sauerstoff abspaltet, wird er reduziert. Die Aufnahme von Sauerstoff ist eine Oxidation, der Entzug von Sauerstoff eine Reduktion.

Wenn eine chemische Reaktion abläuft, dann wird Energie entweder abgegeben oder aufgenommen. Die umgesetzte Energie ist meist Wärmeenergie.

Reaktionen, die unter Wärmeabgabe verlaufen, nennt man exotherme Reaktionen. Die Endprodukte sind energieärmer und deshalb stabiler als die Ausgangsstoffe.

Endotherme Reaktionen laufen unter Wärmeaufnahme ab. Die Endprodukte sind energiereicher als ihre Ausgangsstoffe. Deshalb muß Wärme zugefügt werden.

# 2 Atombau

## 2.1 Einführung in das moderne Atommodell

### 2.1.1 Was ist eine Modellvorstellung?

Wir haben erfahren, daß sich die Materie aus Atomen aufbaut. Ein Atom ist das kleinste Teilchen eines chemischen Elements mit den für das betreffende Element charakteristischen Eigenschaften.

Ein Atom ist sehr klein.

Sein Durchmesser liegt in der Größenordnung von $10^{-8}$ cm ($10^{-8}$ cm = einhundertmillionstel cm).

Selbst kleinste Substanzmengen enthalten eine unvorstellbar große Zahl von Atomen. 1 g Wasserstoff z. B. besteht aus mehr als

600 000 000 000 000 000 000 000 Wasserstoffatomen.

Weil ein Atom so winzig ist, hat bisher noch nie ein Mensch ein Atom gesehen. Auch mit dem modernsten Mikroskop lassen sich Atome nicht erkennen. Eine Vorstellung von ihrem Aufbau erhält man nur durch Experimente. Aus den Untersuchungsergebnissen lassen sich dann Rückschlüsse auf den Aufbau des Atoms ziehen, und ein vereinfachtes Bild des Atoms läßt sich entwickeln.

**Ein solches erdachte Bild eines Atoms nennt man Atommodell.**

Ein Atommodell ist also keine fotografisch getreue Wiedergabe der Wirklichkeit. Je exakter die Untersuchungsmethoden werden, um so mehr läßt sich ein Atommodell verfeinern, um so näher kommt es der Wirklichkeit.

**Unsere Vorstellungen vom Bau eines Atoms sind Modellvorstellungen.**

Atommodelle sind wichtige Hilfsmittel. Sie dienen dazu, Eigenschaften und Verhalten von Atomen anschaulich verständlich zu machen, Gesetzmäßigkeiten zu erklären und Voraussagen chemischer Reaktionen zu ermöglichen.

### 2.1.2 Unsere Vorstellung vom Aufbau des Atoms

Bis zum Ende des 19. Jahrhunderts hielt man die Atome für kleine kompakte Kügelchen, für die kleinsten Partikelchen, die es überhaupt gibt. Heute wissen wir, daß sich die Atome aus noch kleineren Teilchen zusammensetzen. Sie bauen sich auf aus 3 Arten von Elementarteilchen, aus:

**Protonen, Neutronen und Elektronen**

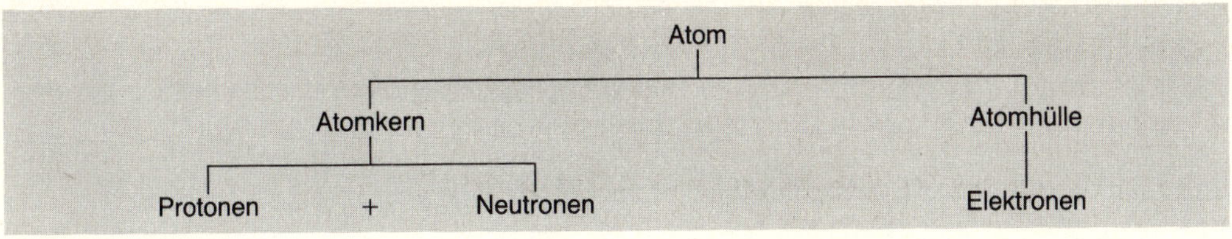


**Aufbau des Atoms** (Schema)

Alle Atome enthalten einen kleinen **Atomkern**. Der Kern ist umgeben von Elektronen. Die Elektronen bilden die **Atomhülle oder Elektronenhülle** des Atoms.

**Jedes Atom besteht aus dem Atomkern und der Elektronenhülle.**

## 2.2 Der Atomkern

Die Atomkerne sind aus **Protonen** und **Neutronen** zusammengesetzt. Lediglich der Kern des leichten Wasserstoffatoms besteht nur aus einem Proton.

Protonen und Neutronen haben nahezu die gleiche Masse, sie unterscheiden sich durch ihre Ladung. Das Neutron ist, wie der Name andeutet, elektrisch neutral, also ungeladen. Das Proton ist positiv geladen. Es besitzt eine positive elektrische Elementarladung.

Eine Elementarladung ist die kleinste Ladungsmenge, die vorkommt. Ein Elektron trägt eine negative elektrische Elementarladung.

**Tabelle 2.1: Ladung der Elementarteilchen**

| Elementarteilchen | Ladung in Elementarladungen |
|---|---|
| Proton | + 1 |
| Neutron | 0 |
| Elektron | − 1 |

Proton und Elektron haben gleich große, aber entgegengesetzte Ladung; folglich heben sich die Ladungen eines Protons und eines Elektrons gegenseitig auf.

**Jedes neutrale Atom hat ebenso viele Protonen im Kern wie Elektronen in der Hülle.**

**Protonenzahl gleich Elektronenzahl.**

Deshalb ist das Atom nach außen hin neutral. Die positive Ladung des Kerns wird durch die entsprechende Anzahl von negativen Elektronen aufgehoben. Ein Atom mit beispielsweise 12 Protonen im Kern hat auch 12 Elektronen in der Hülle. Ein Uranatom besitzt 92 Protonen. In seiner Hülle bewegen sich 92 Elektronen.

## Größenverhältnisse im Atom

Der Atomkern ist im Vergleich zum Gesamtatom winzig klein. Sein Durchmesser beträgt den etwa zehntausendsten Teil des Atomdurchmessers. Denken wir uns ein Atom so weit vergrößert, daß sein Durchmesser 10 Meter mißt, dann hätte der Kern einen Durchmesser von ca. 1 mm. Der Kern nimmt also nur einen kleinen Bruchteil des Atomvolumens ein.

**Die Elektronenhülle macht den größten Teil des Atomvolumens aus.**

Trotz seiner geringen Größe enthält der Kern nahezu die gesamte Masse des Atoms, mehr als 99,95 %.

Ein Elektron ist sehr viel leichter als ein Proton oder Neutron. Die Masse eines Elektrons beträgt nur 1/1836 der Masse eines Protons. Die Elektronen der Atomhülle tragen somit zur Gesamtmasse eines Atoms fast nichts bei – weniger als 0,05 %.

Denken wir uns einen kompakten Würfel aus Stahl von 10 Meter Kantenlänge. Seine Masse beträgt rund 8000 Tonnen. Könnte man all seine Atomkerne dicht aufeinanderpacken, so würden sie zusammen einen Raum von der Größe eines kleinen Stecknadelkopfes einnehmen, der allerdings so schwer wäre wie der ganze Stahlblock.

Solche extrem hohen Dichten kommen im Weltall bei einigen Sternen vor, den sog. Weißen Zwergen. Ihre Materie besteht aus nackten Atomkernen, d. h. aus Atomkernen ohne Elektronenhülle.

**Tabelle 2.2: Bausteine der Atome**

| Elementarteilchen | Masse in Gramm | Masse in Atommasseneinheiten | Ladung in Elementarladungen | Vorkommen |
|---|---|---|---|---|
| Proton | $1{,}6725 \cdot 10^{-24}$ | 1,0073 | + 1 | Atomkern |
| Neutron | $1{,}6748 \cdot 10^{-24}$ | 1,0087 | 0 | Atomkern |
| Elektron | $0{,}0009 \cdot 10^{-24}$ | 0,0005 | − 1 | Atomhülle |

## Was ist ein chemisches Element?

Alle Wasserstoffatome enthalten im Atomkern e i n Proton, alle Heliumatome z w e i, alle Lithiumatome d r e i Protonen, Uran, das schwerste der natürlich vorkommenden Elemente, besitzt im Kern 92 Protonen. Wenn ein Atom 92 Protonen im Kern enthält, dann ist es ein Uranatom.

Die Anzahl der Protonen im Kern ist also kennzeichnend für das betreffende Element. Sämtliche Atome eines Elements enthalten stets die gleiche Anzahl von Protonen. Daraus ergibt sich die moderne Definition des Elementbegriffes:

**Ein Element ist ein Stoff, der aus Atomen mit gleicher Protonenzahl besteht.**

Man kann die Elemente nach der Zahl ihrer Protonen ordnen. Deshalb nennt man die Protonenzahl auch **Ordnungszahl**. Sauerstoff z. B. hat im Atomkern 8 Protonen, seine Ordnungszahl ist infolgedessen 8.

**Ordnungszahl = Protonenzahl**

## Massenzahl

Addiert man die Anzahl von Protonen und Neutronen eines Atoms, so erhält man seine Massenzahl.

**Anzahl der Protonen + Anzahl der Neutronen = Massenzahl**

Der Atomkern des Aluminiumatoms z. B. besteht aus 13 Protonen und 14 Neutronen. Die Massenzahl des Aluminiumatoms beträgt infolgedessen 13 + 14 = 27.

Um den Aufbau eines Atoms näher zu kennzeichnen, schreibt man neben das Elementsymbol links oben die Massenzahl und links unten die Protonenzahl.

**Beispiel:**

$^{23}_{11}Na$

Diese Angabe bedeutet: Das **Na**-Atom hat die Massenzahl 23, sein Kern enthält 11 Protonen und 23 – 11 = 12 Neutronen.

### Kontrollfragen

2.1 Das Iodatom hat 53 Protonen und 74 Neutronen. Welches ist seine Massenzahl?

2.2 Der Kern eines Atoms enthält 102 Protonen. Wieviel Elektronen bewegen sich in seiner Hülle?

2.3 Vervollständigen Sie folgende Tabelle:

| Element | Ordnungszahl | Zahl der Protonen | Zahl der Elektronen | Zahl der Neutronen | Massenzahl |
|---|---|---|---|---|---|
| Kohlenstoff | | 6 | | 6 | |
| Uran | 92 | | | | 235 |
| Chlor | | | 17 | 18 | |

2.4 Welche elektrische Ladung hat a) ein Elektron, b) ein Proton?

2.5 Was bedeutet folgende Angabe $^{60}_{27}Co$?

## 2.3 Isotope

**Alle Atome eines Elements haben zwar immer gleich viele Protonen im Kern, die Anzahl der Neutronen kann aber unterschiedlich sein.**

So gibt es Chloratome mit 17 Protonen und 18 Neutronen. Ihre Massenzahl ist 35. Eine andere Art von Chloratomen hat 17 Protonen und 20 Neutronen, ihre Massezahl ist 37. Diese beiden Atomarten des Chlors bezeichnen wir als **Isotope** des Chlors und kennzeichnen sie durch folgende Schreibweise:

$$^{35}_{17}\mathrm{Cl} \text{ und } ^{37}_{17}\mathrm{Cl}$$

**Isotope eines Elements haben gleich viel Protonen, aber unterschiedlich viel Neutronen.**

**Ihre Massen sind deshalb verschieden.**

Von Wasserstoff gibt es drei Isotope:

| $^{1}_{1}\mathrm{H}$ | $^{2}_{1}\mathrm{H}$ | $^{3}_{1}\mathrm{H}$ |
|---|---|---|
| gewöhnlicher Wasserstoff | schwerer Wasserstoff (Deuterium) | überschwerer Wasserstoff (Tritium) |

**Tabelle 2.3: Aufbau der Wasserstoff-Isotope**

| Zeichen | Zahl der Protonen | Zahl der Neutronen | Massen zahl | Zahl der Elektronen |
|---|---|---|---|---|
| $^{1}_{1}\mathrm{H}$ | 1 | — | 1 | 1 |
| $^{2}_{1}\mathrm{H}$ | 1 | 1 | 2 | 1 |
| $^{3}_{1}\mathrm{H}$ | 1 | 2 | 3 | 1 |

- Das leichteste und auch weitaus häufigste Wasserstoff-Isotop ist der gewöhnliche Wasserstoff. Sein Kern besteht nur aus einem Proton. Die Massenzahl ist also 1. Wir schreiben deshalb $^{1}_{1}\mathrm{H}$.
- Der Atomkern des schweren Wasserstoffs (Deuterium genannt) enthält neben dem einen Proton noch ein Neutron. Seine Massenzahl ist also 2. Wir schreiben deshalb $^{2}_{1}\mathrm{H}$.
- Der Atomkern des überschweren Wasserstoffs baut sich auf aus einem Proton und zwei Neutronen. Die Massenzahl ist also 3. Wir schreiben $^{3}_{1}\mathrm{H}$.

**Tabelle 2.4: Zusammensetzung des natürlichen Wasserstoffs**

| | |
|---|---|
| $^{1}_{1}\mathrm{H}$ | 99,98 % |
| $^{2}_{1}\mathrm{H}$ | 0,02 % |
| $^{3}_{1}\mathrm{H}$ | Spuren |

Der natürlich vorkommende Wasserstoff besteht im wesentlichen aus Wasserstoff mit der Massenzahl 1, also aus $^{1}_{1}\mathrm{H}$: (99,98 %). Er enthält immer eine kleine Menge von schwerem Wasserstoff (0,02 %) und Spuren von überschwerem Wasserstoff.

Das natürliche Uran ist eine Mischung von vorwiegend drei Isotopen:

$$^{238}_{92}\mathbf{U} \qquad ^{235}_{92}\mathbf{U} \qquad ^{234}_{92}\mathbf{U}$$

Wichtig ist das Uran-Isotop mit der Massenzahl 235, auch Uran-235 genannt. **U-235** läßt sich durch Neutronen spalten. Dabei werden sehr große Energiemengen frei (Atomreaktor, Atombombe).

Die meisten Elemente sind Mischungen solcher verschieden schweren Isotope.

Auffällig ist, daß das Mischungsverhältnis bei allen natürlichen Vorkommen der Elemente oder ihrer Verbindungen stets nahezu das gleiche ist. So besteht z. B. der natürlich vorkommende Kohlenstoff immer zu 98,9 % aus $^{12}_{6}\mathbf{C}$ und zu 1,1 % aus $^{13}_{6}\mathbf{C}$, gleichgültig in welcher Verbindung der Kohlenstoff auch vorkommt.

Chlor ist eine Mischung von 75,5 % $^{35}_{17}\mathbf{Cl}$ und 24,5 % $^{37}_{17}\mathbf{Cl}$. Das Mischungsverhältnis bleibt bei allen chemischen Umsetzungen erhalten.

Analysen haben ergeben, daß die Elemente der Meteoriten, z. B. Silicium, Kupfer, Schwefel, die gleiche Isotopenmischung zeigen wie bei irdischen Vorkommen.

Diejenigen Elemente, die in der Natur nur in e i n e r Atomart vorkommen, nennt man Reinelemente. Dazu gehören Aluminium, Phosphor.

### Künstliche radioaktive Isotope

Isotope können künstlich hergestellt werden, z. B. durch Beschuß von Atomen mit Neutronen. Bleiben Neutronen im Kern stecken, so entsteht ein Isotop des ursprünglichen Atoms.

Viele Isotope sind radioaktiv, d. h., sie zerfallen unter Aussendung von Strahlen.

Künstliche radioaktive Isotope haben wichtige Anwendungen gefunden, z. B. in der Medizin, in der Biologie, in der Technik.

Man kann in chemischen Verbindungen, z. B. in Medikamenten oder Nährstoffen, anstelle von stabilen Atomen radioaktive Isotope einbauen. Durch ihre Strahlung zeigen die radioaktiven Isotope an, wo sie sich befinden. Man kann so mit Hilfe eines Geigerzählers den Weg der markierten Verbindung im lebenden Organismus verfolgen.

Die Medizin setzt radioaktive Isotope ein zur Bestrahlung von Tumoren. Viel Verwendung findet in der Krebsbehandlung $^{60}_{27}\mathbf{Co}$, ein Cobalt-Isotop mit der Massenzahl 60. Man nennt es Cobalt-60. Seine Strahlung läßt sich gut dosieren, und sein Preis ist wesentlich geringer als der von Radium.

Gewonnen wird Cobalt-60 durch Beschuß von natürlich vorkommendem Cobalt $^{59}_{27}\mathbf{Co}$ mit Neutronen. Bleibt ein Neutron im Atom stecken, so entsteht aus dem Cobaltatom mit der Massenzahl 59 das schwerere Isotop mit der Massenzahl 60:

$$^{59}_{27}\mathbf{Co} + \underset{\text{Neutron}}{\mathbf{n}} \rightarrow {}^{60}_{27}\mathbf{Co}$$

Die Technik verwendet radioaktive Isotope zur Werkstoffprüfung.

#### Kontrollfragen

2.6 Worin unterscheiden sich zwei verschiedene Isotope eines Elements?

2.7 Wieviel Protonen, Neutronen und Elektronen hat ein Atom des Uran-Isotops $^{235}_{92}\mathbf{U}$?

2.8 Welche Wasserstoff-Isotope sind bekannt?

2.9 Der natürliche Wasserstoff besteht zu 99,98 % aus Wasserstoff mit der Massenzahl 1. Aus welchen Elementarteilchen baut sich ein Atom dieses leichten Wasserstoffs auf?

## 2.4 Die Elektronenhülle

Die Elektronenhülle wird von Elektronen gebildet, die sich in dem Raum um den Atomkern mit großer Geschwindigkeit bewegen.

Ein neutrales Atom hat soviel Elektronen in seiner Hülle wie Protonen im Kern.

**Elektronenzahl = Protonenzahl**

### Jedes Elektron besitzt Energie

Es befindet sich auf einem ganz bestimmten Energieniveau. Elektronen mit annähernd gleicher Energie gehören zum gleichen Energieniveau. Sie haben den gleichen durchschnittlichen Abstand vom Kern.

Die Energieniveaus werden auch als Schalen bezeichnet.

Es gibt 7 Schalen. Diese werden in der Reihenfolge ihrer zunehmenden Entfernung vom Kern numeriert (n=1,2,3 ... 7) oder mit den Buchstaben K, L, M, N, O, P, Q bezeichnet.

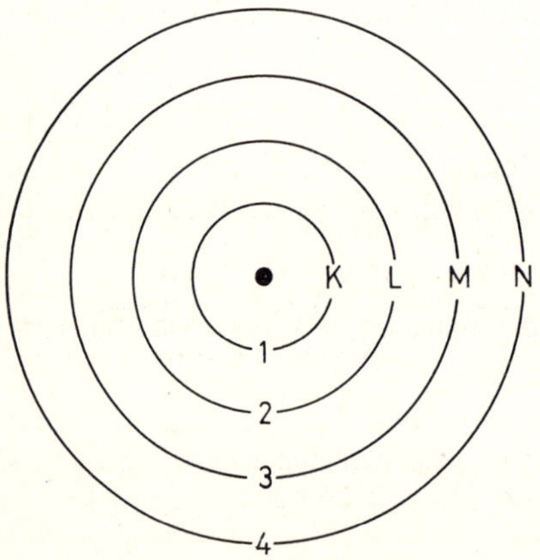


Die Elektronen des ersten Energieniveaus, der K-Schale, sind am energieärmsten. Sie befinden sich im Durchschnitt näher am Kern als Elektronen der höheren Energieniveaus. Je energiereicher ein Elektron ist, desto größer ist auch sein durchschnittlicher Abstand zum Atomkern.

**Abb. 2.1 Schalenmodell der Elektronenhülle**

**Die Elektronen sind in der Elektronenhülle gesetzmäßig geordnet.**

**Sie verteilen sich auf mehrere Schalen (Energieniveaus).**

Jede Schale kann nur eine begrenzte Zahl von Elektronen aufnehmen, und zwar maximal

$$\mathbf{2 \cdot n^2}$$

Dabei bedeutet n die Nummer der Schale.

Die maximale Besetzung der einzelnen Schale beträgt infolgedessen:

| | | | | |
|---|---|---|---|---|
| ● 1. Energieniveau, | K-Schale, | $2 \cdot 1^2$ | = | 2 Elektronen |
| ● 2. Energieniveau, | L-Schale, | $2 \cdot 2^2$ | = | 8 Elektronen |
| ● 3. Energieniveau, | M-Schale, | $2 \cdot 3^2$ | = | 18 Elektronen |
| ● 4. Energieniveau, | N-Schale, | $2 \cdot 4^2$ | = | 32 Elektronen |

Die höheren Schalen werden nicht voll besetzt.

**Eine Außenschale enthält nicht mehr als 8 Elektronen.**

**Von dieser Regel gibt es eine Ausnahme, Palladium.**

Die M-Schale z. B. kann bis zu 18 Elektronen aufnehmen. Wenn sie jedoch Außenschale ist, ist sie bereits mit 8 Elektronen voll besetzt.

Das chemische Verhalten der Atome wird durch die Elektronenhülle bestimmt, und zwar vorwiegend durch die Elektronen der äußersten Schale. Die Elektronen dieser Schale sind die Außenelektronen.

Die Außenelektronen sind am lockersten gebunden. Sie werden vom Kern nicht mehr so stark angezogen wie die inneren Elektronen.

**Bei allen chemischen Reaktionen werden die Elektronenhüllen der beteiligten Atome in bestimmter Weise verändert; die Atomkerne selbst bleiben unverändert.**

Für das Verständnis chemischer Reaktionen ist es daher wichtig, die Struktur der Elektronenhüllen der verschiedenen Atome zu kennen.

**Tabelle 2.5: Elektronenanordnung der ersten 20 Elemente** (Schema)

| Ordnungszahl | Element | Symbol | K-Schale | L-Schale | M-Schale | N-Schale |
|---|---|---|---|---|---|---|
| 1 | Wasserstoff | H | 1 | | | |
| 2 | Helium | He | 2 | | | |
| 3 | Lithium | Li | 2 | 1 | | |
| 4 | Beryllium | Be | 2 | 2 | | |
| 5 | Bor | B | 2 | 3 | | |
| 6 | Kohlenstoff | C | 2 | 4 | | |
| 7 | Stickstoff | N | 2 | 5 | | |
| 8 | Sauerstoff | O | 2 | 6 | | |
| 9 | Fluor | F | 2 | 7 | | |
| 10 | Neon | Ne | 2 | 8 | | |
| 11 | Natrium | Na | 2 | 8 | 1 | |
| 12 | Magnesium | Mg | 2 | 8 | 2 | |
| 13 | Aluminium | Al | 2 | 8 | 3 | |
| 14 | Silicium | Si | 2 | 8 | 4 | |
| 15 | Phosphor | P | 2 | 8 | 5 | |
| 16 | Schwefel | S | 2 | 8 | 6 | |
| 17 | Chlor | Cl | 2 | 8 | 7 | |
| 18 | Argon | Ar | 2 | 8 | 8 | |
| 19 | Kalium | K | 2 | 8 | 8 | 1 |
| 20 | Calcium | Ca | 2 | 8 | 8 | 2 |

Die Besetzung der Außenschale ist farbig markiert.

Die vorstehende Tabelle zeigt die Elektronenverteilung der ersten 20 Elemente in der Reihenfolge ihrer Ordnungszahlen (Protonenzahlen). Jedes folgende Element hat dann immer ein Proton und damit auch ein Elektron mehr als das vorhergehende.

Am einfachsten gebaut ist das Wasserstoffatom. Sein Kern enthält ein Proton, seine Hülle ein Elektron in der K-Schale.

Das nächsthöhere Element, das Edelgas Helium, hat die Ordnungszahl 2. Es besitzt 2 Protonen im Kern und in der Hülle 2 Elektronen. Die beiden Elektronen gehören zur K-Schale.

Da diese nur 2 Elektronen aufnehmen kann, ist die Schale des Heliumatoms voll besetzt. Man sagt:

**Das Edelgas Helium besitzt eine abgeschlossene Elektronenschale.**

Das Lithiumatom hat 3 Protonen im Kern und folglich 3 Elektronen in der Hülle. Zwei dieser drei Elektronen besetzen die K-Schale. Das dritte hat hier keinen Platz mehr und kommt deshalb in die L-Schale.

Die folgenden Elemente – Beryllium bis Neon (Ordnungszahl 4–10) – enthalten fortlaufend jeweils ein Elektron mehr als das vorhergehende; es wird in die L-Schale eingebaut. Das Neonatom hat dann 8 Elektronen in der L-Schale. Damit ist die L-Schale voll besetzt, denn das zweite Energieniveau, die L-Schale, vermag nur $2 \cdot 2^2 = 8$ Elektronen aufzunehmen.

**Das Edelgas Neon besitzt eine abgeschlossene Außenschale.**

Bei Natrium (Ordnungszahl 11) beginnt der Aufbau des dritten Energieniveaus, der M-Schale.

Das Natriumatom hat 11 Elektronen, 10 sind angeordnet wie im Neonatom, das 11. Elektron besetzt die M-Schale.

Bei den folgenden Elementen – Magnesium bis Argon (Ordnungszahl 12–18) – wird die M-Schale schrittweise aufgefüllt, bis sie schließlich bei dem Edelgas Argon mit 8 Elektronen besetzt ist.

**Das Edelgas Argon besitzt ebenso wie das Edelgas Neon eine mit 8 Elektronen voll besetzte Außenschale.**

Bei Kalium beginnt das 4. Energieniveau, die N-Schale. Kalium hat 19 Elektronen. 18 sind angeordnet wie im Argonatom. Das 19. Elektron besetzt die N-Schale, obwohl die M-Schale noch nicht voll besetzt ist. Sie kann, wie wir wissen, bis zu 18 Elektronen aufnehmen.

## 2.5 Elektronenwolken

Wir wissen, daß sich die Elektronen in der Atomhülle mit sehr großer Geschwindigkeit bewegen. Es ist aber nicht möglich, die genaue Flugbahn eines Elektrons zu ermitteln. Doch läßt sich ein Bereich in dem Raum um den Atomkern berechnen, in dem ein Elektron mit großer Wahrscheinlichkeit anzutreffen ist.

**Ein Elektron hält sich in einem bestimmten Bereich der Atomhülle am häufigsten auf. Diesen Aufenthaltsraum des Elektrons nennt man seine Elektronenwolke oder sein Orbital.**

Folgendes Gedankenexperiment soll den Begriff »Elektronenwolke« veranschaulichen:

Angenommen, man könnte das sich in sehr schneller Bewegung befindliche Elektron fotografieren.

Bei richtiger Belichtungszeit bekäme man als Bild des Elektrons einen scharfen Punkt. Bei zu langer Belichtung erhielte man ein verschwommenes Bild, das dem einer Wolke ähnelte. Die Form des Bildes entspräche dann der Form des Raums, in dem sich das Elektron bewegt.

Als Beispiel betrachten wir das Wasserstoffatom. Es besitzt ein Elektron, das sich überaus schnell in der Atomhülle bewegt. Dabei bleibt es im wesentlichen in einem kugelförmigen Raum um den Atomkern.

**Die Elektronenwolke des Wasserstoffatoms ist kugelförmig, der Atomkern liegt in der Mitte.**

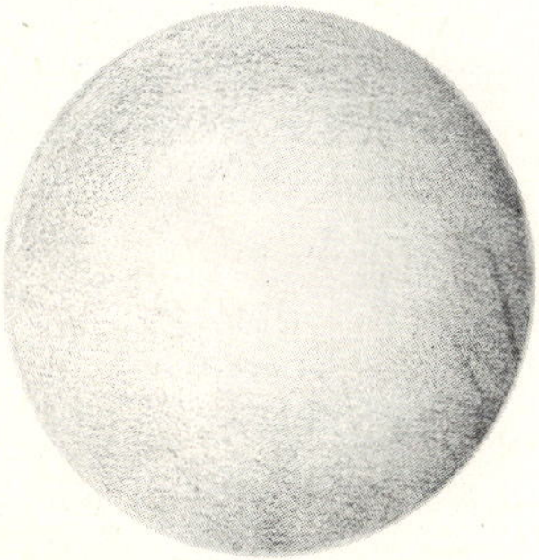

**Abb. 2.2**
**Gestalt der Elektronenwolke des Wasserstoffatoms**
Dieser Raum steht dem Elektron für seinen Aufenthalt zur Verfügung. Hier ist es mit hoher Wahrscheinlichkeit anzutreffen.

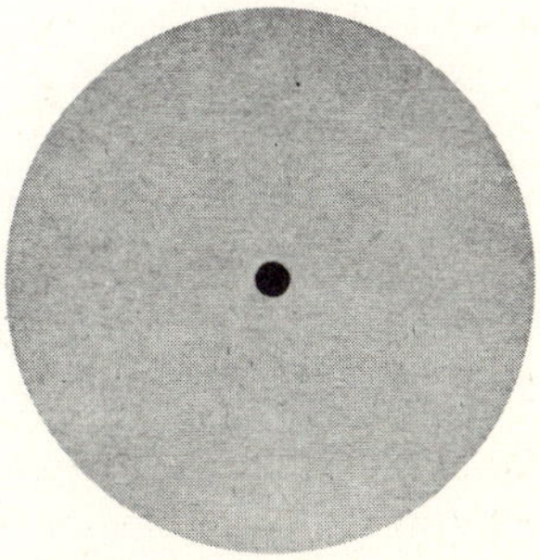

**Abb. 2.3**
**Schnitt durch die Elektronenwolke des Wasserstoffatoms, im Zentrum der Atomkern**

Das Heliumatom besitzt zwei Elektronen. Die beiden Elektronen bilden gemeinsam eine kugelförmige Wolke, die wie die des Wasserstoffatoms um den Atomkern als Mittelpunkt angeordnet ist.

- Die Elektronenwolke des Wasserstoffatoms enthält ein Elektron. Sie ist einfach besetzt.
- In der Elektronenwolke des Heliumatoms befinden sich zwei Elektronen. Sie ist doppelt besetzt.

Da eine Elektronenwolke höchstens 2 Elektronen aufnehmen kann, besitzen die Atome der Elemente mit höherer Ordnungszahl entsprechend mehr Elektronenwolken.

**Die Elektronen sind in Elektronenwolken um den Atomkern angeordnet.**

**Eine Elektronenwolke kann höchstens zwei Elektronen aufnehmen.**

**Zusammenfassung**

Alle Atome sind nach dem gleichen Prinzip aufgebaut. Sie bestehen aus einem sehr kleinen Atomkern aus Protonen und Neutronen und einer Hülle aus Elektronen.

Jedes neutrale Atom hat in seiner Hülle ebenso viele Elektronen wie Protonen im Kern. Die positive Ladung des Kerns wird durch die negative Ladung der Hülle ausgeglichen. Deshalb ist ein Atom nach außen hin neutral.

Die Protonenzahl nennt man auch Ordnungszahl. Die Summe von Protonen und Neutronen eines Atoms ist seine Massenzahl.

Die Protonenzahl ist charakteristisch für ein Element. Alle Atome eines Elements besitzen immer die gleiche Anzahl von Protonen. Die Anzahl von Neutronen kann verschieden sein. Atome mit gleicher Protonen-, aber unterschiedlicher Neutronenzahl und damit auch unterschiedlicher Masse nennt man Isotope.

Die Elektronen der Atomhülle verteilen sich auf verschiedene Schalen (Energieniveaus). Die Elektronen der äußersten Schale nennt man Außenelektronen. Von ihrer Anzahl und ihrer Anordnung hängen im wesentlichen die chemischen Eigenschaften eines Elements ab.

Die Elektronen halten sich in dem Raum um den Atomkern in bestimmten Bereichen auf. Diese Aufenthaltsräume der Elektronen nennt man Elektronenwolke. Eine Elektronenwolke kann maximal zwei Elektronen aufnehmen.

# 3 Massenangaben

## 3.1 Die Atommasse

Jedes Atom besitzt eine bestimmte Masse. Wegen der Winzigkeit eines Atoms ist seine Masse sehr gering. Wollte man sie in Gramm angeben, käme man zu höchst unbequemen kleinen Zahlen. So beträgt z. B. die Masse eines Wasserstoffatoms

$$0{,}000\,000\,000\,000\,000\,000\,000\,00167 \text{ g}$$

Man hat deshalb eine kleinere Einheit als das Gramm eingeführt, die **Atommasseneinheit**. Sie wird mit dem Symbol u bezeichnet.

**Ein u ist ein Zwölftel der Masse des Kohlenstoffatoms $^{12}_{6}C$.**

Die Atommassen werden in der Einheit u angegeben. Das leichteste Element ist Wasserstoff. Seine Atome besitzen eine Masse von 1,008 u.

**Die Atommasse ist die Masse eines Atoms in u.**

**Wir wissen, daß die meisten Elemente Mischungen verschieden schwerer Isotope sind. Die in Tabellen angegebenen Atommassen sind die prozentualen mittleren Atommassen ihrer Isotope.**

**Tabelle 3.1: Atommassen einiger Elemente**

| | |
|---|---|
| Wasserstoff | 1,008 u |
| Kohlenstoff | 12,001 u |
| Sauerstoff | 15,999 u |
| Schwefel | 32,064 u |
| Blei | 207,19 u |

Die Tabelle am Schluß des Buches enthält die Atommassen aller Elemente.

## 3.2 Die Molekülmasse

Addiert man die Atommassen aller im Molekül einer Verbindung vorhandenen Atome, so erhält man die Molekülmasse.

**Beispiele:**

**Welches ist die Molekülmasse von Wasser?** Ein Molekül besteht aus 2 H-Atomen und 1 O-Atom. Der Atommassentabelle entnehmen wir, daß die Atommasse von Wasserstoff rund 1 u beträgt und von Sauerstoff rund 16 u. (In den meisten Fällen genügt es, mit gerundeten Werten der Atommassen zu rechnen.) Die Molekülmasse von Wasser beträgt infolgedessen

$2 \cdot 1\,u + 16\,u = \mathbf{18\,u}$

Die Molekülmasse von $\mathbf{CO_2}$ beträgt:

$12\,u + 2 \cdot 16\,u = \mathbf{44\,u}$

**Die Molekülmasse ist gleich der Summe der Atommassen aller im Molekül enthaltenen Atome.**

**Kontrollfragen**

3.1 Wie groß ist die Molekülmasse von a) $\mathbf{SO_2}$, b) $\mathbf{H_2SO_4}$, c) $\mathbf{P_4O_{10}}$, d) $\mathbf{HNO_3}$?

3.2 a) Wie groß ist die Atommasse von Sauerstoff, b) wie groß ist seine Molekülmasse?

## 3.3 Das Mol

Man kann eine Stoffmenge durch die Anzahl ihrer Teilchen angeben, z. B. eine bestimmte Wassermenge durch die Anzahl der darin enthaltenen Wassermoleküle, ein Stück Schwefel durch die Anzahl seiner Schwefelatome.

Wir verwenden zur Angabe von Stoffmengen eine besondere Einheit, das Mol.

**Ein Mol eines Stoffes enthält $6{,}02 \cdot 10^{23}$ Teilchen dieses Stoffes. Das Einheitenzeichen von Mol ist mol.**

(Zum Vergleich: Das Einheitenzeichen von Kilogramm ist kg, das von Zentimeter cm.) Wir merken uns, in Verbindung mit einer Zahl verwenden wir das kleingeschrieben Einheitenzeichen mol, z. B. 3 mol Wasser.

**Beispiele:**

| | | |
|---|---|---|
| 1 mol Eisen sind | $6{,}02 \cdot 10^{23}$ | Eisenatome, |
| 1 mol Helium | $6{,}02 \cdot 10^{23}$ | Heliumatome, |
| 1 mol Wasser | $6{,}02 \cdot 10^{23}$ | Wassermoleküle. |

Ein Mol bedeutet also eine bestimmte Anzahl von Teilchen, wie z. B. ein Dutzend oder ein Paar. Die Teilchen können Atome oder Moleküle oder beliebige andere Partikelchen sein. Deshalb müssen wir die Teilchen stets benennen.

### Molmasse

Ein Mol eines Stoffes hat natürlich eine ganz bestimmte Masse. Welche Masse hat z. B. ein Mol Kohlenstoff?

Unter einem Mol Kohlenstoff verstehen wir $6{,}02 \cdot 10^{23}$ Kohlenstoffatome. Diese wiegen zusammen 12 g. 12 g Kohlenstoff bestehen also aus $6{,}02 \cdot 10^{23}$ C-Atomen. Wir vergleichen:

1 Atom Kohlenstoff hat die Masse von 12 u,
1 mol Kohlenstoff hat die Masse von 12 g.

**Die Masse eines Mols in Gramm stimmt zahlenmäßig überein mit der Masse eines Teilchens in u.**

**Weitere Beispiele:**

Aluminium hat die Atommasse 27 u.
1 mol Aluminium hat die Masse von 27 g und besteht aus $6{,}02 \cdot 10^{23}$ Aluminiumatomen.

Natrium hat die Atommasse 23 u.
1 mol Natrium hat die Masse von 23 g und besteht aus $6{,}02 \cdot 10^{23}$ Natriumatomen.

Wasser hat die Molekülmasse 18 u.
1 mol Wasser hat die Masse von 18 g und besteht aus $6{,}02 \cdot 10^{23}$ Wassermolekülen.

Schwefeldioxid hat die Molekülmasse 64 u.
1 mol Schwefeldioxid hat die Masse von 64 g und besteht aus $6{,}02 \cdot 10^{23}$ $SO_2$-Molekülen.

**Nehmen wir von einem Stoff soviel Gramm, wie die Masse seiner Teilchen zahlenmäßig angibt, so enthält diese Stoffmenge immer ein Mol Teilchen.**

**Kontrollfragen**

3.3 Was verstehen Sie unter 1 mol Phosphoratome?

3.4 Welche Masse besitzt 1 mol Phosphoratome? Atommassentabelle benutzen.

3.5 Was verstehen Sie unter 1 mol $H_2SO_4$ (Schwefelsäure)?

3.6 Welche Masse besitzt 1 mol $H_2SO_4$?

3.7 Wieviel Mol sind 36 g Wasser?

3.8 Wieviel Atome sind in 1 mol $CO_2$ enthalten?

## 3.4 Chemisches Rechnen

Eine chemische Gleichung teilt uns mit, welche Stoffe an einer chemischen Reaktion teilnehmen. Sie sagt gleichzeitig aus, in welchen Mengenverhältnissen diese Stoffe miteinander reagieren.

Als Beispiel betrachten wir die Umsetzung von Kohlenstoff mit Sauerstoff zu Kohlenstoffdioxid. Die Reaktionsgleichung $C + O_2 \rightarrow CO_2$ sagt aus, daß sich je ein Atom Kohlenstoff mit einem Molekül Sauerstoff zu einem Molekül Kohlenstoffdioxid umsetzt. Sie teilt ferner mit, daß sich 1 mol Kohlenstoff (12 g) mit 1 mol Sauerstoff (32 g) zu 1 mol Kohlenstoffdioxid (44 g) umsetzt:

| $C$ | + | $O_2$ | $\rightarrow$ | $CO_2$ |
|---|---|---|---|---|
| 1 mol | | 1 mol | | 1 mol |
| 12 g | | 32 g | | 44 g |

12 g Kohlenstoff reagieren mit 32 g Sauerstoff unter Bildung von 44 g Kohlenstoffdioxid.

**Beispiele:**

**1.** Wieviel g Eisensulfid entstehen aus 70 g Eisen?

Zur Lösung solcher und ähnlicher Aufgaben werden zuerst die Reaktionsgleichungen aufgestellt und die Molmassen daruntergeschrieben:

| | | | | |
|---|---|---|---|---|
| **Fe** | + | **S** | → | **FeS** |
| 56 g | | 32 g | | 88 g |

Berechnung nach Dreisatz: 56 g Eisen ergeben 88 g Eisensulfid
70 g Eisen ergeben x

$$x = \frac{88 \cdot 70}{56}\ g$$

$$x = 110\ g$$

Ergebnis: Aus 70 g Eisen entstehen 110 g Eisensulfid.

**2.** Durch Verbrennen von Magnesium wurden 40,3 g Magnesiumoxid erhalten.

Wieviel g Magnesium wurden verbrannt?

| | | | | |
|---|---|---|---|---|
| **2 Mg** | + | $\mathbf{O_2}$ | → | **2 MgO** |
| 48,6 g | | 32 g | | 80,6 g |

Berechnung: 80,6 g MgO aus 48,6 g Mg
40,3 g MgO aus x

$$x = \frac{48{,}6 \cdot 40{,}3}{80{,}6}\ g$$

$$x = 24{,}3\ g$$

Ergebnis: Es wurden 24,3 g Magnesium verbrannt.

**Kontrollfragen**

3.9 Wieviel g $\mathbf{CO_2}$ entstehen beim Verbrennen von 20 g Kohlenstoff?

3.10 Durch Erhitzen von Quecksilberoxid wurden 54 g Quecksilber erhalten. Wieviel g Quecksilberoxid wurden zersetzt?

3.11 Wieviel % Kohlenstoff enthält Traubenzucker $(\mathbf{C_6H_{12}O_6})$?

**Zusammenfassung**

Atommassen und Molekülmassen werden in Atommasseneinheiten angegeben. Die Atommasseneinheit 1 u ist ein Zwölftel der Masse eines Kohlenstoffatoms $^{12}_{6}C$.

Die Molekülmasse ist die Summe der im Molekül enthaltenen Atommassen.

Die Einheit der Stoffmenge ist das Mol, Kurzzeichen mol. 1 mol sind $6{,}02 \cdot 10^{23}$ Teilchen.

Molmassen werden in g angegeben. Die Molmassen sind soviel g, wie die Masse eines Teilchens (Atom, Molekül) des betreffenden Stoffs in u angibt.

Eine chemische Gleichung beschreibt eine chemische Reaktion. Sie sagt aus, welche Stoffe miteinander reagieren und welche gebildet werden. Durch Einsetzen der Molmassen kann man die reagierenden und die gebildeten Stoffmengen errechnen.

# 4 Das Periodensystem der Elemente (PSE)

## 4.1 Die Ordnungszahl

Ordnet man die Elemente nach steigender Protonenzahl und schreibt die Elemente mit ähnlichen chemischen Eigenschaften untereinander, so erhält man das Periodensystem der Elemente, abgekürzt PSE.

Da die Einordnung der Elemente in das Periodensystem durch die Anzahl der Protonen im Kern bestimmt wird, nennt man die Protonenzahl Ordnungszahl. Natrium z. B. hat im Atomkern 11 Protonen, im Periodensystem steht es an 11. Stelle, seine Ordnungszahl ist 11.

**Die Ordnungszahl ist die Nummer des betreffenden Elements im Periodensystem.**

Ein Element mit der Ordnungszahl 27 steht im Periodensystem an 27. Stelle. Es hat 27 Protonen im Kern und 27 Elektronen in der Hülle.

**Die Ordnungszahl eines Elements gibt an:**

1. die Stellung des Elements im Periodensystem
2. die Anzahl der Protonen im Kern
3. die Anzahl der Elektronen in der Hülle

## 4.2 Perioden und Gruppen

**Verkürztes Periodensystem**
(Es enthält nur die Elemente der Hauptgruppen)

| | Hauptgruppe | | | | | | | |
|---|---|---|---|---|---|---|---|---|
| | I | II | III | IV | V | VI | VII | VIII |
| **1. Periode** | 1<br>**H**<br>Wasserstoff | | | | | | | 2<br>**He**<br>Helium |
| **2. Periode** | 3<br>**Li**<br>Lithium | 4<br>**Be**<br>Beryllium | 5<br>**B**<br>Bor | 6<br>**C**<br>Kohlenstoff | 7<br>**N**<br>Stickstoff | 8<br>**O**<br>Sauerstoff | 9<br>**F**<br>Fluor | 10<br>**Ne**<br>Neon |
| **3. Periode** | 11<br>**Na**<br>Natrium | 12<br>**Mg**<br>Magnesium | 13<br>**Al**<br>Aluminium | 14<br>**Si**<br>Silicium | 15<br>**P**<br>Phosphor | 16<br>**S**<br>Schwefel | 17<br>**Cl**<br>Chlor | 18<br>**Ar**<br>Argon |
| **4. Periode** | 19<br>**K**<br>Kalium | 20<br>**Ca**<br>Calcium | 31<br>**Ga**<br>Gallium | 32<br>**Ge**<br>Germanium | 33<br>**As**<br>Arsen | 34<br>**Se**<br>Selen | 35<br>**Br**<br>Brom | 36<br>**Kr**<br>Krypton |
| **5. Periode** | 37<br>**Rb**<br>Rubidium | 38<br>**Sr**<br>Strontium | 49<br>**In**<br>Indium | 50<br>**Sn**<br>Zinn | 51<br>**Sb**<br>Antimon | 52<br>**Te**<br>Tellur | 53<br>**I**<br>Iod | 54<br>**Xe**<br>Xenon |
| **6. Periode** | 55<br>**CS**<br>Casium | 56<br>**Ba**<br>Barium | 81<br>**Tl**<br>Thallium | 82<br>**Pb**<br>Blei | 83<br>**Bi**<br>Bismut | 84<br>**Po**<br>Polonium | 85<br>**At**<br>Astat | 86<br>**Rn**<br>Radon |
| **7. Periode** | 87<br>**Fr**<br>Francium | 88<br>**Ra**<br>Radium | | | | | | |

Hier sind die Plätze für die Elemente der Nebengruppen.
(Siehe vollständiges PSE am Ende des Buches!)

Die waagerechten Reihen des Periodensystems werden **Perioden** genannt. Es gibt 7 Perioden. Die senkrechten Spalten heißen **Gruppen**. Es gibt 8 Gruppen. Man unterscheidet zwischen Haupt- und Nebengruppen.

Wir wollen uns im folgenden auf die Elemente der Hauptgruppen beschränken.

Die Hauptgruppen sind nach ihren typischen Vertretern benannt:

| | |
|---|---|
| Gruppe I | Gruppe der Alkalimetalle |
| Gruppe II | Gruppe der Erdalkalimetalle |
| Gruppe III | Borgruppe |
| Gruppe IV | Kohlenstoffgruppe |
| Gruppe V | Stickstoffgruppe |
| Gruppe VI | Sauerstoff-Schwefelgruppe |
| Gruppe VII | Gruppe der Halogene |
| Gruppe VIII | Gruppe der Edelgase |

**Die Elemente einer Gruppe haben sehr ähnliche chemische Eigenschaften.** Wir vergleichen die Elektronenanordnungen der Hauptgruppenelemente:

- Alle Elemente der gleichen **Hauptgruppe** haben gleich viel Elektronen auf ihrer Außenschale. Deshalb zeigen sie in ihrem chemischen Verhalten große Ähnlichkeit. Die Elemente der ersten Gruppe besitzen ein Außenelektron, die zweiten zwei Außenelektronen, die der dritten drei usw. Die Edelgase – mit Ausnahme von Helium – haben 8 Außenelektronen.

**Die Gruppennummer ist gleich der Anzahl der Außenelektronen.**

- Alle Elemente der gleichen **Periode** haben gleich viel Elektronenschalen. Die Elemente der ersten Periode besitzen nur eine Schale, die K-Schale. Da diese nur 2 Elektronen aufnehmen kann, enthält die erste Periode nur 2 Elemente.

  Die Elemente der zweiten Periode besitzen zwei Elektronenschalen, die innere K-Schale mit 2 Elektronen und die äußere L-Schale mit 1–8 Elektronen.

  Die Elemente der dritten Periode besitzen drei Elektronenschalen, die K-Schale, die L-Schale und die M-Schale.

  Bei den Elementen der vierten Periode verteilen sich die Elektronen auf vier Elektronenschalen usw.

**Die Periodennummer ist gleich der Anzahl der Elektronenschalen.**

Die folgende Tabelle zeigt, wie sich die Elektronen der Elemente der drei ersten Perioden auf die einzelnen Schalen verteilen.

**Tabelle 4.1: Elektronenanordnungen der Elemente der drei ersten Perioden**

| | | Hauptgruppen | | | | | | | |
|---|---|---|---|---|---|---|---|---|---|
| Periode | Schale | I | II | III | IV | V | VI | VII | VIII |
| 1 | | **H** | | | | | | | **He** |
| | K | 1 | | | | | | | 2 |
| 2 | | **Li** | **Be** | **B** | **C** | **N** | **O** | **F** | **Ne** |
| | K | 2 | 2 | 2 | 2 | 2 | 2 | 2 | 2 |
| | L | 1 | 2 | 3 | 4 | 5 | 6 | 7 | 8 |
| 3 | | **Na** | **Mg** | **Al** | **Si** | **P** | **S** | **Cl** | **Ar** |
| | K | 2 | 2 | 2 | 2 | 2 | 2 | 2 | 2 |
| | L | 8 | 8 | 8 | 8 | 8 | 8 | 8 | 8 |
| | M | 1 | 2 | 3 | 4 | 5 | 6 | 7 | 8 |

Ein Vergleich der Elektronenanordnungen einer Periode zeigt, daß beim Durchlaufen einer Periode von links nach rechts das folgende Element immer ein Elektron mehr als das vorhergehende hat.

Der Tabelle entnehmen wir, daß Magnesium z. B. die Elektronenanordnung 2,8,2 besitzt, d. h. 2 Elektronen auf der K-Schale, 8 auf der L-Schale und 2 auf der M-Schale. Das folgende Aluminium hat die Anordnung 2,8,3. Es unterscheidet sich also vom vorhergehenden Magnesium durch den Einbau eines Elektrons in seine Außenschale. Das ist typisch für Hauptgruppenelemente. Bei Hauptgruppenelementen werden die von Element zu Element neu hinzukommenden Elektronen in die äußerste Schale eingebaut. Anders bei Nebengruppenelementen. Bei ihnen werden die neu hinzutretenden Elektronen nicht in die Außenschale, sondern in die vorletzte oder drittletzte Schale eingebaut.

Die Nebengruppenelemente finden wir im Periodensystem ab 4. Periode zwischen Gruppe II und III.

Die Nebengruppenelemente besitzen auf ihrer äußersten Schale meist zwei Elektronen. Sie haben deshalb ähnliche Eigenschaften.

**Alle Nebengruppenelemente sind Metalle.**

Der größte Teil der Metalle steht in den Nebengruppen, z. B. die technisch wichtigen Metalle Eisen, Kupfer, Zink, Chrom, Cobalt, Nickel, Titan, Cadmium, Zink, ferner die Edelmetalle.

Bei den Elementen der Hauptgruppen beteiligen sich nur die Außenelektronen an chemischen Reaktionen. Bei den Nebengruppenelementen können neben den Elektronen der Außenschale auch die der darunterliegenden Schale genutzt werden.

## 4.3 Welche Aussagen macht das Periodensystem?

Alle Elemente einer Hauptgruppe haben

- gleichviel Außenelektronen,
  aber unterschiedlich viel Elektronenschalen.
- In der Reihenfolge von oben nach unten hat jedes folgende Element eine Elektronenschale mehr als das vorhergehende.

Alle Elemente einer Periode haben

- gleichviel Elektronenschalen,
  aber unterschiedlich viel Außenelektronen.
- In der Reihenfolge von links nach rechts
  hat jedes folgende Element immer ein Außenelektron mehr als das vorhergehende.

Mit der schrittweisen Änderung der Elektronenhülle ändern sich viele Eigenschaften von Element zu Element. So lassen z. B. die Elemente des Periodensystems eine regelmäßige Änderung des metallischen Charakters erkennen.

**Tabelle 4.2: Metalle und Nichtmetalle**

| Periode | I | II | III | IV | V | VI | VII | VIII |
|---|---|---|---|---|---|---|---|---|
| 1 | H | | | | | | | He |
| 2 | Li | Be | B | C | N | O | F | Ne |
| 3 | Na | Mg | Al | Si | P | S | Cl | Ar |
| 4 | K | Ca | Ga | Ge | As | Se | Br | Kr |
| 5 | Rb | Sr | In | Sn | Sb | Te | I | Xe |
| 6 | Cs | Ba | Tl | Pb | Bi | Po | At | Rn |
| 7 | Fr | Ra | | | | | | |

(Spaltenkopf: Hauptgruppen)

Metallcharakter nimmt zu / Nichtmetallcharakter nimmt ab (von oben nach unten)

Metallcharakter nimmt ab / Nichtmetallcharakter nimmt zu (von links nach rechts)

Metalle — Nichtmetalle — Elemente mit metallischem und nichtmetallischem Charakter

Tabelle 4.2 zeigt uns:

Innerhalb einer Periode nimmt der Metallcharakter der Elemente von links nach rechts ab, der Nichtmetallcharakter entsprechend zu.

**Links im Periodensystem stehen die Metalle, rechts die Nichtmetalle.**

Zwischen ihnen befinden sich die Elemente, die sowohl metallische als auch nichtmetallische Eigenschaften aufweisen.

Innerhalb einer Gruppe nimmt der Metallcharakter von oben nach unten zu, der Nichtmetallcharakter dagegen ab. Deshalb finden wir die typischen Metalle links und unten im PSE, die typischen Nichtmetalle rechts und oben.

Die Elemente mit den am stärksten ausgeprägten Metalleigenschaften sind Cäsium und Francium (Gruppe I), während Fluor und Chlor (Gruppe VII) die Elemente mit dem stärksten Nichtmetallcharakter sind.

**Vergleich der typischen Eigenschaften von Metallen und Nichtmetallen**

Metalle haben einige gemeinsame Eigenschaften, die sie von den Nichtmetallen streng unterscheiden:

- Alle Metalle sind gute Leiter der Wärme und der Elektrizität.
  Nichtmetalle sind sehr schlechte Leiter der Wärme und der Elektrizität.

- Metalle haben einen charakteristischen Metallglanz. Nichtmetalle haben keinen Metallglanz.
- Alle Metalle mit Ausnahme von Quecksilber sind bei Raumtemperatur fest.
  Nichtmetalle sind gasförmig oder fest. Nur Brom ist flüssig.
- Reine Metalle lassen sich im allgemeinen leicht mechanisch verformen, z. B. durch Schmieden, Walzen, Ziehen.
  Nichtmetalle lassen sich nicht bleibend verformen.
- Metallatome haben auf ihrer äußersten Elektronenschale nur wenige Elektronen, im allgemeinen 1–3, höchstens 4.
  Nichtmetallatome haben auf ihrer Außenschale 4–8 Elektronen, Ausnahme: Wasserstoff und Helium.
- Die Oxide der Metalle haben im allgemeinen basische Eigenschaften.
  Die Oxide der Nichtmetalle sind im allgemeinen sauer.

**Reaktionsfähigkeit**

Das Periodensystem macht auch Aussagen über die Reaktionsfähigkeit der Elemente, d. h. über ihr Bestreben, mit anderen Elementen Verbindung einzugehen.

**Die Reaktionsfähigkeit der Elemente nimmt von der Mitte des PSE aus nach beiden Seiten zu.**

Eine Ausnahme von dieser Regel machen die äußerst reaktionsträgen Edelgase.

Die reaktionsfähigsten Metalle sind die ganz links stehenden Alkalimetalle (Gruppe I). Mit Wasser z. B. reagieren sie schon bei Zimmertemperatur stürmisch unter Bildung von Hydroxiden. Man muß sie unter Petroleum aufbewahren, weil sie mit dem Luftsauerstoff augenblicklich oxidieren.

Die reaktionsfähigsten Nichtmetalle sind die Halogene (Gruppe VII).

**Das Bestreben der Elemente, Verbindungen miteinander zu bilden, ist im allgemeinen um so größer, je weiter sie im Periodensystem voneinander entfernt sind.**

Besonders leicht reagieren die Alkalimetalle mit den Halogenen.

Auch viele andere Eigenschaften ändern sich in regelmäßiger Weise innerhalb einer Periode und innerhalb einer Gruppe. Man kann deshalb in vielen Fällen die Eigenschaften eines Elements aus den Eigenschaften seiner Nachbarelemente abschätzen. Darin liegt die große praktische Bedeutung des PSE.

Als Beispiel betrachten wir die regelmäßige Änderung einiger physikalischer Eigenschaften in der Gruppe der Halogene (Tab. 4.3). (Astat ist radioaktiv, wir lassen es bei unseren Betrachtungen außer acht.)

**Tabelle 4.3: Einige physikalische Eigenschaften der Halogene**

| Halogen | Ordnungszahl | Schmp. in °C | Sdp. in °C | Aggregatzustand bei 20 °C | Farbe |
|---|---|---|---|---|---|
| Fluor | 9 | − 218 | − 188,3 | gasförmig | fast farblos |
| Chlor | 17 | − 102,4 | − 34,0 | gasförmig | gelbgrün |
| Brom | 35 | − 7,3 | + 58,8 | flüssig | rotbraun |
| Iod | 53 | + 113,7 | + 184,5 | fest | grauschwarz |

Wir entnehmen der Tabelle, daß Chlor einen höheren Siedepunkt als Fluor besitzt, Brom wiederum einen höheren als Chlor und Iod einen höheren als Brom. Mit wachsender Ordnungszahl steigen also in der Gruppe der Halogene die Schmelzpunkte, desgleichen die Siedepunkte, die Dichten und die Farbintensität.

Die Eigenschaften von Brom z. B. liegen also zwischen denen von Chlor und Iod. Sein Siedepunkt muß infolgedessen höher sein als der Siedepunkt von Chlor, aber tiefer als der von Iod.

**Jedes Element ist durch seinen Platz im Periodensystem charakterisiert.**

Aus der Stellung eines Elements im PSE kann auf die Eigenschaften des betreffenden Elements geschlossen werden. Wir sollten daher immer wieder die Elemente im PSE aufsuchen, um zu einem tieferen Verständnis der Sachverhalte zu kommen.

Das PSE ist für den Chemiker das wichtigste Hilfsmittel, um Zusammenhänge zu erkennen.

## Das PSE informiert über den Atombau eines Elements.

Wie man aus der Stellung eines Elements im PSE seinen Atombau ablesen kann, soll folgendes Beispiel erläutern:

Chlor steht im PSE an 17. Stelle. Es hat die Ordnungszahl 17. Folglich hat ein Chloratom 17 Protonen im Kern und 17 Elektronen in der Hülle.

Da es zur 7. Gruppe gehört, besitzt es 7 Außenelektronen, und schließlich sagt seine Zugehörigkeit zur 3. Periode, daß sich seine Elektronen auf drei Elektronenschalen verteilen:

K-Schale: 2 Elektronen
L-Schale: 8 Elektronen
M-Schale: 7 Elektronen

### Kontrollfragen

Benutzen Sie zur Beantwortung folgender Fragen das PSE.

4.1 Zu welcher Gruppe des PSE gehören folgende Elemente:
Schwefel, Silicium, Magnesium, Aluminium, Kalium, Neon, Kohlenstoff?

4.2 Weshalb zeigen die Elemente Fluor, Chlor, Brom, Iod sehr ähnliches chemisches Verhalten?

4.3 Welche von den folgenden Elementen haben ähnliche Eigenschaften:
a) Brom, Schwefel, Calcium, Chlor, Kalium, Fluor,
b) Brom, Neon, Sauerstoff, Xenon, Natrium, Helium,
c) Natrium, Kohlenstoff, Kalium, Calcium?

4.4 In welcher Hauptgruppe und in welcher Periode steht Iod?

4.5 Wieviel Protonen und wieviel Elektronen hat ein Atom des Elements mit der Ordnungszahl 55?

4.6 Wieviel Außenelektronen haben die Atome der Elemente der 5. Hauptgruppe?

4.7 Wieviel Außenelektronen haben die Atome folgender Elemente: Sauerstoff, Neon, Calcium, Phosphor?

4.8 Welche Gemeinsamkeit haben die Elemente a) der gleichen Gruppe,
b) der gleichen Periode?

4.9 Der Schmelzpunkt von Natrium ist 97,8 °C, der von Rubidium 39 °C. Welcher Schmelzpunkt ist für Kalium zu erwarten: 115 °C, 63,5 °C oder 31 °C?

4.10 Was können Sie anhand des PSE über den Bau des Schwefelatoms aussagen?

**Zusammenfassung**

Das Periodensystem ist eine systematische Anordnung der Elemente nach steigender Ordnungszahl (= Protonenzahl). Das Periodensystem läßt sich unterteilen in Perioden und Gruppen.

Die waagerechten Reihen heißen Perioden. Alle Elemente, deren Atom die gleiche Anzahl von Elektronenschalen besitzt, gehören zur gleichen Periode. Die Anzahl der Elektronenschalen stimmt mit der Periodennummer überein.

Jede Periode beginnt mit einem Alkalimetall. Dies sind die reaktionsfähigsten Metalle. Jede vollständige Periode endet mit einem Edelgas. Edelgase sind sehr reaktionsträge Elemente. Vor jedem Edelgas steht ein Halogen. Die Halogene sind die reaktionsfähigsten Nichtmetalle. Mit jeder neuen Periode beginnt eine neue Elektronenschale.

Die senkrechten Spalten heißen Gruppen. Es gibt 8 Gruppen. Man unterscheidet Haupt- und Nebengruppen.

Alle Elemente einer Hauptgruppe haben gleich viele Elektronen auf ihrer äußersten Schale und zeigen deshalb in ihrem chemischen Verhalten große Ähnlichkeit. Die Zahl der Außenelektronen stimmt mit der Gruppennummer überein.

Viele Eigenschaften der Elemente ändern sich in regelmäßiger Weise sowohl innerhalb der Perioden als auch innerhalb der Gruppen.

Man kann daher die Eigenschaften eines Elements aus denen seiner Nachbarelemente abschätzen und Zusammenhänge erkennen. Das Periodensystem ist deshalb eine wichtige Orientierungshilfe.

# 5 Chemische Bindung

## 5.1 Die Ursache für die Bildung von chemischen Verbindungen

Wir fragen: Weshalb verbinden sich Atome miteinander? Welche Kräfte bewirken den Zusammenhalt innerhalb einer chemischen Verbindung?

Um diese Fragen zu beantworten, betrachten wir das Periodensystem und vergleichen, welche Elemente chemische Verbindungen eingehen und welche nicht bzw. nur äußerst schwierig:

Periode 1: Das 1. Element Wasserstoff geht Verbindungen ein,
das 2. Element Helium geht keine Verbindungen ein.
Helium ist ein Edelgas.

Periode 2: Alle Elemente von Lithium bis Fluor bilden Verbindungen, Neon jedoch nicht.
Neon ist ein Edelgas.

Periode 3: Alle Elemente von Natrium bis Chlor bilden Verbindungen, Argon jedoch nicht.
Argon ist ein Edelgas.

In den folgenden Perioden beobachten wir ein ähnliches Bild:

- Die in einer Periode v o r dem Edelgas stehenden Elemente bilden Verbindungen.
- Die Edelgase aber sind außerordentlich reaktionsträge. Sie zeigen eine ungewöhnlich geringe Reaktionsfähigkeit. Sie sind e d e l.

  Wir wissen erst seit wenigen Jahren, daß sich unter besonderen Bedingungen Umsetzungen von Edelgasen mit anderen Elementen erzwingen lassen.

**Das chemische Verhalten eines Elements wird von seinen Außenelektronen bestimmt.**

Die K-Schale faßt maximal 2 Elektronen. Der Wasserstoff hat nur 1 Elektron auf der K-Schale. Eine halb gefüllte K-Schale ist nicht stabil. Folgerung: Das Wasserstoffatom geht Verbindungen ein.

Das Heliumatom besitzt 2 Elektronen auf der K-Schale, die damit gefüllt ist, deshalb geht Helium keine Verbindungen ein. Das Heliumatom ist stabil.

Die L-Schale faßt maximal 8 Elektronen. Bei den Elementen Lithium bis Fluor ist die L-Schale nicht voll belegt. Das bedeutet: Reaktionsvermögen der Elemente. Die Elemente gehen Verbindungen ein.

Beim Neon ist die L-Schale voll mit 8 Elektronen belegt. Das bedeutet: k e i n Reaktionsvermögen beim Neon.
Begründung: Durch die Vollbesetzung der Außenschale mit 8 Elektronen ist ein stabiler Zustand erreicht.

Das gleiche beobachten wir in den folgenden Perioden. Bei den Edelgasen ist die Außenschale mit 8 Elektronen voll besetzt. Die in einer Periode v o r einem Edelgas stehenden Elemente haben w e n i g e r als 8 Außenelektronen.

**Die Edelgase – Ausnahme Helium – besitzen auf ihrer Außenschale 8 Elektronen, die sich paarweise auf 4 Elektronenwolken verteilen. Diese Anordnung nennt man eine Achterschale oder ein Elektronenoktett (von griechisch okto = 8).**

Die Edelgase haben wir als extrem reaktionsträge kennengelernt. Sie zeigen keine Neigung, ihre Elektronenhülle durch chemische Umsetzungen zu verändern.

Wir können daraus schließen, daß die Elektronenanordnung der Edelgase ganz besonders stabil ist.

Wie wir sahen, haben alle übrigen Elemente weniger als 8 Außenelektronen. Ihre Elektronenanordnungen sind deshalb nicht so stabil. Die Atome dieser Elemente sind daher bestrebt, eine stabilere Anordnung ihrer Elektronen zu erlangen.

Sie erreichen eine günstigere Elektronenanordnung, indem sie sich mit anderen Atomen verbinden.

**Die Ursache für das Eintreten chemischer Reaktionen ist das Bestreben der Atome, eine stabilere Anordnung der Elektronen zu erlangen.**

Die Bildung vieler Verbindungen läßt sich darauf zurückführen, daß die Atome durch Verbindungsbildung eine Edelgasschale erlangen.

**Die Neigung der Atome zur Ausbildung einer mit 8 Elektronen besetzten Außenschale nennt man Oktettregel.**

Die Oktettregel ist eine wertvolle Hilfe zum Verständnis vieler chemischer Reaktionen. Sie ist aber nicht allgemeingültig. Außer dem Oktett gibt es noch andere stabile Elektronenanordnungen, die vor allem von den Nebengruppenelementen angestrebt werden.

Aber in über 90 % aller bekannten Verbindungen haben die Atome die Elektronenanordnung eines Edelgases erreicht.

Die Atome versuchen also zu einer stabilen Anordnung ihrer Elektronen zu kommen, indem sie sich mit anderen Atomen verbinden. Je nachdem auf welche Weise dies erreicht wird, unterscheiden wir drei Arten der chemischen Bindung:

- **die Ionenbindung**
- **die Atombindung**
- **die metallische Bindung**

## 5.2 Die Ionenbindung

**Versuch:**

**V** *Reaktion von Natrium und Chlor*
*Nur Lehrerversuch! Schutzbrille, Schutzscheibe!*

*Ein trockenes Reagenzglas aus schwer schmelzbarem Glas mit Chlor füllen. Ein reiskorngroßes Stückchen entkrustetes Natrium hineingeben und Reagenzglas mit einem lockeren Wattebausch lose verschließen. Reagenzglas schräg an ein Stativ spannen. Natrium erhitzen, bis es unter gelber Lichterscheinung verbrennt.*

## Wie Ionen entstehen

Wie kann ein Atom zu einem Oktett (oder zu einer anderen stabilen Elektronenanordnung) gelangen? Eine Möglichkeit ist die Abgabe oder Aufnahme von Elektronen.

Wir wissen, daß in einem neutralen Atom die Anzahl der positiv geladenen Protonen im Kern gleich der Anzahl der negativ geladenen Elektronen in der Hülle ist. Die positive Ladung des Kerns wird durch die negative Ladung der Elektronenhülle ausgeglichen.

Gibt nun ein Atom ein Elektron ab, dann überwiegt die positive Ladung des Kerns. Aus dem neutralen Atom entsteht ein positiv geladenes Ion.

Ein Natriumatom z. B. besitzt 11 Protonen und 11 Elektronen. Da die Ladung von Proton und Elektron entgegengesetzt gleich sind, ist das Natriumatom elektrisch neutral.

Gibt ein Natriumatom ein Elektron ab, dann sind in der Atomhülle nur noch 10 Elektronen, im Kern aber weiterhin 11 Protonen. Da auf 11 positive Ladungen jetzt nur 10 negative Ladungen kommen, trägt das Teilchen eine positive Ladung. Es ist kein Natriumatom mehr. Aus dem neutralen Natriumatom ist durch Abgabe eines Elektrons ein einfach positiv geladenes Natrium-Ion entstanden, **Symbol: $Na^+$**.

**Natriumatom: 11 Protonen, 11 Elektronen, Ladung: + 11 − 11 = 0**

**Natrium-Ion: 11 Protonen, 10 Elektronen, Ladung: + 11 − 10 = + 1**

**Das Natrium-Ion hat die Ladung + 1.**

Nimmt dagegen ein Atom ein Elektron auf, so entsteht ein negativ geladenes Ion.

Ein Chloratom z. B. besitzt 17 Protonen und 17 Elektronen. Wenn ein Chloratom ein Elektron aufnimmt, so enthält die Hülle 18 Elektronen, der Kern aber unverändert 17 Protonen. Jetzt überwiegt die negative Ladung der Elektronenhülle. Aus dem neutralen Chloratom ist durch Aufnahme eines Elektrons ein einfach negativ geladenes Ion entstanden. Wir nennen es **Chlorid-Ion, Symbol: $Cl^-$**.

**Chloratom: 17 Protonen, 17 Elektronen, Ladung: + 17 − 17 = 0**

**Chlorid-Ion: 17 Protonen, 18 Elektronen, Ladung: + 17 − 18 = − 1**

**Das Chlorid-Ion hat die Ladung − 1.**

Aus neutralen Atomen entstehen durch Abgabe oder Aufnahme von Elektronen elektrisch geladene Teilchen. Man nennt diese I o n e n.

**Durch Abgabe von Elektronen entstehen positiv geladene Ionen.**

**Durch Aufnahme von Elektronen entstehen negativ geladene Ionen.**

## 5.2.1 Die Reaktion von Natrium mit Chlor

Wie unser Versuch zeigt, reagieren Natrium und Chlor lebhaft miteinander unter Bildung von Natriumchlorid (Kochsalz).

Welche Vorgänge spielen sich dabei im einzelnen ab?

Natrium ist ein Element der ersten Hauptgruppe des PSE. Ein **Na**-Atom hat daher auf seiner Außenschale ein Elektron.
Elektronenanordnung von Natrium: 2,8,1
Gibt das Natriumatom dieses eine Elektron ab, so fällt die bisherige Außenschale (M-Schale) weg. Die darunterliegende mit 8 Elektronen besetzte Schale (L-Schale) wird zur Außenschale. Das so gebildete Natrium-Ion hat die gleiche Elektronenanordnung wie das Edelgas Neon, vergleiche Tab. 4.1.

Chlor gehört zur 7. Hauptgruppe des PSE. Ein Chloratom besitzt deshalb 7 Außenelektronen. Zum Oktett fehlt ihm nur 1 Elektron. Es hat daher das Bestreben, 1 Elektron aufzunehmen, denn dann ist seine Außenschale mit 8 Elektronen komplett.

Treffen nun Natrium- und Chloratome zusammen, so gibt jedes Natriumatom sein Außenelektron an ein Chloratom ab. Dadurch entstehen positiv geladene Natrium-Ionen und negativ geladene Chlorid-Ionen. So kommen beide Reaktionspartner zu 8 Elektronen auf ihrer Außenschale, also zum angestrebten Elektronenoktett.

Um die Bildung von Ionen vereinfacht darzustellen, verwenden wir Elektronenformeln: Wir schreiben das Symbol des betreffenden Elements und fügen die Außenelektronen als Punkte hinzu. Jeder Punkt bedeutet 1 Außenelektron. Der Elektronenübergang vom Natriumatom zum Chloratom wird wiedergegeben durch die Gleichung:

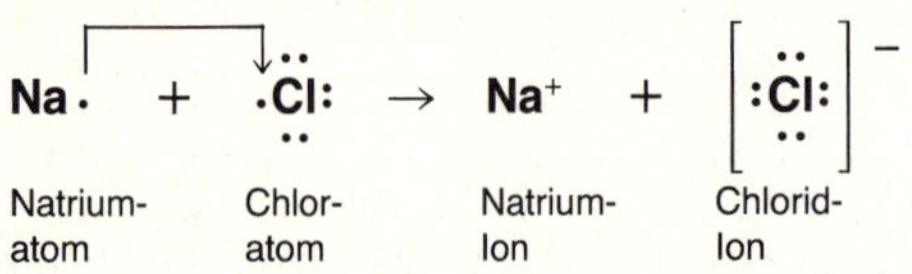


(Die Klammer bei $[:\ddot{\mathrm{Cl}}:]^-$ wird nur aus Gründen der besseren Übersichtlichkeit verwendet. Sie kann auch weggelassen werden.)

Die entgegengesetzt geladenen Ionen ziehen sich elektrostatisch an und lagern sich zum Natriumchlorid-Kristall zusammen.

Die Anziehungskräfte zwischen den entgegengesetzt geladenen Teilchen – die Coulombschen Kräfte – wirken nach allen Seiten, so daß sich ausgedehnte Kristalle bilden können.

Jedes Natrium-Ion übt eine starke Anziehungskraft auf alle Chlorid-Ionen seiner Nachbarschaft aus. Jedes Chlorid-Ion zieht alle umgebenden Natrium-Ionen an. Dadurch haften die Ionen aneinander.

**Die positiv geladenen Natrium-Ionen und die negativ geladenen Chlorid-Ionen werden durch gegenseitige elektrostatische Anziehung zusammengehalten.**

**Diese Art der Bindung nennt man Ionenbindung.**

## Ionengitter

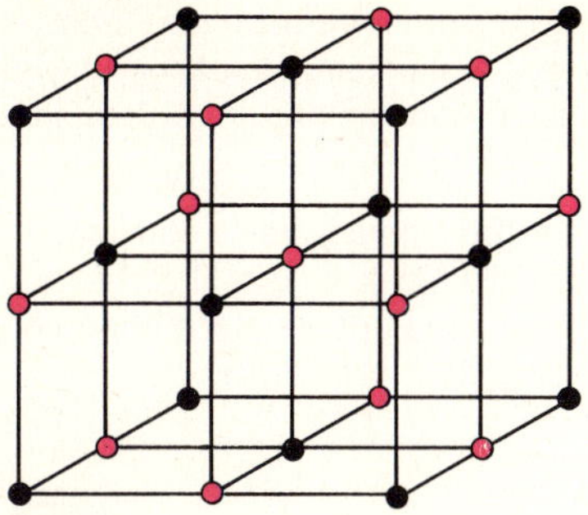

**Abb. 5.1**
**Ionengitter im Natriumchlorid-Kristall**

Schema

Um das Gitter erkennbar zu machen, sind die Ionen zu klein dargestellt im Verhältnis zu ihren Abständen.

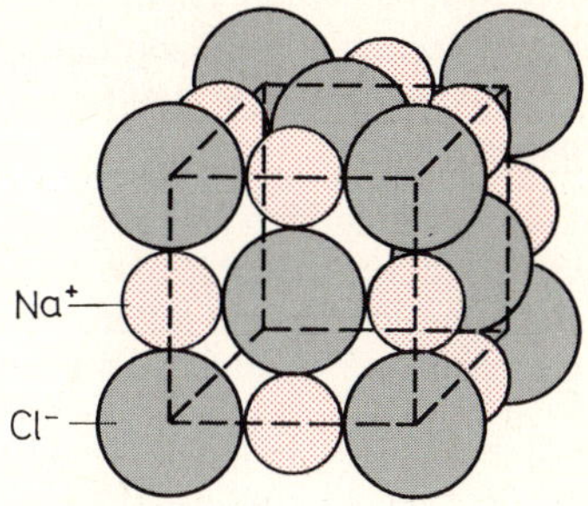


**Abb. 5.2**
**Natriumchlorid-Kristall**

Anordnung der Ionen

Ein Natriumchlorid-Kristall ist aus regelmäßig angeordneten $Na^+$- und $Cl^-$-Ionen aufgebaut (Abb. 5.1 und 5.2). Jedes Natrium-Ion ist von 6 Chlorid-Ionen umgeben, jedes Chlorid-Ion von 6 Natrium-Ionen. Diese Anordnung setzt sich nach allen Seiten fort.

**Die regelmäßige Anordnung der Bausteine eines Kristalls bezeichnet man als Kristallgitter.**

**Ein Kristallgitter, dessen Bausteine Ionen sind, nennt man Ionengitter.**

Die Ionen im Natriumchlorid-Kristall bilden ein Ionengitter. Auf den Gitterplätzen sitzen abwechselnd $\mathbf{Na^+}$-Ionen und $\mathbf{Cl^-}$-Ionen.

Die Bildung eines Ionengitters verläuft immer exotherm. Wenn sich Natrium- und Chlorid-Ionen zum **NaCl**-Gitter zusammenlagern, wird viel Energie frei. Deshalb ist die Verbindung **NaCl** energieärmer und damit stabiler, d. h. viel weniger reaktionsfähig als die Ausgangsstoffe Natrium und Chlor.

Es gibt in einer Ionenverbindung keine einzelnen Moleküle. Die kleinsten Teilchen der Verbindung Natriumchlorid sind keine Moleküle, sondern Ionen. Die Formel **NaCl** sagt lediglich aus, daß Natrium-Ionen und Chlorid-Ionen im Verhältnis 1 : 1 am Aufbau des Kristallgitters beteiligt sind.

**Salze bestehen aus Ionen.**

Man schreibt die Formeln für Ionenverbindungen entweder mit Angabe der Ladungen, z. B. $\mathbf{Na^+Cl^-}$, meist jedoch vereinfacht nur **NaCl**.

**Teilvorgänge der Reaktion von Natrium mit Chlor** (Schema)

**Na-Metall** —Verdampfen→ **Na-Atome** —Abgabe v. Elektronen→ **$Na^+$-Ionen** → **NaCl-Kristall**

**$Cl_2$-Moleküle** —Spaltung→ **Cl-Atome** —Aufnahme v. Elektronen→ **$Cl^-$-Ionen** → **NaCl-Kristall**

Bevor Natrium und Chlor miteinander reagieren können, müssen aus den Elementen *freie Atome* entstehen. Dazu ist Energie nötig. Wir haben deshalb in unserem Versuch die Reaktion durch Erwärmen in Gang gesetzt. Beim Erwärmen verdampft das feste Natriummetall und wird dadurch in einzelne Natriumatome übergeführt, ferner werden Chlormoleküle in Chloratome gespalten.

Die frei werdenden Natrium- und Chloratome reagieren in der uns bekannten Weise zu Natriumchlorid: Durch Abgabe bzw. Aufnahme von Elektronen entstehen aus Natrium- und Chloratomen Natrium- und Chlorid-Ionen, die sich aufgrund ihrer entgegengesetzten Ladungen anziehen und zum Natriumchlorid-Kristall zusammenlagern. Bei diesem Vorgang wird Energie frei.

## 5.2.2 Weitere Reaktionen von Metallen mit Nichtmetallen

### Die Reaktion von Calcium mit Chlor

Calcium reagiert mit Chlor unter Bildung von Calciumchlorid, $\mathbf{CaCl_2}$. Wir betrachten die Vorgänge, die sich dabei abspielen: Calcium ist ein Metall der 2. Gruppe des PSE, hat also 2 Außenelektronen. Ein Calciumatom vermag daher die Außenschalen von 2 Chloratomen aufzufüllen. Bei der Umsetzung von Calcium mit Chlor gehen die beiden Außenelektronen eines Calciumatoms auf 2 Chloratome über:

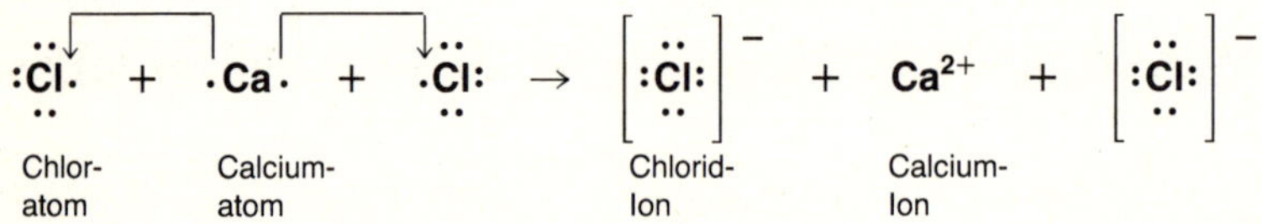


Durch Abgabe von 2 Elektronen entsteht aus dem neutralen Calciumatom ein positiv zweiwertiges Calcium-Ion, Symbol $\mathbf{Ca^{2+}}$. Es trägt zwei positive Ladungen. Die entgegengesetzt geladenen Ionen ziehen sich elektrostatisch an und ordnen sich zum Ionengitter von Calciumchlorid. Auf *ein* positiv *zwei*wertiges $\mathbf{Ca^{2+}}$-Ion kommen immer *zwei* negativ *ein*wertige Chlorid-Ionen. Daher lautet die Formel für Calciumchlorid $\mathbf{CaCl_2}$.

### Die Reaktion von Magnesium mit Sauerstoff

Magnesium verbrennt mit Sauerstoff zu Magnesiumoxid. Auch hierbei findet ein Elektronenübergang vom Metall zum Nichtmetall statt.

Sauerstoff steht in der 6. Gruppe des PSE. Ein Sauerstoffatom hat daher 6 Außenelektronen. Zum Elektronenoktett fehlen ihm 2 Elektronen. Ein Magnesiumatom hat 2 Außenelektronen. Gibt es diese ab, dann wird die darunter liegende mit 8 Elektronen besetzte Schale zur Außenschale, vgl. Tabelle 4.1.

Reagieren Magnesium und Sauerstoff miteinander, dann gehen die beiden Außenelektronen eines Magnesiumatoms auf ein Sauerstoffatom über. So kommen beide Verbindungspartner zu einem Elektronenoktett.

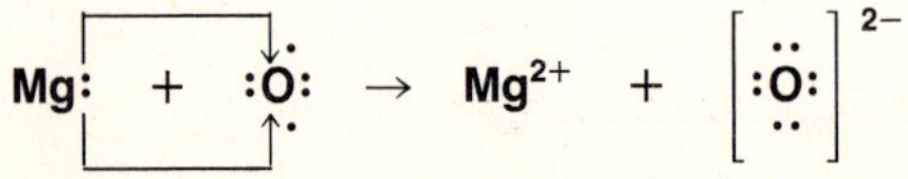

Aus dem Magnesiumatom wird durch Abgabe von 2 Elektronen ein positiv zweiwertiges Magnesium-Ion, Symbol $\mathbf{Mg^{2+}}$. Aus dem Sauerstoffatom entsteht durch Aufnahme von 2 Elektronen ein negativ zweiwertiges Sauerstoff-Ion, Symbol $\mathbf{O^{2-}}$.

Die entgegengesetzt geladenen Ionen ziehen sich elektrostatisch an und bilden das Ionengitter von Magnesiumoxid. Ein Magnesiumoxid-Kristall ist aus $\mathbf{Mg^{2+}}$-Ionen und $\mathbf{O^{2-}}$-Ionen aufgebaut. Auf ein $\mathbf{Mg^{2+}}$-Ion kommt immer ein $\mathbf{O^{2-}}$-Ion. Magnesiumoxid hat daher die Formel MgO.

**Die Ionenbindung ist charakterisiert durch einen Elektronenübergang von Metall- zu Nichtmetallatomen.**

**Salze sind Stoffe, die in festem Zustand ein Ionengitter bilden.**

**Da auch Metalloxide und Metallhydroxide aus Ionen bestehen, rechnet man diese Verbindungen in der modernen Chemie zur Stoffklasse der Salze.**

### 5.2.3 Die Ionenwertigkeit

Atome gehen durch Abgabe oder Aufnahme von Elektronen in Ionen über. Die Anzahl der abgegebenen bzw. aufgenommenen Elektronen bezeichnet man als Ionenwertigkeit. Sie gibt die Ladung des betreffenden Ions an. Wenn z. B. ein Atom 2 Elektronen aufnimmt, dann entsteht ein negativ zweiwertiges Ion. Es trägt 2 negative Ladungen.

Wenn dagegen ein Atom 2 Elektronen abgibt, dann entsteht ein positiv zweiwertiges Ion. Es trägt 2 positive Ladungen.

**Wir fassen zusammen:**

Reagieren Metalle mit Nichtmetallen dann geben Metallatome Elektronen ab und werden zu positiv geladenen Ionen. Die abgegebenen Elektronen werden von den Atomen der Nichtmetalle aufgenommen, wodurch diese zu negativ geladenen Ionen werden.

Die entgegengesetzt geladenen Ionen ziehen sich elektrostatisch an und lagern sich zu einem Ionengitter zusammen. Diese Art des Zusammenhalts nennt man Ionenbindung.

**Die Ionenwertigkeit (= Ionenladung) entspricht der Anzahl der abgegebenen bzw. aufgenommenen Elektronen.**

**Wie können wir die Formel einer Ionenverbindung ableiten?**

Die Formel einer Ionenverbindung ergibt sich aus der Wertigkeit der betreffenden Ionen.

- Auf ein positiv einwertiges Ion kommt ein negativ einwertiges Ion, Beispiel: NaCl
- Auf ein positiv zweiwertiges Ion kommen zwei negativ einwertige Ionen oder ein negativ zweiwertiges Ion. Beispiel: $CaCl_2$, MgO
- Auf ein positiv dreiwertiges Ion kommen drei negativ einwertige Ionen, Beispiel: $AlF_3$

Wir erkennen: Eine Ionenverbindung enthält immer gleich viel positive wie negative Ladungen.

**Anzahl der positiven Ladungen = Anzahl der negativen Ladungen**

**Ionenverbindungen haben hohe Schmelz- und Siedepunkte.**

Die Anziehungskräfte zwischen den Ionen sind sehr stark. Die Ionen halten sehr fest zusammen. Deshalb schmelzen und sieden Stoffe mit Ionenbindungen erst bei sehr hohen Temperaturen. Es muß hoch erhitzt werden, d. h. es muß viel Energie zugeführt werden, um die zwischen den Ionen wirkenden Anziehungskräfte zu überwinden. NaCl z. B. schmilzt bei 800 °C und siedet bei 1465 °C.

Die starken Bindekräfte sind auch die Ursache für die große Härte der Ionenkristalle. Es muß viel Energie aufgewendet werden, um die Ionen zu trennen.

**Kontrollfragen**

5.1 Ein Chloratom erhält durch Aufnahme eines Elektrons die Elektronenanordnung von Argon. Worin unterscheiden sich ein Chlorid-Ion und ein Argonatom?

5.2 Welches sind die Bausteine von Salzen?

5.3 Welche bindenden Kräfte halten die Ionen in einem Ionenkristall zusammen?

5.4 Welche Wertigkeiten haben die Ionen von Kalium, Strontium, Brom, Schwefel, Fluor, Sauerstoff? Benutzen Sie das PSE.

5.5 Formulieren Sie in Elektronenschreibweise die Reaktionsgleichung für die Umsetzung von a) Kalium mit Brom, b) Natrium mit Schwefel.

5.6 Aus welchen Ionen bauen sich auf: a) Kaliumchlorid, b) Magnesiumbromid, c) Calciumoxid?

5.7 Welche Elemente bilden positiv geladene Ionen, welche negativ geladene?

## 5.3 Die Atombindung

Diese Bindung kommt bei Nichtmetallen vor. Wenn Nichtmetalle miteinander reagieren, dann werden Elektronen nicht von einem Atom auf ein anderes übertragen, sondern gemeinsam genutzt. Es bildet sich ein gemeinsames Elektronenpaar, das beiden Atomen gehört und sie zusammenhält.

### 5.3.1 Bildung eines Wasserstoffmoleküls

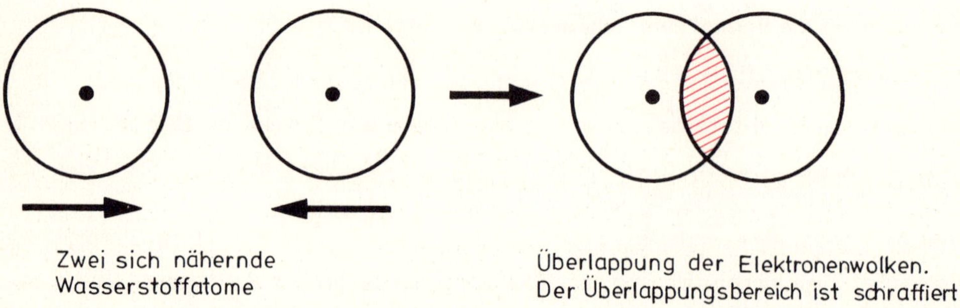


**Abb. 5.3 Bildung eines Wasserstoffmoleküls (Schema)**

Jedes Wasserstoffatom besitzt ein Elektron, das sich in einer kugelförmigen Wolke befindet. Bewegen sich 2 H-Atome aufeinander zu, dann beginnen sich die beiden Elektronenwolken zu durchdringen; man sagt, sie überlappen. Jedes Elektron, das bisher nur von »seinem« Atomkern angezogen wurde, wird nun auch von dem anderen Kern angezogen. Die beiden Elektronenwolken verschmelzen zu einer einzigen Wolke, die beide Atomkerne umhüllt (siehe Abb. 5.4). Die beiden Einzelelektronen sind jetzt zu einem Elektronenpaar vereinigt, das beiden Atomen gemeinsam gehört. Aus den beiden Wasserstoffatomen ist ein Wasserstoffmolekül entstanden:

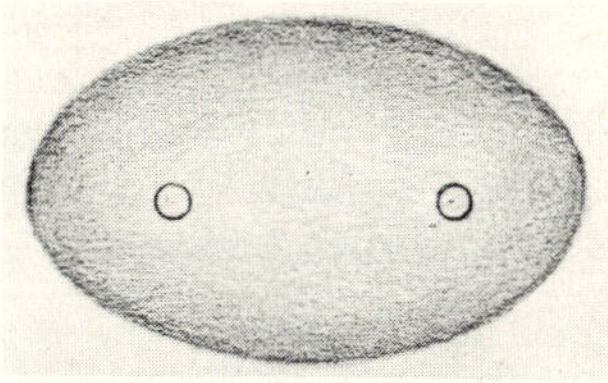

**Abb. 5.4**
**Elektronenwolkenmodell des $H_2$-Moleküls.**
Die Elektronenwolke umhüllt beide Atomkerne.

**H·** + **·H** → **H : H** oder **H—H**

Wasserstoffatom — Wasserstoffmolekül

Das gemeinsame Elektronenpaar wird in der Elektronenschreibweise durch einen Doppelpunkt oder durch einen Strich *zwischen* den beiden Atomzeichen symbolisiert.

**Das gemeinsame Elektronenpaar verbindet beide Wasserstoffatome zu einem Wasserstoffmolekül.**

**Diese Art der Bindung nennt man Atombindung oder kovalente Bindung. Man spricht auch von Elektronenpaarbindung, weil die Atome durch gemeinsame Elektronenpaare zusammengehalten werden.**

Die bindende Wirkung kommt dadurch zustande, daß das gemeinsame Elektronenpaar sowohl von dem einen als auch von dem anderen Atomkern angezogen wird.

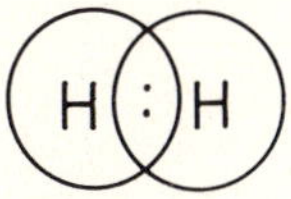


Da das bindende Elektronenpaar beiden Atomen angehört, hat jedes Wasserstoffatom 2 Elektronen und damit die angestrebte stabile Elektronenhülle von Helium.

**Abb. 5.5 Im Wasserstoffmolekül gehören zu jedem H-Atom 2 Elektronen**

| H:H | H—H | $H_2$ |
|---|---|---|
| Elektronenformel | Strich - oder Strukturformel | Summenformel |

**So können wir ein Wasserstoffmolekül darstellen.**

## Das Wasserstoffmolekül ist stabil.

Vereinigen sich zwei **H**-Atome zu einem $H_2$-Molekül, dann wird Energie frei. Das Wasserstoffmolekül ist infolgedessen energieärmer und somit stabiler als zwei einzelne Wasserstoffatome. Die beiden Wasserstoffatome im Wasserstoffmolekül trennen sich nicht freiwillig. Freiwillig verlaufen nur Vorgänge, die zu einem energieärmeren Zustand führen.

Um die beiden Wasserstoffatome zu trennen, muß die Atombindung gespalten werden. Dazu ist Energie erforderlich, und zwar der gleiche Energiebetrag, der bei der Bildung der Bindung frei wird.

Bei der Bildung von 1 mol $H_2$ (= 2,02 g) wird eine Energie von 436,3 kJ frei. Um 1 mol $H_2$-Molekül in **H**-Atome zu spalten, muß eine Energie von 436,3 kJ aufgewendet werden.

## 5.3.2 Weitere Beispiele für Atombindung

### Das Chlormolekül, $Cl_2$

In gleicher Weise wie 2 Wasserstoffatome verbinden sich 2 Chloratome zu einem Chlormolekül, $Cl_2$. Ein Chloratom hat auf seiner Außenschale 7 Elektronen, die sich auf 4 Elektronenwolken verteilen, davon sind 3 doppelt besetzt. Die 4. ist einfach besetzt. Das ungepaarte Elektron nennt man **einsames Elektron.**

2 Chloratome verbinden sich, wenn ihre mit nur einem Elektron besetzten Elektronenwolken überlappen und eine doppelt besetzte Elektronenwolke bilden. Die beiden einsamen Elektronen vereinigen sich zu einem Elektronenpaar, das beiden Chloratomen gemeinsam gehört. Das gemeinsame Elektronenpaar verbindet beide Chloratome zu einem Chlormolekül:

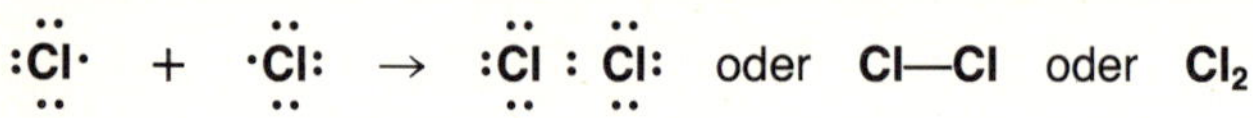


Chlor-atom

Chlormolekül

Zur Vereinfachung der Schreibweise kann man die nicht an der Bindung beteiligten Elektronenpaare weglassen und nur das bindende Elektronenpaar durch einen Strich zwischen den Atomsymbolen kennzeichnen.

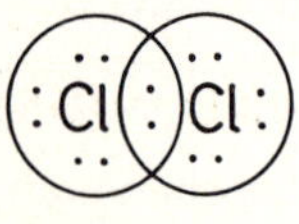

**Abb. 5.6**
**Im $Cl_2$-Molekül hat jedes Cl-Atom ein Elektronenoktett**

Zählen wir die Elektronen, die jedes Chloratom im Chlormolekül umgeben, so finden wir für jedes Chloratom 8 Elektronen (Abb. 5.6). Durch gemeinsame Benutzung der bindenden Elektronen hat jedes Chloratom eine stabile Edelgasschale erhalten.

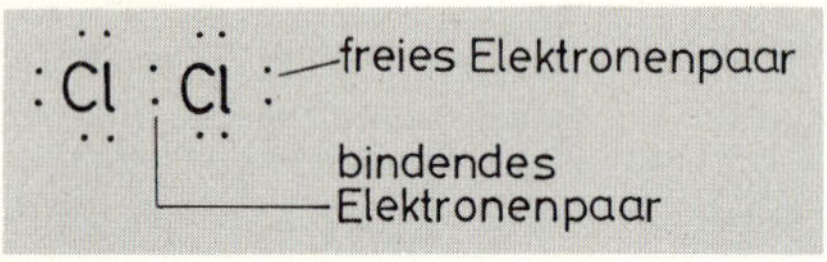


Die nicht an der Bindung beteiligten Elektronenpaare nennt man **freie Elektronenpaare**.

### Das Stickstoffmolekül, $N_2$

Zwischen 2 Atomen können sich auch 2 oder 3 Elektronenpaarbindungen ausbilden. Ein Beispiel ist das Stickstoffmolekül. Ein Stickstoffatom (5. Gruppe des PSE) hat 5 Außenelektronen. Diese bilden eine doppelt besetzte und 3 einfach besetzte Elektronenwolken.

2 N-Atome vereinigen sich zu einem $N_2$-Molekül, indem ihre einfach besetzten Elektronenwolken überlappen und zu 3 doppelt besetzten Elektronenwolken verschmelzen. Auf diese Weise umgibt sich jedes Stickstoffatom mit 8 Elektronen.

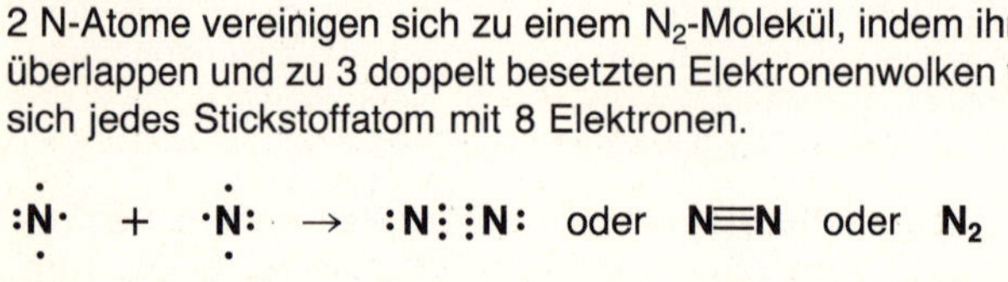


Die beiden Stickstoffatome im Stickstoffmolekül sind durch drei gemeinsame Elektronenpaare miteinander verknüpft. Hier liegt eine **Dreifachbindung** vor.

## Hydrogenchlorid, HCl

Bei der Bildung eines Hydrogenchloridmoleküls aus den Elementen überlappt die mit nur einem Elektron besetzte Elektronenwolke eines Wasserstoffatoms mit der einfach besetzten Elektronenwolke eines Chloratoms. Aus den beiden Einzelelektronen entsteht wiederum ein Elektronenpaar, das beiden Atomen gemeinsam gehört.

**H· + ·C̈l: → H :C̈l: oder H—Cl**

So kommen beide Verbindungenspartner zur erstrebten Edelgasschale, Chlor zur Achterschale und Wasserstoff zur Zweierschale von Helium.

## Wasser, $H_2O$

Ein Sauerstoffatom (6. Gruppe des PSE) besitzt 6 Außenelektronen, die sich wiederum auf 4 Elektronenwolken verteilen. Davon sind 2 doppelt und 2 einfach besetzt.

Die beiden einfach besetzten Elektronenwolken können mit der Elektronenwolke von je einem Wasserstoffatom überlappen und 2 Atombindungen bilden. Es entsteht ein Molekül $H_2O$:

```
            ..                  ..
H·  +  ·O:  +  ·H  →  H :O:  oder  H—O  oder  H2O
        .                   ..         |
                            H          H
```

Im Wassermolekül ist ein Sauerstoffatom mit 2 Wasserstoffatomen durch je eine Atombindung verknüpft.

Wir erkennen: Ein Sauerstoffatom besitzt z w e i einsame Elektronen und vermag daher 2 Wasserstoffatome zu binden. Jetzt verstehen wir, weshalb die Formel des Wassers **$H_2O$** sein muß.

**Nur einfach besetzte Elektronenwolken können überlappen und Atombindungen bilden.**

## Wie sind die Atome im $H_2O$-Molekül angeordnet?

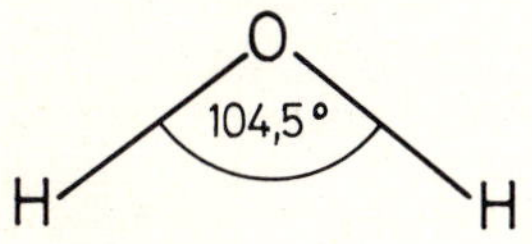


**Abb. 5.7**
**Anordnung der Atome im Wassermolekül**

Die 3 Atomkerne liegen nicht auf einer Geraden. Sie sind gewinkelt angeordnet. Die Achsen der bindenden Elektronenwolken schließen einen Winkel von 104,5° ein. Dieser Wert wurde experimentell ermittelt.

Bekannt ist auch der Abstand der Atomkerne von Sauerstoff und Wasserstoff, die sogenannte Bindungslänge. Sie beträgt 0,096 nm, das sind

0,000 000 000 096 m

(1 Nanometer, Kurzzeichen nm, ist 1 milliardstel Meter.)

Diese Zahlenwerte sollen Ihnen eine kleine Vorstellung von der Leistungsfähigkeit unserer Wissenschaft vermitteln.

**Wir fassen zusammen:**

**Unter Atombindung oder kovalenter Bindung verstehen wir die Verknüpfung von Atomen durch gemeinsame Elektronenpaare.**

**Welches sind die Voraussetzungen für die Ausbildung einer Atombindung zwischen zwei Atomen?**

- Beide Atome müssen eine mit nur einem Elektron besetzte Elektronenwolke besitzen,

  und

- beide Wolken müssen überlappen.

Durch Überlappung der beiden einfach besetzten Elektronenwolken entsteht eine Bindungselektronenwolke mit einem Elektronenpaar.

**Die Atombindung führt i. allg. zur Bildung einzelner abgegrenzter Moleküle.**

Chlor z. B. besteht aus einzelnen $\mathbf{Cl_2}$-Molekülen, Kohlenstoffdioxid aus einzelnen $\mathbf{CO_2}$-Molekülen. Im Gegensatz dazu lassen sich in einer Ionenverbindung keine einzelnen Moleküle abgrenzen.

In den festen und flüssigen Stoffen mit Atombindung ziehen sich die Moleküle gegenseitig nur schwach an. Die Anziehungskräfte zwischen Molekülen sind viel schwächer als die Anziehungskräfte zwischen Ionen. Infolge des geringen Zusammenhalts der einzelnen Moleküle schmelzen und sieden Molekülverbindungen im Gegensatz zu Ionenverbindungen meist bei niedrigen Temperaturen.

**Wir vergleichen:**

| | Schmelzpunkt | Siedepunkt | |
|---|---|---|---|
| **NaCl** (Ionenverbindung) | 800 °C | 1465 °C | starke zusammenhaltende Kräfte: hoher Schmelz- und Siedepunkt |
| **$CH_4$** (Molekülverbindung) | − 184 °C | − 164 °C | schwache zusammenhaltende Kräfte: tiefer Schmelz- und Siedepunkt |

**Hoher Schmelzpunkt und hoher Siedepunkt sind immer die Folge von starken zusammenhaltenden Kräften zwischen den Teilchen.**

**Tiefer Schmelzpunkt und tiefer Siedepunkt weisen auf schwache zusammenhaltende Kräfte hin.**

### 5.3.3 Die Bindigkeit

Die Elektronenformel des Wassers zeigt uns, daß vom Sauerstoffatom 2 Atombindungen ausgehen. Man sagt, Sauerstoff ist zweibindig. Von jedem Wasserstoffatom geht eine Bindung aus, Wasserstoff ist einbindig.

Im $N_2$-Molekül gehen von jedem Stickstoffatom 3 Bindungen aus, Stickstoff ist im Stickstoffmolekül dreibindig.

**Die Bindigkeit gibt an, wieviel Atombindungen von einem Atom ausgehen.**

In vielen Verbindungen ist die Bindigkeit eines Atoms gleich der Anzahl seiner einfach besetzten Elektronenwolken. Die Bindigkeit bestimmt das Bindungsvermögen der Atome in einem Molekül.

**Beispiele:**

Im **HCl**-Molekül ist Chlor einbindig. Ein Atom des einbindigen Chlors bindet 1 Atom des einbindigen Wasserstoffs. Wasserstoff ist immer einbindig.

Das $H_2O$-Molekül: Auf ein Atom des zweibindigen Sauerstoffs kommen 2 Atome des einbindigen Wasserstoffs.

Im $NH_3$-Molekül ist Stickstoff dreibindig, auf 1 Atom des dreibindigen Stickstoffs kommen 3 Atome des einbindigen Wasserstoffs.

**Kontrollfragen**

5.8 In welcher der folgenden Verbindungen liegt Ionenbindung, in welcher Atombindung vor: $CH_4$, **CaO**? Begründung.

5.9 Aus welchen Teilchen bauen sich die meisten Substanzen auf, die von Nichtmetallen gebildet werden?

5.10 Aus welchen Teilchen bauen sich die meisten Substanzen auf, die von Metallen und Nichtmetallen gebildet werden?

5.11

```
      H
      |
H  —  C  —  H
      |
      H
```

Wievielbindig ist in dieser Verbindung der Kohlenstoff?

5.12 Edelgase bestehen nur aus einzelnen Atomen. Weshalb gibt es keine 2-atomigen Edelgasmoleküle wie bei anderen gasförmigen Elementen, z. B. Wasserstoff, Stickstoff, Chlor usw.?

5.13 Die wichtigste Stickstoffverbindung ist Ammoniak, $NH_3$, der Ausgangsstoff für stickstoffhaltige Düngemittel. Geben Sie die Elektronenformel von Ammoniak an.

### 5.3.4 Die polare Atombindung

In einem Molekül, das aus Atomen des gleichen Elements aufgebaut ist, z. B. $Cl_2$ oder $H_2$, üben beide Atomkerne die gleiche Anziehungskraft auf das bindende Elektronenpaar aus. Die beiden Elektronen halten sich deshalb bevorzugt in der Mitte zwischen den beiden Atomkernen auf. Man sagt, die Bindung ist symmetrisch.

Sind an der Bindung Atome verschiedener Elemente beteiligt, dann wird das bindende Elektronenpaar von den beiden Atomkernen verschieden stark angezogen. Im **HCl**-Molekül z. B. ist das Chloratom stärker elektronegativ als das Wasserstoffatom, d. h., das Chloratom hat ein größeres Bestreben, die bindenden Elektronen zu sich herüberzuziehen als das Wasserstoffatom. Das gemeinsame Elektronenpaar ist deshalb zum Chloratom hin verschoben. Es hält sich im zeitlichen Mittel näher beim Chloratom auf. Vom Wasserstoffatom ist es weiter entfernt.

Da die Elektronen negativ geladen sind, überwiegt auf der Seite des Chloratoms die negative Ladung, auf der Seite des Wasserstoffatoms die positive Ladung.

Auf diese Weise erhält das Chloratom eine schwach negative Ladung, das Wasserstoffatom eine schwach positive Ladung.

- Das Wasserstoffatom ist positiv polarisiert,
- das Chloratom ist negativ polarisiert.

Man kennzeichnet die Polarisation durch die Symbole $\delta^+$ und $\delta^-$.

$$\overset{\delta^+}{\mathrm{H}}\text{—}\overset{\delta^-}{\mathrm{Cl}}$$

Das **HCl**-Molekül hat also ein positives und ein negatives Ende. Es hat 2 Pole und ist deshalb ein Dipol. Die Bindung im **HCl**-Molekül ist nicht mehr symmetrisch, sie ist **polar**. Man sagt: Das HCl-Molekül wird durch eine **polare Atombindung** zusammengehalten.

**Eine Atombindung, bei der die bindenden Elektronen zu einem der beiden Atome hin verschoben sind, heißt polare Atombindung.**

**Alle Atombindungen zwischen 2 verschiedenen Atomen sind mehr oder weniger polar.**

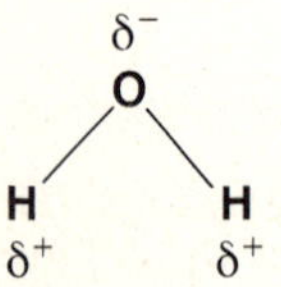


**Das Wassermolekül ist ein Dipol.**

Auch das Wassermolekül ist ein Dipol. Im Wassermolekül sind die beiden Wasserstoffatome durch je eine Atombindung mit einem Sauerstoffatom verbunden. Da Sauerstoff stark elektronegativ ist, sind die bindenden Elektronen zum Sauerstoff hin verschoben. Das Sauerstoffatom ist dadurch negativ polarisiert, die beiden Wasserstoffatome sind positiv polarisiert. Das $H_2O$-Molekül hat also auf der Seite des Sauerstoffatoms einen negativen Pol, auf der Seite der beiden Wasserstoffatome einen positiven Pol und ist deshalb ein Dipol.

Die **Elektronegativität** ist ein Maß für die Fähigkeit eines Atoms, in einer Atombindung die bindenden Elektronen an sich zu ziehen. Im Periodensystem nimmt die Elektronegativität von links nach rechts zu und von oben nach unten ab. Sie ist am größten bei den Halogenen, etwas kleiner bei den Elementen der 6. Gruppe, am geringsten bei den Metallen der 1. Gruppe.

Je mehr sich die beiden Atome einer Atombindung in ihrer Elektronegativität unterscheiden, um so polarer ist die Bindung.

### 5.3.5 Die Wasserstoffbrückenbindung

Kommt ein Wassermolekül in die Nähe eines anderen, dann vermag ein positiv polarisiertes **H**-Atom des einen Moleküls das negativ polarisierte **O**-Atom des Nachbarmoleküls anzuziehen und festzuhalten. Die entstehende Bindung zwischen den beiden Molekülen heißt Wasserstoffbrückenbindung.

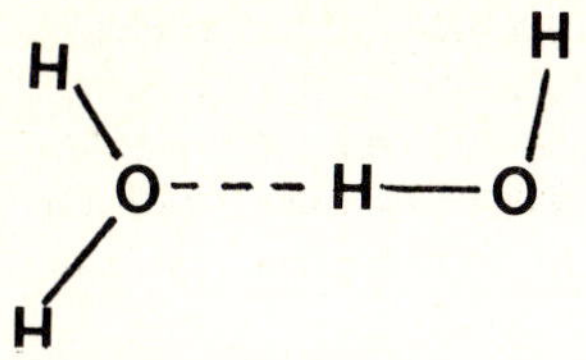

**Abb. 5.8**
**Wasserstoffbrücke zwischen 2 $H_2O$-Molekülen**
Die Wasserstoffbrücke ist durch die gestrichelte Linie dargestellt.

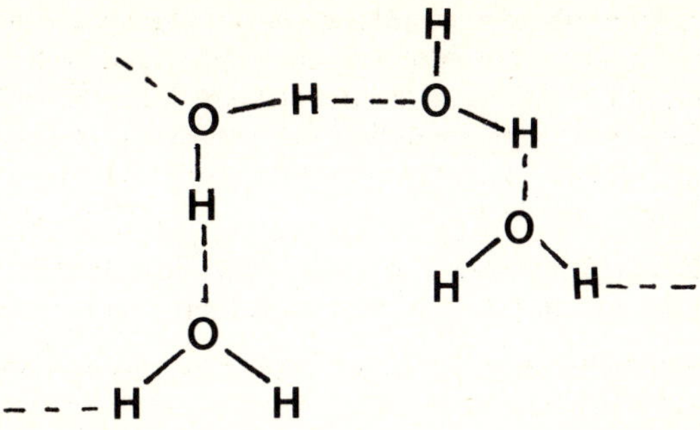

**Abb. 5.9**
**Eine Gruppe von Wassermolekülen ist durch Wasserstoffbrücken vernetzt.**
(Schematische Darstellung)

Das Wasserstoffatom bildet eine Brücke zwischen den beiden Sauerstoffatomen von 2 Nachbarmolekülen. Mit dem einen Sauerstoffatom ist der Brückenwasserstoff durch eine polare Atombindung verknüpft, mit dem anderen durch eine Wasserstoffbrückenbindung.

Die Wasserstoffbrückenbindungen sind viel schwächer als Atombindungen, trotzdem kommt ihnen große Bedeutung zu. Sie sind die Ursache für einige charakteristische Eigenschaften des Wassers.

In flüssigem Wasser sind immer eine Anzahl Wassermoleküle durch Wasserstoffbrücken zu mehr oder weniger großen Molekülgruppen vernetzt. Wasserdampf dagegen besteht aus Einzelmolekülen. Beim Verdampfen werden die Wasserstoffbrücken gelöst. Das erfordert beträchtliche Energiemengen. So erklärt sich der relativ hohe Siedepunkt des Wassers.

**Tabelle 5.1: Schmelz- und Siedepunkt der Wasserstoffverbindungen der Elemente der 6. Gruppe des PSE**

| Verbindung | Molekülmasse in μ | Schmp. in °C | Sdp. in °C |
|---|---|---|---|
| **$H_2O$** | 18,02 | 0 | 100 |
| **$H_2S$** | 34,08 | − 85,5 | − 60,4 |
| **$H_2Se$** | 80,98 | − 67,5 | − 41,3 |
| **$H_2Te$** | 129,62 | − 48,9 | − 2,2 |

Schmelzpunkt und Siedepunkt sind Eigenschaften, die sich bei Verbindungen der Elemente einer Gruppe des PSE in bestimmter Weise ändern. So zeigt Tab. 5.1, daß Schmelzpunkt und Siedepunkt der Wasserstoffverbindungen der Elemente der 6. Gruppe des PSE mit wachsender Molekülmasse steigen. Nur Wasser macht eine Ausnahme. Schmelzpunkt und Siedepunkt des Wassers liegen höher, als man seiner Molekülmasse nach erwarten sollte. Das ist darauf zurückzuführen, daß die Wassermoleküle durch Wasserstoffbrücken miteinander verknüpft sind, die fester zusammenhalten als die zwischen allen Molekülen auftretenden Anziehungskräfte.

Im Eis sind alle Wassermoleküle durch Wasserstoffbrücken miteinander vernetzt. Die Wassermoleküle werden durch Wasserstoffbrücken auf ihren Plätzen im Kristallgitter festgehalten. Die Eisstruktur ist sehr sperrig. Das Kristallgitter ist sehr weitmaschig. Beim Schmelzen bricht ein Teil der Wasserstoffbrücken auf. Das Kristallgitter stürzt zusammen. Die Moleküle können sich jetzt enger aneinander lagern als im Eiskristall. Eis zieht sich deshalb beim Schmelzen zusammen. Wasser von 0 °C hat daher eine größere Dichte als Eis von 0 °C. Eis schwimmt deshalb auf Wasser.

Im Schmelzwasser befinden sich zunächst noch größere Gruppen von vernetzten Wassermolekülen. Steigt die Temperatur des Schmelzwassers, dann brechen weitere Wasserstoffbrücken auf. Die Molekülgruppen werden kleiner. Sie rücken noch mehr aneinander. Dadurch zieht sich das Wasser zunächst noch stärker zusammen, bis es schließlich bei + 4 °C seine größte Dichte hat.

Ab + 4 °C erfolgt Volumenvergrößerung. Zwar werden noch weitere Wasserstoffbrücken aufgebrochen und die Molekülgruppen dadurch abgebaut, aber gleichzeitig wird die Wärmebewegung der Moleküle immer heftiger. Sie benötigen mehr Platz. Ihr gegenseitiger Abstand wird größer. Das Wasser zeigt jetzt normale Wärmeausdehnung wie die meisten anderen Körper.

Die Tatsache, daß Wasser bei + 4 °C seine größte Dichte hat, ist für das Leben in der Natur von größter Bedeutung. Selbst in sehr kalten Wintern sinkt die Wassertemperatur am Grund von tieferen Gewässern nicht unter + 4 °C, so daß Wassertiere überleben können.

## 5.3.6 Wasser als Lösungsmittel

Wasser ist ein ausgezeichnetes Lösungsmittel für viele Salze und für viele Stoffe mit polarer Atombindung. Es verdankt seine gute Lösungsfähigkeit seiner polaren Struktur. Als Beispiel betrachten wir die Auflösung eines **NaCl**-Kristalls in Wasser. Weshalb löst sich Natriumchlorid in Wasser?

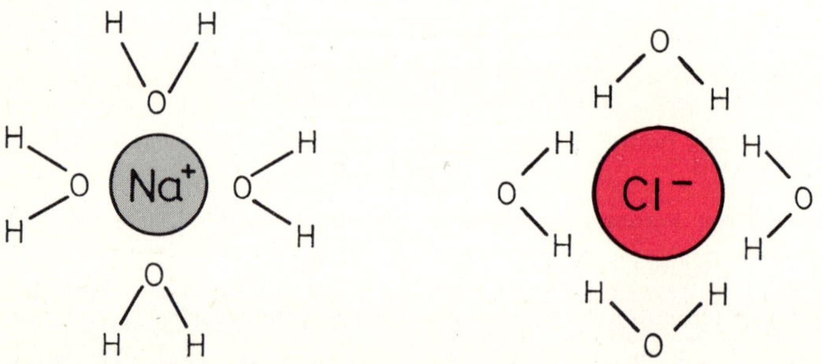


**Abb. 5.10 Hydratisierte Ionen** (Schema)
Den positiven $Na^+$-Ionen ist die negative Sauerstoffseite, den negativen $Cl^-$-Ionen die positive Wasserstoffseite der Wassermoleküle zugewendet.

Geben wir einen **NaCl**-Kristall in Wasser, so findet zwischen den Ionen an der Oberfläche des Kristalls und den polaren Wassermolekülen eine starke Anziehung statt. Die Wassermoleküle ziehen mit ihrem positiven Ende die negativen **$Cl^-$**-Ionen und mit ihrem negativen Ende die positiven **$Na^+$**-Ionen an. Dadurch werden die Ionen gelockert. Die Wassermoleküle dringen tiefer in das Kristallgitter. Sie schieben sich zwischen die Ionen und drängen sie auseinander. Die Ionen lösen sich von ihren Plätzen im Kristallgitter und treten über in die Flüssigkeit. Das Salz ist **dissoziiert,** d. h. in Ionen zerfallen.

Die losgelösten Ionen werden sofort von Wassermolekülen umhüllt. Man sagt, sie werden hydratisiert. Die Wasserhülle verhindert ein Wiederzusammenlagern der entgegengesetzt geladenen Ionen. Dadurch sind die Ionen in der Lösung frei beweglich.

**In wäßriger Lösung sind alle Ionen hydratisiert.**

**Kontrollfragen**

5.14 Wann sind Atombindungen polar?

5.15 Erklären Sie das Symbol $\overset{\delta+}{\mathbf{H}}\ \overset{\delta-}{\mathbf{Cl}}$.

5.16 Weshalb hat Wasser einen viel höheren Schmelzpunkt und höheren Siedepunkt als Hydrogensulfid (**$H_2S$**)?

5.17 Wasser ist ein Lösungsmittel für viele Salze. Worauf beruht diese Eigenschaft?

## 5.4 Übergänge zwischen den Bindungsarten

Die beiden Bindungsarten Ionenbindung und Atombindung sind Grenzfälle. Reine Atombindung und reine Ionenbindung finden wir nur bei wenigen Verbindungen. In den meisten Fällen liegen Übergänge zwischen den beiden Bindungsarten vor:

- Üben in einer Atombindung die beiden Atome die gleiche Anziehungskraft auf das bindende Elektronenpaar aus, dann ist die Bindung unpolar.
- Hat der eine Partner eine größere Neigung, Elektronen an sich zu ziehen als der andere, dann ist die Bindung polar, und zwar um so stärker polar, je mehr sich die beteiligten Atome in ihrer Fähigkeit, Elektronen anzuziehen, unterscheiden.
- Ist schließlich der Unterschied in der Fähigkeit, Elektronen anzuziehen, besonders groß, dann wird keine Atombindung mehr gebildet. Die Elektronen des einen Reaktionspartners treten völlig über in die Elektronenhülle des anderen Reaktionspartners. Es entstehen entgegengesetzt geladene Ionen.

**Übergang von der Atombindung zur Ionenbindung an drei Beispielen erläutert** (Schema)

| | | |
|---|---|---|
| $\mathrm{H{:}H}$ | $\overset{\delta^+}{\mathrm{H}}\;:\overset{\delta^-}{\underset{\cdot\cdot}{\ddot{\mathrm{Cl}}}}:$ | $\mathrm{Na^+} + \left[:\underset{\cdot\cdot}{\ddot{\mathrm{Cl}}}:\right]^-$ |
| unpolare Atombindung | polare Atombindung | Ionenbindung |
| Das Bindungselektronenpaar hält sich bevorzugt in der Mitte zwischen den beiden Atomkernen auf. | Das Bindungselektronenpaar hält sich bevorzugt in der Nähe des Chloratoms auf. | Vollständiger Übergang des Außenelektrons vom Natriumatom zum Chloratom. |
| Symmetrische Elektronenverteilung | Unsymmetrische Elektronenverteilung | Es entstehen getrennte Ionen. |

## 5.5 Die metallische Bindung

Diese Bindungsart finden wir bei Metallen. Es gibt mehrere Theorien über die Bindungsverhältnisse in Metallkristallen. Die klassische Modellvorstellung der metallischen Bindung ist folgende:

Die Metallatome geben ihre Außenelektronen ab und werden dadurch zu positiv geladenen Metall-Ionen. Diese lagern sich zu einem regelmäßig angeordneten Kristallgitter zusammen.

Die von den Atomen losgelösten Elektronen gehören nicht mehr zu einem bestimmten Metall-Ion, sondern allen Metall-Ionen gemeinsam. Sie sind über das ganze Metallgitter verteilt und können sich wie ein Gas frei in den Gitterzwischenräumen bewegen. Deshalb bezeichnet man die Gesamtheit dieser beweglichen Elektronen als **Elektronengas**.

**Ein Metallkristall besteht aus einem Gitter von positiven Metall-Ionen, zwischen denen die Elektronen des Elektronengases leicht beweglich sind.**

**Die gegenseitige Anziehung zwischen den negativen Elektronen und den positiven Metall-Ionen bewirkt den festen Zusammenhalt des Metallgitters.**

**Diese Art der Bindung nennt man metallische Bindung.**

Mit Hilfe dieses einfachen Modells der metallischen Bindung lassen sich die typischen Eigenschaften der Metalle gut erklären.

- **Metalle sind gute Leiter der Elektrizität.**

Der Stromfluß in einem Metall ist eine Bewegung von Elektronen. Beim Anlegen einer Spannung werden die Elektronen des Elektronengases in Richtung zum positiven Pol verschoben.

**Die frei beweglichen Elektronen bewirken die gute elektrische Leitfähigkeit der Metalle.**

Mit steigender Temperatur nimmt die elektrische Leitfähigkeit der Metalle ab. Das hat folgenden Grund:

Die Metall-Ionen in Gittern schwingen aufgrund ihrer Wärmebewegung hin und her. Sie führen eine Zitterbewegung aus. Beim Erhitzen schwingen sie heftiger und behindern in zunehmendem Maße die Bewegung der Elektronen. Dadurch verringert sich die Leitfähigkeit.

Auch durch Einlagerung von Fremdatomen kann die Bewegung der Elektronen behindert und die elektrische Leitfähigkeit herabgesetzt werden. Die Elektrotechnik verwendet daher sehr reines Kupfer, das durch elektrolytische Raffination gewonnen wird.

Fließt Strom durch einen Leiter, so erwärmt sich dieser. Die Stromwärme läßt sich durch Reibung der Elektronen an den Metall-Ionen erklären.

- **Metalle sind gute Wärmeleiter.**

Auch diese Eigenschaft ist auf die Beweglichkeit der Elektronen im Metallgitter zurückzuführen.

- **Metalle lassen sich verformen.**

Die meisten Metalle sind geschmeidig. Sie lassen sich durch Hämmern, Ziehen, Walzen, Biegen verformen, ohne dabei zu brechen.

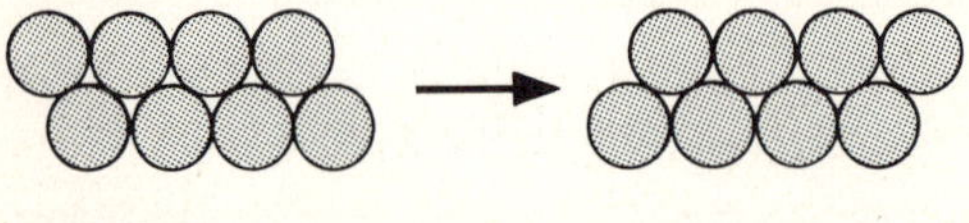

**Abb. 5.11**
**Verformung von Metallen bei Einwirkung von Druck.**
Die Schichten im Kristall gleiten übereinander. Der Zusammenhalt bleibt bestehen.

Die einzelnen Schichten im Metallgitter können bei mechanischer Einwirkung übereinandergleiten, ohne dabei zu zerbrechen, Abb. 5.11. Das liegt daran, daß die Metall-Ionen eingebettet sind in dem beweglichen Elektronengas. Werden die Teilchen verschoben, so sind sie auch in der neuen Lage von Elektronen umgeben, die den Zusammenhalt bewirken.

Eingelagerte Fremdatome können das Gleiten der Schichten sehr erschweren. Deshalb ist Eisen mit einem sehr geringen Kohlenstoffgehalt sehr viel härter als ganz reines Eisen, das biegsam und weich ist.

Die gute Verformbarkeit der Metalle ist die Grundlage der metallverarbeitenden Industrie.

Salzkristalle dagegen sind spröde und nicht verformbar. Der Zusammenhalt eines Salzkristalls beruht auf der elektrostatischen Anziehung entgegengesetzt geladener Ionen. Werden in einem solchen Kristall Schichten verschoben, dann gleiten positv geladene Ionen über positiv geladene und negativ geladene Ionen über negative. Es erfolgt gegenseitige Abstoßung, und der Kristall zerspringt.

**Kontrollfragen**

5.18 Bei allen chemischen Reaktionen werden die Elektronenhüllen der beteiligten Atome verändert. Welche Vorgänge in der Elektronenhülle führen a) zur Ionenbindung, b) zur Atombindung, c) zur metallischen Bindung?

5.19 Welche vereinfachte Vorstellung vom Aufbau eines Metallkristalls haben Sie kennengelernt?

5.20 Wie erklärt sich die gute elektrische Leitfähigkeit der Metalle?

**Tabelle 5.2: Chemische Bindung (Übersicht)**

| Bindungsart | Beteiligte Elemente | Vorgänge in der Elektronenhülle | Gittertyp | Teilchen |
|---|---|---|---|---|
| **Ionenbindung** | Metalle + Nichtmetalle | Elektronen-übergänge | Ionengitter | Ionen |
| **Atombindung** | Nichtmetalle | Bildung gemeinsamer Elektronenpaare | Molekülgitter | Moleküle |
| **Metallische Bindung** | Metalle | Abgabe von Elektronen | Metallgitter | Metall-Ionen und bewegliche Elektronen |

**Zusammenfassung**

Unter chemischer Bindung versteht man die Art des Zusammenhalts der Atome oder Ionen in chemischen Verbindungen.

**1.** die Ionenbindung
Sie ist die typische Bindungsart zwischen Metallen und Nichtmetallen. Charakteristisch für diese Bindungsart ist der Elektronenübergang von Metallatomen zu Nichtmetallatomen.

Die Metallatome geben Elektronen ab und werden zu positiv geladenen Ionen. Die Atome der Nichtmetalle nehmen die von den Metallatomen abgegebenen Elektronen auf und werden zu negativ geladenen Ionen.

Die entgegengesetzt geladenen Ionen ziehen sich elektrostatisch an und bilden ein regelmäßig aufgebautes Ionengitter.

Die Anziehungskräfte zwischen den Ionen sind sehr stark. Deshalb sind Ionenkristalle hart. Sie schmelzen und sieden erst bei hohen Temperaturen.

Als Ionenwertigkeit bezeichnet man die Anzahl der abgegebenen bzw. aufgenommenen Elektronen.

**2.** Unter Atombindung oder kovalenter Bindung verstehen wir die Verknüpfung von Atomen durch gemeinsame Elektronenpaare. Diese Bindungsart ist typisch für Nichtmetalle.

Eine Atombindung zwischen zwei Atomen kann sich nur dann ausbilden, wenn jedes der beiden Atome mindestens eine Elektronenwolke besitzt, die nur mit einem Elektron besetzt ist. Durch Überlappung der beiden einfach besetzten Elektronenwolken entsteht eine Bindungswolke mit einem Elektronenpaar.

Die Verknüpfung von Atomen durch gemeinsame Elektronenpaare führt i. allg. zur Bildung von Molekülen. Moleküle üben meistens nur schwache Anziehungskräfte aufeinander aus. Deshalb haben Molekülverbindungen im Gegensatz zu Ionenverbindungen niedrige Schmelz- und niedrige Siedepunkte. Viele von ihnen sind bei Raumtemperatur gasförmig oder flüssig.

Die Anzahl der von einem Atom ausgehenden Atombindungen bezeichnet man als seine Bindigkeit.

Eine polare Atombindung liegt vor, wenn das eine der beiden beteiligten Atome das gemeinsame Elektronenpaar stärker zu sich herüberzieht als das andere. Auf diese Weise erhält das stärker Elektronen anziehende Atom eine schwach negative Ladung, das andere eine schwach positive Ladung. Moleküle, bei denen die Schwerpunkte der positiven und negativen Ladung nicht zusammenfallen, nennt man Dipole. Sie besitzen ein negatives und ein positives Ende.

Im flüssigen Wasser wird immer eine mehr oder minder große Anzahl von Wassermolekülen durch Wasserstoffbrücken zusammengehalten. Diese Bindung kommt daher zustande, daß das positiv polarisierte Wasserstoffatom des einen Wassermoleküls das negativ polarisierte Sauerstoffatom eines Nachbarmoleküls anzieht und festhält.

**3.** Die metallische Bindung ist die Bindungsart der Metalle. Metalle kristallisieren in Metallgittern. Beim Aufbau eines Metallgitters geben die Metallatome ihre Außenelektronen ab unter Bildung positiv geladener Metall-Ionen. Diese besetzen die Gitterplätze. Die abgespaltenen Elektronen können sich im Gitter frei bewegen. Darauf beruht die gute elektrische Leitfähigkeit der Metalle.

Die Anziehung zwischen den beweglichen Elektronen und den Metall-Ionen aufgrund der unterschiedlichen Ladung bewirkt den festen Zusammenhalt des Metallgitters.

# 6 Oxidation-Reduktion

## 6.1 Erweiterung der Begriffe Oxidation und Reduktion

Unter Oxidation verstand man früher nur eine Aufnahme von Sauerstoff, unter Reduktion nur eine Abgabe von Sauerstoff. Heute sind die Begriffe Oxidation und Reduktion umfassender.

Wir vergleichen zunächst die Reaktion von Magnesium und Sauerstoff mit der Reaktion von Magnesium und Chlor. Wir kennen die Vorgänge, die sich dabei abspielen. Wenn Magnesium zu Magnesiumoxid verbrennt, dann gehen Elektronen von Magnesiumatomen auf Sauerstoffatome über:

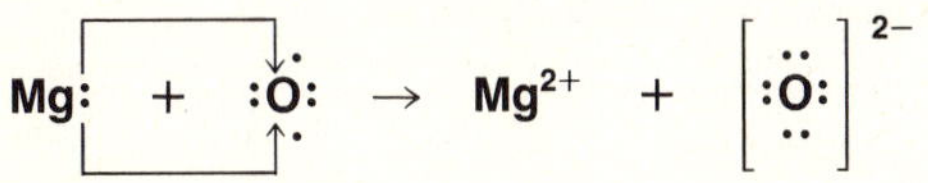

Magnesium gibt Elektronen ab, Sauerstoff nimmt Elektronen auf.

Analog verläuft die Reaktion von Magnesium mit Chlor. Auch hier erfolgt ein Elektronenübergang vom Metall zum Nichtmetall:

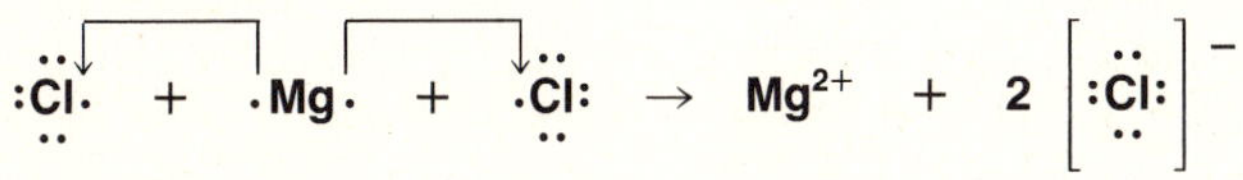

Magnesium gibt Elektronen ab, Chlor nimmt Elektronen auf.

Das gemeinsame dieser Reaktionen ist, daß der eine Reaktionspartner Elektronen abgibt, der andere Elektronen aufnimmt.

**Jede** Abgabe von Elektronen wird heute als Oxidation bezeichnet,
**jede** Aufnahme von Elektronen als Reduktion.

- Wird ein Teilchen oxidiert, so gibt es Elektronen ab.
- Wird ein Teilchen reduziert, so nimmt es Elektronen auf.

**Oxidation ist Abgabe von Elektronen.**

**Reduktion ist Aufnahme von Elektronen.**

Wenn Magnesium zu Magnesiumoxid verbrennt, so wird Magnesium oxidiert, weil es Elektronen abgibt. Der Sauerstoff wird reduziert, weil er die vom Magnesium abgegebenen Elektronen aufnimmt. Sauerstoff oxidiert Magnesium, wir können auch sagen: Magnesium reduziert Sauerstoff. Sauerstoff ist hier das Oxidationsmittel, Magnesium das Reduktionsmittel.

Wenn Magnesium mit Chlor unter Bildung von Magnesiumchlorid reagiert, so wird gleichfalls Magnesium oxidiert, weil das Metall Elektronen abgibt. Chlor wird dabei reduziert, weil es die vom Magnesium abgegebenen Elektronen aufnimmt.

Bei dieser Reaktion ist Chlor das Oxidationsmittel, Magnesium das Reduktionsmittel:

wird oxidiert zu

$$\underset{\text{Reduktionsmittel}}{Mg} + \underset{\text{Oxidationsmittel}}{Cl_2} \rightarrow Mg^{2+} + 2\,Cl^-$$

wird reduziert zu

## Oxidationsmittel, Reduktionsmittel

Einen Stoff, der leicht Elektronen aufnimmt, nennen wir Oxidationsmittel, weil er andere Stoffe oxidiert, indem er ihnen Elektronen entzieht. Sauerstoff und die Halogene zeigen ein großes Bestreben, Elektronen aufzunehmen, und sind deshalb starke Oxidationsmittel.

Einen Stoff, der leicht Elektronen abgibt und deshalb reduzierend wirkt, bezeichnen wir als Reduktionsmittel. Das Reduktionsmittel selbst wird dabei oxidiert.

Wasserstoff, Magnesium, Natrium und andere unedle Metalle geben leicht Elektronen ab. Sie sind daher gute Reduktionsmittel.

**Reduktionsmittel geben Elektronen ab.**

**Oxidationsmittel nehmen Elektronen auf.**

## Was ist eine Redoxreaktion?

Jede Reduktion ist mit einer Oxidation gekoppelt. Ein Stoff kann nur dann Elektronen aufnehmen, wenn ein anderer Stoff diese abgibt. Der eine Reaktionspartner wird reduziert, der andere gleichzeitig oxidiert. Daher bezeichnet man den gesamten Vorgang als Redoxreaktion. Oxidation und Reduktion laufen immer gleichzeitig nebeneinander ab.

**Reaktionen, bei denen der eine Reaktionspartner Elektronen abgibt, der andere diese aufnimmt, nennt man Redoxreaktionen.**

**Redoxreaktionen bestehen in einem Übergang von Elektronen von einem Atom auf ein anderes.**

Natrium reagiert mit Chlor unter Bildung von Natriumchlorid:

$$Na\cdot + \cdot\ddot{\underset{..}{Cl}}: \rightarrow Na^+ + \left[:\ddot{\underset{..}{Cl}}:\right]^-$$

Natrium wird bei dieser Reaktion oxidiert, denn es gibt Elektronen ab. Chlor wird reduziert, denn es nimmt Elektronen auf. Die Oxidation von Natrium ist gekoppelt mit der Reduktion von Chlor. Dieser Vorgang ist also ein Redoxreaktion.

Das Chlor ist für das Natrium das Oxidationsmittel, das Natrium für das Chlor das Reduktionsmittel.

**Kontrollfragen**

6.1 Reaktionen zwischen einem Metall und einem Nichtmetall sind Redoxreaktionen. In welcher Richtung erfolgt der Elektronenübergang?

6.2 Bei der Reaktion von Calcium mit Chlor entsteht Calciumchlorid.
a) Welches Element wird hierbei oxidiert, b) welches ist das Oxidationsmittel?

6.3 Ein Stoff wird oxidiert. Was verstehen Sie darunter?

## 6.2 Die Oxidationszahl

Um das Ableiten von Formeln und das Beschreiben von Redoxreaktionen zu erleichtern, hat man einen Hilfsbegriff eingeführt, die Oxidationszahl.

### Die Oxidationszahlen in Ionenverbindungen

**Für alle einfachen Ionen ist die Oxidationszahl gleich der Ladung eines Ions.**

**Beispiele:**

Natriumchlorid: Das Natrium-Ion trägt eine positive Ladung und hat deshalb die Oxidationszahl + 1. Das Chlorid-Ion trägt eine negative Ladung, seine Oxidationszahl ist − 1.

**MgO**: Das Magnesium-Ion ist zweifach positiv geladen, seine Oxidationszahl ist + 2 und die des zweifach negativ geladenen Sauerstoff-Ions − 2.

**$Al_2O_3$**: Jedes Aluminium-Ion hat die Oxidationszahl + 3, jedes Sauerstoff-Ion hat die Oxidationszahl − 2.

Es gibt also positive und negative Oxidationszahlen. Deshalb dürfen wir niemals das Vorzeichen vergessen.

### Die Oxidationszahlen in Molekülen

Für Verbindungen mit Atombindung gilt folgende Vereinbarung: Die bindenden Elektronen werden dem Atom zugerechnet, von dem sie stärker angezogen werden. Man denkt sich also das Molekül aus Ionen aufgebaut. Die Ladung, die sich dadurch für ein Atom ergibt, ist seine Oxidationszahl in der betreffenden Verbindung.

**Beispiel:**

**Welches sind die Oxidationszahlen von Wasserstoff und Sauerstoff im $H_2O$-Molekül?**

Sauerstoff zieht die bindenden Elektronen stärker an als Wasserstoff. Diese sind deshalb zum Sauerstoffatom hin verschoben. Ordnen wir vereinbarungsgemäß die bindenden Elektronen ganz dem Sauerstoffatom zu, so ergibt sich für das Sauerstoffatom ein Überschuß von 2 Elektronen und somit die Oxidationszahl − 2. Die beiden Wasserstoffatome hätten dann kein Elektron mehr. Daraus ergibt sich für jedes Wasserstoffatom die Oxidationszahl + 1.

Wir addieren die Oxidationszahlen der drei Atome des Wassermoleküls:

$$2 \cdot (+1) + (-2) = 2 - 2 = 0$$

Ergebnis: Die Summe der Oxidationszahlen aller Atome des $\mathbf{H_2O}$-Moleküls beträgt 0.

**Allgemein gilt: Die Summe der Oxidationszahlen aller Atome eines Moleküls ist immer gleich 0.**

## Ermittlung von Oxidationszahlen

Zur Ermittlung von Oxidationszahlen gelten, von wenigen Ausnahmen abgesehen, folgende Regeln:

- Alle Metalle erhalten stets positive Oxidationszahlen.
- Wasserstoff erhält die Oxidationszahl +1.
- Sauerstoff erhält die Oxidationszahl −2.
- Freie Elemente erhalten stets die Oxidationszahl 0.

Unter Beachtung dieser Regeln kann man die Oxidationszahl eines Elements in einer Verbindung aus der Formel berechnen, wenn man die Oxidationszahlen der übrigen Elemente dieser Verbindung kennt.

**Beispiele:**

**Welche Oxidationszahl hat Schwefel in $SO_2$?**

Wir bezeichnen die gesuchte Oxidationszahl von Schwefel mit x. Jedes Sauerstoffatom hat die Oxidationszahl −2. Da die Summe der Oxidationszahlen aller Atome im $\mathbf{SO_2}$-Molekül gleich 0 ist, ergibt sich folgende Gleichung:

$$\begin{aligned} x + 2 \cdot (-2) &= 0 \\ x - 4 &= 0 \\ x &= +4 \end{aligned}$$

Ergebnis: Schwefel besitzt in $\mathbf{SO_2}$ die Oxidationszahl + 4.

**Welche Oxidationszahl hat Phosphor in $H_3PO_4$?**

Wir addieren die Oxidationszahlen aller Atome im Molekül:

$$\begin{aligned} 3 \cdot (+1) + x + 4 \cdot (-2) &= 0 \\ 3 + x - 8 &= 0 \\ x &= +5 \end{aligned}$$

Ergebnis: Phosphor hat in $\mathbf{H_3PO_4}$ die Oxidationszahl + 5.

Man kann in Formeln die Oxidationszahlen in kleinen Ziffern über das betreffende Elementsymbol schreiben.

**Beispiele:**

$$\overset{+1}{\mathbf{H_2}}\overset{-2}{\mathbf{O}} \qquad \overset{+4}{\mathbf{S}}\overset{-2}{\mathbf{O_2}} \qquad \overset{+1}{\mathbf{H_3}}\overset{+5}{\mathbf{P}}\overset{-2}{\mathbf{O_4}} \qquad \overset{+4}{\mathbf{C}}\overset{-2}{\mathbf{O_2}}$$

**Ein Element kann in verschiedenen Verbindungen verschiedene Oxidationszahlen haben.** So hat z. B. Kupfer in der Verbindung **CuCl** die Oxidationszahl + 1, in **$CuCl_2$** dagegen die Oxidationszahl + 2. Die Oxidationszahl von Eisen in **$FeCl_2$** ist + 2, in **$FeCl_3$** dagegen + 3.

Zur eindeutigen Benennung der Verbindungen eines solchen Elements wird die Oxidationszahl der Elemente durch römische Ziffern angegeben, die in Klammern unmittelbar hinter dessen Namen gesetzt werden.

**Beispiele:**

| Formel | Name | gelesen |
|---|---|---|
| **CuCl** | Kupfer(I)-chlorid | Kupfer-eins-chlorid |
| **$CuCl_2$** | Kupfer(II)-chlorid | Kupfer-zwei-chlorid |
| **$FeCl_2$** | Eisen(II)-chlorid | Eisen-zwei-chlorid |
| **$FeCl_3$** | Eisen(III)-chlorid | Eisen-drei-chlorid |

**Bei Redoxreaktionen ändern sich die Oxidationszahlen.**

Eine Oxidation besteht darin, daß Elektronen abgegeben werden. Durch Elektronenabgabe wird die Oxidationszahl erhöht. Umgekehrt wird durch Aufnahme von Elektronen die Oxidationszahl erniedrigt.

**Wird ein Element oxidiert, so erhöht sich seine Oxidationszahl, wird es reduziert, so erniedrigt sich seine Oxidationszahl.**

**Beispiel:**

$$\overset{0}{Mg} + \overset{0}{Cl_2} \rightarrow \overset{+2\ -1}{MgCl_2}$$

Bei der uns schon bekannten Redoxreaktion zwischen Magnesium und Chlor haben die Ausgangsstoffe die Oxidationszahl 0, weil sie als Elemente vorliegen.

Die Oxidationszahl von Magnesium steigt von 0 auf +2, Magnesium wird oxidiert.

Die Oxidationszahl von Chlor sinkt von 0 auf −1, Chlor wird reduziert. Es erfolgt ein Elektronenübergang von Magnesiumatomen auf Chloratome.

## Erkennen von Redoxreaktionen

Mit Hilfe von Oxidationszahlen können wir leicht erkennen, ob ein Atom während einer chemischen Reaktion oxidiert oder reduziert wird, mit anderen Worten, ob es bei der Reaktion Elektronen abgibt oder aufnimmt.

Wir schreiben die Reaktionsgleichung mit Angabe der Oxidationszahlen und stellen fest, welche Oxidationszahlen sich geändert haben.

**Beispiele:**

**1.** Eisen und Schwefel vereinigen sich zu Eisensulfid nach der Gleichung:

$$\overset{0}{Fe} + \overset{0}{S} \rightarrow \overset{+2}{Fe}\,\overset{-2}{S}$$

Die Oxidationszahl von Eisen steigt von 0 auf +2, Eisen wird oxidiert.

Die Oxidationszahl von Schwefel sinkt von 0 auf −2, daraus folgt: Schwefel wird reduziert. Es erfolgt ein Elektronenübergang von Eisenatomen auf Schwefelatome.

**2.** Kohlenstoff verbrennt zu Kohlenstoffdioxid:

$$\overset{0}{C} + \overset{0}{O_2} \rightarrow \overset{+4}{C}\,\overset{-2}{O_2}$$

Die Oxidationszahl von Kohlenstoff steigt von 0 auf +4, Kohlenstoff wird oxidiert.

Die Oxidationszahl von Sauerstoff sinkt von 0 auf −2, Sauerstoff wird reduziert.

Auch dies ist eine Redoxreaktion. Es erfolgt allerdings kein vollständiger Elektronenübergang von einem Atom auf ein anderes, sondern ein partieller. Die Elektronen sind zu dem stärker Elektronen anziehenden Sauerstoff hin verschoben.

**3.** Wasserstoff reagiert mit Chlor unter Bildung von Hydrogenchlorid. Ist dieser Vorgang eine Redoxreaktion?

$$\overset{0}{H_2} + \overset{0}{Cl_2} \rightarrow 2\,\overset{+1}{H}\,\overset{-1}{Cl}$$

Wasserstoff wird oxidiert, seine Oxidationszahl steigt von 0 auf +1. Gleichzeitig wird Chlor reduziert, seine Oxidationszahl sinkt von 0 auf −1. Der Vorgang ist also eine Redoxreaktion. Die bindenden Elektronen sind weitgehend zum Chloratom übergegangen.

**4.** Auch die Reaktion von Zink mit Wasserdampf ist eine Redoxreaktion:

Oxidationszahl wird größer: Oxidation

$$\overset{0}{Zn} + \overset{+1\ -2}{H_2O} \longrightarrow \overset{+2\ -2}{ZnO} + \overset{0}{H_2}$$

Oxidationszahl wird kleiner: Reduktion

**Kontrollfragen**

6.4 Bestimmen Sie die Oxidationszahlen in folgenden Verbindungen: $\mathbf{SO_2}$, $\mathbf{SO_3}$, $\mathbf{CH_4}$, $\mathbf{NH_3}$, **NaCl**.

6.5 a) Bestimmen Sie die Oxidationszahlen in CuO und $Cu_2O$.
b) Benennen Sie mit Hilfe von Oxidationszahlen die beiden Oxide des Kupfers.

6.6 Zink verbrennt zu Zinkoxid. Dies ist eine typische Redoxreaktion. In welcher Richtung erfolgt der Elektronenübergang?

6.7 Schwefeltrioxid löst sich in Wasser unter Bildung von Schwefelsäure nach der Gleichung:
$H_2O + SO_3 \rightarrow H_2SO_4$
Bestimmen Sie die Oxidationszahlen, und beurteilen Sie, ob die Reaktion eine Redoxreaktion ist.

**Zusammenfassung**

Ein Vorgang, bei dem ein Teilchen Elektronen abgibt, heißt Oxidation, die Aufnahme von Elektronen ist eine Reduktion.

Ein Teilchen kann nur dann Elektronen aufnehmen, wenn ein anderes Teilchen diese abgibt. Oxidation und Reduktion sind deshalb stets miteinander gekoppelt; wird der eine Reaktionspartner reduziert, dann wird gleichzeitig der andere Reaktionspartner oxidiert. Deshalb bezeichnet man Reaktionen, bei denen Elektronen übertragen werden, als Redoxreaktionen.

Ein Reduktionsmittel ist ein Stoff, der Elektronen abgibt und dadurch andere Stoffe reduziert. Durch Elektronenabgabe wird das Reduktonsmittel aber selbst oxidiert.

Oxidationsmittel nehmen Elektronen auf. Sie oxidieren ihren Partner, indem sie ihm Elektronen entziehen. Sie werden dabei selbst aber reduziert.

Eine wichtige Hilfsgröße ist die Oxidationszahl. Sie ist eine gedachte Größe. Die Oxidationszahl ist gleich der Ladung, die ein Atom in einem Molekül haben würde, wenn die bindenden Elektronen ganz dem stärker Elektronen anziehenden Atom zugeordnet werden.

Die Oxidationszahl von einfachen Ionen ist gleich ihrer Ladung.

Bei einer Oxidation erhöht sich die Oxidationszahl, bei einer Reduktion verringert sich die Oxidationszahl. Man kann daher mit Hilfe von Oxidationszahlen Elektronenübergänge ermitteln.

# 7 Reaktionsbedingungen

**Versuche:**

**V. 1** *Abhängigkeit der Reaktionsgeschwindigkeit von der Konzentration*

*Gleich große Stücke Zink mit Salzsäure verschiedener Konzentration übergießen. Beobachten Sie die Intensität der Wasserstoffentwicklung.*

**V. 2** *Abhängigkeit der Reaktionsgeschwindigkeit von der Temperatur*

*Gleich große Stücke Zinkblech im Reagenzglas übergießen*
*a) mit verdünnter Salzsäure von Raumtemperatur,*
*b) mit heißer Salzsäure gleicher Konzentration.*

**V. 3** *Abhängigkeit der Reaktionsgeschwindigkeit vom Zerteilungsgrad*

*Größere Zinkstücke, granuliertes Zink und Zinkpulver mit verdünnter Salzsäure gleicher Konzentration übergießen.*

**V. 4** *Abhängigkeit der Reaktionsgeschwindigkeit von einem Katalysator*

*3%iges Wasserstoffperoxid etwa 3 cm hoch in ein Reagenzglas geben, auf kleine Gasblasen achten. Dann eine Messerspitze Braunstein (gepulvert) hineinwerfen. Glimmenden Holzspan in die Mündung des Reagenzglases halten. (Aufflammen eines glimmenden Holzspans zeigt Sauerstoff an.)*

## Die Geschwindigkeit chemischer Reaktionen

Die Geschwindigkeit, mit der chemische Reaktionen ablaufen, kann sehr verschieden groß sein. Manche Reaktionen verlaufen außerordentlich schnell, z. B. die Neutralisation einer sauren Lösung mit einer alkalischen. Andere Reaktionen laufen langsam ab, z. B. das Rosten von Eisen an feuchter Luft, das Ranzigwerden der Fette.

Unsere Versuche zeigen, daß eine chemische Reaktion bei unterschiedlichen Reaktionsbedingungen auch unterschiedlich schnell abläuft.

## Welche äußeren Bedingungen beeinflussen die Reaktionsgeschwindigkeit?

### ● Die Konzentration

Stoffe können nur dann miteinander reagieren, wenn ihre Teilchen zusammenstoßen. Dabei muß der Zusammenstoß sehr heftig sein, damit eine Umordnung in den Elektronenhüllen und damit eine Reaktion eintritt. Ist der Zusammenprall zu schwach, prallen die Teilchen unverändert voneinander ab. Je höher die Zahl der Zusammenstöße ist, um so mehr Teilchen werden reagieren, um so schneller läuft die Reaktion ab.

Wir haben festgestellt, daß Zink mit sehr verdünnter Salzsäure langsam reagiert, mit konzentrierter dagegen sehr viel schneller (V. 1). Das ist leicht zu verstehen. Je größer die Konzentration ist, das heißt, je mehr Teilchen im Reaktionsgefäß vorhanden sind, um so größer ist auch die Zahl der Zusammenstöße. Ein Teil der Zusammenstöße ist erfolgreich und führt zur Bildung der neuen Stoffe.

**Die Reaktionsgeschwindigkeit wächst mit steigender Konzentration der Ausgangsstoffe.**

## Die Temperatur

Durch Temperaturerhöhung werden chemische Reaktionen beschleunigt. Auch dies ist leicht einzusehen. Mit zunehmenden Temperaturen steigt die Geschwindigkeit der Teilchen. Die Zusammenstöße werden dadurch häufiger. Die Teilchen prallen auch mit größerer Wucht aufeinander. Das führt dazu, daß mehr Teilchen miteinander reagieren. Die Reaktion läuft schneller ab (V. 2).

**Die Reaktionsgeschwindigkeit nimmt mit steigender Temperatur zu.**

**Umgekehrt bewirkt Abkühlung eine Verzögerung der Reaktion.**

Bei vielen Reaktionen wird durch eine Temperaturerhöhung um 10 °C die Reaktionsgeschwindigkeit etwa verdoppelt. Bei 50 °C läuft eine Reaktion etwa 8mal schneller ab als bei 20 °C.

## Der Zerteilungsgrad

Wenn ein Gas oder ein gelöster Stoff mit einem festen Stoff reagiert, so kann die Umsetzung nur an dessen Oberfläche stattfinden. Je feiner die Zerteilung ist, um so größer ist die Oberfläche, um so mehr Teilchen können aufprallen und reagieren.

**Die Reaktionsgeschwindigkeit wächst mit dem Zerteilungsgrad.**

Zinkstaub z. B. reagiert mit Salzsäure wesentlich schneller als größere Zinkstücke (V. 3). Ein kompaktes Stück Kohle brennt langsam ab. Die gleiche Menge Kohlenstaub kann explosionsartig verbrennen. Bei der sehr schnell ablaufenden Verbrennung des feinen Kohlenstaubs bilden sich in kürzester Zeit große Mengen heißer Verbrennungsgase, die einen plötzlichen sehr starken Druck auf die Umgebung ausüben, wodurch große Zerstörungen hervorgerufen werden können (Gefährlichkeit von Staub-Luftgemischen).

## Katalysatoren

Die Geschwindigkeit vieler Reaktionen kann durch Zusatz bestimmter Stoffe erhöht werden. Man nennt diese Stoffe Katalysatoren. Ein Beispiel: Wasserstoffperoxid, das bekannte Bleichmittel, ist bei gewöhnlicher Temperatur ziemlich beständig. Nur gelegentlich steigen kleine Gasblasen auf, die anzeigen, daß sich das Wasserstoffperoxid ganz allmählich in Wasser und Sauerstoff zersetzt:

$$2\,H_2O_2 \rightarrow 2\,H_2O + O_2$$

Wasserstoffperoxid

Die Reaktionsgeschwindigkeit ist sehr klein. Durch Zusatz von Braunstein wird die Zerfallsreaktion außerordentlich stark beschleunigt. Es setzt eine stürmische Sauerstoffabspaltung ein (V. 4).

Wir stellen fest: Der Zerfall von Wasserstoffperoxid in Wasser und Sauerstoff geht bei Gegenwart von Braunstein sehr viel schneller vor sich als ohne diesen Stoff. Braunstein ist ein Katalysator. Nach Ablauf der Reaktion kann der Braunstein unverändert zurückerhalten werden.

**Katalysatoren sind Stoffe, die eine chemische Reaktion beschleunigen, ohne selbst dabei verbraucht zu werden.**

Katalysatoren setzen die Aktivierungsenergie einer chemischen Reaktion herab. Darauf beruht ihre Wirkung.

Katalytische Reaktionen sind von großer technischen Bedeutung. Viele technische Verfahren lassen sich nur mit Hilfe von Katalysatoren rentabel durchführen. Für die chemische Industrie ist es wichtig, daß chemische Reaktionen in möglichst kurzer Zeit ablaufen. Die Zeit, die für den Ablauf einer Reaktion benötigt wird, hat einen erheblichen Einfluß auf die Wirtschaftlichkeit eines Verfahrens.

Auch die meisten chemischen Reaktionen im lebenden Organismus verlaufen unter der Wirkung von Katalysatoren. Die in der lebenden Zelle erzeugten Katalysatoren nennt man Biokatalysatoren. Dazu gehören die Enzyme. Die vielen chemischen Reaktionen in unserem Körper, wie z. B. Stoffwechsel, Zellteilung, können nur deshalb bei der relativ niedrigen Körpertemperatur von rund 37 °C ablaufen, weil sie von Enzymen katalysiert werden.

### Kontrollfragen

7.1 Wie läßt sich die Geschwindigkeit einer Reaktion erhöhen? Nennen Sie 3 Möglichkeiten.

7.2 In reinem Sauerstoff verbrennen alle Stoffe sehr viel lebhafter als in Luft. Geben Sie eine Erklärung.

7.3 Weshalb ist die Verbrennungsgeschwindigkeit von zerkleinertem Holz größer als von einem kompakten Holzscheit?

7.4 Weshalb sind verderbliche Lebensmittel im Kühlschrank länger haltbar als bei Raumtemperatur?

7.5 Weshalb werden in der Technik viele chemische Reaktionen bei hohen Temperaturen durchgeführt?

7.6 Wievielmal schneller läuft eine Reaktion bei 60 °C ab als bei 20 °C?

### Zusammenfassung

Die Geschwindigkeit chemischer Reaktionen läßt sich beeinflussen:

- durch die **Konzentration** der Ausgangsstoffe: Je höher die Konzentration, desto größer die Reaktionsgeschwindigkeit.
- durch die **Temperatur**: Erhöhung der Temperatur beschleunigt chemische Reaktionen, Erniedrigung der Temperatur verlangsamt sie.
- durch den **Zerteilungsgrad**: Je feiner die Zerteilung, um so höher die Reaktionsgeschwindigkeit.
- durch **Katalysatoren**: Die Geschwindigkeit chemischer Reaktionen kann durch Zusatz bestimmter Stoffe erhöht werden.

# 8 Metallhydroxide und Säuren

## 8.1 Die Reaktion von Oxiden mit Wasser

**Versuche:**

**V. 1** *Metalloxid und Wasser*

*Etwas Calciumoxid in ein kleines Becherglas mit Wasser geben, umrühren, filtrieren. Filtrat zuerst mit Lackmuspapier prüfen, dann 1–2 Tropfen Phenolphthaleinlösung hinzugeben.*

**V. 2** *Lösungen von Natriumhydroxid und Kaliumhydroxid*

*a) mit rotem Lackmuspapier, b) mit farbloser Phenolphthaleinlösung prüfen.*

**V. 3** *Nichtmetalloxid und Wasser*

*In einem kleinen Porzellantiegel ein etwa apfelkerngroßes Stück weißen Phosphor mit warmem Draht anzünden und sofort ein mit Wasser ausgespültes Wasserglas darüberstülpen. Nach Beendigung der Reaktion die an der Becherwandung haftenden Tropfen mit blauem Lackmuspapier prüfen.*

**V. 4** *Verschiedene verdünnte Säuren a) mit blauem Lackmuspapier, b) mit roter Phenolphthaleinlösung prüfen.*

Sauerstoff bildet mit den meisten Elementen Oxide. Die Oxide der Elemente der linken Seite des Periodensystems, die Metalloxide, sind Ionenverbindungen. Ihre Kristalle bestehen aus positiv geladenen Metall-Ionen und negativ geladenen Sauerstoff-Ionen. Die Bausteine von Magnesiumoxid z. B. sind $\mathbf{Mg^{2+}}$-Ionen und $\mathbf{O^{2-}}$-Ionen.

Die Oxide der Elemente der rechten Seite des Periodensystems, die Nichtmetalloxide, bestehen aus Molekülen mit Atombindungen, z. B. Schwefeldioxid. Die Oxide der Metalle und die der Nichtmetalle geben mit Wasser unterschiedliche Reaktionen.

### 8.1.1 Metalloxide und Wasser

Die Oxide vieler Metalle reagieren mit Wasser. Dabei entstehen Hydroxide.

**Beispiele:**

1. Magnesiumoxid setzt sich mit Wasser um zu Magnesiumhydroxid.

$$\mathbf{MgO + H_2O \rightarrow \underset{\text{Magnesiumhydroxid}}{Mg(OH)_2}}$$

2. Bei der Reaktion von Calciumoxid mit Wasser entsteht Calciumhydroxid.

$$\mathbf{CaO + H_2O \rightarrow \underset{\text{Calciumhydroxid}}{Ca(OH)_2}}$$

Auch andere Metalloxide reagieren mit Wasser und bilden Metallhydroxide.

**Metalloxid + Wasser → Metallhydroxid**

**Tabelle 8.1 Einige Metallhydroxide**

| Formel | Name | Trivialname der wäßrigen Lösung |
|---|---|---|
| **NaOH** | Natriumhydroxid | Natronlauge |
| **KOH** | Kaliumhydroxid | Kalilauge |
| **$Ca(OH)_2$** | Calciumhydroxid | Kalkwasser |
| **$Mg(OH)_2$** | Magnesiumhydroxid | – |

Diese Metallhydroxide sind Ionenverbindungen. Sie bauen sich auf aus positiv geladenen Metall-Ionen und einfach negativ geladenen $OH^-$-Ionen.

**$OH^-$-Ionen nennt man Hydroxid-Ionen.**

Werden die Hydroxide in Wasser gelöst, dann zerfällt das Ionengitter. Die Ionen werden getrennt, sie sind jetzt in der Lösung frei beweglich.

Eine Natriumhydroxidlösung enthält **$Na^+$**-Ionen und **$OH^-$**-Ionen, eine Lösung von Calciumhydroxid **$Ca^{2+}$**-Ionen und **$OH^-$**-Ionen. Auf ein positiv zweiwertiges Calcium-Ion kommen immer zwei negativ einwertige Hydroxid-Ionen. Deshalb lautet die Formel für Calciumhydroxid **$Ca\,(OH)_2$**.

Die Lösungen der Metallhydroxide geben einige charakteristische **Farbreaktionen**:

**Rotes Lackmuspapier wird blau gefärbt**, eine farblose **Phenolphthaleinlösung** intensiv **rot**. Man sagt, die Lösungen reagieren alkalisch. Die alkalische Reaktion ist auf die in der Lösung vorhandenen **$OH^-$**-Ionen zurückzuführen.

**Eine Lösung, die $OH^-$-Ionen enthält, reagiert alkalisch.**

## 8.1.2 Nichtmetalloxide und Wasser

Die Oxide von Nichtmetallen bilden mit Wasser Säuren.

**Beispiele:**

Kohlenstoffdioxid vereinigt sich mit Wasser zu Kohlensäure:

$$CO_2 + H_2O \rightarrow \underset{\text{Kohlensäure}}{H_2CO_3}$$

Schwefeltrioxid bildet mit Wasser Schwefelsäure:

$$\underset{\text{Schwefeltrioxid}}{SO_3} + H_2O \rightarrow \underset{\text{Schwefelsäure}}{H_2SO_4}$$

Das Verbrennungsprodukt von Phosphor ist $P_4O_{10}$, Phosphor (V)-oxid. Das Oxid reagiert mit Wasser unter Bildung von Phosphorsäure.

$$P_4O_{10} + 6\,H_2O \rightarrow \underset{\text{Phosphorsäure}}{4\,H_3PO_4}$$

Auch andere Nichtmetalloxide bilden mit Wasser Säuren.

**Nichtmetalloxid + Wasser → Säuren**

Sauerstofffreie Säuren, wie z. B. Salzsäure (Formel HCl), lassen sich nicht durch Reaktion eines Oxids mit Wasser herstellen.

Saure Lösungen färben blaues Lackmuspapier rot. Eine rote Phenolphthaleinlösung wird farblos.

**Stoffe, die durch Farbänderung eine saure, neutrale oder alkalische Reaktion anzeigen, nennt man Indikatoren.**

Lackmus und Phenolphthalein sind viel verwendete Indikatoren.

## 8.2 Ionen in Lösungen

### 8.2.1 Die elektrische Leitfähigkeit von wäßrigen Lösungen

**Versuche:**

**V. 1** *Die Leitfähigkeit von destilliertem Wasser und von wäßrigen Lösungen*

*a) In ein Becherglas mit destilliertem Wasser 2 Kohleelektroden tauchen und diese über ein Glühlämpchen als Stromanzeiger mit den Polen einer Gleichstromquelle – Spannung 4 V – verbinden (Abb. 8.1)*

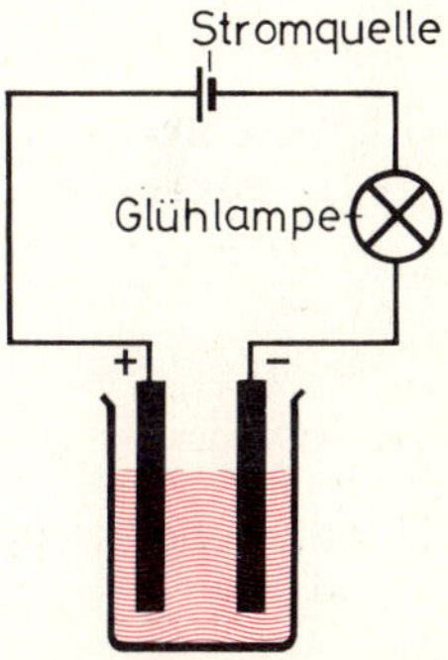


**Abb. 8.1**
**Prüfung der Leitfähigkeit von Lösungen**

*b) Wäßrige Lösungen von Rohrzucker, Ethanol, Natriumchlorid, Natriumhydroxid auf Leitfähigkeit prüfen. (Das Lämpchen leuchtet auf, wenn die Flüssigkeit den elektrischen Strom leitet.)*

*c) Wasser mit Salzsäure bzw. Schwefelsäure ansäuern und Lösung auf Leitfähigkeit prüfen.*

**V. 2** *Sichtbarmachen der Ionenwanderung*

*Eine Lage von 4 übereinandergeschichteten Filtrierpapieren mit einer 0,04%igen Kaliumnitratlösung tränken (Konzentration einhalten) und auf der Tischplatte ausbreiten. In die Mitte einige Kaliumpermanganat-Kriställchen nebeneinander legen. Die Stromzufuhr erfolgt über 2 Kohleelektroden, die fest auf das Papier drücken (Abb. 8.2). 20 Volt Gleichspannung anlegen.*

*In welche Richtung bewegen sich die violett gefärbten Permanganat-Ionen?*

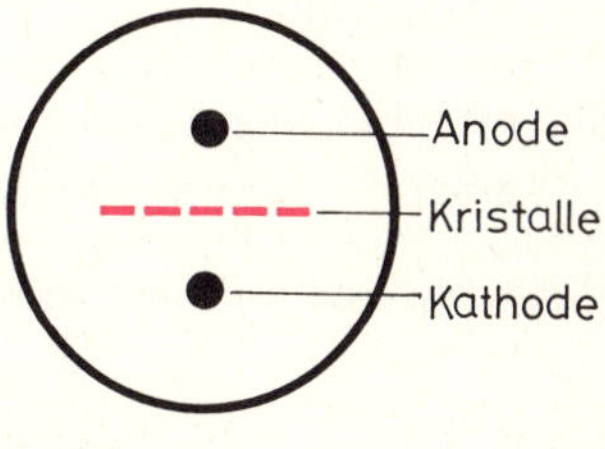


**Abb. 8.2**
**Sichtbarmachen der Ionenwanderung**

Wir haben festgestellt, daß reines Wasser den elektrischen Strom nicht leitet[1]. Auch Lösungen von Rohrzucker und Ethanol besitzen kein Leitvermögen für den elektrischen Strom, wohl aber die Lösungen von Salzen und Säuren. (Wir erinnern uns, Metallhydroxide sind aus Ionen aufgebaut und werden deshalb in der modernen Chemie zur Stoffklasse der Salze gerechnet.)

---

[1] Mit sehr empfindlichen Meßgeräten läßt sich eine minimale Leitfähigkeit von reinem Wasser nachweisen.

## 8.2.2 Die Dissoziation von Salzen

### Worauf beruht die Leitfähigkeit von Salzlösungen?

Salze sind im festen Zustand aus regelmäßig angeordneten Ionen aufgebaut. Die Ionen werden im Kristall durch gegenseitige elektrostatische Anziehung zusammengehalten. Beim Lösen in Wasser schieben sich Wassermoleküle zwischen die Ionen und trennen diese. Das Ionengitter bricht zusammen. Die Ionen können sich nun unabhängig voneinander in der Lösung bewegen.

**Zerfällt ein Stoff beim Auflösen in Wasser in Ionen, so sagt man, er dissoziiert. Der Vorgang heißt Dissoziation.**

**Beispiele:**

1. Natriumchlorid zerfällt beim Auflösen in Wasser in positiv geladene Natrium-Ionen und negativ geladene Chlorid-Ionen:

   $NaCl \rightarrow Na^+ + Cl^-$

   Eine wäßrige Lösung von Natriumchlorid (Kochsalz) enthält $Na^+$-Ionen und $Cl^-$-Ionen.

2. Magnesiumchlorid dissoziiert beim Lösen in Wasser in Magnesium-Ionen und Chlorid-Ionen:

   $MgCl_2 \rightarrow Mg^{2+} + 2\ Cl^-$

   Eine Magnesiumchloridlösung enthält $Mg^{2+}$-Ionen und $Cl^-$-Ionen.

3. Kaliumhydroxid zerfällt beim Auflösen in Wasser in Kalium-Ionen und Hydroxid-Ionen.

   $KOH \rightarrow K^+ + OH^-$

   Die wäßrige Lösung von Kaliumhydroxid nennt man **Kalilauge**. Kalilauge enthält $K^+$-Ionen und $OH^-$-Ionen.

4. Die Gleichung für die Dissoziation von Calciumhydroxid:

   $Ca(OH)_2 \rightarrow Ca^{2+} + 2\ OH^-$

   Die wäßrige Lösung von Calciumhydroxid nennt man **Kalkwasser**. Kalkwasser enthält **$Ca^{2+}$**-Ionen und **$OH^-$**-Ionen.

### Ionenwanderung

Taucht man in eine Lösung, die Ionen enthält, 2 Elektroden und verbindet diese mit einer Gleichstromquelle, so setzen sich die Ionen in Bewegung, weil sich entgegengesetzte Ladungen anziehen.

- Die positiv geladenen Ionen wandern zum negativen Pol, zur Kathode. Man nennt sie deshalb **Kationen**.
- Die negativ geladenen Ionen wandern zum positiven Pol, zur Anode. Man nennt sie deshalb **Anionen** (Abb. 8.3).

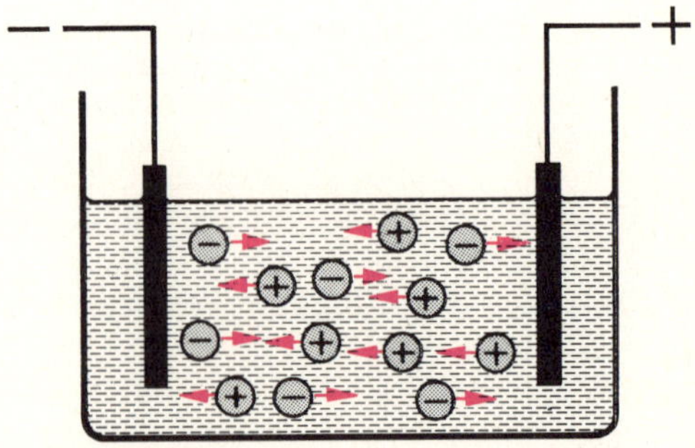


**Abb. 8.3**
**Bewegung der Ionen im elektrischen Feld**

Das Wandern der Ionen läßt sich bei farbigen Ionen mit dem Auge verfolgen (V.2).

Durch das Wandern der Ionen wird elektrische Ladung transportiert. Die Lösung leitet den elektrischen Strom. Es fließt Strom.

**Eine Lösung, die Ionen enthält, leitet den elektrischen Strom durch Ionenwanderung.**

**Enthält eine Lösung keine Ionen, so besitzt sie kein elektrisches Leitvermögen.**

Eine Zucker- oder Alkohollösung ist nicht leitend, weil der gelöste Stoff in Form neutraler Moleküle vorliegt, die im elektrischen Feld nicht wandern.

**Stoffe, die in wäßriger Lösung oder in geschmolzenem Zustand bewegliche Ionen enthalten, nennt man Elektrolyte.**

Beispiele für Elektrolyte: KOH, NaCl, $H_2SO_4$.

### 8.2.3 Das Hydronium-Ion

**Weshalb leitet Salzsäure den elektrischen Strom?**

Salzsäure ist eine Lösung von Hydrogenchlorid in Wasser. Die Lösung leitet den elektrischen Strom (V.1c). Dies beweist, daß Salzsäure Ionen enthält. Sonst besäße sie keine elektrische Leitfähigkeit.

Hydrogenchlorid jedoch ist keine Ionenverbindung. Diese enthalten Ionen schon im Kristall. Hydrogenchlorid dagegen besteht aus Molekülen. Wir erinnern uns: Das **H**-Atom und das **Cl**-Atom werden im **HCl**-Molekül durch ein gemeinsames Elektronenpaar zusammengehalten. Es kann daher beim Auflösen in Wasser kein einfacher Zerfall der HCl-Moleküle in Ionen eintreten.

**Die Ionen der Salzsäure bilden sich erst beim Lösen von HCl-Gas in Wasser:**

Wenn ein Hydrogenchloridmolekül mit einem Wassermolekül zusammenstößt, dann geht ein Proton von einem HCl-Molekül auf ein $H_2O$-Molekül über.

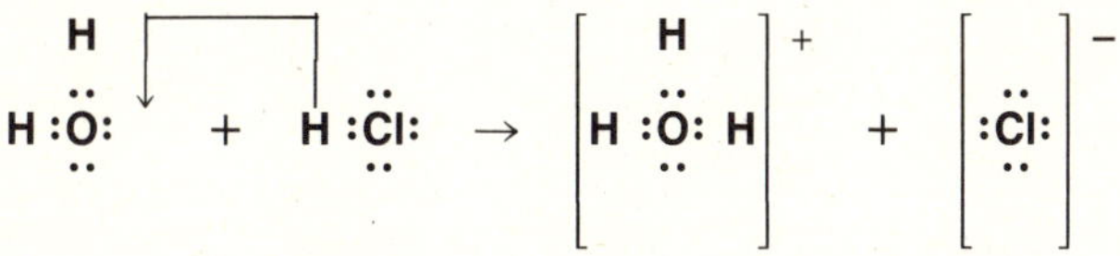

| | | | | | | | |
|---|---|---|---|---|---|---|---|
| $H_2O$ | + | HCl | → | $H_3O^+$ | + | $Cl^-$ |
| Wasser | + | Hydrogen-chlorid | → | Hydronium-Ion | + | Chlorid-Ion |

Das Proton löst sich vom Chloratom. Das bindende Elektronenpaar bleibt beim Chloratom, wodurch dieses zum Chlorid-Ion wird, während gleichzeitig das Proton von einem der beiden freien Elektronenpaare des Wassermoleküls gebunden wird. Das Proton verläßt die bindende Elektronenwolke des **HCl**-Moleküls und schlüpft in eine mit einem freien Elektronenpaar besetzte Wolke eines Wassermoleküls. Durch diese Reaktion entstehen Hydronium-Ionen und Chlorid-Ionen.

Das **$H_2O$**-Molekül geht durch Aufnahme eines Protons in das **$H_3O^+$**-Ion über.

**Das $H_3O^+$-Ion heißt Hydronium-Ion.**

**Salzsäure enthält $H_3O^+$ – und $Cl^-$-Ionen.**

**Das Wasserstoff-Ion ist ein Proton.**

Durch Abgabe eines Elektrons geht ein neutrales Atom bekanntlich in ein positiv geladenes Ion über. Da das leichte Wasserstoffatom nur aus einem Proton und einem Elektron besteht, bleibt nach Abgabe des Elektrons nur ein Proton. Das Wasserstoff-Ion ist also ein Proton.

Wie Hydrogenchlorid so geben auch Schwefelsäure, Phosphorsäure, Essigsäure und andere Säuren beim Lösen in Wasser Protonen ab, die von Wassermolekülen unter Bildung von Hydronium-Ionen gebunden werden.

**Alle wäßrigen Lösungen von Säuren enthalten Hydronium-Ionen. Deshalb reagieren die Lösungen sauer.**

**Das Hydronium-Ion bewirkt die saure Reaktion einer Lösung.**

## 8.3 Die Begriffe »Säure« und »Base«

### 8.3.1 Protolysen oder Säure-Base-Reaktionen

Viele Reaktionen beruhen darauf, daß Protonen übertragen werden. Der eine Reaktionspartner gibt Protonen ab, der andere Reaktionspartner nimmt Protonen auf.

- Alle Teilchen, die Protonen abgeben können, nennt man Säuren.[1]

**Säuren sind Protonenspender.**

- Alle Teilchen, die Protonen aufnehmen können, nennt man Basen.[1]

**Basen sind Protonenempfänger.**

Eine Säure kann aber nur dann Protonen abgeben, wenn gleichzeitig eine Base vorhanden ist, die die Protonen aufnimmt. Abgabe und Aufnahme von Protonen sind daher stets miteinander gekoppelt. Freie Protonen treten niemals bei einer chemischen Reaktion auf.

**Reaktionen, bei denen Protonen übertragen werden, nennt man Protolysen oder Säure-Base-Reaktionen.**

Ein Beispiel für eine einfache Säure-Base-Reaktion ist die Reaktion von Hydrogenchlorid mit Wasser:

$$\underset{\text{Säure}}{HCl} + \underset{\text{Base}}{H_2O} \rightarrow Cl^- + H_3O^+$$

Das Hydrogenchloridmolekül gibt ein Proton ab, ist also eine Säure. Das Wassermolekül nimmt ein Proton auf, ist hier also eine Base.

Auch die uns schon bekannte Umsetzung von Calciumoxid mit Wasser zu Calciumhydroxid ist eine Säure-Base-Reaktion:

$$CaO + H_2O \rightarrow Ca(OH)_2$$

[1] Diese heute allgemein übliche Definition von Säuren und Basen stammt von dem dänischen Chemiker Brönsted (1923).

Wir wollen die Vorgänge, die sich hier abspielen, genauer betrachten:

Calciumoxid baut sich auf aus Calcium-Ionen und Oxid-Ionen ($O^{2-}$).
Beim Lösen in Wasser zerfällt Calciumoxid in $\mathbf{Ca^{2+}}$-Ionen und $\mathbf{O^{2-}}$-Ionen.

$$\mathbf{CaO \rightarrow Ca^{2+} + O^{2-}}$$

Ein Oxid-Ion entreißt sofort einem Wassermolekül ein Proton. Dadurch entstehen zwei $\mathbf{OH^-}$-Ionen:

$$\underset{\text{Base}}{\mathbf{O^{2-}}} + \underset{\text{Säure}}{\mathbf{H_2O}} \rightarrow \mathbf{OH^-} + \mathbf{OH^-}$$

Die Lösung enthält danach auf ein $\mathbf{Ca^{2+}}$-Ion zwei $\mathbf{OH^-}$-Ionen.

Das Wesentliche der Reaktion beim Lösen eines Metalloxids in Wasser ist der Übergang eines Protons von einem $\mathbf{H_2O}$-Molekül auf ein $\mathbf{O^{2-}}$-Ion.

Das Wassermolekül gibt hier ein Proton ab, es verhält sich dem Oxid-Ion gegenüber als Säure. Das Oxid-Ion nimmt ein Proton auf, ist also eine Base.

Diese beiden Beispiele zeigen, daß die Begriffe »Säure« und »Base« keine Stoffklassen charakterisieren, sondern eine bestimmte Reaktionsweise: nämlich, wie sich ein Teilchen verhält, ob es bei einer chemischen Reaktion Protonen abgibt oder aufnimmt. Ein und derselbe Stoff kann sowohl Säure als auch Base sein. Das hängt vom Reaktionspartner ab. So verhält sich z. B. das Wassermolekül Hydrogenchlorid gegenüber als Base, dem Oxid-Ion gegenüber jedoch als Säure.

Stoffe, die sich sowohl als Säure wie auch als Base verhalten können, nennt man **Ampholyte**. Wasser ist ein Ampholyt.

**Säuren bilden mit Wasser $H_3O^+$-Ionen.**

**Basen bilden mit Wasser $OH^-$-Ionen.**

### 8.3.2 Die Stärke von Säuren und Basen

**Versuche:**

**V** *Starke und schwache Säuren*

*Ein Stückchen Magnesiumband*
*a) mit 1 molarer Salzsäure,*
*b) mit 1 molarer Ethansäure übergießen und Geschwindigkeit der Wasserstoffentwicklung vergleichen.*
*c) Beide Säuren mit blauem Lackmuspapier prüfen und Intensität der Rotfärbung vergleichen.*

**Es gibt starke und schwache Säuren.**

Eine starke Säure hat eine größere Tendenz, Protonen abzugeben, als eine schwächere.

Hydrogenchlorid vermag seine Protonen nahezu vollständig an Wasser abzugeben. Eine **HCl**-Lösung enthält sehr viele $\mathbf{H_3O^+}$-Ionen und $\mathbf{Cl^-}$-Ionen und nur wenige **HCl**-Moleküle. Hydrogenchlorid ist eine starke Säure.

Ethansäure (Essigsäure) dagegen gibt nur wenig Protonen an Wasser ab. Ihre wäßrige Lösung enthält vorwiegend unveränderte Ethansäuremoleküle und nur wenige $\mathbf{H_3O^+}$-Ionen. Ihr Säurecharakter ist deshalb nur schwach ausgeprägt, Ethansäure ist eine schwache Säure.

Starke Basen, wie z. B. das Oxid-Ion **($O^{2-}$)**, nehmen begierig Protonen auf.

Schwache Basen zeigen eine geringe Tendenz, Protonen zu binden.

**Die wichtigste Base ist das Hydroxid-Ion ($OH^-$).**

**Kontrollfragen**

8.1 Welche Ionen bewirken die sauren Eigenschaften einer Säurelösung?

8.2 Welche Ionen verursachen die alkalische Reaktion einer Lösung?

8.3 Durch welche Reaktion entstehen Hydronium-Ionen?

8.4 Wir haben 2 wichtige Reaktionstypen kennengelernt:
Protolysen und Redoxreaktionen. Welche Elementarteilchen werden jeweils übertragen?

8.5 Worauf beruht der Unterschied zwischen einer starken Säure und einer schwachen Säure?

## 8.3.3 Der pH-Wert

**Versuche:** pH-Wertbestimmungen

**V. 1** *Eine 1 molare Salzsäure mit Universalindikatorpapier prüfen und die entstandene Färbung mit der dem Papier beigegebenen Farbskala vergleichen. (Eine 1 molare Salzsäure enthält in 1000 $cm^3$ ein Mol HCl = 36,5 g.)*

**V. 2** *1 $cm^3$ 1 molare Salzsäure mit destilliertem Wasser auf 10 $cm^3$ auffüllen und mit Universalindikatorpapier prüfen.*

**V. 3** *Die 0,1 molare Salzsäure von Versuch 2 auf das 10fache verdünnen und auf pH-Wert prüfen.*

**V. 4** *Die 0,01 molare Salzsäure von Versuch 3 wiederum auf das 10fache verdünnen und pH-Wert prüfen.*

**V. 5** *Die Verdünnung fortsetzen ...*

**V. 6** *Den pH-Wert prüfen von: destilliertem Wasser, Leitungswasser, saurer Milch, Sauerkrautsaft, Zitronensaft, Apfelsaft usw.*

### Die Autoprotolyse des Wassers

Mit sehr empfindlichen Meßinstrumenten läßt sich feststellen, daß reines Wasser in ganz geringem Maße den elektrischen Strom leitet. Wir schließen daraus, daß Wasser Ionen enthält. Diese entstehen dadurch, daß ein Wassermolekül ein Proton auf ein anderes Wassermolekül überträgt:

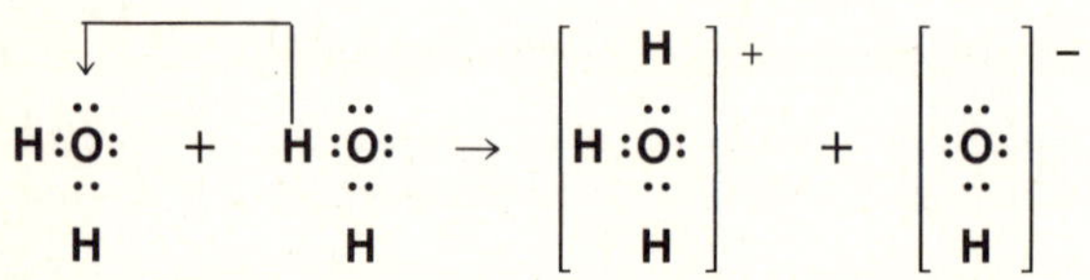

$$H_2O \quad + \quad H_2O \quad \rightarrow \quad H_3O^+ \quad + \quad OH^-$$

Man nennt diese Reaktion die Autoprotolyse des Wassers.

Eine Autoprotolyse ist eine Protonenübertragung zwischen Molekülen des gleichen Stoffes.

Durch die Autoprotolyse des Wassers entstehen Hydronium-Ionen und Hydroxid-Ionen in gleicher Zahl.

$\mathbf{H_3O^+}$-Ionen verursachen saure Reaktion, $\mathbf{OH^-}$-Ionen alkalische Reaktion. Da in reinem Wasser gleich viel $\mathbf{H_3O^+}$-Ionen und $\mathbf{OH^-}$-Ionen vorhanden sind, reagiert reines Wasser neutral.

## Die $H_3O^+$-Ionenkonzentration

Die Autoprotolyse des Wassers läuft nur in sehr geringem Umfange ab, nur ein sehr kleiner Anteil der Wassermoleküle reagiert miteinander unter Ionenbildung.

In 10 Millionen Liter reinem Wasser ($10^7$ l) sind nur 1 mol $\mathbf{H_3O^+}$-Ionen (= 19 g) und 1 mol $\mathbf{OH^-}$-Ionen (= 17 g) enthalten.

Daraus ergibt sich:
1 Liter Wasser enthält ein zehnmillionstel mol $\mathbf{H_3O^+}$-Ionen und ein zehnmillionstel mol $\mathbf{OH^-}$-Ionen.
Wir sagen:
Die $\mathbf{H_3O^+}$-Ionenkonzentration beträgt $10^{-7}$ mol/l.

Gibt man Säure zum Wasser, so kommen $\mathbf{H_3O^+}$-Ionen dazu. Die Konzentration an $\mathbf{H_3O^+}$-Ionen ist erhöht. Sie ist jetzt größer als $10^{-7}$ mol/l.

Gibt man eine Hydroxidlösung zum Wasser, so wird ein Teil der $\mathbf{H_3O^+}$-Ionen durch die hinzukommenden $\mathbf{OH^-}$-Ionen neutralisiert. Die $\mathbf{H_3O^+}$-Ionenkonzentration ist jetzt geringer als $10^{-7}$ mol/l.

**In jeder wäßrigen Lösung gibt es Hydronium-Ionen und Hydroxid-Ionen.**

**Eine neutrale Lösung enthält gleich viel $H_3O^+$-Ionen und $OH^-$-Ionen.**

**Eine saure Lösung enthält einen Überschuß an $H_3O^+$-Ionen, eine alkalische Lösung einen Überschuß an $OH^-$-Ionen.**

## Der pH-Wert

In vielen Fällen ist es wichtig, die $\mathbf{H_3O^+}$-Ionenkonzentration einer Lösung zu kennen. Da das Rechnen mit negativen Exponenten unbequem ist, hat man den pH-Wert eingeführt.
Man multipliziert den Exponenten der $\mathbf{H_3O^+}$-Ionenkonzentration mit −1. Die so erhaltene Zahl ist der pH-Wert der Lösung.

**Beispiele:**

Beträgt die $\mathbf{H_3O^+}$-Ionenkonzentration $10^{-7}$ mol/l, dann ist pH = 7 (neutrale Reaktion).

Beträgt die $\mathbf{H_3O^+}$-Ionenkonzentration z. B. $10^{-2}$ mol/l, dann ist pH = 2 (stark sauer).

Beträgt die $\mathbf{H_3O^+}$-Ionenkonzentration z. B. $10^{-12}$ mol/l, dann ist pH = 12 (stark alkalisch).

**Der pH-Wert gibt an, wie stark sauer oder alkalisch eine Lösung ist.**

- neutrale Reaktion: pH = 7
- saure Reaktion: pH < 7
- alkalische Reaktion: pH > 7

## pH-Wert-Skala

pH: 0 1 2 3 4 5 6 7 8 9 10 11 12 13 14

← sauer · ↑ neutral · alkalisch →

Stark saure Lösungen haben einen kleinen pH-Wert (bis pH = 0).
Stark alkalische Lösungen haben einen hohen pH-Wert (bis pH = 14).

**Der pH-Wert einer neutralen Lösung beträgt 7.**

## Bedeutung des pH-Wertes

**Tabelle 8.2: pH-Wert einiger Flüssigkeiten**

| | |
|---|---|
| 0,1 molare Salzsäure | 1 |
| 0,1 molare Natronlauge | 13 |
| Magensaft | 1,5 – 2,5 |
| Darmsaft | 7,5 – 8,3 |
| Schweiß | 3 – 3,6 |
| Blut | 7,3 – 7,5 |
| saure Böden | 5 – 6 |
| kalkhaltige Böden | 7 – 8 |

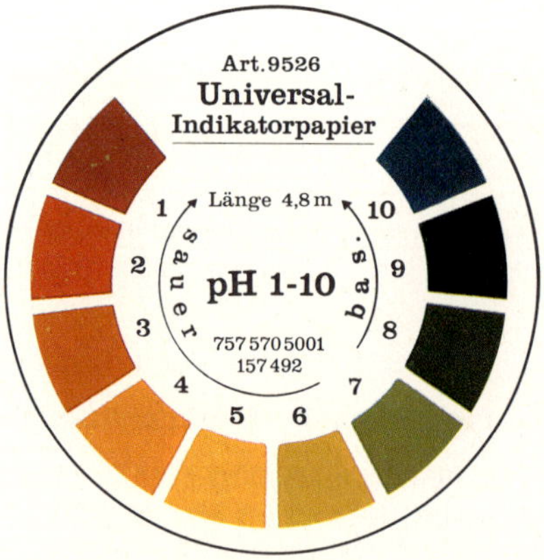


Abb. 8.4 Universal-Indikatorpapier

### Kontrollfragen

8.6 Welche Körperflüssigkeiten reagieren sauer:

8.7 Wie reagiert der Darmsaft?

**Der pH-Wert hat große praktische Bedeutung.** Viele chemische Prozesse sind vom pH-Wert abhängig. Sie verlaufen in der gewünschten Weise nur dann, wenn bestimmte pH-Werte eingehalten werden.

Auch viele Vorgänge im lebenden Organismus sind an enge pH-Bereiche gebunden.

Für den Landwirt ist die Kenntnis des pH-Wertes des Bodens sehr wichtig, da die verschiedenen Kulturpflanzen einen unterschiedlichen pH-Wert des Bodens verlangen.

## Ermittlung des pH-Wertes

Der pH-Wert läßt sich am einfachsten mit Universalindikatorpapier messen. Die Papierstreifen sind mit einer Mischung verschiedener Indikatoren getränkt und zeigen bei den einzelnen pH-Werten unterschiedliche Färbungen. Die erhaltene Färbung beim Eintauchen des Papiers in die zu prüfende Lösung zeigt beim Vergleich mit einer geeichten Farbskala sofort den pH-Wert der Lösung an.

**Kontrollfragen**

8.8 Welche Lösung ist stärker sauer, eine Lösung mit pH = 2 oder eine andere mit pH = 6,5?

8.9 Welche Lösung ist stärker alkalisch, eine Lösung mit pH = 8 oder eine andere mit pH = 13?

8.10 Wieviel Hydronium-Ionen enthält 1 l reines Wasser?

8.11 Welchen pH-Wert hat eine Lösung, die im Liter $10^{-4}$ mol $\mathbf{H_3O^+}$-Ionen enthält?

8.12 Wie groß ist die $\mathbf{H_3O^+}$-Ionenkonzentration einer Lösung mit pH = 9?

## Zusammenfassung

Viele Metalloxide reagieren mit Wasser unter Bildung von Metallhydroxiden. Metallhydroxide dissoziieren in wäßriger Lösung in positiv geladene Metall- und negativ geladene $\mathbf{OH^-}$-Ionen, z. B. $\mathbf{NaOH \rightarrow Na^+ + OH^-}$. Die $\mathbf{OH^-}$-Ionen verursachen die alkalischen Eigenschaften einer Lösung.

Die wäßrigen Lösungen der Metallhydroxide zeigen eine Reihe übereinstimmender Eigenschaften. Sie färben rotes Lackmuspapier blau, sie neutralisieren Säuren, sie wirken ätzend.

Viele Nichtmetalloxide bilden mit Wasser Säuren. Säuren sind Stoffe, die Protonen abspalten können. Beim Lösen von Hydrogenchlorid, Schwefelsäure oder einer beliebigen anderen Säure gehen Protonen von Säuremolekülen auf Wassermoleküle über. Dadurch entstehen positiv geladene Hydronium-Ionen und negativ geladene Säure-Anionen. Die sauren Eigenschaften einer sauren Lösung werden durch $\mathbf{H_3O^+}$-Ionen bewirkt. $\mathbf{H_3O_+}$-Ionen lassen sich mit Indikatoren nachweisen.

Basen sind Protonenempfänger. Sie können Protonen von anderen Stoffen aufnehmen. Die stärkste Base ist das in Metalloxiden enthaltene Oxid-Ion $(\mathbf{O^{2-}})$. Die wichtigste Base ist das Hydroxid-Ion $(\mathbf{OH^-})$.

Es gibt starke und schwache Säuren und starke und schwache Basen. Starke Säuren können ihre Protonen nahezu vollständig abgeben. Hydrogenchlorid, Schwefelsäure, Salpetersäure sind starke Säuren. Sie setzen sich mit Wasser fast vollständig um unter Bildung von Ionen. Schwache Säuren geben nur zu einem geringen Anteil Protonen ab. Starke Basen setzen sich fast vollständig mit Wasser um unter Bildung von $\mathbf{OH^-}$-Ionen.

Reaktionen, bei denen Protonen von einem Teilchen auf ein anderes übertragen werden, nennt man Protolysen oder Säure-Base-Reaktionen.

Eine wichtige Kenngröße einer wäßrigen Lösung ist ihr pH-Wert.

Der pH-Wert gibt an, wie stark sauer oder alkalisch eine Lösung ist.

Eine neutrale Lösung hat den pH-Wert 7. Saure Lösungen haben einen pH-Wert, der kleiner ist als 7. Der pH-Wert von alkalischen Lösungen ist größer als 7.

# 8.4 Wichtige Säuren

## 8.4.1 Schwefelsäure

**Versuche:**

**Vorsicht beim Umgang mit Schwefelsäure!**

**V. 1** *Katalytische Oxidation von* $SO_2$
*Schwefelfäden auf Asbestpapier entzünden und ausgeglühtes Platinasbest oder verrostete Eisenwolle über die Flamme halten.*

**V. 2** *Die wasserentziehende Wirkung der Schwefelsäure*

*a) Ein kleines, flaches Porzellanschälchen mit konzentrierter Schwefelsäure auf der Handwaage austarieren, stehenlassen und Gewichtsänderung am Schluß der Stunde ermitteln.*

*b) In einer Porzellanschale verschiedene organische Stoffe, wie Zucker, Papier, Holz, Baumwollstoff, mit konzentrierter Schwefelsäure übergießen. Beobachtung? Nach kurzer Einwirkung den Baumwollstoff vorsichtig unter der Wasserleitung abspülen und auf Festigkeit prüfen. Es dürfen keine Spritzer auf die Kleidung kommen.*

**V. 3** *Lösungswärme von Schwefelsäure*

*In ein Becherglas 25 cm³ Wasser geben, Wassertemperatur messen, dann langsam unter Umrühren konzentrierte Schwefelsäure zutropfen lassen. Temperatur der Lösung messen.*

**V. 4** *Nachweis von* $SO_4^{2-}$-Ionen

a) In einem Reagenzglas verdünnte Schwefelsäure mit einigen Tropfen Bariumchloridlösung versetzen.

b) Lösungen von Natriumsulfat, Kaliumsulfat, Kupfersulfat, Zinksulfat mit verdünnter Salzsäure schwach ansäuern und mit $BaCl_2$-Lösung prüfen.

### Schwefeldioxid und Schwefeltrioxid

Beim Verbrennen von Schwefel entsteht Schwefeldioxid, ein farbloses, stechend riechendes und zum Husten reizendes Gas:

$$S + O_2 \rightarrow \underset{\text{Schwefeldioxid}}{SO_2}$$

Außer Schwefeldioxid gibt es ein weiteres Oxid des Schwefels, das Schwefeltrioxid.

Bei Gegenwart eines Katalysators, z. B. Platin, läßt sich Schwefeldioxid zu Schwefeltrioxid oxidieren, das an der Luft dicke, weiße Nebel bildet (V. 1).

$$2\,SO_2 + O_2 \rightarrow \underset{\text{Schwefeltrioxid}}{2\,SO_3}$$

Mit Wasser reagiert Schwefeltrioxid unter Bildung von Schwefelsäure:

$$H_2O + SO_3 \rightarrow \underset{\text{Schwefelsäure}}{H_2SO_4}$$

Die technische Gewinnung von Schwefelsäure erfolgt nach dem gleichen Prinzip. Sie vollzieht sich in 4 Stufen:

- Gewinnung von Schwefeldioxid
- Reinigen von Schwefeldioxid
- Katalytische Oxidation von Schwefeldioxid zu Schwefeltrioxid
- Umsetzung von Schwefeltrioxid zu Schwefelsäure

**Abb. 8.5**
**Anlage zur Erzeugung von Schwefelsäure**

## Eigenschaften von Schwefelsäure

Konzentrierte Schwefelsäure ist eine schwere, ölige Flüssigkeit, die begierig Wasser anzieht. Ihr Bestreben, Wasser aufzunehmen, ist so groß, daß sie aus vielen organischen Stoffen, z. B. aus Zucker oder aus Holz, Wasser abspaltet und diese dadurch verkohlt (V. 2).

Übergießen wir z. B. Rohrzucker mit konzentrierter Schwefelsäure, so wird den Zuckermolekülen Wasserstoff und Sauerstoff in Form von Wasser entzogen, und Kohlenstoff bleibt zurück:

$$\underset{\text{Rohrzucker}}{C_{12}H_{22}O_{11}} \xrightarrow{H_2SO_4} 12\,C + 11\,H_2O$$

Wir beobachten, daß die verkohlte Masse sich aufbläht. Die Schwefelsäure oxidiert einen Teil des Kohlenstoffs zu $\mathbf{CO_2}$ und wird dabei selbst zu $\mathbf{SO_2}$ reduziert. Die entweichenden Gase treiben die Masse auf.

**Schwefelsäure zerstört viele organische Substanzen. Auf der Haut ruft sie oft schmerzhafte Brandwunden hervor.**

Beim Mischen von konzentrierter Schwefelsäure mit Wasser wird sehr viel Wärme frei (V. 3). Man muß deshalb beim Verdünnen die Säure langsam unter Rühren in das Wasser fließen lassen. Würde man umgekehrt Wasser in die Säure gießen, dann besteht die Gefahr, daß das einfließende Wasser bis zum Sieden erhitzt wird und durch den entweichenden Wasserdampf Säure aus dem Gefäß geschleudert wird.

**Beim Verdünnen von konzentrierter Schwefelsäure muß stets die Schwefelsäure in das Wasser gegossen werden.**

**Niemals umgekehrt!**

## Schwefelsäure ist eine zweiprotonige Säure

Ein Schwefelsäuremolekül kann zwei Protonen abspalten. Deshalb nennt man Schwefelsäure eine zweiprotonige Säure. In wäßriger Lösung findet eine stufenweise Protolyse statt:

1. Stufe: $\mathbf{H_2SO_4 + H_2O \rightarrow H_3O^+ + HSO_4^-}$
Hydrogensulfat-Ion

2. Stufe: $\mathbf{HSO_4^- + H_2O \rightarrow H_3O^+ + SO_4^{2-}}$
Sulfat-Ion

Die erste Stufe verläuft fast vollständig, das erste Proton wird nahezu 100%ig abgespaltet. Die Protolyse in der zweiten Stufe dagegen ist unvollständig. Das zweite Proton wird aus dem negativen $HSO_4^-$-Ion sehr viel schwerer abgespalten als das erste Proton aus dem neutralen Schwefelsäuremolekül.

Verdünnte Schwefelsäure enthält:
- Hydronium-Ionen, $\mathbf{H_3O^+}$
- Hydrogensulfat-Ionen, $\mathbf{HSO_4^-}$
- Sulfat-Ionen, $\mathbf{SO_4^{2-}}$

Weil Schwefelsäure eine zweiprotonige Säure ist, bildet sie 2 Arten von Salzen: Hydrogensulfate, z. B. Natriumhydrogensulfat, $\mathbf{NaHSO_4}$, und Sulfate, z. B. $\mathbf{Na_2SO_4}$, Natriumsulfat.

**Salze, die $HSO_4^-$-Ionen enthalten, heißen Hydrogensulfate.**

**Salze, die $SO_4^{2-}$-Ionen enthalten, heißen Sulfate.**

Hydrogensalze enthalten noch Säurewasserstoff.

**Tabelle 8.3: Wichtige Sulfate**

| Name | Formel | Vorkommen | Verwendung |
|---|---|---|---|
| Natriumsulfat (Glaubersalz) | $Na_2SO_4$ | Mineralwässer | Abführmittel, Waschmittelzusatz |
| Kaliumsulfat | $K_2SO_4$ | Kalisalzlager | Düngemittel |
| Calciumsulfat (Gips) | $CaSO_4$ | Salzlager | Baustoff, Gipsverband |
| Magnesiumsulfat (Bittersalz) | $MgSO_4$ | Mineralwässer | Abführmittel |
| Bariumsulfat (Schwerspat) | $BaSO_4$ | Schwerspatlager | Malerfarbe (Permanentweiß), Röntgenkontrastmittel |
| Kupfersulfat | $CuSO_4$ | — | Schädlingsbekämpfungsmittel |

## Nachweis von Sulfat-Ionen

Gibt man zu verdünnter Schwefelsäure oder zur Lösung eines Sulfats einige Tropfen Bariumchloridlösung, so fällt ein weißer feinkörniger Niederschlag von Bariumsulfat aus (V. 4).

$$\mathbf{Ba^{2+} + SO_4^{2-} \rightarrow \underset{\text{fällt aus}}{BaSO_4}}$$

Bariumsulfat ist schwer löslich. Treffen in einer Lösung Barium-Ionen **($Ba^{2+}$)** mit Sulfat-Ionen **($SO_4^{2-}$)** zusammen, so bildet sich ein Niederschlag von Bariumsulfat **$BaSO_4$)**.

**Bariumchloridlösung ist ein Reagenz (Prüfstoff) auf Sulfat-Ionen.**

## Die wirtschaftliche Bedeutung von Schwefelsäure

Schwefelsäure gehört zu den wichtigsten Chemikalien der chemischen Industrie. Große Mengen von Schwefelsäure werden benötigt zur Herstellung von Düngemitteln, Waschmitteln, Synthesefasern und für viele andere Synthesen.

In der Bundesrepublik Deutschland werden jährlich rund 4,5 Millionen Tonnen Schwefelsäure produziert.

### Kontrollfragen

8.13 Läßt man konzentrierte Schwefelsäure an der Luft stehen, dann wird sie schwerer. Geben Sie eine Erklärung.

8.14 Wie müssen Sie beim Verdünnen von konzentrierter Schwefelsäure vorgehen?

8.15 Schwefelsäure ist eine zweiprotonige Säure. Was verstehen Sie darunter?

8.16 Bei Zugabe von Bariumchloridlösung zu Leitungswasser erhalten Sie eine weiße Trübung. Was schließen Sie daraus?

## 8.4.2 Salzsäure

### Versuche:

**V. 1** *Hydrogenchlorid aus Natriumchlorid und Schwefelsäure*

*In ein größeres Reagenzglas etwa 1 cm hoch konzentrierte Schwefelsäure geben und Reagenzglas an ein Stativ klammern. Etwas Natriumchlorid auf die Schwefelsäure geben und Reagenzglas sofort mit einem Stöpsel verschließen, durch dessen Bohrung ein Gasableitungsrohr geht. Dieses mündet dicht über der Wasseroberfläche eines 2. Reagenzglases. Es darf n i c h t eintauchen (Abb. 8.6). Wasser v o r h e r mit 1 Tropfen blauer Lackmustinktur blau färben. Auf Schlierenbildung achten.*

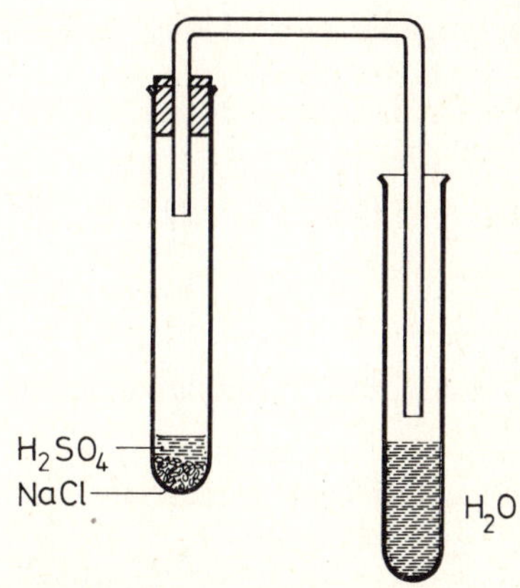


**Abb. 8.6**
**Hydrogenchlorid aus Natriumchlorid und Schwefelsäure**

**V. 2** *Nebelbildung von Hydrogenchlorid an feuchter Luft*

*Eine Flasche mit rauchender Salzsäure öffnen und gegen die Mündung hauchen (um die Luftfeuchtigkeit zu erhöhen).*

**V. 3** *Nachweis von Chlorid-Ionen*

*a) In einem Reagenzglas verdünnte Salzsäure mit einigen Tropfen Silbernitratlösung versetzen.*
*b) Die Lösung verschiedener Chloride mit Salpetersäure leicht ansäuern und einige Tropfen Silbernitratlösung dazugeben.*
*c) Leitungswasser mit Salpetersäure ansäuern und mit Silbernitratlösung prüfen.*

## Hydrogenchlorid

Übergießen wir Natriumchlorid mit konzentrierter Schwefelsäure, so entweicht ein stechend riechendes Gas, das an der Luft Nebel bildet. **Das Gas ist Hydrogenchlorid.**

$$NaCl + H_2SO_4 \rightarrow NaHSO_4 + \underset{\text{Hydrogenchlorid}}{HCl}$$

Diese Reaktion ist eine Protolyse. Ein Schwefelsäuremolekül überträgt ein Proton auf ein Chlorid-Ion. Dadurch entsteht Hydrogenchlorid und als Rückstand Natriumhydrogensulfat.

Großtechnisch wird Hydrogenchlorid durch Synthese aus den Elementen gewonnen:

$$H_2 + Cl_2 \rightarrow 2\,HCl$$

**Hydrogenchlorid löst sich leicht in Wasser.** Die wäßrige Lösung reagiert sauer (V. 1). Sie kommt unter der Bezeichnung **Salzsäure** in den Handel.

**Salzsäure ist eine Lösung von Hydrogenchlorid in Wasser.**

Die rauchende Salzsäure (Dichte 1,19 g/cm³) ist etwa 37 %ig. An feuchter Luft raucht sie, weil Hydrogenchlorid entweicht und mit Luftfeuchtigkeit kleine, feinzerteilte Salzsäuretröpfchen bildet, die wir als Nebel wahrnehmen (V. 2).

## Hydrogenchlorid ist eine starke Säure.

Beim Lösen von Hydrogenchlorid in Wasser geben die HCl-Moleküle ihre Protonen nahezu vollständig an Wasser ab:

$$HCl + H_2O \rightarrow H_3O^+ + Cl^-$$

Salzsäure enthält Hydronium-Ionen und Chlorid-Ionen.

**Salze, die Chlorid-Ionen enthalten, heißen Chloride.**

Die wichtigsten Chloride sind Natriumchlorid **(NaCl),** Kochsalz, und Kaliumchlorid **(KCl)**, ein Düngemittel.

Der Gefrierpunkt von Wasser wird durch Salzzusatz erheblich herabgesetzt. Deshalb benutzt man Natriumchlorid im Winter als Streusalz. Das ist volkswirtschaftlich bedenklich, da erhöhte Korrosion der Kraftwagen eintritt. Auch werden die Wurzeln von Bäumen durch Streusalz geschädigt.

### Nachweis von Chlorid-Ionen

Silberchlorid ist schwer löslich. Diese Eigenschaft nutzt man zum Nachweis von Chlorid-Ionen. Gibt man zu einer Lösung, die $Cl^-$-Ionen enthält, einige Tropfen Silbernitratlösung ($AgNO_3$), dann fällt ein weißer käsiger Niederschlag von Silberchlorid aus.

$$Ag^+ + Cl^- \rightarrow AgCl$$

Silberchlorid fällt aus

Silber-Ionen und Chlorid-Ionen vereinigen sich zu Silberchlorid, das schwer löslich ist und ausfällt.

**Silbernitratlösung ist ein Reagenz auf Chlorid-Ionen.**

### Salzsäure im Magensaft

Salzsäure ist ein Bestandteil des Magensaftes (0,2–0,5 %). Sie bewirkt ein Gerinnen und Quellen der Eiweißstoffe, wodurch diese für Enzyme leichter angreifbar werden. Das eiweißabbauende Enzym Pepsin ist nur bei saurer Reaktion wirksam. Fehlende Magensäure ruft deshalb Stoffwechselstörungen hervor.

Viele Bakterien sind gegen Säure empfindlich. Die Salzsäure des Magens vernichtet daher einen großen Teil der mit der Nahrung aufgenommenen Bakterien.

#### Kontrollfragen

8.17 Welche Ionen sind in verdünnter Salzsäure enthalten?

8.18 Welcher Vorgang findet beim Einleiten von Hydrogenchlorid in Wasser statt?

8.19 Hydrogenchlorid ist eine starke Säure. Was verstehen Sie darunter?

8.20 In 3 Reagenzgläsern befinden sich verdünnte Salzsäure, verdünnte Schwefelsäure und Natriumchlorid-Lösung. Wie würden Sie den Inhalt der 3 Reagenzgläser feststellen?

## 8.4.3 Kohlensäure

**Versuche:**

**V. 1** *Bildung von Kohlensäure*

*In einen Zylinder etwa 1 cm hoch Wasser geben und dieses mit blauer Lackmustinktur leicht blau färben.* $CO_2$ *einleiten. Dann Zylinder mit Glasplatte abdecken und schütteln. Färbung?*

**V. 2** *Zersetzen von Carbonaten durch Säuren*
*Natriumcarbonat oder ein anderes Carbonat in kleinem Becherglas mit verdünnter Salzsäure übergießen und ein mit Kalkwasser ausgespültes Becherglas mit der Mündung nach unten in das entweichende Gas halten.* ($CO_2$ *trübt Kalkwasser.)*

Kohlenstoffdioxid ist in Wasser löslich. Aber nur ein kleiner Teil der gelösten $CO_2$-Moleküle – weniger als 1 % – setzt sich mit Wasser um unter Bildung von Kohlensäure.

$$CO_2 + H_2O \rightarrow H_2CO_3$$

Deshalb reagieren die Lösungen nur sehr schwach sauer (V. 1). Man kann die Lösung auch nicht durch Eindampfen konzentrieren, da Kohlensäure nicht beständig ist und sofort in Kohlenstoffdioxid und Wasser zerfällt:

$$\mathbf{H_2CO_3 \rightarrow H_2O + CO_2}$$

Kohlensäure ist eine zweiprotonige Säure. Sie vermag 2 Protonen abzugeben. Die Protolyse in wäßriger Lösung erfolgt in 2 Stufen:

1. Stufe: $\mathbf{H_2CO_3 + H_2O \rightarrow H_3O^+ + \underset{\text{Hydrogencarbonat-Ion}}{HCO_3^-}}$

2. Stufe: $\mathbf{HCO_3^- + H_2O \rightarrow H_3O^+ + \underset{\text{Carbonat-Ion}}{CO_3^{2-}}}$

Eine wäßrige Lösung von Kohlenstoffdioxid enthält **$CO_2$**-Moleküle, Hydronium-, Hydrogencarbonat- und Carbonat-Ionen.

### Hydrogencarbonate und Carbonate

Da Kohlensäure eine zweiprotonige Säure ist, bildet sie 2 Arten von Salzen: Hydrogencarbonate, z. B. **$NaHCO_3$** (Natriumhydrogencarbonat) und Carbonate, z. B. **$Na_2CO_3$** (Natriumcarbonat).

**Salze, die $HCO_3^-$-Ionen enthalten, heißen Hydrogencarbonate.**

**Salze, die $CO_3^{2-}$-Ionen enthalten, heißen Carbonate.**

**Tabelle 8.4 Wichtige Carbonate**

| Name | Formel | Verwendung |
|---|---|---|
| Natriumcarbonat (Soda) | $Na_2CO_3$ | Herstellung von Glas, Seife, Waschmitteln |
| Natriumhydrogencarbonat (Natron) | $NaHCO_3$ | Herstellung von Backpulver, Brausepulver |
| Kaliumcarbonat (Pottasche) | $K_2CO_3$ | Herstellung von Glas und Seife |
| Calciumcarbonat (Kalk) | $CaCO_3$ | Herstellung von gebranntem Kalk, gelöschtem Kalk, Zement, Glas |
| Magnesiumcarbonat | $MgCO_3$ | Herstellung feuerfester Steine |

### Zersetzen von Carbonaten durch Säuren

Übergießen wir Natriumcarbonat oder ein anderes Carbonat mit verdünnter Säure, so entweicht unter Aufbrausen Kohlenstoffdioxid (V. 2). Durch Protonenübertragung von Hydronium-Ionen auf Carbonat-Ionen bildet sich Kohlensäure. Da Kohlensäure nicht beständig ist, zerfällt sie sofort in Wasser und Kohlenstoffdioxid:

$$CO_3^{2-} + 2\,H_3O^+ \rightarrow H_2CO_3 + 2\,H_2O$$
$$H_2CO_3 \rightarrow H_2O + CO_2$$

**Carbonate werden durch Säuren unter $CO_2$-Entwicklung zersetzt.**

Man kann daher Carbonate und Hydrogencarbonate daran erkennen, daß sie beim Übergießen mit Säuren aufbrausen, weil $CO_2$ entweicht. (V. 2).

**Kontrollfragen**

8.21 Welche Ionenwertigkeit haben Hydrogencarbonat-Ionen und Carbonat-Ionen?

8.22 Welche Ionenwertigkeit haben Kalium-Ionen und Calcium-Ionen? Benutzen Sie das PSE.

8.23 Nennen Sie die Formeln von Kaliumhydrogencarbonat und Kaliumcarbonat, ferner von Calciumhydrogencarbonat und Calciumcarbonat.

## 8.4.4 Phosphorsäure

**Versuch:**

**V** *Verbrennen von Phosphor*

*In ein Becherglas ½ cm hoch Wasser geben und einen flachen Korken. Auf diesen einen kleinen Porzellantiegel mit einem apfelkerngroßen Stückchen weißen Phosphor stellen. Mit heißem Draht Phosphor anzünden und Becherlgas sofort mit Uhrglas zudecken. Nach beendeter Reaktion Flüssigkeit mit blauem Lackmuspapier prüfen.*

Beim Verbrennen von Phosphor entsteht Phosphor(V)-oxid, ein weißes, schneeartiges Pulver, das äußerst hygroskopisch ist. (In diesem Oxid hat Phosphor die Oxidationszahl +5.) Der Verbrennungsvorgang vollzieht sich nach der Gleichung:

$$P_4 + 5\,O_2 \rightarrow \underset{\text{Phosphor(V)-oxid}}{P_4O_{10}}$$

Mit Wasser verbindet sich Phosphor(V)-oxid zu Phosphorsäure.

$$P_4O_{10} + 6\,H_2O \rightarrow \underset{\text{Phosphorsäure}}{4\,H_3PO_4}$$

Phosphorsäure ist eine dreiprotonige Säure, weil 1 Molekül Phosphorsäure 3 Protonen abgeben kann.

In wäßriger Lösung erleidet Phosphorsäure eine stufenweise Protolyse.

1. Stufe: $H_3PO_4 + H_2O \rightarrow H_3O^+ + H_2PO_4^-$
Dihydrogenphosphat-Ion

2. Stufe: $H_2PO_4^- + H_2O \rightarrow H_3O^+ + HPO_4^{2-}$
Hydrogenphosphat-Ion

3. Stufe: $HPO_4^{2-} + H_2O \rightarrow H_3O^+ + PO_4^{3-}$
Phosphat-Ion

Das 1. Proton wird am leichtesten abgespalten, das letzte am schwersten.

Als dreiprotonige Säure bildet Phosphorsäure 3 Reihen von Salzen:

Dihydrogenphosphate, Anion: $H_2PO_4^-$

Hydrogenphosphate, Anion: $HPO_4^{2-}$

Phosphate, Anion: $PO_4^{3-}$

**Beispiele:**

| | |
|---|---|
| $NaH_2PO_4$ | Natrium-dihydrogenphosphat |
| $Na_2HPO_4$ | Dinatrium-hydrogenphosphat |
| $Na_3PO_4$ | Trinatriumphosphat |

Phosphate sind wichtige Düngemittel. Sie sind auch ein wesentlicher Bestandteil moderner Waschmittel.

### Die biologische Bedeutung der Phosphorsäure

Phosphorsäure ist biologisch von großer Bedeutung. In gebundener Form ist sie in vielen Eiweißstoffen enthalten, z. B. dem Casein der Milch, dem Vitellin des Eidotters, ferner in den Zellkernen, in der Gehirn- und Nervensubstanz.

Tricalciumphosphat ist ein Bestandteil von Knochen und Zähnen.

Da der Körper Phosphorsäure zum Aufbau der Knochen und vieler lebenswichtiger Stoffe benötigt, muß ihm diese Verbindung mit der Nahrung zugeführt werden.

**Reich an gebundener Phosphorsäure sind Milch und Käse.**

Einige Phosphorsäureester gehören zu den wirksamsten Insektiziden (Schädlingsbekämpfungsmittel mit insektentötender Wirkung).

**Kontrollfragen**

8.24 Benennen Sie folgende Salze: $KH_2PO_4$, $MgHPO_4$, $AlPO_4$.

8.25 Welche Formel hat Calciumphosphat? Begründung.

## 8.4.5 Salpetersäure

### Ammoniak (Ausgangsstoff zur Gewinnung von Salpetersäure)

**Versuche: Vorsicht beim Arbeiten mit Ammoniak!**

Ammoniak greift die Schleimhäute an. Gelangen $NH_3$-Spritzer ins Auge, sofort mit viel Wasser spülen, zum Arzt gehen!

**V. 1** *Nachweis von Ammoniak*

*a) Über eine geöffnete Flasche mit Ammoniaklösung angefeuchtetes rotes Lackmuspapier halten.*

*b) Vorsichtig Geruch prüfen.*

*c) Einen mit rauchender Salzsäure benetzten Stab der Flaschenöffnung nähern.*

*d) Eiweißstoffe, wie Wolle, Seide, Haare, in einem trockenen Reagenzglas erhitzen und*
*1.) rotes Lackmuspapier in die Mündung halten,*
*2.) einen mit rauchender Salzsäure benetzten Glasstab der Öffnung nähern. Folgerung?*

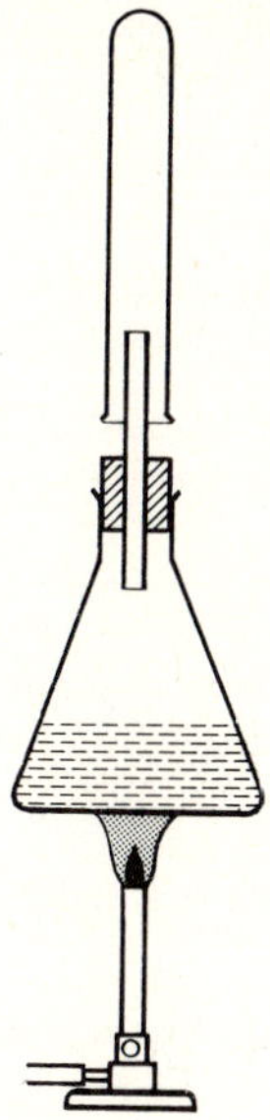

**Abb. 8.7**
**Füllen eines Reagenzglases mit $NH_3$**

**V. 2** *Löslichkeit von Ammoniak in Wasser*

*In einem Kölbchen konzentrierte Ammoniaklösung erhitzen. Das entweichende $NH_3$ in einem umgestülpten, trockenen Reagenzglas auffangen (Abb. 8.7). Reagenzglas mit dem Daumen verschließen und mit der Mündung nach unten in ein bereitgestelltes Schälchen mit Wasser tauchen. Öffnung erst unter Wasser freigeben.*

*Was sagt der Versuch gleichzeitig über die Dichte des Ammoniaks?*

**Eine der wichtigsten Verbindungen des Stickstoffs ist Ammoniak, $NH_3$.** Es ist ein stechend riechendes, zu Tränen reizendes Gas, das angefeuchtetes rotes Lackmuspapier blau färbt (V. 1).

In Wasser ist Ammoniak sehr leicht löslich (V. 2). Ammoniaklösung wird auch Salmiakgeist genannt. Beim Erhitzen entweicht das Ammoniak aus der Lösung. Ammoniaklösung reagiert alkalisch. Das beweist, daß die Lösung $OH^-$-Ionen enthält. Wie entstehen diese?

Stößt ein Ammoniakmolekül mit einem Wassermolekül zusammen, dann kann ein Proton von dem Wassermolekül auf das Ammoniakmolekül übergehen. Dadurch kommt es zur Bildung von **$NH_4^+$**-Ionen und **$OH^-$**-Ionen:

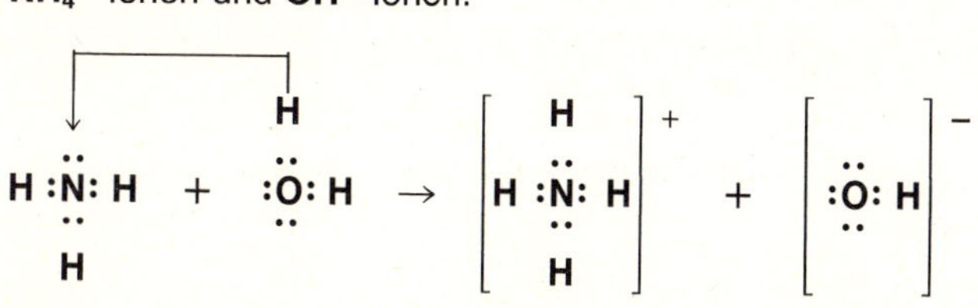

$$NH_3 + H_2O \rightarrow NH_4^+ + OH^-$$

Ammoniak | Ammonium-Ion

Ein Ammoniakmolekül zieht ein Proton aus einem Wassermolekül zu sich herüber.

**Das $NH_4^+$-Ion heißt Ammonium-Ion.**

Nähern wir einen mit rauchender Salzsäure benetzten Glasstab einer geöffneten Flasche mit Ammoniakwasser, so bilden sich dicke weiße Nebel (V. 1 c). Was geschieht? Aus Ammoniakwasser entweicht gasförmiges Ammoniak, aus rauchender Salzsäure Hydrogenchlorid. Beide Gase setzen sich zu Ammoniumchlorid um, einem festen weißen Salz.

Auch diese Reaktion ist eine Protolyse. Wenn ein Hydrogenchloridmolekül mit einem Ammoniakmolekül zusammentrifft, dann geht ein Proton vom **HCl**-Molekül zum **$NH_3$**-Molekül über.

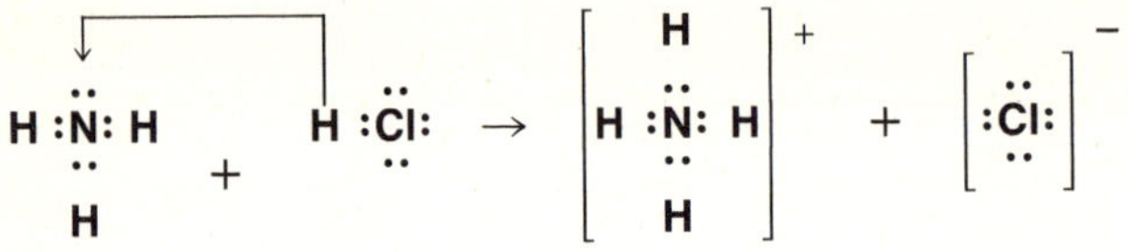

$$NH_3 \quad + \quad HCl \quad \rightarrow \quad NH_4^+ \quad + \quad Cl^-$$

Es entstehen Ammonium-Ionen und Chlorid-Ionen, die sich zum Ionengitter von Ammoniumchlorid, **$NH_4Cl$**, zusammenlagern.

Wir erinnern uns: Alle Teilchen, die Protonen aufnehmen können, nennt man Basen.

**Ammoniak ist eine Base, weil es Protonen aufnehmen kann.**

### Ammoniumsalze

Ammoniak bildet mit Säuren Salze. Diese Salze heißen Ammoniumsalze.

**Ammoniumsalze enthalten anstelle von Metall-Ionen $NH_4^+$-Ionen.**

**Tabelle 8.5**
**Einige Ammoniumsalze**

| Name | Formel | Verwendung |
|---|---|---|
| Ammoniumchlorid (Salmiak) | $NH_4Cl$ | Lötstein (Hilfsmittel beim Löten), Bestandteil von Taschenlampenbatterien |
| Ammoniumsulfat | $(NH_4)_2\ SO_4$ | Wichtiges Düngemittel |
| Ammoniumhydrogencarbonat | $NH_4HCO_3$ | Treibmittel für Flachgebäck (Hirschhornsalz) |
| Ammoniumnitrat | $NH_4NO_3$ | Düngemittel, Bestandteil vieler Sprengstoffe |

### Synthese von Ammoniak (Haber-Bosch-Verfahren)

Ammoniak wird in der Technik direkt aus den Elementen Stickstoff und Wasserstoff hergestellt. Bei hohem Druck (200 bar) und hoher Temperatur (500 °C) vereinigen sich die beiden Gase bei Gegenwart eines Katalysators zu Ammoniak. Die Synthese erfolgt nach der Gleichung:

$$N_2 + 3\,H_2 \rightarrow 2\,NH_3$$

Der Katalysator beschleunigt die ablaufende Reaktion. Der für die Ammoniakherstellung erforderliche Stickstoff stammt aus der Luft, die zu etwa 78 % aus Stickstoff besteht. Der Wasserstoff wird aus Erdgas oder Erdöl gewonnen. Früher stellte man Wasserstoff durch Zerlegung von Wasser her. Die Gewinnung aus Erdgas bzw. Erdöl ist kostengünstiger.

Das Haber-Bosch-Verfahren gehört zu den wichtigsten Verfahren der chemischen Großindustrie. Jährlich werden Millionen Tonnen Ammoniak erzeugt.

Der größte Teil der Weltproduktion an Ammoniak wird zu Düngemitteln verarbeitet. Düngemittel ermöglichen eine Steigerung der landwirtschaftlichen Erträge. Ohne sie wäre es heute nicht möglich, die ständig wachsende Weltbevölkerung zu ernähren.

**Die Ammoniaksynthese hat große Bedeutung für die Sicherung der Ernährung der Weltbevölkerung.**

### Ammoniak ist ein wichtiger chemischer Rohstoff

Viele Produkte, die die chemische Industrie herstellt, sind Stickstoffverbindungen. Der Stickstofflieferant ist Ammoniak. Die Moleküle von Perlon und Nylon beispielsweise enthalten Stickstoff. Dieser Stickstoff stammt aus Ammoniak, das nach dem Haber-Bosch-Verfahren aus Luftstickstoff und Wasserstoff synthetisiert wurde.

Ammoniak bildet die Grundlage für die Erzeugung von stickstoffhaltigen Düngemitteln, Salpetersäure, stickstoffhaltigen Farbstoffen, stickstoffhaltigen Kunststoffen und vielen anderen Verbindungen.

### Nachweis von Ammoniak

Ammoniak kann erkannt werden:

- am Geruch,
- an der Blaufärbung von feuchtem roten Lackmuspapier,
- an der Nebelbildung beim Nähern eines Salzsäuretropfens.

## Salpetersäure

**Versuche:**

**V. 1** *Färbung von Eiweißstoffen durch Salpetersäure*

*Weiße Wolle, Seide, Hühnerfedern, Quark mit konzentrierter Salpetersäure betupfen. Färbung?*

**V. 2** *Lösen von Kupfer in Salpetersäure*

*1–2 Kupferspänchen mit ca. 3 $cm^3$ konzentrierter Salpetersäure übergießen. Vorsicht! Das entstehende braune Gas nicht einatmen. Abzug benutzen!*

Salpetersäure, **$HNO_3$**, ist in reinem Zustand eine farblose Flüssigkeit. Unter der Einwirkung von Licht zersetzt sich die Säure teilweise. Es bildet sich Stickstoffdioxid, **$NO_2$**, ein rotbraunes Gas, das sich in der Säure löst und sie gelb färbt.

Salpetersäure gibt leicht Sauerstoff ab und ist deshalb ein starkes Oxidationsmittel. Sie oxidiert viele organische Substanzen, z. B. Stroh oder Holz, so energisch, daß die Stoffe in Brand geraten können. Dabei entwickeln sich massenhaft braune **$NO_2$**-Dämpfe, die sehr giftig sind und schon schwere Unfälle verursacht haben. Deshalb muß man mit konzentrierter Salpetersäure sehr vorsichtig umgehen.

Auf der Haut erzeugt sie gelbe Flecke. Eiweißstoffe werden durch Salpetersäure gelb gefärbt – Nachweis von Eiweiß (V. 1).

## Salpetersäure ist eine starke Säure

Beim Auflösen in Wasser gibt sie ihre Protonen nahezu vollständig an Wasser ab. Dabei entstehen Hydronium-Ionen und Nitrat-Ionen.

$$\underset{\text{Salpetersäure}}{HNO_3} + H_2O \rightarrow H_3O^+ + \underset{\text{Nitrat-Ion}}{NO_3^-}$$

**Salze, die $NO_3^-$-Ionen enthalten, heißen Nitrate.**

**Beispiele:**

| | |
|---|---|
| **$NaNO_3$** | Natriumnitrat |
| **$Ca(NO_3)_2$** | Calciumnitrat |

**Nitrate sind wichtige Düngemittel.**

Konzentrierte Salpetersäure greift viele Metalle an. Dabei entsteht ein Gemisch verschiedener Stickstoffoxide, die gelb bis braun gefärbt und sehr giftig sind.

## Technische Verwendung

Salpetersäure wird in riesigen Mengen für die Herstellung von Düngemitteln verwendet. Auch zur Produktion von Sprengstoffen, Farbstoffen, Medikamenten und für viele andere Zwecke wird Salpetersäure gebraucht.

Technisch gewinnt man Salpetersäure durch katalytische Oxidation von Ammoniak.

### Kontrollfragen

8.26 Welches sind die Ausgangsstoffe zur technischen Gewinnung von Ammoniak?

8.27 Weshalb ist es gefährlich, wenn konzentrierte Salpetersäure auf Holzfußboden ausfließt?

8.28 Benennen Sie folgende Salze: **$K_2CO_3$, $Ca(NO_3)_2$, $CuSO_4$, $(NH_4)_2SO_4$, $NaNO_3$.**

8.29 Geben Sie die Formeln von folgenden Salzen an: Ammoniumnitrat, Magnesiumsulfat, Magnesiumnitrat.

**Zusammenfassung**

**Wichtige Säuren und ihre Salze**

| Name | Formel | Säure-Anion | Name der Salze | Beispiele Formel | Name |
|---|---|---|---|---|---|
| Salzsäure | $HCl$ | $Cl^-$ | Chloride | $NaCl$ | Natriumchlorid |
| Salpetersäure | $HNO_3$ | $NO_3^-$ | Nitrate | $NaNO_3$ | Natriumnitrat |
| Schwefelsäure | $H_2SO_4$ | $HSO_4^-$ | Hydrogensulfate | $NaHSO_4$ | Natriumhydrogensulfat |
| | | $SO_4^{2-}$ | Sulfate | $Na_2SO_4$ | Natriumsulfat |
| Kohlensäure | $H_2CO_3$ | $HCO_3^-$ | Hydrogencarbonate | $NaHCO_3$ | Natriumhydrogencarbonat |
| | | $CO_3^{2-}$ | Carbonate | $Na_2CO_3$ | Natriumcarbonat |
| Phosphorsäure | $H_3PO_4$ | $H_2PO_4^-$ | Dihydrogenphosphate | $NaH_2PO_4$ | Natriumdihydrogenphosphat |
| | | $HPO_4^{2-}$ | Hydrogenphosphate | $Na_2HPO_4$ | Dinatriumhydrogenphosphat |
| | | $PO_4^{3-}$ | Phosphate | $Na_3PO_4$ | Natriumphosphat |

**Hydrogensalze**

Mehrprotonige Säuren, z. B. Schwefelsäure, Phosphorsäure, erleiden in wäßriger Lösung eine stufenweise Protolyse, d. h., sie geben ihre Protonen nacheinander ab. Infolgedessen bilden sie mehrere Reihen von Salzen: Neutralsalze und Hydrogensalze.

Hydrogensalze sind saure Salze. Ihre Anionen enthalten noch Säurewasserstoff. Sie können noch Protonen abspalten. $\mathbf{Na_2SO_4}$ ist ein Neutralsalz, $\mathbf{NaHSO_4}$ ist ein Hydrogensalz. Weitere Beispiele siehe vorstehende Tabelle.

# 9 Salze

## 9.1 Möglichkeiten der Salzbildung

**Versuche:**

**V. 1** *Metallhydroxid und Säure*

*In ein Porzellanschälchen etwas verdünnte Natronlauge und 2 Tropfen Lackmustinktur geben. Verdünnte Salzsäure zutropfen lassen, bis die Farbe nach Violett umschlägt. Lösung vorsichtig eindampfen.*

**V. 2** *Metalloxid und Säure*

*a) Etwas* **CuO** *mit Salzsäure übergießen, leicht erwärmen, Lösung, falls erforderlich, filtrieren und vorsichtig eindampfen.*

*b) Filtrierpapier mit Salzsäure anfeuchten und oxidiertes Kupfer- oder Messingblech damit abreiben. Beobachtung? (Oxidlösende Wirkung von sauren Putzmitteln.)*

*c) Zu einer Messerspitze* **CuO** *verdünnte Schwefelsäure geben und leicht erwärmen. Farbe der Lösung?*

**V. 3** *Metalle und Säuren*

*Verschiedene unedle Metalle, wie Magnesium, Aluminium, Zink, Eisen mit verdünnter Salzsäure oder verdünnter Schwefelsäure übergießen. Lösungen, falls erforderlich, filtrieren und vorsichtig eindampfen. Versuch mit Kupfer und Silber wiederholen.*

**V. 4** *Metalle und Nichtmetalle*

*Etwas Kupferpulver oder blanke Kupferfolie in einem trockenen Reagenzglas erwärmen und in einen mit Chlor gefüllten Zylinder werfen.*

*Auf ein blankes Silberblech etwas Schwefel geben und ganz leicht erwärmen.*

### Was sind Salze?

Salze bestehen aus Ionen. In festem Zustand bilden sie ein Ionengitter. Das Ionengitter von Kaliumchlorid z. B. besteht aus regelmäßig angeordneten Kalium-Ionen und Chlorid-Ionen, das von Zinksulfat aus regelmäßig angeordneten Zink-Ionen und Sulfat-Ionen, das von Natriumcarbonat aus Natrium- und Carbonat-Ionen.

Viele Salze lösen sich in Wasser. Dabei tritt Dissoziation ein. Die Salze zerfallen in ihre Ionen. Zinksulfat z. B. zerfällt in Zink-Ionen und Sulfat-Ionen:

$$\mathbf{ZnSO_4 \rightarrow Zn^{2+} + SO_4^{2-}}$$

Eine wäßrige Lösung von Zinksulfat enthält Zink-Ionen und Sulfat-Ionen.

Beim Eindampfen der Lösung treten die Ionen wieder zum Ionengitter zusammen. Das Salz kristallisiert aus.

## 9.1.1 Salzbildung durch Reaktion von Metallhydroxiden mit Säuren – Neutralisation

**Die Neutralisation von Natriumhydroxid mit Salzsäure**

Bringen wir Salzsäure und eine wäßrige Lösung von Natriumhydroxid (Natronlauge) in gleichwertigen Mengen zusammen, so ist die entstehende Lösung weder sauer noch alkalisch. Sie ist neutral.

Welche Vorgänge spielen sich dabei ab?

Die **NaOH**-Lösung enthält $Na^+$-Ionen und $OH^-$-Ionen.

Die **HCl**-Lösung enthält $Cl^-$-Ionen und $H_3O^+$-Ionen.

Treffen beim Zusammengeben beider Lösungen $OH^-$-Ionen mit $H_3O^+$-Ionen aufeinander, dann entreißen die $OH^-$-Ionen den $H_3O^+$-Ionen Protonen. Es erfolgt ein Protonenübergang von den Hydronium-Ionen auf die Hydroxid-Ionen. Aus beiden Reaktionspartnern entsteht neutrales Wasser. Deshalb nennen wir die Reaktion Neutralisation:

$$H_3O^+ + OH^- \rightarrow H_2O + H_2O$$

Die $Na^+$-Ionen und die $Cl^-$-Ionen nehmen an der Reaktion nicht teil. Sie bleiben unverändert in der Lösung und lagern sich erst beim Eindampfen der Lösung zum Ionengitter von Natriumchlorid zusammen. Natriumchlorid (Kochsalz) kristallisiert aus (V. 1).

Durch Neutralisation von Natriumhydroxid mit Salzsäure ist Wasser und Natriumchlorid entstanden.

Wir können diese Reaktion auf zwei Arten schreiben:

- **als Stoffgleichung**

  Wir verwenden dabei die Substanzformeln der beteiligten Stoffe:

  $$NaOH + HCl \rightarrow NaCl + H_2O$$

- **als Ionengleichung**

  Wir schreiben hierbei die Teilchen so, wie sie in der Lösung vorliegen:

  $$Na^+ + OH^- + H_3O^+ + Cl^- \rightarrow Na^+ + Cl^- + 2\,H_2O$$

Die Ionengleichung ist die korrektere Schreibweise. Sie läßt erkennen, daß aus den $OH^-$-Ionen, die die alkalische Reaktion der Natronlauge, und den $H_3O^+$-Ionen, die die saure Reaktion der Salzsäure bewirken, durch Protonenübergang neutrales Wasser entsteht und daß die $Na^+$- und die $Cl^-$-Ionen unverändert bleiben.

Die Stoffgleichung zeigt knapp und übersichtlich die Ausgangsstoffe und die Endprodukte. Sie sagt jedoch nichts über den Ablauf der Reaktion.

**Beispiele:**

Die Neutralisation von Kaliumhydroxid mit Schwefelsäure liefert Kaliumsulfat und Wasser:

$$2\,KOH + H_2SO_4 \rightarrow \underset{\text{Kaliumsulfat}}{K_2SO_4} + 2\,H_2O$$

Ionengleichung:

$$2\,K^+ + 2\,OH^- + 2\,H_3O^+ + SO_4^{2-} \rightarrow 2\,K^+ + SO_4^{2-} + 4\,H_2O$$

Auch hier ist das entstehende Salz zuerst gelöst und kristallisiert erst beim Eindampfen der Lösung aus.

Die Neutralisation von Calciumhydroxid mit Salpetersäure führt zur Bildung von Calciumnitrat und Wasser:

$$Ca(OH)_2 + 2\,HNO_3 \rightarrow \underset{\text{Calcium-nitrat}}{Ca(NO_3)_2} + 2\,H_2O$$

- Die Reaktion einer sauren Lösung mit der Lösung eines Metallhydroxids nennen wir Neutralisation.
- Die Neutralisation besteht darin, daß Protonen von Hydronium-Ionen auf Hydroxid-Ionen übergehen nach der Gleichung:

  $$H_3O^+ + OH^- \rightarrow 2\,H_2O$$

- Es resultiert eine Salzlösung.

**Metallhydroxide und Säuren reagieren miteinander unter Bildung von Salzen und Wasser.**

**Metallhydroxid + Säure → Salz + Wasser**

## 9.1.2 Salzbildung durch Reaktion von Metalloxiden mit Säuren

Metalloxide können mit Säuren Salze bilden. Lassen wir z. B. verdünnte Schwefelsäure auf Kupfer(II)-oxid einwirken, erhalten wir Kupfer(II)-sulfat und Wasser:

$$CuO + H_2SO_4 \rightarrow \underset{\text{Kupfer(II)-sulfat}}{CuSO_4} + H_2O$$

Der eigentliche Vorgang besteht darin, daß Protonen von den Hydronium-Ionen der Schwefelsäure auf Oxid-Ionen aus dem Ionengitter des festen Kupferoxids übergehen:

$$O^{2-} + 2\,H_3O^+ \rightarrow 3\,H_2O$$

Die Lösung enthält danach $Cu^{2+}$-Ionen und $SO_4^{2-}$-Ionen. Wird sie eingedampft, kristallisiert das Salz Kupfer(II)-sulfat aus. Diese Reaktion gehört ebenso wie die Neutralisation zu den Protolysen.

Bei der Reaktion von Calciumoxid mit Salzsäure entsteht Calciumchlorid und Wasser:

$$CaO + 2\,HCl \rightarrow \underset{\text{Calcium-chlorid}}{CaCl_2} + H_2O$$

**Metalloxide reagieren mit Säuren unter Bildung von Salzen und Wasser.**

**Metalloxid + Säure → Salz + Wasser**

## 9.1.3 Salzbildung durch Reaktion von unedlen Metallen mit Säuren

Übergießen wir Zink mit Salzsäure, dann entwickelt sich Wasserstoff. Die Lösung enthält nach der Reaktion Zink-Ionen und Chlorid-Ionen. Beim Eindampfen der Lösung kristallisiert festes Zinkchlorid aus:

$$Zn + 2\,HCl \rightarrow \underset{\text{Zink-chlorid}}{ZnCl_2} + H_2$$

Zink reagiert mit Salzsäure unter Bildung von Zinkchlorid und Wasserstoff.

Welche Vorgänge spielen sich dabei ab?

Wir beschreiben die Reaktion durch eine Ionengleichung:

$$Zn + 2\,H_3O^+ + 2\,Cl^- \rightarrow Zn^{2+} + 2\,Cl^- + H_2 + 2\,H_2O$$

Wir können jetzt den Reaktionsablauf erkennen:

- Ein Zinkatom **(Zn)** gibt zwei Elektronen ab und wird zum Zink-Ion **($Zn^{2+}$)** oxidiert.
- Die beiden Hydronium-Ionen nehmen je eins der beiden vom Zinkatom abgegebenen Elektronen auf. Dadurch wird ein Proton im Hydronium-Ion zum Wasserstoffatom reduziert. Je zwei Wasserstoffatome schließen sich zu einem Wasserstoffmolekül **($H_2$)** zusammen.
- Durch Abtrennung eines Protons wird aus einem **$H_3O^+$**-Ion ein **$H_2O$**-Molekül.
- Die Chlorid-Ionen bleiben unverändert.

**Bei dieser Reaktion werden Elektronen von Zinkatomen auf Hydronium-Ionen übertragen. Der Vorgang ist eine Redoxreaktion.**

**Beispiele:**

Magnesium reagiert mit verdünnter Schwefelsäure unter Bildung von Magnesiumsulfat und Wasserstoff:

$$Mg + H_2SO_4 \rightarrow \underset{\text{Magnesiumsulfat}}{MgSO_4} + H_2$$

Calcium reagiert mit verdünnter Salpetersäure unter Bildung von Calciumnitrat und Wasserstoff:

$$Ca + 2\,HNO_3 \rightarrow \underset{\text{Calciumnitrat}}{Ca(NO_3)_2} + H_2$$

Edle Metalle reagieren nicht mit verdünnten Säuren.

**Unedle Metalle bilden mit verdünnten Säuren unter Wasserstoffentwicklung Salze.**

**Unedles Metall + Säure → Salz + Wasserstoff**

### Redoxreihe: unedle Metalle – edle Metalle

Unsere Versuche zeigen, daß einige Metalle mit verdünnten Säuren Wasserstoff entwickeln. Das Metall wird dabei oxidiert. Es geht unter Elektronenabgabe in den Ionenzustand über. Die Hydronium-Ionen werden reduziert.

Wir beobachten: Magnesium und Aluminium reagieren stürmisch mit verdünnter Salzsäure, etwas weniger lebhaft reagiert Zink und noch langsamer Eisen. In der Reihenfolge: Mg, Al, Zn, Fe nimmt also die Neigung, Elektronen an $H_3O^+$-Ionen abzugeben, ab.

Ordnet man die Elemente nach ihrer Bereitschaft, Elektronen abzugeben, so erhält man die **Redoxreihe**:

**Die Neigung, Elektronen abzugeben, nimmt ab** →

| Na | Mg | Al | Zn | Fe | $H_2$ | Cu | Ag | Hg | Au | Pt |
|---|---|---|---|---|---|---|---|---|---|---|

← **Die Metalle werden unedler**
**Mit verd. Säuren $H_2$-Entw.**

**Die Metalle werden edler** →
**Mit verd. Säuren keine Redoxreaktion**

Links vom Wasserstoff stehen die unedlen Metalle. Diese reagieren mit verdünnten Säuren unter $H_2$-Entwicklung. Die rechtsstehenden edleren Metalle werden von verdünnten Säuren nicht angegriffen. Sie geben keine Elektronen an $H_3O^+$-Ionen ab.

Unedle Metalle zeigen eine große Bereitschaft, Elektronen abzugeben und in den Ionenzustand überzugehen. Die edlen Metalle haben nur eine geringe Neigung, Elektronen abzugeben und Ionen zu bilden. Sie sind deshalb chemisch sehr widerstandsfähig.

### 9.1.4 Salzbildung durch Reaktion von Metallen mit Nichtmetallen

Auch durch Umsetzung eines Metalls mit einem Nichtmetall können Salze hergestellt werden.

**Beispiele:**

Schwefel vereinigt sich mit Metallen zu Sulfiden, z. B.

| Fe | + | S | → | FeS |
|---|---|---|---|---|
| Eisen | | Schwefel | | Eisensulfid |

Chlor reagiert mit Metallen unter Bildung von Chloriden, z. B.

| Cu | + | $Cl_2$ | → | $CuCl_2$ |
|---|---|---|---|---|
| | | | | Kupfer(II)-chlorid |

Diese Reaktionen gehören zu den **Redoxreaktionen**. Die Metallatome geben Elektronen ab und werden zu positiv geladenen Metall-Ionen oxidiert. Die Nichtmetallatome nehmen die von den Metallatomen abgegebenen Elektronen auf und werden zu negativ geladenen Nichtmetall-Ionen reduziert. Die entgegengesetzt geladenen Ionen ziehen sich gegenseitig an und lagern sich zum Salzkristall zusammen.

Nach dieser Methode können nur Salze hergestellt werden, die aus zwei Elementen bestehen.

**Durch Reaktion eines Metalls mit einem Nichtmetall entstehen Salze.**

**Metall + Nichtmetall → Salz**

**Kontrollfragen**

9.1 Formulieren Sie die Reaktionsgleichung für die Neutralisation von Natriumhydroxid mit Phosphorsäure.

9.2 Wie lautet die Reaktionsgleichung für die Bildung von Magnesiumchlorid aus Magnesiumoxid und Salzsäure?

9.3 Wie können Sie aus Magnesium Magnesiumchlorid herstellen?

9.4 Geben Sie 3 Möglichkeiten an zur Bildung von Zinksulfat.

9.5 Welches Salz erhalten Sie, wenn Sie Aluminium in verdünnter Salpetersäure lösen?

9.6 Eine wäßrige Lösung von Kaliumhydroxid wird mit verdünnter Salpetersäure neutralisiert. Wie lauten Stoffgleichung und Ionengleichung?

**Zusammenfassung**

**Möglichkeiten der Salzbildung**

| Reaktion | Reaktionstyp | Eigentlicher Vorgang |
|---|---|---|
| Reaktion von Metallhydroxiden mit Säuren<br>Beispiel:<br>NaOH + HCl → NaCl + $H_2O$<br>Metallhydroxid + Säure → Salz + Wasser | Protolyse | Protonenübergang von Hydronium-Ionen auf Hydroxid-Ionen |
| Reaktion von Metalloxiden mit Säuren<br>Beispiel:<br>CuO + $H_2SO_4$ → $CuSO_4$ + $H_2O$<br>Metalloxid + Säure → Salz + Wasser | Protolyse | Protonenübergang von Hydronium-Ionen auf Oxid-Ionen |
| Reaktion von unedlen Metallen mit Säuren<br>Beispiel:<br>Zn + $H_2SO_4$ → $ZnSO_4$ + $H_2$<br>Metall + Säure → Salz + Wasserstoff | Redoxreaktion | Elektronenübergang von Metallatomen auf Hydronium-Ionen |
| Reaktion von Metallen mit Nichtmetallen<br>Beispiel:<br>Cu + $Cl_2$ → $CuCl_2$<br>Metall + Nichtmetall → Salz | Redoxreaktion | Elektronenübergang von Metallatomen auf Nichtmetallatome |

## 9.2 Saure oder alkalische Reaktion von Salzlösungen

**Versuch:**

**V** *Verschiedene Salze, z. B. Natriumchlorid, Natriumcarbonat, Natriumphosphat, Ammoniumchlorid, in Wasser lösen und Lösungen mit rotem und blauem Lackmuspapier prüfen.*

### Protolysen beim Auflösen von Salzen

Viele Salzlösungen reagieren neutral, manche zeigen alkalische, andere saure Reaktion. Hierzu einige Beispiele:

**1.** Eine Lösung von Natriumcarbonat (Soda) reagiert deutlich alkalisch. Die alkalische Reaktion beweist, daß die Lösung einen Überschuß an $\mathbf{OH^-}$-Ionen enthält. Woher stammen die $\mathbf{OH^-}$-Ionen?

Natriumcarbonat ist in Wasser in Ionen zerfallen:

$$\mathbf{Na_2CO_3 \rightarrow 2\,Na^+ + CO_3^{2-}}$$

Die Carbonat-Ionen wirken als Base. Ein Carbonat-Ion entzieht einem Wassermolekül ein Proton:

$$\mathbf{CO_3^{2-} + HOH \rightarrow HCO_3^- + OH^-}$$

Durch den Protonenübergang von Wassermolekülen auf Carbonat-Ionen entstehen $\mathbf{OH^-}$-Ionen, die die alkalische Reaktion der Lösung bewirken.

**2.** Eine Lösung von Natriumphosphat reagiert stark alkalisch, weil auch beim Lösen dieses Salzes in Wasser Protolyse eintritt. Wird Natriumphosphat in Wasser gelöst, dann werden dem Wasser Natrium-Ionen und Phosphat-Ionen zugeführt.

Dissoziationsgleichung:

$$\mathbf{Na_3PO_4 \rightarrow 3\,Na^+ + PO_4^{3-}}$$

Ein Teil der Phosphat-Ionen nimmt Protonen aus dem Wasser auf:

$$\mathbf{PO_4^{3-} + HOH \rightarrow HPO_4^{2-} + OH^-}$$

Durch diesen Protonenübergang entstehen $\mathbf{OH^-}$-Ionen, die die alkalische Reaktion der Natriumphosphat-Lösung verursachen.

**3.** Eine Ammoniumchlorid-Lösung reagiert sauer. Das hat folgenden Grund: Ammoniumchlorid dissoziiert in wäßriger Lösung in Ammonium-Ionen und Chlorid-Ionen:

$$\mathbf{NH_4Cl \rightarrow NH_4^+ + Cl^-}$$

Das $\mathbf{NH_4^+}$-Ion reagiert als Säure. Es gibt ein Proton an ein Wassermolekül ab:

$$\mathbf{NH_4^+ + H_2O \rightarrow NH_3 + H_3O^+}$$

Durch diesen Vorgang entstehen $\mathbf{H_3O^+}$-Ionen, die die saure Reaktion der Lösung verursachen.

**4.** Eine Natriumchlorid-Lösung reagiert neutral, weil die $\mathbf{Na^+}$-Ionen und die $\mathbf{Cl^-}$-Ionen nicht mit Wasser reagieren. Es erfolgt kein Protonenübergang.

**Die wäßrigen Lösungen bestimmter Salze zeigen saure oder alkalische Reaktion, weil beim Lösen dieser Salze in Wasser Protolyse eintritt.**

**Kontrollfragen**

9.7 Weshalb reagiert Kaliumcarbonat alkalisch?

9.8 Weshalb reagiert Ammoniumsulfat sauer?

**Zusammenfassung**

Viele Ionen, wie z. B. $CO_3^{2-}$ und $PO_4^{3-}$, wirken als Base. Sie entziehen den Molekülen des Wassers Protonen. Deshalb kommt es zur Bildung von $OH^-$-Ionen. Lösungen von Salzen, die basische Ionen enthalten, reagieren deshalb alkalisch.

Andere Ionen, wie z. B. das $NH_4^+$-Ion, wirken als Säure. Sie geben Protonen an Wassermoleküle ab. Dadurch entstehen $H_3O^+$-Ionen. Lösungen von Salzen, die saure Ionen enthalten, reagieren deshalb sauer.

## 9.3 Nachweisreaktionen für einige Ionen

| Ionen | Reagenz | Reaktion |
|---|---|---|
| $OH^-$ | Lackmus<br>Phenolphthalein | Blaufärbung<br>Rotfärbung |
| $H_3O^+$ | Lackmus | Rotfärbung |
| $Cl^-$ | Silbernitratlösung | $Ag^+ + Cl^- \rightarrow AgCl \downarrow$<br>Weißer Niederschlag von Silberchlorid |
| $SO_4^{2-}$ | Bariumchloridlösung | $Ba^{2+} + SO_4^{2-} \rightarrow BaSO_4 \downarrow$<br>Weißer Niederschlag von Bariumsulfat |
| $CO_3^{2-}$ | Salzsäure | $2\,H_3O^+ + CO_3^{2-} \rightarrow 2\,H_2O + CO_2 \uparrow$<br>Entweichen von Kohlenstoffdioxid |

**ORGANISCHE CHEMIE**

# 10 Einführung in die organische Chemie

## 10.1 Der Begriff »organische Chemie«

Die organische Chemie ist ein Teilgebiet der Chemie. Sie beschäftigt sich mit den Verbindungen des Kohlenstoffs.

**Alle organischen Verbindungen enthalten Kohlenstoff. Die organische Chemie ist die Chemie der Kohlenstoffverbindungen.**

Ausnahmen: Einige einfache Kohlenstoffverbindungen werden der anorganischen Chemie zugeordnet. Die wichtigsten sind die Oxide des Kohlenstoffs, Kohlensäure und ihre Salze.

Zur anorganischen Chemie gehören alle Verbindungen, die keinen Kohlenstoff enthalten, sowie die Elemente.

Die Bezeichnung »organische Chemie« ist historisch bedingt. Sie stammt aus einer Zeit, in der man streng unterschied zwischen den Substanzen der unbelebten Natur, den mineralischen oder anorganischen Stoffen, und den Substanzen des Tier- und Pflanzenreichs. Diese nannte man organische Stoffe, weil man glaubte, daß sie nur im lebenden Organismus unter dem Einfluß einer besonderen »Lebenskraft« entstehen könnten. Sie künstlich herzustellen, hielt man für unmöglich.

Diese Annahme erwies sich als irrig, nachdem es dem Chemiker Friedrich Wöhler im Jahre 1828 gelang, Harnstoff, ein Produkt des tierischen Stoffwechsels, also eine typisch organische Verbindung, aus einem anorganischen Salz herzustellen.

Als dann in der Folgezeit Synthesen weiterer tierischer und pflanzlicher Stoffe glückten, erkannte man, daß sich die Bildung organischer und anorganischer Stoffe nach den gleichen Gesetzen vollzieht.

Demnach wäre die Einteilung organische Chemie und anorganische Chemie hinfällig. Trotzdem hat man diese Abgrenzung beibehalten, weil organische Verbindungen eine Reihe typischer Merkmale aufweisen, die dieser Stoffklasse ihren besonderen Charakter verleihen.

## 10.2 Charakteristische Eigenschaften organischer Verbindungen

Was zeichnet die Verbindungen des Kohlenstoffs gegenüber den Verbindungen aller übrigen Elemente aus?

● Ein typisches Merkmal ist, daß am Aufbau organischer Verbindungen nur wenige Elemente beteiligt sind. Neben Kohlenstoff sind es vorwiegend Wasserstoff, Sauerstoff und Stickstoff, während die übrigen Elemente seltener vertreten sind.

● Auffallend ist die **Vielfalt** von Kohlenstoffverbindungen. Es gibt sehr viel mehr Verbindungen des Kohlenstoffs als Verbindungen aller übrigen Elemente zusammen. Man schätzt heute die Zahl der organischen Verbindungen auf über drei Millionen gegenüber ca. 150 000 anorganischen Verbindungen.

Die große Zahl der organischen Substanzen ist darauf zurückzuführen, daß die Kohlenstoffatome befähigt sind, sich untereinander zu langen Ketten zu verbinden:

```
        |   |   |   |   |   |   |   |   |   |
. . .  —C—C—C—C—C—C—C—C—C—C—  . . .
        |   |   |   |   |   |   |   |   |   |
```

Die Ketten können gerade sein oder sich verzweigen. Auch Ringschluß ist möglich. Kein anderes Element vermag dies in demselben Maße.

● Während in anorganischen Verbindungen Ionenbindungen vorherrschen, geht Kohlenstoff mit seinen Verbindungspartnern **Atombindungen** ein. Diese Bindungen können sich bei höheren Temperaturen lösen. Deshalb sind viele organische Stoffe **wenig wärmebeständig**. Sie zersetzen sich bei höheren Temperaturen. Bekannte Beispiele sind das Qualmen von Fett und das Verkohlen von Eiweiß bei stärkerem Erhitzen.

● Fast alle organischen Verbindungen sind **brennbar**.

● Ein typisches Merkmal organisch-chemischer Reaktionen ist die **geringe Reaktionsgeschwindigkeit**.

Im Gegensatz zu den meisten anorganischen Stoffen reagieren organische Verbindungen im allgemeinen nur langsam. Die Reaktionen können durch Temperaturerhöhungen oder mit Hilfe von Katalysatoren beschleunigt werden. Die lebende Zelle katalysiert den Auf- und Abbau organischer Verbindungen durch Enzyme. Enzyme sind Biokatalysatoren. Sie beschleunigen den Ablauf chemischer Reaktionen, auf denen die Lebensvorgänge beruhen.

## 10.3 Die Stellung des Kohlenstoffs im Periodensystem

Kohlenstoff steht in der 4. Hauptgruppe des PSE, also genau in der Mitte zwischen den Alkalimetallen (1. Gruppe) und den Halogenen (7. Gruppe). Viele Eigenschaften organischer Verbindungen lassen sich daher aus der zentralen Stellung des Kohlenstoffs im PSE erklären.

**Links** vom Kohlenstoff stehen in den Gruppen 1 bis 3 Metalle. Diese sind bestrebt, Elektronen abzugeben und positive Ionen zu bilden. Die Neigung, Ionen zu bilden, nimmt nach der Mitte zu ab. Sie ist bei den Metallen der 3. Gruppe viel geringer als bei denen der 1. Gruppe.

**Rechts** vom Kohlenstoff stehen in den Gruppen 5 bis 7 Nichtmetalle. Diese streben danach, Elektronen aufzunehmen und negative Ionen zu bilden. Auch hier nimmt die Neigung zur Ionenbildung nach der Mitte zu ab. Die Elemente der 5. Gruppe sind weniger bereit, Elektronen aufzunehmen, als die Elemente der 7. Gruppe.

Der in der Mitte des Periodensystems stehende Kohlenstoff bildet keine Ionen. Er vermag seine 4 Außenelektronen weder abzugeben noch 4 weitere Elektronen aufzunehmen. Um zur stabilen Elektronenanordnung der Edelgase zu kommen, geht Kohlenstoff deshalb mit seinen Verbindungspartnern Atombindungen ein.

Ein Kohlenstoffatom vermag 4 Atombindungen zu bilden. Kohlenstoff ist 4-bindig.

**Elementarer Kohlenstoff** begegnet uns in der Natur in 2 Modifikationen (Erscheinungsformen): als Diamant und als Graphit.

**Diamant** gehört zu den härtesten Stoffen, die wir kennen. Seiner hohen Härte wegen verwendet man den Diamanten als Glasschneider, zur Herstellung von Bohrerspitzen für sehr hartes Material und seines sehr hohen Lichtbrechungsvermögens wegen als Schmuckstein.

**Graphit** bildet graue, undurchsichtige, weiche Kristalle. Er findet u. a. Anwendung zur Herstellung von Bleistiftminen und als Schmiermittel für Maschinenteile, die hohen Temperaturen ausgesetzt sind. Graphit ist ein guter Leiter der Elektrizität.

**Diamant und Graphit sind reiner Kohlenstoff.** Ihre Verschiedenheit ist darauf zurückzuführen, daß die Kohlenstoffatome im Kristallgitter vom Diamant anders angeordnet sind als in dem von Graphit.

**Abb. 10.1**
Ausschnitt aus dem Diamantgitter

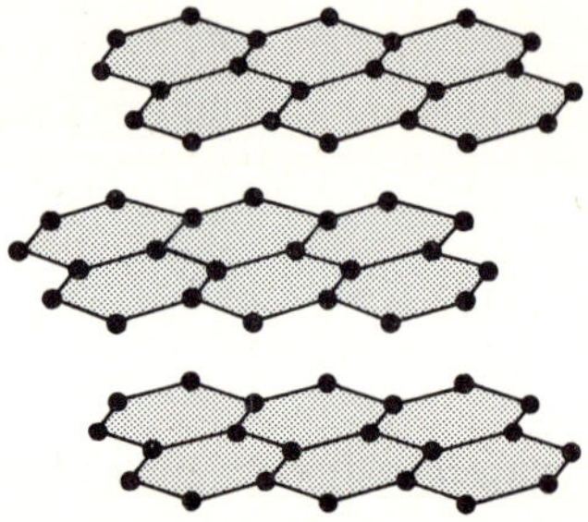

**Abb. 10.2**
Ausschnitt aus dem Graphitgitter

Im Diamant ist jedes C-Atom von vier Nachbaratomen tetraedisch umgeben. Alle C-Atome sind durch Atombindungen miteinander verknüpft. Da die C-C-Bindungen sehr fest sind, ist Diamant außerordentlich hart.

Im Graphit sind die C-Atome in Schichten angeordnet. Innerhalb der Schichten ist jedes C-Atom mit drei Nachbaratomen durch Atombindungen verknüpft. Dazu werden nur drei der vier Außenelektronen gebraucht. Die vierten Elektronen sind innerhalb der Schicht gut beweglich. Beim Anlegen einer Spannung bewegen sie sich zum positiven Pol hin. Deshalb leitet Graphit den elektrischen Strom.

Zwischen den Schichten sind nur schwache Anziehungskräfte wirksam. Die Schichten lassen sich daher leicht gegeneinander verschieben. Darauf beruht die Verwendung des Graphits als Schmiermittel und als Material für Bleistiftminen.

### Kontrollfragen

10.1 Begründen Sie, weshalb man die organische Chemie die Chemie des Kohlenstoffs nennt.

10.2 Nennen Sie Verbindungen des Kohlenstoffs, die nicht zur organischen Chemie gerechnet werden.

10.3 Welche Elemente sind vorwiegend am Aufbau organischer Verbindungen beteiligt?

10.4 Welche Art der chemischen Bindung herrscht in organischen Verbindungen vor?

### Zusammenfassung

Organische Verbindungen sind Kohlenstoffverbindungen. Beide Benennungen sind gleichbedeutend. Am Aufbau organischer Verbindungen sind nur wenige Elemente beteiligt, neben Kohlenstoff vorwiegend Wasserstoff, Sauerstoff und Stickstoff.

Die von Kohlenstoffatomen ausgehenden Bindungen sind Atombindungen. Auf der Fähigkeit der Kohlenstoffatome, sich untereinander zu langen Ketten oder Ringen zusammenzuschließen, beruht die sehr große Zahl von Kohlenstoffverbindungen.

Organische Verbindungen sind i. all. wenig wärmebeständig, sie sind meist brennbar und reagieren langsam.

# 11 Kohlenwasserstoffe

## 11.1 Alkane

**Versuche:**

**V** *Molekülbau*

*Mit dem Molekülbaukasten die Modelle von Methan und seiner nächsten Homologen zusammenstellen.*

*Wieviele Isomere sind jeweils möglich?*

### 11.1.1 Die homologe Reihe der Alkane

Sehr viele Verbindungen der organischen Chemie sind nur aus den Elementen Kohlenstoff und Wasserstoff gebaut und heißen deshalb Kohlenwasserstoffe.

**Der einfachste Kohlenwasserstoff ist das Methan, $CH_4$.**

Methan enthält im Molekül ein Kohlenstoffatom, das mit 4 Wasserstoffatomen durch je eine Atombindung verknüpft ist.

```
   H
   |
H—C—H
   |
   H
```

$CH_4$

Strukturformel von Methan — Summenformel

Jeder Strich symbolisiert ein gemeinsames Elektronenpaar.

Die Strukturformel zeigt die Verknüpfung der Atome innerhalb des Moleküls. Sie läßt jedoch nicht den räumlichen Bau des Moleküls erkennen.

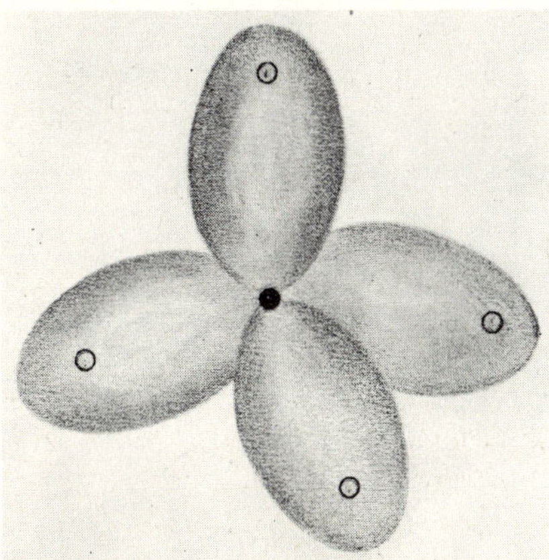

**Abb. 11.1**
**Elektronenwolkenmodell des $CH_4$-Moleküls**
vereinfacht

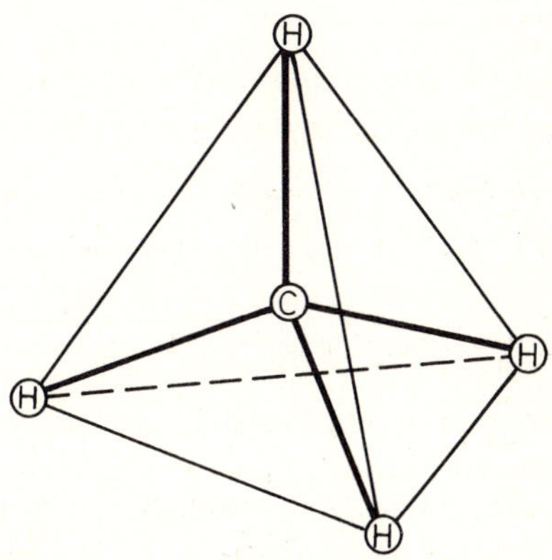


**Abb. 11.2**
**Das Methanmolekül hat die Gestalt eines Tetraeders.**
Die Achsen der bindenden Elektronenwolken ragen vom Mittelpunkt ausgehend in die 4 Ecken eines Tetraeders.

Sehen wir uns den Bau des $CH_4$-Moleküls einmal näher an. Das Kohlenstoffatom ist mit jedem der 4 Wasserstoffatome durch ein gemeinsames Elektronenpaar verbunden. Jedes bindende Elektronenpaar bildet eine Wolke. Von dem Kohlenstoffatom gehen also 4 Elektronenwolken aus. Die Elektronenwolken stoßen sich gegenseitig ab. Deshalb ordnen sie sich so um das Kohlenstoffatom, daß sie möglichst weit voneinander entfernt sind. Das ist dann der Fall, wenn die Wolken nach den Ecken eines Tetraeders gerichtet sind.

**Das $CH_4$-Molekül hat die Gestalt eines Tetraeders, in dessen Mitte sich das Kohlenstoffatom und an dessen Ecken sich die vier Wasserstoffatome befinden.**

Ersetzen wir in der Formel des Methans ein **H**-Atom durch ein **C**-Atom, das mit 3 **H**-Atomen verbunden ist, so kommen wir zum Formelbild von Ethan[1], **$C_2H_6$**.

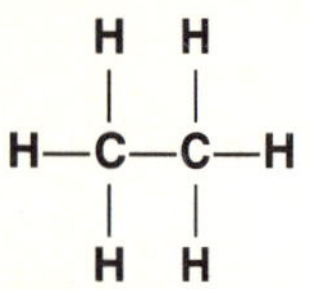

Strukturformel von Ethan

$CH_3$—$CH_3$

vereinfachte Strukturformel von Ethan

Der Ersatz eines **H**-Atoms im Formelbild des Ethans durch die **$CH_3$**-Gruppe führt zu Propan, **$C_3H_8$**.

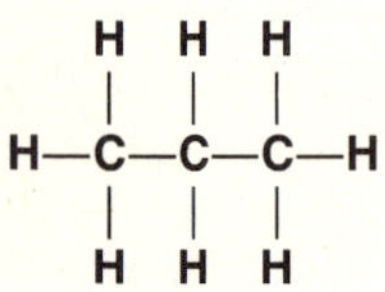

Propan

vereinfacht: $CH_3$—$CH_2$—$CH_3$

Wir erkennen, daß die Kohlenstoffatome eine Kette bilden.

Methan, Ethan, Propan sind die drei ersten Glieder der Reihe der Alkane.

**Tabelle 11.1: Die homologe Reihe der Alkane**

| Summenformel | Name |
|---|---|
| $CH_4$ | Methan |
| $C_2H_6$ | Ethan |
| $C_3H_8$ | Propan |
| $C_4H_{10}$ | Butan |
| $C_5H_{12}$ | Pentan |
| $C_6H_{14}$ | Hexan |

| Summenformel | Name |
|---|---|
| $C_7H_{16}$ | Heptan |
| $C_8H_{18}$ | Oktan |
| $C_9H_{20}$ | Nonan |
| $C_{10}H_{22}$ | Dekan |
| usw. | |

**Allgemeine Summenformel der Alkane: $C_nH_{2n+2}$**

**n = Anzahl der C-Atome**

[1] In chemischen Namen wird heute nur der Stamm »Eth« verwendet und nicht mehr »Äth«, z. B. Ethan, Ethen, Ethin, Ether usw.
Zweck: Internationale Vereinheitlichung von Fachausdrücken. Deutscher Zentralausschuß für Chemie: Internationale Regeln für die chemische Nomenklatur und Terminologie (deutsche Ausgabe der IUPAC-Regeln).

Zum Beispiel lautet die Summenformel für ein Alkan mit 30 Kohlenstoffatomen:

$C_{30}H_{2 \cdot 30+2} \quad = \quad C_{30}H_{62}$

Die Alkane sind gesättigte Kohlenwasserstoffe, weil die Kohlenstoffatome der Kette keine weiteren Atome mehr binden können. Alle Außenelektronen der Kohlenstoffatome sind an der Bildung einer Einfachbindung beteiligt.

Jedes Glied dieser Reihe unterscheidet sich von den benachbarten durch eine $\mathbf{CH_2}$-Gruppe. Eine solche Reihe nennt man eine homologe Reihe.

**Eine homologe Reihe ist eine Reihe von Verbindungen, bei der sich 2 aufeinanderfolgende Glieder durch eine $CH_2$-Gruppe unterscheiden.**

**Die Alkane bilden eine homologe Reihe.**

### Alkylgruppen

Denken wir uns aus dem Molekül eines Alkans ein **H**-Atom entfernt, so bleibt ein Molekülrest, den man Alkyl oder Alkylrest nennt. Die Namen der einzelnen Alkyle werden in der Weise gebildet, daß man in dem Namen des betreffenden Alkans die Endsilbe »**an**« durch die Endsilbe »**yl**« ersetzt.

| | | | | |
|---|---|---|---|---|
| Methan | $\mathbf{CH_4}$ | ≙ | Methylgruppe | $\mathbf{CH_3^-}$ |
| Ethan | $\mathbf{C_2H_6}$ | ≙ | Ethylgruppe | $\mathbf{C_2H_5^-}$ |

Allgemeine Formel der Alkylgruppe: $\mathbf{C_nH_{2n+1}}$

Die Alkylgruppen werden oft abkürzend mit **R** bezeichnet.

## 11.1.2 Isomerie

Die Kohlenstoffketten der Alkane können unverzweigt oder verzweigt sein.

**Beispiel:**

Vom Propan leiten sich 2 Butane ab, je nachdem ob wir ein **H**-Atom an einem endständigen oder an einem mittelständigen **C**-Atom durch die $\mathbf{CH_3}$-Gruppe ersetzen. Das eine besitzt eine unverzweigte, das andere eine verzweigte Kohlenstoffkette:

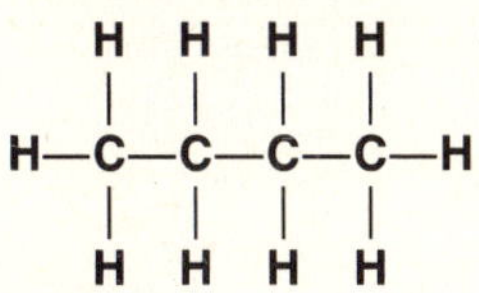

n-Butan

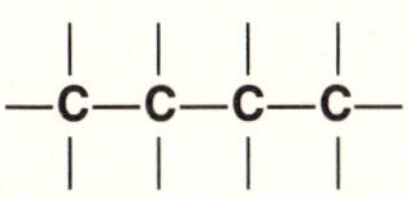

Die Kohlenstoffkette ist unverzweigt

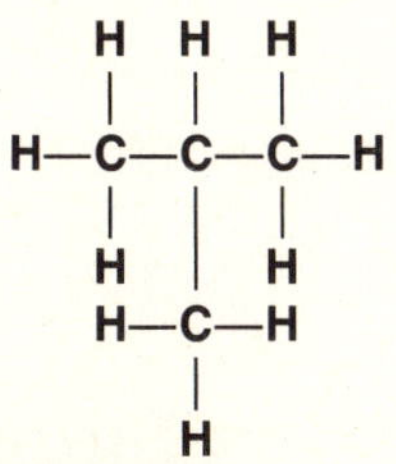

i-Butan oder 2-Methyl-propan

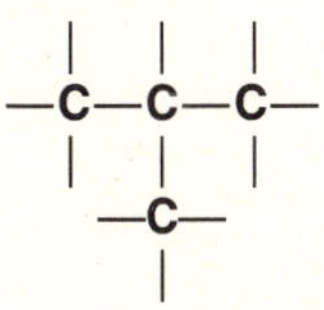

Die Kohlenstoffkette ist verzweigt

Beide Verbindungen haben die gleiche Summenformel $C_4H_{10}$. Sie haben aber unterschiedliche Eigenschaften. Die beiden Verbindungen sind isomer.

**Isomere Verbindungen besitzen die gleiche Summenformel, aber die Atome sind unterschiedlich angeordnet.**

Alkane mit unverzweigter Kohlenstoffkette werden als normale Alkane, abgekürzt n-Alkane, bezeichnet, die mit verzweigter Kette als Iso-Alkane, abgekürzt i-Alkane.

Mit der Anzahl der Kohlenstoffatome wachsen auch die Möglichkeiten der verschiedenen Verknüpfungen. So gibt es von Pentan 3 Isomere, von Hexan 5, von Oktan bereits 18. Mit jedem weiteren Kohlenstoffatom steigt die Zahl der Isomeren beträchtlich. Bei $C_{20}H_{42}$ sind es 366 319.

## 11.1.3 Systematische Benennung verzweigter Alkane

Die Unterscheidung der Alkane in normale und Iso-Alkane ist nur bei den beiden Butanen eindeutig, da es nur *ein* Butan mit verzweigter Kette gibt. Bei den höheren Alkanen existieren jeweils mehrere Isomere mit verzweigter Kette. Um diese unterscheiden zu können, ist deshalb eine systematische Benennung erforderlich, d. h. eine Benennung, die den Aufbau der betreffenden Verbindung erkennen läßt.

Der systematische oder rationelle Name chemischer Verbindungen wird nach den neuesten Regeln der Nomenklaturkommission der IUPAC (International Union of Pure and Applied Chemistry) gebildet. Die Regeln heißen IUPAC-Regeln.

Der systematische Name eines verzweigten Alkans ergibt sich in folgender Weise:

- Wir suchen die längste gerade Kette im Molekül der zu benennenden Verbindung. Das ist die Hauptkette. Sie bestimmt den Stammnamen der Verbindung.
- Wir numerieren die **C**-Atome der Hauptkette, wobei wir an dem Ende beginnen, das der Verzweigungsstelle am nächsten ist.
- Die Nummer des **C**-Atoms, mit dem die Seitenkette verbunden ist, und der Name der Seitenkette werden dann *vor* den Namen der Hauptkette gesetzt.

**Beispiel:**

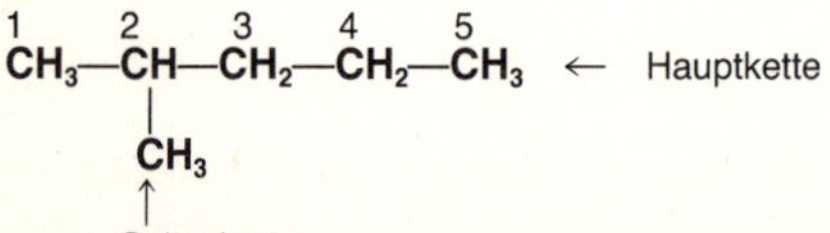


Die Hauptkette wird hier von 5 **C**-Atomen gebildet. Daraus ergibt sich der Stammname **-pentan.**
Die Verzweigungsstelle liegt bei **C**-Atom Nr. **2.**
Die Seitenkette ist eine **Methyl**gruppe.
Der systematische Name dieses Kohlenwasserstoffs ist deshalb **2-Methyl-pentan.**

**Von Pentan gibt es 3 Isomere:**

1. $CH_3—CH_2—CH_2—CH_2—CH_3$

n-Pentan

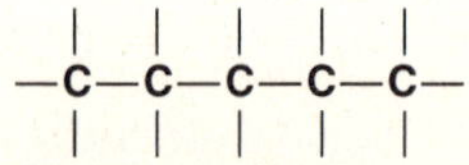


C-Kette von n-Pentan

2. 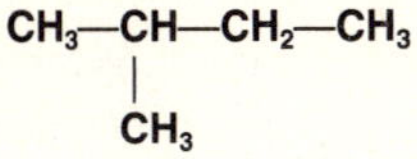

2-Methyl-butan

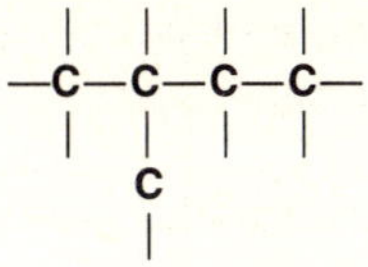

C-Kette von 2-Methyl-butan

3. 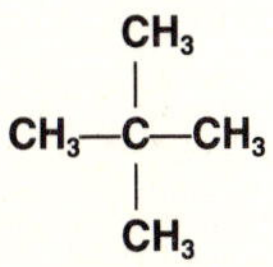

2,2-Dimethyl-propan

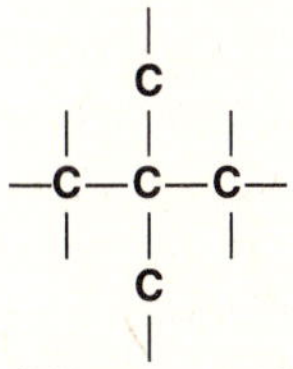

C-Kette von 2,2-Dimethyl-propan

**Kontrollfragen**

11.1 Definieren Sie den Begriff homologe Reihe.

11.2 Welche Summenformel besitzt ein Alkan mit 17 **C**-Atomen?

11.3 Gibt es von Propan Isomere?

11.4 Worin unterscheiden sich n-Alkane und i-Alkane?

11.5 Eine Verbindung ist mit einer anderen isomer. Was verstehen Sie darunter?

11.6 Schreiben Sie ausführlich sowie in vereinfachter Schreibweise die Strukturformel von
a) n-Butan,
b) i-Butan.

11.7 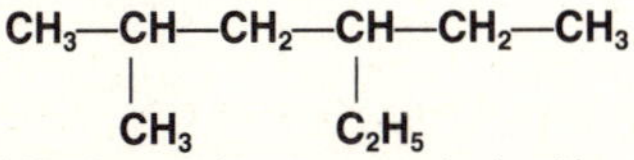

Wie lautet der systematische Name dieses Alkans?

11.8 Geben Sie die verkürzten Strukturformeln an von
a) 3-Methyl-pentan,
b) 2,2,4-Trimethyl-pentan,
c) 2,4-Dimethyl-hexan.
d) Mit welchem n-Alkan ist b) isomer?

11.9 Benennen Sie:

a) 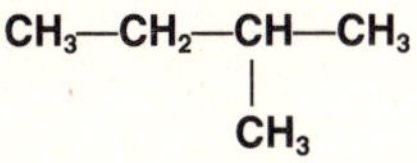

b) 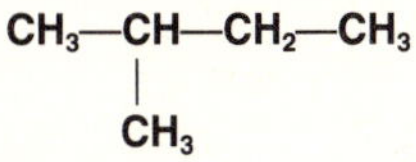

## 11.1.4 Eigenschaften der Alkane

**Versuche:**

**Vorsicht! Alkane sind brennbar. Ihre mit Luft gemischten Dämpfe sind explosiv!**

**V. 1** *Löslichkeitsverhalten der Alkane*

*a) Je einige Tropfen Benzin, Petroleum, Schmieröl, eine Messerspitze Paraffin im Reagenzglas mit etwas Wasser schütteln. Löslichkeit der Alkane im Wasser?*
*Was sagt der Versuch gleichzeitig über die Dichte dieser Stoffe?*

*b) Prüfen Sie die Löslichkeit von Paraffin in Benzin oder Hexan, von Schmieröl in Petroleum.*

*c) Eine Messerspitze Fett im Reagenzglas mit etwas Benzin übergießen. Löslichkeit?*

**V. 2** *Nachweis der Verbrennungsprodukte*

*Einige Tropfen Benzin in einem Porzellanschälchen anzünden und a) ein trockenes Becherglas, b) ein mit Kalkwasser ausgespültes Becherglas darüberhalten. (Trübung von Kalkwasser zeigt $CO_2$ an).*

## Physikalische Eigenschaften der Alkane

### Aggregatzustand

- Die ersten 4 Alkane sind bei Raumtemperatur gasförmig,
- die mittleren (mit 5–16 C-Atomen) sind flüssig,
- die höheren (mit 17 und mehr Kohlenstoffatomen) sind fest.

Vergleichen Sie die folgende Tabelle:

**Tabelle 11.2: Schmelz- und Siedepunkte der n-Alkane bei 1 bar**

| Summenformel | Name | Schmelzp. in °C | Siedep. in °C | Aggregatzustand bei 20 °C |
|---|---|---|---|---|
| $CH_4$ | Methan | − 184 | − 164 | ↑ |
| $C_2H_6$ | Ethan | − 171,4 | − 93 | gasförmig |
| $C_3H_8$ | Propan | − 190 | − 45 | |
| $C_4H_{10}$ | Butan | − 135 | − 0,5 | ↓ |
| $C_5H_{12}$ | Pentan | − 130 | + 36 | ↑ |
| $C_6H_{14}$ | Hexan | − 93,5 | + 68,7 | |
| $C_7H_{16}$ | Heptan | − 90 | + 98,4 | |
| $C_8H_{18}$ | Oktan | − 57 | + 126 | |
| $C_9H_{20}$ | Nonan | − 53,9 | + 150,6 | flüssig |
| $C_{10}H_{22}$ | Dekan | − 32 | + 173 | |
| ● | | | | |
| ● | | | | |
| ● | | | | |
| $C_{16}H_{44}$ | Hexadekan | + 18 | + 287 | ↓ |
| $C_{17}H_{36}$ | Heptadekan | + 22,5 | + 303 | ↑ |
| ● | | | | |
| ● | | | | |
| ● | | | | |
| $C_{20}H_{42}$ | Eicosan | + 37 | – | fest |
| $C_{60}H_{122}$ | Hexakontan | + 101 | – | |
| ● | | | | |
| ● | | | | |
| ● | | | | ↓ |

Wir erkennen: **Mit zunehmender Molekülgröße steigen Schmelz- und Siedepunkt.**

Welches ist der Grund für diese Erscheinung?

Alle Moleküle, auch die unpolaren, üben Anziehungskräfte aufeinander aus. Diese bindenden Kräfte nennt man van-der-Waals-Kräfte (nach ihrem Entdecker, dem holländischen Physiker van der Waals, 1837–1923).

Die Kräfte, mit denen sich die Moleküle gegenseitig anziehen, sind i. allg. schwach. Sie haben auch nur eine sehr geringe Reichweite. Deshalb wirken sie nur an den Stellen, wo sich die Moleküle ganz nahe kommen.

Je größer die Moleküle – und damit auch ihre Oberflächen – sind, um so mehr »Haftstellen« sind vorhanden. Deshalb sind innerhalb einer homologen Reihe die van-der-Waals-Kräfte um so stärker, je größer die Moleküle sind.

**Mit zunehmender Molekülgröße werden die van-der-Waals-Kräfte größer.**

**Zwischen großen Molekülen sind stärkere Anziehungskräfte wirksam als zwischen kleinen Molekülen.**

**Wie hängt nun der Siedepunkt einer Flüssigkeit von den zwischenmolekularen Kräften ab,** d. h. von den Anziehungskräften zwischen den Molekülen?

Wenn eine Flüssigkeit siedet, dann werden ihre Moleküle voneinander getrennt. Sie entweichen aus dem Flüssigkeitsbereich. Ihre Energie muß also groß genug sein, um die Kräfte, die die Moleküle in der Flüssigkeit zusammenhalten, zu überwinden.

Zwischen den kleinen Molekülen der niederen Alkane sind nur schwache Kräfte wirksam. Schon bei geringer Wärmebewegung lösen sich die Moleküle voneinander und gehen in den Dampfzustand über. Sie sieden bei niederer Temperatur, Methan z. B. schon bei −164 °C. Bei Zimmertemperatur sind sie daher gasförmig.

Mit wachsender Zahl der Kohlenstoffatome wächst auch die Stärke der zwischenmolekularen Kräfte. Jetzt muß höher erhitzt werden, um die Moleküle voneinander zu trennen.

**Je größer die Moleküle, um so höher der Siedepunkt.**

Von einer gewissen Molekülgröße ab sind schließlich die Anziehungskräfte zwischen den Molekülen stärker als die Atombindungen, die innerhalb der Moleküle wirken. Das bedeutet, daß sich Alkane mit großen, schweren Molekülen nicht mehr ohne Zersetzung destillieren lassen. Die Atombindungen zwischen 2 Kohlenstoffatomen zerbrechen vor Erreichung des Siedepunktes.

Deshalb werden die hochsiedenden Alkane im Vakuum destilliert, weil bei vermindertem Druck die Siedepunkte tiefer liegen als bei Normaldruck. Es braucht nicht so hoch erhitzt zu werden.

Die Abhängigkeit des Schmelzpunktes von der Molekülgröße ist ähnlich zu erklären. In festem Zustand bilden die Alkanmoleküle ein Molekülgitter, das ist ein Kristallgitter, dessen Gitterpunkte mit Molekülen besetzt sind. Die Moleküle werden im Gitter durch van-der-Waals-Kräfte zusammengehalten. Beim Schmelzen werden diese Kräfte durch die Wärmebewegung der Teilchen überwunden. Da mit zunehmender Größe der Moleküle die van-der-Waals-Kräfte stärker werden, erhöhen sich auch die Schmelzpunkte. Alkane mit großen Molekülen gehen bei höheren Temperaturen in den flüssigen Zustand über als Alkane mit kleinen Molekülen.

Daß Propan einen tieferen Schmelzpunkt als Ethan hat, liegt daran, daß die Propanmoleküle nicht so gut im Molekülgitter zusammenpassen. Die Moleküle können sich nicht maximal nähern. Sie können sich nicht so eng zusammenlagern. Deshalb sind die zwischenmolekularen Kräfte weniger wirksam. Sie werden schon bei tieferen Temperaturen überwunden.

**Wir fassen zusammen:**

**Innerhalb der homologen Reihe der Alkane steigen Siedepunkt und Schmelzpunkt, weil die zwischenmolekularen Kräfte mit wachsender Molekülgröße stärker werden.**

**Diese Regel gilt auch für andere homologe Reihen.**

**Löslichkeit:**

Soll ein Stoff in einem anderen gelöst werden, so müssen sich die Teilchen des zu lösenden Stoffes zwischen die Moleküle des Lösungsmittels drängen und sich hier frei bewegen können. Es müssen die Kräfte zwischen den Molekülen überwunden werden.

**Alkane lösen sich nicht in Wasser.**

Das ist darauf zurückzuführen, daß Alkane unpolar sind. Wasser dagegen ist ein polares Lösungsmittel. Wie wir schon erfahren haben, werden die polaren Wassermoleküle durch starke Wasserstoffbrücken zusammengehalten. Die Anziehung der Wassermoleküle untereinander ist sehr viel stärker als die Anziehung zwischen einem Wassermolekül und einem Alkanmolekül. Deshalb können Alkanmoleküle nicht in den Wasserverband eindringen und die Wassermoleküle auseinanderdrängen.

**Unpolare Stoffe lösen sich nicht in Wasser.**

Man sagt, sie sind **hydrophob**, d. h. wasserabweisend. Polare Stoffe dagegen, wie z. B. Zucker, sind **hydrophil**, d. h. wasserfreundlich. Sie lösen sich in Wasser.

**Alkane sind hydrophob.**

Flüssige Alkane sind gute Lösungsmittel für Fette, weil Fette ebenso wie die Alkane unpolar sind.

Die Anziehungskräfte zwischen den Fett- und Alkanmolekülen sind von gleicher Größenordnung wie die Kräfte zwischen den Alkanmolekülen untereinander und den Fettmolekülen untereinander. Beide Molekülarten werden von van-der-Waals-Kräften zusammengehalten. Deshalb können sich Fettmoleküle und Alkanmoleküle durchmischen und frei ineinander bewegen.

**Alkane sind lipophil, d. h. fettfreundlich.**

Aus dem gleichen Grunde lösen sich Alkane in anderen Kohlenwasserstoffen, weil diese unpolar sind.

Für die Löslichkeit von Stoffen gilt folgende Faustregel:

**»Gleiches löst sich in Gleichem« d. h., unpolare Stoffe lösen sich in unpolaren Lösungsmitteln, polare Stoffe lösen sich in polaren Lösungsmitteln.**

**Dichte**

Alle Alkane sind leichter als Wasser und schwimmen daher auf dessen Oberfläche. Deshalb darf man Benzinreste niemals in die Abwasserleitung schütten. Das Benzin bleibt auf der Wasseroberfläche, verdunstet und kann durch eine brennende Zigarette, durch Betätigen eines elektrischen Schalters, durch die Zündflamme eines Gas-Heißwasserbereiters oder sogar schon durch die Funkenbildung an Kleidung aus synthetischen Fasern entzündet werden.

**Alle leichtflüchtigen Alkane bilden mit Luft explosive Gemische.**

Auch lassen sich Benzinbrände nicht mit Wasser löschen.

### Chemische Eigenschaften

Alkane sind reaktionsträge. Bei Raumtemperatur zeigen sie wenig Neigung zu chemischen Umsetzungen. Erst bei höheren Temperaturen oder in Gegenwart eines Katalysators können Reaktionen durchgeführt werden.

**Alle Alkane sind brennbar.** Nach erfolgter Zündung verbrennen sie zu Kohlenstoffdioxid und Wasser.

**Beispiele:**

$$CH_4 + 2\,O_2 \rightarrow CO_2 + 2\,H_2O$$

$$C_7H_{16} + 11\,O_2 \rightarrow 7\,CO_2 + 8\,H_2O$$

Bei der Verbrennung der Alkane wird sehr viel Energie frei. Hierauf beruht ihre Verwendung als Treibstoff für Verbrennungsmotoren und als Heizstoff.

Bei Sauerstoffmangel findet eine unvollständige Verbrennung statt. Neben Kohlenstoffdioxid, $\mathbf{CO_2}$, bildet sich das giftige Kohlenstoffmonooxid, **CO**. Da in den Motoren unserer Kraftfahrzeuge der Treibstoff nicht vollständig verbrennt, enthalten die Auspuffgase Kohlenstoffmonooxid. An verkehrsreichen Kreuzungen, in Unterführungen, bei Verkehrsstauungen kann es zu einer gefährlichen Anreicherung an Kohlenstoffmonooxid in der Atemluft kommen. Aus demselben Grunde ist es streng verboten, Motoren in geschlossenen Garagen laufen zu lassen.

#### Kontrollfragen

11.10 Überlegen Sie, weshalb $\mathbf{C_{15}H_{32}}$ zähflüssiger ist als $\mathbf{C_6H_{14}}$.

11.11 Welcher Zusammenhang besteht innerhalb einer homologen Reihe zwischen Molekülgröße und Siedepunkt?

11.12 Erklären Sie, weshalb sich Alkane nicht in Wasser, wohl aber in anderen Kohlenwasserstoffen lösen.

11.13 Was ist ein polares Molekül?

11.14 Weshalb ist Ethan bei Raumtemperatur gasförmig, Hexan dagegen flüssig?

11.15 Stellen Sie die Reaktionsgleichung auf für die vollständige Verbrennung von a) Propan, b) Pentan.

## 11.2 Gewinnung von Alkanen aus Erdgas und Erdöl

### 11.2.1 Vorkommen der Alkane

Alkane kommen im Erdgas und im Erdöl vor.

**Erdgas und Erdöl sind die Hauptquelle zur Gewinnung von Alkanen.**

Erdgas besteht zum größten Teil aus Methan (bis zu 95 %). Weitere Bestandteile sind Ethan, Propan, Butan und geringe Mengen von Helium. Es ist ein wichtiges Heizgas. Die chemische Industrie verwendet Erdgas als Ausgangsstoff für viele Synthesen.

### 11.2.2 Erdöl

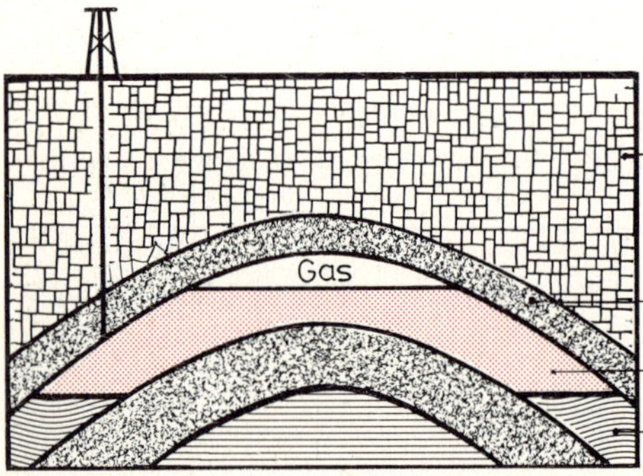


Abb. 11.3 Erdöllager

**Entstehung und Gewinnung**

Das Erdöl ist mit größter Wahrscheinlichkeit aus abgestorbenen kleinsten Meeresorganismen entstanden. Diese sanken auf den Grund des Meeres, wurden von Schlamm, Sand, Ton überdeckt und wandelten sich unter Luftabschluß innerhalb langer Zeiträume in Kohlenwasserstoffe um.

Die Erdöllager werden durch Tiefbohrungen erschlossen. Wenn sich über dem Erdöl Erdgas angesammelt hat, so wird durch dessen Druck das Erdöl im Bohrloch nach oben gepreßt. Es springt dann oft in einem hohen, dicken Strahl aus der Erde. Ist der Druck zu gering, wird es durch Pumpen zutage gefördert.

**Aufarbeitung und Verwendung**

Erdöl ist ein Gemisch vieler Kohlenwasserstoffe. Die Zusammensetzung ist je nach Herkunftsland verschieden. Den Hauptanteil der meisten Erdöle bilden die Alkane. Die Aufarbeitung des Erdöls erfolgt in Raffinerien. Hier wird das Erdöl durch Destillation in Fraktionen mit bestimmten Siedebereichen zerlegt, d. h. in größere Gruppen seiner Bestandteile. Man nutzt dabei die Tatsache, daß die im Erdöl vorkommenden Kohlenwasserstoffe verschiedene Siedepunkte haben. Man erhält zunächst folgende **Hauptfraktionen:**

| Fraktion | Siedebereich |
|---|---|
| Gase (Methan, Ethan, Propan, Butan) | unter 35 °C |
| Rohbenzin | 35 °C bis 200 °C |
| Kerosin (Petroleum) | 175 °C bis 275 °C |
| Diesel- und Heizöl | 250 °C bis 350 °C |
| Schmieröle | über 350 °C |

Die über 350 °C siedenden Öle werden im Vakuum destilliert, um Zersetzungen zu vermeiden. Man erhält so die verschiedenen Schmieröle.

Die angegebenen Siedebereiche sind ein Beispiel für eine mögliche Zerlegung des Erdöls. In der Praxis arbeitet man auch mit anderen Siedebereichen.

**Abb. 11.4 Erdölraffinerie**

**Jede Fraktion ist ein Gemisch vieler Kohlenwasserstoffe**, deren Siedepunkte in den angegebenen Temperaturbereichen liegen. Rohbenzin z. B. enthält Alkane mit vorwiegend 5–10 Kohlenstoffatomen, also Pentan bis Dekan, und von jedem Alkan eine Reihe von Isomeren. Die höher siedenden Fraktionen enthalten Alkane mit längeren Kohlenstoffketten.

Die einzelnen Fraktionen können durch eine nochmalige Destillation weiter zerlegt und veredelt werden.

## Verwendung

- Die niedersiedenden Fraktionen finden Verwendung als Treibstoff für Benzinmotoren und als Lösungsmittel für Fette, z. B. in chemischen Wäschereien.
- Kerosin ist der Treibstoff für Propellerflugzeuge und für Düsenmaschinen.
- Die Mineralöle mit mittlerem Siedebereich werden als Heizöl und als Treibstoff für Dieselmotoren gebraucht.
- Die höhersiedenden Öle dienen als Schmiermittel für Maschinen.

  Die aus Kohlenwasserstoffen bestehenden Schmieröle haben gegenüber den fetten Ölen den Vorzug, nicht sauer zu werden. Sie greifen daher Maschinenteile nicht an.

- Propan und Butan sind Nebenprodukte der Erdölaufbereitung. Da sie sich durch Druck leicht verflüssigen lassen, kommen sie komprimiert als Flüssiggas in den Handel. Sie sind wichtige Heizgase.
- Ein weiteres wichtiges Nebenprodukt ist das Paraffin, das aus Schmierölen abgetrennt wird. Paraffin ist ein Gemisch fester Alkane. Es wird zur Herstellung von Kerzen, Schuhcreme, Bohnerwachs, zum Imprägnieren von Zündhölzern und von Papier verwendet. Paraffin ist ein Bestandteil vieler Salben.
- Rückstand der Destillation ist Bitumen, eine schwarze teerartige Masse, die beim Straßenbau und zur Herstellung von Dachpappe Verwendung findet.

## 11.2.3 Cracken

Die fortschreitende Motorisierung der letzten Jahrzehnte führte zu einem ständig steigenden Verbrauch von Benzin, so daß die einfache Destillation des Erdöls den Bedarf nicht mehr dekken konnte. Man ging deshalb dazu über, die weniger wertvollen hochsiedenden Erdölfraktionen in tiefersiedende Kohlenwasserstoffe zu spalten.

Werden die schweren Öle hoch erhitzt, dann geraten ihre großen Moleküle in immer heftigere Bewegung, bis schließlich die Atombindungen zwischen den Kohlenstoffatomen aufbrechen. Die Kohlenstoffketten zerfallen in kleinere Bruchstücke. Neben gesättigten Kohlenwasserstoffen mit vorwiegend 5–9 **C**-Atomen (Benzin) entstehen ungesättigte Kohlenwasserstoffe, die wichtige Ausgangsstoffe für die chemische Industrie sind. Dieses Verfahren nennt man Cracken.

**Abb. 11.5**
**Crackanlage**

**Cracken ist ein Spaltverfahren.**

**Durch Cracken werden größere Moleküle in kleinere zerlegt.**

Das Cracken wird meist bei Gegenwart eines Katalysators durchgeführt. Das katalytische Cracken liefert ein Benzin mit einem hohen Anteil an verzweigten Alkanen, die im Verbrennungsmotor weniger zum Klopfen neigen als geradkettige Alkane. Beim katalytischen Cracken entsteht also ein hochwertigeres Benzin als beim rein thermischen Cracken.

Mehr als die Hälfte der Welterzeugung an Benzin ist Crackbenzin.

Unter »Klopfen« versteht man das vorzeitige Zünden des Benzin-Luftgemisches im Zylinder des Motors. Dadurch entsteht ein Stoß. Die Pleuelstange schlägt zu hart auf das Kurbellager, der Motor klopft. Verringerung der Leistung und erhöhter Motorverschleiß sind die Folgen.

Die Klopffestigkeit eines Treibstoffes läßt sich durch Zusatz eines Antiklopfmittels erhöhen.

**Als Antiklopfmittel verwendet man heute Bleitetraethyl, Pb $(C_2H_5)_4$.**

Bleiverbindungen aber sind starke Gifte. Der Bleigehalt des Benzins führt deshalb zu schwerer Umweltbelastung. Mit den Autoabgasen kommen Bleiverbindungen in die Atmosphäre. Sie reichern sich im Boden an und werden von den Pflanzen aufgenommen. Besonders hoch ist der Bleigehalt von Pflanzen, die in der Nähe von Autobahnen wachsen.

Der Mensch nimmt mit der Atemluft und mit Nahrungsmitteln – vor allem Obst und Gemüse – Blei auf, das sich in seinem Körper anreichert. Es besteht die Gefahr einer schleichenden Bleivergiftung.

## 11.2.4 Erdöl als Rohstoffquelle für die chemische Industrie

In zunehmendem Maße werden heute aus Erdöl die Ausgangsstoffe zur Herstellung vieler chemischer Produkte gewonnen. Die Petrochemie (Erdölchemie) ist ein wichtiger Zweig der chemischen Großindustrie.

**Die Petrochemie beschäftigt sich mit der Gewinnung von Chemikalien aus Erdöl und Erdgas.**

Auf petrochemischer Grundlage werden hergestellt: Kunststoffe, synthetische Textilfasern, synthetischer Kautschuk, Medikamente, Waschmittel, Düngemittel und viele andere Stoffe.

**Mehr als 90 % der Rohstoffe für die organisch-chemische Industrie werden heute aus Erdöl und Erdgas gewonnen.**

Wir erkennen, welche große wirtschaftliche Bedeutung Erdöl hat, aber auch, wie stark abhängig unsere Wirtschaft von den Erdöl liefernden Ländern ist.

- Erdöl ist unser wichtigster Energielieferant.
- Erdöl ist die wichtigste Rohstoffquelle für die chemische Industrie.

Die Petrochemie jedoch verbraucht nur etwa 5 % der Erdölförderung. Der allergrößte Teil des geförderten Erdöls wird zur Energiegewinnung verbraucht:

- als Motortreibstoff
- und als Heizöl für private Haushaltungen, Industrie und Kraftwerke.

Dies ist eine ungeheure Verschwendung des kostbaren Rohstoffes. Denn die Erdölvorkommen sind begrenzt. Sie werden eines Tages erschöpft sein. Es ergibt sich daher die zwingende Notwendigkeit, Energie zu sparen und andere Energiequellen zu nutzen.

## 11.2.5 Gewässerverschmutzung durch Mineralöl

Ohne Erdöl wäre unser heutiger Lebensstandard undenkbar. Andererseits bringen Erdöl und Erdölprodukte schwere Umweltbelastung. Immer wieder kommt es zu Tankerunfällen. Riesige Ölmengen fließen aus und breiten sich auf der Wasseroberfläche aus. Die Folgen sind Massensterben von Fischen und Seevögeln, Verunreinigungen von Stränden. Die Förderung von Öl aus Bohrungen im Meer trägt auch zur Ölverschmutzung der Ozeane bei. Eine schwere Belastung der Gewässer ist es ferner, wenn Motorschiffe Öl- und Schmierstoffreste ins Wasser ablassen.

**Abb. 11.6**
**Ölpest an der bretonischen Küste**

**Abb. 11.7**
**Wasserverschmutzung / Ölpest**
**Pinguin, der in eine Öllache geraten ist**

**1 Liter Mineralöl macht 1 Million Liter Trinkwasser ungenießbar.**

Dies zeigt, wie gefährlich es ist, wenn Heizöltanks undicht werden oder Tankwagen auslaufen. Das Öl sickert in den Boden und kann bis zum Grundwasser gelangen, das unsere wichtigste Trinkwasserquelle ist.

**Kontrollfragen**

11.16 Definieren Sie den Begriff »Cracken«.

11.17 Nennen Sie die wichtigsten Anwendungsgebiete für Erdölprodukte

11.18 Was verstehen Sie unter »Petrochemie«?

11.19 Überlegen Sie, weshalb Dieselöl zähflüssiger ist als Benzin.

11.20 Weshalb perlt Wasser von paraffiniertem Papier ab?

11.21 Weshalb darf in einem Raum, in dem ein elektrisches Gerät mit einem Thermostat eingeschaltet ist, nicht mit Benzin gereinigt werden?

11.22 Welch ein Zusammenhang besteht zwischen Siedepunkt und äußerem Druck?

11.23 Weshalb werden die hochsiedenden Öle nicht bei Atmosphärendruck, sondern im Vakuum destilliert?

11.24 Weshalb ist Autowaschen verboten, wenn der Wasserablauf keinen Ölscheider enthält?

## 11.3 Halogenalkane

**Versuche:**

**Vorsicht, Dämpfe nicht einatmen!**

**V** *Beilsteinprobe*

*a) Einen Kupferblechstreifen oder einen Kupferdraht in der Bunsenflamme erhitzen, abkühlen lassen, dann in Tetrachlormethan tauchen und wieder in die Flamme halten.*

*b) Verschiedene Fleckwasser durch die Beilsteinprobe auf Halogene prüfen.*

### 11.3.1 Substitutionsreaktionen

Man kann in einem Alkan ein oder mehrere Wasserstoffatome durch Halogenatome ersetzen. Dabei entstehen **Halogenalkane**.

Wird z. B. ein Gemisch von Chlor und Methan belichtet, so tritt zunächst folgende Reaktion ein:

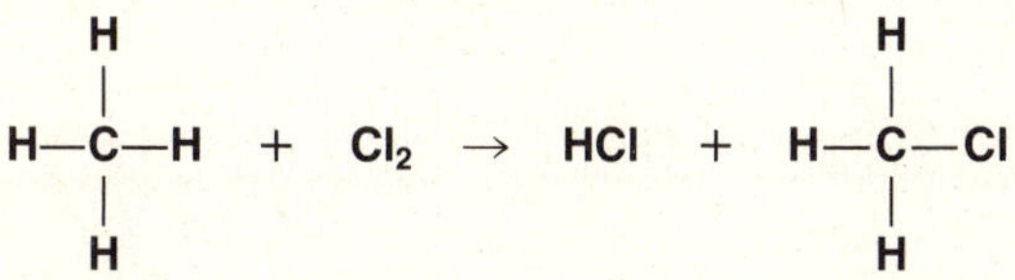

Monochlormethan

Durch Belichten werden einige Chlormoleküle in Chloratome gespalten. Dadurch wird die Reaktion in Gang gesetzt. Ein Chloratom entreißt einem Methanmolekül ein Wasserstoffatom und verbindet sich mit diesem zu einem Molekül **HCl**. An die Stelle des abgespaltenen **H**-Atoms tritt ein **Cl**-Atom in das Molekül ein. Es entsteht **Monochlormethan**, **$CH_3Cl$**. Ein Wasserstoffatom des Methanmoleküls ist durch ein Chloratom ersetzt.

Einen solchen Ersatz eines Atoms durch ein anderes Atom bezeichnet man als **Substitution**. Die Substitutionsprodukte sind **Derivate** (Abkömmlinge) der Ausgangsstoffe.

**Monochlormethan ist ein Chlorderivat des Methans.**

Die Reaktion bleibt im allgemeinen nicht auf dieser Stufe stehen.

In dem entstandenen Monochlormethan, $CH_3Cl$, kann ein weiteres H-Atom durch ein Cl-Atom substituiert werden:

$$\underset{\text{Monochlormethan}}{CH_3Cl} + Cl_2 \rightarrow HCl + \underset{\text{Dichlormethan}}{CH_2Cl_2}$$

Die Chlorierung kann sich in gleicher Weise fortsetzen.

$$CH_2Cl_2 + Cl_2 \rightarrow HCl + \underset{\text{Trichlormethan}}{CHCl_3}$$

$$CHCl_3 + Cl_2 \rightarrow HCl + \underset{\text{Tetrachlormethan}}{CCl_4}$$

Man erhält deshalb bei der Reaktion von Chlor mit Methan neben Chlorwasserstoff ein Gemisch von 4 verschiedenen Chlorderivaten des Methans:

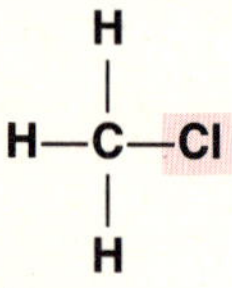
Monochlormethan

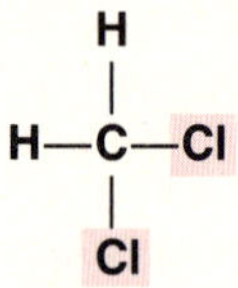
Dichlormethan

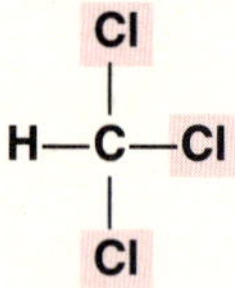
Trichlormethan

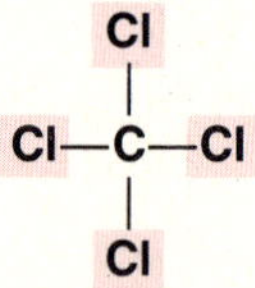
Tetrachlormethan

**Werden in dem Molekül einer organischen Verbindung Atome durch andere Atome oder Atomgruppen ersetzt, so bezeichnet man diese Reaktion als Substitution.**

Die Substitution ist ein wichtiger Reaktionstyp in der organischen Chemie.

Viele organische Reaktionen sind Substitutionsreaktionen.

### Die Beilsteinprobe

Halogene in organischen Verbindungen lassen sich durch die Beilsteinprobe nachweisen. Erhitzt man die halogenhaltige Substanz auf Kupfer, so bilden sich flüchtige Kupferhalogenide, die die Flamme grün färben.

## 11.3.2 Einige Halogenalkane

**Trichlormethan (Chloroform), $CHCl_3$,** ist eine farblose, schwere Flüssigkeit von süßlichem Geruch. Eingeatmete Dämpfe erzeugen Bewußtlosigkeit, deshalb wurde es früher bei Operationen als Narkosemittel verwendet. Heute ist es von harmloseren Narkotika verdrängt worden.

Trichlormethan löst Fette und Harze und hat deshalb technische Bedeutung als Lösungsmittel.

**Tetrachlormethan (Tetrachlorkohlenstoff), $CCl_4$,** eine schwere, farblose, stark lichtbrechende Flüssigkeit, gehört zu den wenigen organischen Verbindungen, die nicht brennbar sind. Tetrachlormethan ist ein ausgezeichnetes Lösungsmittel für Fette, Öle, Harze, Lacke und wird deshalb auch im Haushalt als Fleckwasser verwendet. Beim Arbeiten mit Tetrachlormethan muß man sehr vorsichtig sein. **Dämpfe nicht einatmen!** Tetrachlormethan ist giftig, eingeatmete Dämpfe können schwere gesundheitliche Störungen verursachen.

**Monochlorethan (Ethylchlorid), $C_2H_5Cl$,** wird in der Medizin für örtliche Betäubungen verwendet. Auf die Haut gesprüht, verdampft es sehr rasch. Die Stelle kühlt sich dabei stark ab und wird schmerzunempfindlich.

**Difluordichlormethan (Frigen), $CF_2Cl_2$,** wird als Kältemittel in Kühlschränken verwendet und als Treibgas für Spraydosen (über Umweltbelastung durch Frigen vgl. 22.2).

### Kontrollfragen

11.25 Definieren Sie den Begriff »Substitution«.

11.26 Welche Halogenalkane sind Ihnen bekannt, und wozu verwendet man sie?

11.27 Wie lassen sich Halogene in organischen Verbindungen nachweisen?

## 11.4 Ungesättigte Kohlenwasserstoffe

**Versuch:**

**Vorsicht, Dämpfe nicht einatmen!**

**V** *Nachweis ungesättigter Verbindungen*

*Etwas Leinöl in Tetrachlormethan lösen und mit ca. 1 cm³ Bromwasser schütteln. Beobachtung?*

### 11.4.1 Alkene

Die Alkane enthalten im Molekül die höchste Anzahl an Wasserstoffatomen, die sie binden können. Sie sind **gesättigt**. Es gibt auch Kohlenwasserstoffe mit weniger Wasserstoff, die unter geeigneten Bedingungen noch Wasserstoff zu binden vermögen.

Der einfachste Vertreter dieser ungesättigten Verbindungen ist das **Ethen, $C_2H_4$**.

Die beiden Kohlenstoffatome im Ethenmolekül sind durch eine **Doppelbindung** miteinander verknüpft. Die Bindung erfolgt durch 2 Elektronenpaare.

Da die Doppelbindung 2 Kohlenstoffatome miteinander verknüpft, nennt man sie **Kohlenstoff/Kohlenstoff-Doppelbindung** und schreibt dafür abkürzend: **C = C-Doppelbindung.**

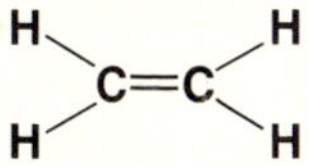


Strukturformel von Ethen

vereinfacht $CH_2{=}CH_2$

**Kohlenwasserstoffe mit einer C=C-Doppelbindung nennt man Alkene.**

**Alkene sind ungesättigte Kohlenwasserstoffe.**

Wie die Alkane so bilden auch die Alkene eine homologe Reihe.

**Tabelle 11.3: Die homologe Reihe der Alkene**

| Summenformel | Name | Summenformel | Name |
|---|---|---|---|
| $C_2H_4$ | Ethen | $C_5H_{10}$ | Penten |
| $C_3H_6$ | Propen | $C_6H_{12}$ | Hexen |
| $C_4H_8$ | Buten | usw. | |

Die Endsilbe -**en** im Namen der Alkene weist darauf hin, daß im Molekül eine Doppelbindung zwischen 2 Kohlenstoffatomen enthalten ist.

Die Moleküle der Alkene sind um 2 Wasserstoffatome ärmer als die entsprechenden Alkane.

**Die allgemeine Summenformel der Alkene lautet: $C_nH_{2n}$.**

**Die Lage der Doppelbindung**

Bei Alkenen mit mehr als 3 Kohlenstoffatomen kann die Doppelbindung an verschiedenen Stellen der Kohlenstoffkette liegen. Um die Isomeren zu unterscheiden, wird die Lage der Doppelbindung dadurch angegeben, daß man die Nummer des C-Atoms, an dem die Doppelbindung beginnt, dem Namen anhängt.

**Beispiele:**

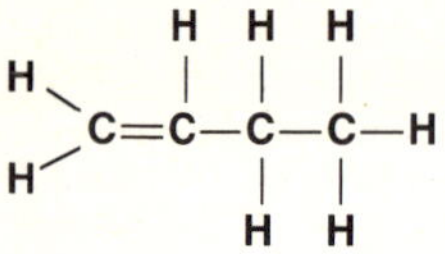

Buten-(1)

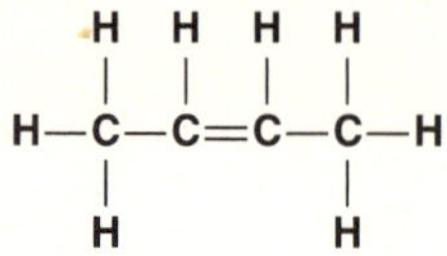

Buten-(2)

**Eigenschaften der Alkene**

In ihren physikalischen Eigenschaften ähneln die Alkene den Alkanen. Die ersten Glieder der homologen Reihe sind gasförmig, die mittleren sind flüssig, die höheren fest. Mit wachsender Molekülmasse steigen – wie bei den Alkanen – Siedepunkt und Schmelzpunkt, als Folge der stärker werdenden zwischenmolekularen Kräfte.

In ihren chemischen Eigenschaften unterscheiden sich die Alkene wesentlich von den Alkanen.

**Alkene sind durch die Doppelbindungen sehr viel reaktionsfähiger als Alkane.**

## 11.4.2 Additionsreaktionen

Alkene sind bestrebt, andere Moleküle an die Doppelbindung anzulagern. Dadurch geht die Doppelbindung in eine Einfachbindung über. Das Molekül ist dann gesättigt.

Besonders leicht werden Halogene addiert. Läßt man z. B. Brom auf Ethen einwirken, dann verschwindet die braune Farbe des Broms. Die eine Bindung der Doppelbindung öffnet sich, um mit den beiden ungepaarten Elektronen 2 Bromatome zu binden. An die Doppelbindung wird Brom angelagert – addiert –, und man erhält das gesättigte 1,2-Dibromethan.

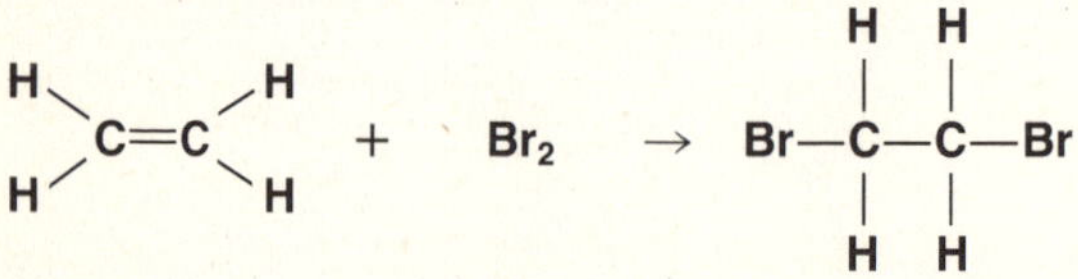

Ethen Brom 1,2-Dibromethan

Ganz entsprechend reagieren andere ungesättigte Verbindungen mit Brom. Daher verwendet man diese Reaktion zum Nachweis von Doppelbindungen zwischen 2 Kohlenstoffatomen.

**Ungesättigte Verbindungen entfärben Bromwasser.**

Mit Hydrogenchlorid reagiert Ethen in folgender Weise:

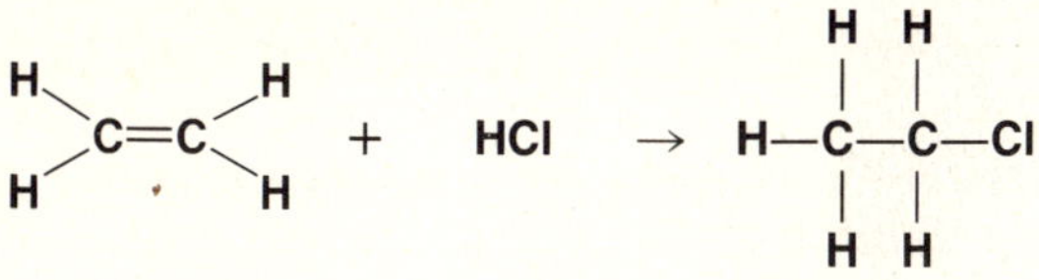

Monochlorethan

Eine Reaktion, bei der an eine Mehrfachbindung ein Molekül angelagert wird, bezeichnet man als Addition.

**Ungesättigte Verbindungen addieren leicht andere Moleküle und bilden dabei gesättigte Verbindungen.**

Eine wichtige Additionsreaktion ist die Anlagerung von Wasserstoff an die Doppelbindung. Ein Alken geht dabei in ein Alkan über.

**Die Anlagerung von Wasserstoff an eine C=C-Doppelbindung nennt man Hydrierung**

**Beispiel:**

Durch Hydrierung von Propen entsteht das gesättigte Propan.

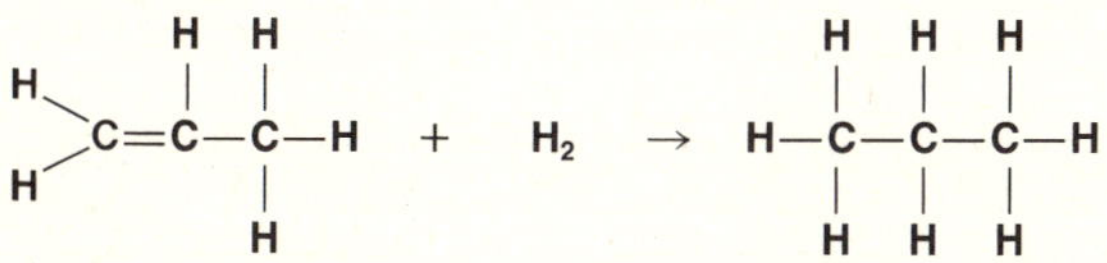

Propen Propan

Die Anlagerung von Wasserstoff an eine Doppelbindung verläuft sehr langsam. Deshalb wird ein Katalysator zugesetzt, z. B. feinverteiltes Nickel, um die Reaktion zu beschleunigen.

**Additionsreaktionen sind charakteristisch für ungesättigte Verbindungen.**

Neben der Substitution, die wir schon kennengelernt haben, ist die Addition ein weiterer wichtiger Reaktionstyp in der organischen Chemie.

**Zusammenfassung:**

Bei einer **Substitution** wird in einem Molekül ein Atom durch ein anderes ersetzt. Dabei entstehen stets zwei Produkte.

Beispiel:
$CH_3{-}CH_3 + Cl_2 \rightarrow HCl + CH_3{-}CH_2Cl$

Bei einer **Addition** wird ein Molekül an eine Mehrfachbindung angelagert. Dabei entsteht – im Gegensatz zur Substitution – stets nur ein Produkt.

Beispiel:
$CH_2{=}CH_2 + Cl_2 \rightarrow CH_2Cl{-}CH_2Cl$

## 11.4.3 Polymerisation

Eine weitere charakteristische Eigenschaft von Alkenen ist ihre Fähigkeit zur Polymerisation.

**Unter Polymerisation verstehen wir ein Aneinanderlagern vieler ungesättigter Moleküle zu einem Makromolekül (makros = griechisch groß).**

Unter dem Einfluß bestimmter Katalysatoren wird die eine der beiden Bindungen der Doppelbindung geöffnet und eine Einfachbindung zum nächsten Molekül gebildet. So können mehrere Tausend Moleküle zu einem langen kettenförmigen Riesenmolekül verknüpft werden.

**Beispiel:**

Durch Polymerisation von Ethen entsteht der wichtige Kunststoff Polyethylen:

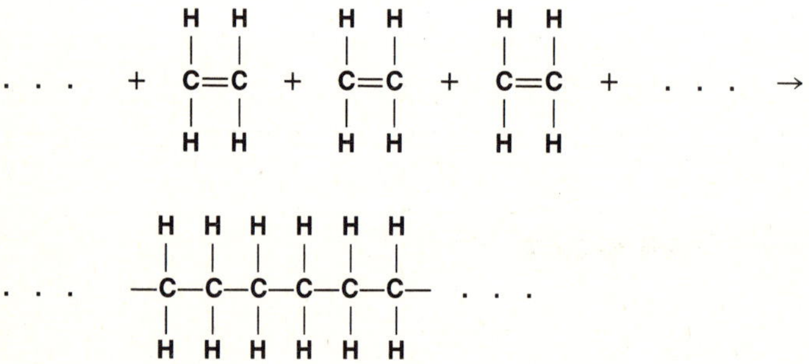

Polyethylen

Viele Kunststoffe werden durch Polymerisation von Verbindungen mit einer **C═C**-Doppelbindung hergestellt. Näheres über Kunststoffe erfahren wir in Kapitel 16.

### Gewinnung

Alkene werden aus Erdöl gewonnen. Sie entstehen beim Cracken von Erdölfraktionen.

## 11.4.4 Ethen

Ethen, das wichtigste Alken, ist ein Gas. Seiner Doppelbindung wegen ist Ethen sehr reaktionsfähig und deshalb Ausgangsstoff für viele Synthesen. Kunststoffe, Chemiefasern, Waschmittel und viele andere Produkte werden aus Ethen hergestellt.

**Ethen gehört zu den wichtigsten Grundstoffen für die chemische Großindustrie.**

Ethen fördert den Reifevorgang von Früchten. Das Gas wird von reifendem Obst in kleinen Mengen ausgeschieden. Deshalb soll Spätobst nicht zusammen mit Frühobst gelagert werden.

Nach einem amerikanischen Verfahren werden grün geerntete Apfelsinen, Zitronen, Bananen mit Ethen begast, um sie künstlich reifen zu lassen.

## 11.4.5 Alkine

Eine weitere Gruppe von ungesättigten Kohlenwasserstoffen bilden die **Alkine**. Alkine haben in ihren Molekülen 2 Wasserstoffatome weniger als die Alkene. Sie sind daher noch stärker ungesättigt als diese.

**Der wichtigste Vertreter der Alkine ist Ethin, $C_2H_2$.**

Die ältere Bezeichnung ist Acetylen. Im Ethinmolekül sind die beiden Kohlenstoffatome durch eine Dreifachbindung miteinander verknüpft. Sie teilen sich also 3 gemeinsame Elektronenpaare.

**H—C≡C—H**

Strukturformel von Ethin

**Alkine sind Kohlenwasserstoffe mit einer Kohlenstoff/Kohlenstoff-Dreifachbindung.**

**Ihre allgemeine Formel lautet: $C_nH_{2n-2}$.**

Wie die Alkane und Alkene, so bilden auch die Alkine eine homologe Reihe. Die ersten Glieder heißen Ethin, Propin, Butin; die Endung **-in** weist darauf hin, daß die Moleküle eine Dreifachbindung zwischen 2 Kohlenstoffatomen enthalten.

**Tabelle 11.4: Einige Alkine**

| Name | Summensormel | Strukturformel | vereinfachte Strukturformel |
|---|---|---|---|
| Ethin | $C_2H_2$ | H—C≡C—H | CH≡CH |
| Propin | $C_3H_4$ | 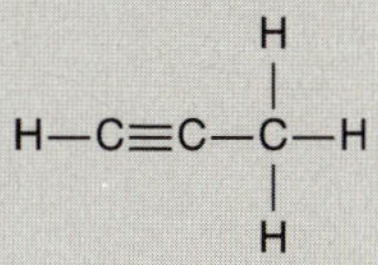 | CH≡C—$CH_3$ |
| Butin-(1) | $C_4H_6$ | 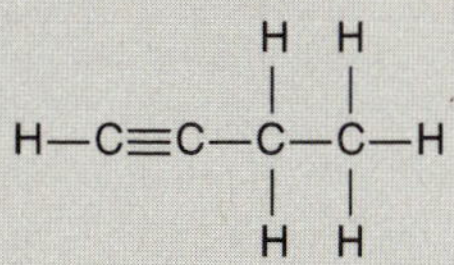 | CH≡C—$CH_2$—$CH_3$ |
| Butin-(2) | $C_4H_6$ | 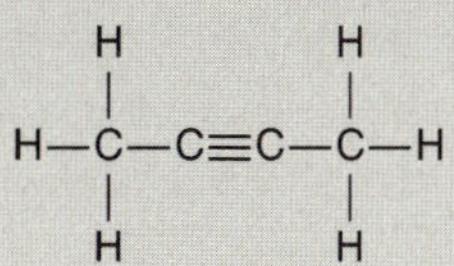 | $CH_3$—C≡C—$CH_3$ |

## 11.4.6 Ethin

Ethin ist durch seine Dreifachbindung sehr reaktionsfähig. Seines stark ungesättigten Charakters wegen gibt Ethin zahlreiche Additionsreaktionen und bildet deshalb den Ausgangsstoff für viele

Synthesen wichtiger Stoffe, z. B. von synthetischem Kautschuk, PVC, Polyacrylnitrilfaser (Dralon) und vielen anderen.

**Ethin hat große wirtschaftliche Bedeutung.**

Mit Sauerstoff verbrennt das Gas mit heller und sehr heißer Flamme (über 3000 °C). Es wird deshalb in großen Mengen zum autogenen Schweißen und Schneiden gebraucht.

**Mischungen von Ethin und Luft sind äußerst explosiv.**

Ethin wird in riesigen Mengen gebraucht. Man stellt den Kohlenwasserstoff heute vorwiegend aus Erdgas her.

Ein älteres Verfahren zu seiner Gewinnung geht von Kalk und Kohle aus, also von einheimischen Rohstoffen. Dieses Verfahren jedoch ist teurer als die Gewinnung auf petrochemischem Wege. Die Gewinnung von Ethin ist eins der vielen Beispiele, das die Umstellung unserer Wirtschaft von Kohlebasis auf Erdgas/Erdölbasis zeigt.

**Tabelle 11.5: Kettenförmige Kohlenwasserstoffe**

Übersicht

| Name | allgem. Formel | Kennzeichen | Beispiele |
|---|---|---|---|
| Alkane | $C_nH_{2n+2}$ | nur Einfachbindungen im Molekül 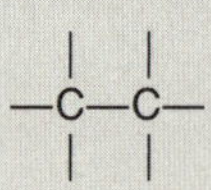 gesättigte Kohlenwasserstoffe | Ethan $CH_3—CH_3$ |
| Alkene | $C_nH_{2n}$ | Doppelbindungen zwischen 2 C-Atomen 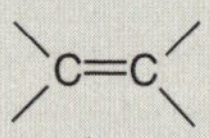 ungesättigte Kohlenwasserstoffe | Ethen $CH_2{=}CH_2$ |
| Alkine | $C_nH_{2n-2}$ | Dreifachbindung im Molekül —C≡C— ungesättigte Kohlenwasserstoffe | Ethin CH≡CH |

**Kontrollfragen**

11.28 Erklären Sie die Begriffe »gesättigte« und »ungesättigte« Kohlenwasserstoffe.

11.29 Durch welche Reaktion können gesättigte und ungesättigte Verbindungen unterschieden werden?

11.30 Was verstehen Sie unter »Hydrierung«?

**11.31** Formulieren Sie die Reaktionsgleichung für die Hydrierung von Buten-(1).

**11.32** Geben Sie Summen- und Strukturformeln an von
a) Propan, b) Propen, c) Propin,

**11,33** Vervollständigen Sie die Gleichung:
a) $CH_2{=}CH_2 + Br_2 \rightarrow$
b) $CH_3{-}CH_3 + Br_2 \rightarrow$
Um welchen Reaktionstyp handelt es sich jeweils?

**11.34** Welche Verbindung entsteht bei der Reaktion von Ethen mit Hydrogenchlorid? Formulieren Sie die Reaktionsgleichung. Reaktionstyp?

**11.35** Benennen Sie folgende Kohlenwasserstoffe:

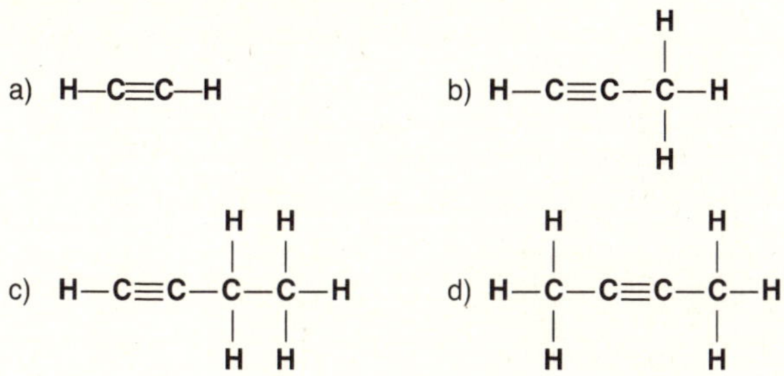

# 11.5 Aromatische Kohlenwasserstoffe

## 11.5.1 Benzol

**Versuche:**

**Vorsicht beim Arbeiten mit Benzol!**
**Benzol ist feuergefährlich, die Dämpfe sind giftig.**
**Benzol nicht auf die Haut bringen, da es von der Haut resorbiert wird.**

**V. 1** *Bromwasserprobe*

*1–2 cm³ Benzol mit etwas Bromwasser schütteln.*

**V. 2** *Löslichkeit von Benzol*

*Etwas Benzol a) mit Wasser, b) mit Benzin schütteln.*
*Löslichkeit?*

**V. 3** *Benzol als Lösungsmittel*

*a) Ein etwa apfelkerngroßes Stück Fett mit etwas Benzol übergießen. Löslichkeit?*

*b) Hartgekochtes, zerbröckeltes Gelbei mit Benzol extrahieren, d. h. mehrmals mit Benzol übergießen, schütteln, filtrieren. Farbe des Filtrats, Farbe des Rückstandes? (Xanthophyll, der Farbstoff des Eidotters, ist benzollöslich).*

*Filtrat durch Fettfleckprobe auf Fett prüfen. Einige Tropfen des Filtrats auf Filtrierpapier geben, verdunsten lassen und Filtrierpapier gegen Licht halten.*

**V. 4** *Brennbarkeit und Flüchtigkeit von Benzol*

*Einige Tropfen Benzol auf eine Glas- oder Steinplatte geben und von der Seite her langsam ein brennendes Streichholz nähern. In welcher Entfernung erfolgt Entzündung?*

### Aliphatische und aromatische Kohlenwasserstoffe

Wir haben bisher Kohlenwasserstoffe mit **offenen Kohlenstoffketten** kennengelernt. Verbindungen mit offenen Kohlenstoffketten nennt man **aliphatische** Verbindungen.

Alkane, Alkene, Alkine sind aliphatische Kohlenwasserstoffe.

Eine weitere wichtige Gruppe sind die **aromatischen Kohlenwasserstoffe**.

**Der einfachste aromatische Kohlenwasserstoff ist das Benzol, $C_6H_6$.**

**Tabelle 11.6: Kohlenwasserstoffe mit 6 C-Atomen**

| Name | Summenformel | Anzahl der H-Atome |
|---|---|---|
| Hexan | $C_6H_{14}$ | 14 |
| Hexen | $C_6H_{12}$ | 12 |
| Hexin | $C_6H_{10}$ | 10 |
| Benzol | $C_6H_6$ | 6 |

Die Tabelle zeigt, daß Benzol viel wasserstoffärmer ist als die übrigen Kohlenwasserstoffe mit 6 Kohlenstoffatomen. Man sollte daher annehmen, daß Benzol stark ungesättigten Charakter besitzt; das ist nicht der Fall. Wie V. 1 zeigt, lassen sich in Benzol keine Doppelbindungen nachweisen. Unter normalen Bedingungen geht Benzol keine Additionsreaktionen ein.

**Benzol zeigt nicht das Verhalten eines ungesättigten Kohlenwasserstoffs. Der Grund hierfür ist die besondere Bindungsart im Benzolmolekül.**

### Die Struktur des Benzolmoleküls

Im Benzolmolekül, $C_6H_6$, sind die 6 Kohlenstoffatome zu einem 6-gliedrigen Ring angeordnet. Jedes Kohlenstoffatom ist mit einem Wasserstoffatom verbunden.

**Benzol ist ein ringförmiger (cyclischer) Kohlenwasserstoff.**

Jedes Kohlenstoffatom ist mit seinen beiden benachbarten Kohlenstoffatomen durch je ein gemeinsames Elektronenpaar verknüpft und durch ein weiteres mit einem Wasserstoffatom. Alle Atome liegen in einer Ebene.

Von jedem Kohlenstoffatom gehen also 3 Bindungen aus. Dazu werden 3 der 4 Außenelektronen des **C**-Atoms benötigt. Es bleibt also jeweils 1 Elektron übrig. Diese 6 restlichen Elektronen bilden eine gemeinsame Elektronenwolke, die sich oberhalb und unterhalb der Ringebene über alle 6 Kohlenstoffatome erstreckt.

Die 6 Elektronen sind delokalisiert, d. h., sie gehören zu keinen bestimmten Atomen, sondern sind völlig symmetrisch auf den ganzen Ring verteilt. Sie beteiligen sich gleichzeitig an allen Kohlenstoff/Kohlenstoff-Bindungen.

Diese Elektronenanordnung stellt einen sehr stabilen Zustand dar und erklärt die große Beständigkeit und die charakteristischen Reaktionen von Benzol.

**Schema der Bindungen im Benzolmolekül. Jeder Strich symbolisiert 1 Elektronenpaar, der Innenkreis die 6 delokalisierten Elektronen.** ▶

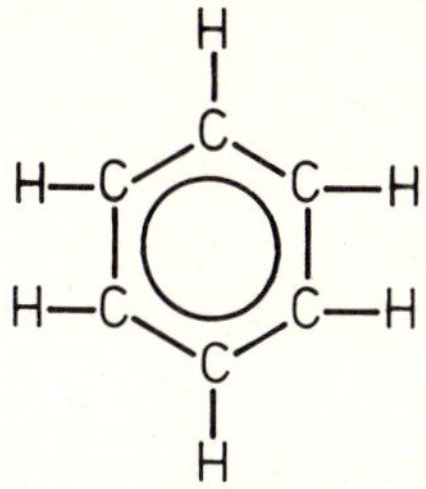


**Die charakteristischen Reaktionen von Benzol sind Substitutionsreaktionen.**

Die Wasserstoffatome lassen sich durch andere Atome oder Atomgruppen ersetzen. Dabei bleibt das delokalisierte Elektronensystem unversehrt.

Deshalb geht Benzol wesentlich leichter Substitutionsreaktionen ein als Additionsreaktionen. Additionsreaktionen sind erschwert, weil bei einer Addition das delokalisierte Elektronensystem zerstört wird. Daher zeigt Benzol keine Neigung, die stabile Bindungsordnung aufzugeben.

**Moderne Schreibweise für das Benzolmolekül**

### Schreibweise

Man stellt heute das Benzolmolekül durch eine vereinfachte Strukturformel dar, ein regelmäßiges Sechseck mit einem Innenkreis. die **C**- und **H**-Atome des Ringes werden nicht geschrieben.

Steht an einer Ecke ein Atomsymbol, so ist das **H**-Atom durch das betreffende Atom ersetzt. Die Wasserstoffatome sind untereinander gleichwertig. Daher ist es gleichgültig, welches der 6 Wasserstoffatome ersetzt wird. Immer entsteht das gleiche Monobenzolderivat.

Anders wenn 2 **H**-Atome ersetzt werden, dann sind 3 Isomere möglich. Zur Kennzeichnung werden die **C**-Atome fortlaufend numeriert.

**Beispiel:**

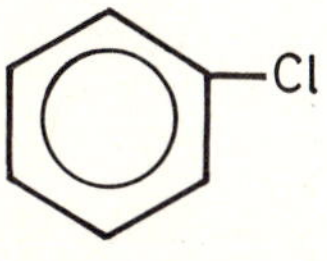


Monochlorbenzol
$C_6H_5Cl$

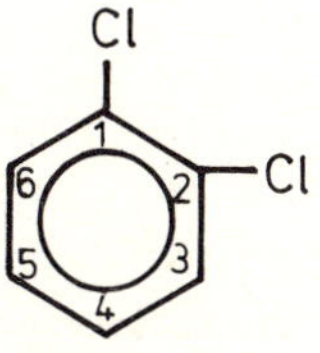


1,2-Dichlorbenzol
$C_6H_4Cl_2$

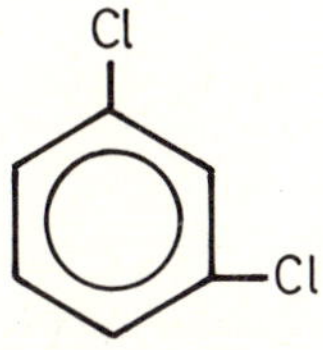


1,3-Dichlorbenzol
$C_6H_4Cl_2$

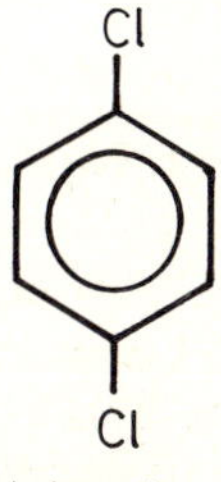


1,4-Dichlorbenzol
$C_6H_4Cl_2$

### Eigenschaften von Benzol

Benzol ist eine farblose, giftige Flüssigkeit, die an der Luft mit stark rußender Flamme verbrennt. Das weist darauf hin, daß der Kohlenstoffgehalt hoch sein muß, weil der Sauerstoff der umgebenden Luft nicht ausreicht, um allen Kohlenstoff zu verbrennen. Ein Teil scheidet sich als Ruß ab.

Benzol ist flüchtig. Der Kohlenwasserstoff siedet bei 80,15 °C.

**Benzoldämpfe sind sehr giftig.**

Beim Einatmen von Benzoldämpfen kann es zu tödlichen Vergiftungen kommen. Häufiges Einatmen kleiner Mengen führt zu schweren gesundheitlichen Störungen (Abnahme der weißen Blutkörperchen). Deshalb sind beim Arbeiten mit Benzol strenge Vorsichtsmaßnahmen erforderlich.

Benzol ist unpolar. Deshalb löst es sich nicht im Wasser, wohl aber in Benzin und anderen unpolaren Lösungsmitteln. Auch ist Benzol ein gutes Lösungsmittel für Fette.

**Benzol und seine Abkömmlinge nennt man aromatische Verbindungen, kurz Aromaten.**

**Aromaten sind ringförmige Verbindungen mit der stabilen Elektronenanordnung des Benzols.**

Mehr als ein Drittel aller bekannten organischen Verbindungen sind Aromaten. Zahlreiche Arzneimittel, Farbstoffe, Duftstoffe gehören dazu.

Manche Aromaten wirken carcinogen, d. h. krebserzeugend. Man hat diese in den Röststoffen von scharf gerösteten und gebratenen Lebensmitteln nachgewiesen, auch im Grillgut, wenn über Holzkohlenfeuer gegrillt wurde. Carcinogene Aromaten finden sich ferner in den Auspuffgasen von Verbrennungsmotoren, im Ruß, im Steinkohlenteer, aber auch im Teer des Zigarettenrauchs. Sie schweben in Form feinster Tröpfchen im Tabakrauch und schlagen sich im Lungengewebe nieder. Hier reichern sie sich an und können krebsauslösend wirken. Es ist statistisch erwiesen, daß Raucher sehr viel häufiger an Lungenkrebs erkranken als Nichtraucher.

### Die Bedeutung von Benzol

Benzol ist der wichtigste Ausgangsstoff für sehr viele Arzneimittel, Farbstoffe, Schädlingsbekämpfungsmittel und viele andere aromatische Verbindungen.

Benzol ist ein klopffester Treibstoff. Ein großer Teil der Benzolproduktion dient als Benzinzusatz.

**Benzol hat größte technische Bedeutung.**

Woher stammen die riesigen Mengen an Benzol, die die Wirtschaft benötigt?

Benzol und viele andere aromatische Verbindungen sind im Steinkohlenteer enthalten, der bei der Verkokung der Steinkohle in großen Mengen anfällt. Der Steinkohlenteer war die wichtigste Quelle zur Gewinnung von aromatischen Verbindungen. Heute wird Benzol zum größten Teil aus Erdöl gewonnen.

## 11.5.2 Einige aromatische Kohlenwasserstoffe

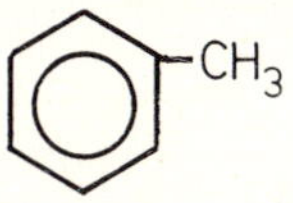


Methylbenzol

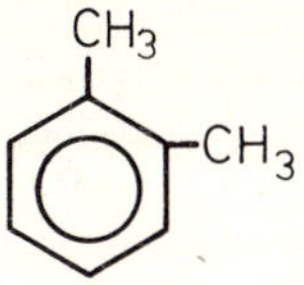


1,2-Dimethyl
benzol

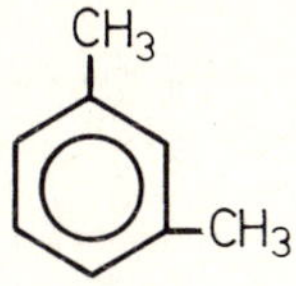


1,3-Dimethyl-
benzol

1,4-Dimethyl-
benzol

In diesen aromatischen Kohlenwasserstoffen sind Wasserstoffatome des Benzols durch Methylgruppen ersetzt. Diese Substanzen finden sich im Steinkohlenteer. Sie sind Ausgangsstoffe für wichtige Synthesen.

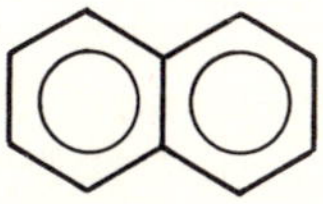

Naphthalin-
**$C_{10}H_8$**

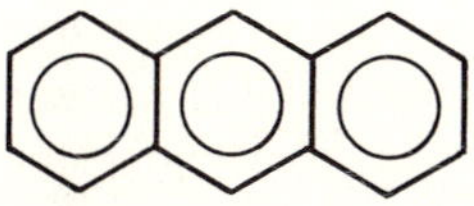

Anthracen
**$C_{14}H_{10}$**

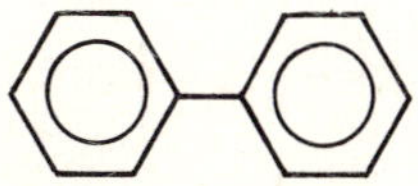

Diphenyl
**$C_{12}H_{10}$**

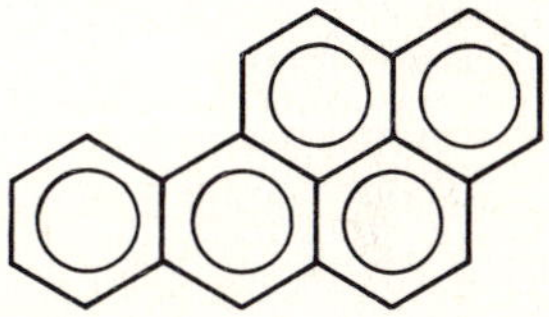

Benzpyren
**$C_{20}H_{12}$**

Es gibt Kohlenwasserstoffe, die sich aus mehreren Benzolringen aufbauen. Haben die Ringe mehrere Kohlenstoffatome gemeinsam, so spricht man von kondensierten Ringen. Naphthalin enthält zwei, Anthracen drei kondensierte Ringe. Beide Verbindungen sind Ausgangssubstanzen für wichtige Farbstoffe und Medikamente.

Diphenyl besteht aus zwei nicht kondensierten Benzolringen. Der Kohlenwasserstoff dient zum Konservieren von Citrusfrüchten. Die Früchte werden in diphenylgetränktes Papier gehüllt. Da Diphenyl in die Schalen eindringt, dürfen diese nicht verzehrt werden.

Benzpyren wirkt stark krebserregend. Der Kohlenwasserstoff kommt u. a. vor in den Auspuffgasen von Verbrennungsmotoren, im Ruß, im Steinkohlenteer, im Tabakrauch. Benzpyren wird als Hauptursache für den bei Rauchern gehäuft auftretenden Lungenkrebs angesehen.

**Kontrollfragen**

11.36 Erklären Sie die Begriffe »aliphatische« und »ringförmige« Kohlenwasserstoffe.

11.37 Was sind Aromaten? Was ist das Gemeinsame aller aromatischen Verbindungen?

11.38 Naphthalin verbrennt mit stark rußender Flamme. Was schließen Sie daraus?

11.39 Wieviel Prozent Kohlenstoff enthält a) Benzol, b) Naphthalin

11.40 Nennen Sie 3 Kohlenwasserstoffe, die zu den wichtigsten Ausgangsstoffen der organisch-chemischen Industrie gehören.

11.41 Wieviel Trimethylbenzole sind möglich? Benennen Sie die Isomere.

11.42 Wozu wird Benzol gebraucht?

11.43 Zu welchen Gruppen von Kohlenwasserstoffen gehören folgende Verbindungen: a) **$C_4H_8$**, b) **$C_2H_2$**, c) **$C_6H_6$**, d) **$C_{20}H_{42}$**?

**Zusammenfassung**

Kohlenwasserstoffe sind Verbindungen, die nur aus den Elementen Kohlenstoff und Wasserstoff aufgebaut sind. Man unterteilt sie in 3 Hauptgruppen:

gesättigte Kohlenwasserstoffe: Alkane,
ungesättigte Kohlenwasserstoffe: Alkene, Alkine,
aromatische Kohlenwasserstoffe: Benzol und seine Abkömmlinge.

**Gesättigte Kohlenwasserstoffe**

Alkane sind gesättigte Kohlenwasserstoffe. Ihre Moleküle enthalten nur Einfachbindungen. Die allgemeine Summenformel ist $\mathbf{C_nH_{2n+2}}$.

Die Alkane bilden eine homologe Reihe. Das heißt, ordnet man die Alkane nach wachsender Zahl der Kohlenstoffatome, dann unterscheiden sich die Nachbarglieder immer um eine $\mathbf{CH_2}$-Gruppe.

Von Butan ab gibt es Isomere. Isomere Verbindungen haben gleiche Summenformel, aber unterschiedlichen Molekülbau und deshalb auch unterschiedliche Eigenschaften.

Innerhalb der homologen Reihe der Alkane steigen Siedepunkt und Schmelzpunkt, weil die zwischenmolekularen Kräfte mit wachsender Größe der Moleküle stärker werden.

Alkanmoleküle sind unpolar. Deshalb lösen sich Alkane nicht in Wasser, weil dieses polar ist. Solche Verbindungen nennt man hydrophob (wasserabweisend). Flüssige Alkane sind gute Lösungsmittel für Fette und andere unpolare oder wenig polare Stoffe. Man nennt sie deshalb lipophil (fettfreundlich).

Die charakteristischen Reaktionen der Alkane sind Substitutionsreaktionen. Die Wasserstoffatome in den Molekülen der Alkane lassen sich durch andere Atome oder Atomgruppen ersetzen – substituieren. Wichtige Substitutionsprodukte sind die Halogenalkane.

**Ungesättigte Kohlenwasserstoffe**

Dazu gehören Alkene und Alkine. Ungesättigte Verbindungen enthalten Mehrfachbindungen in ihren Molekülen.

Alkene sind ungesättigte Kohlenwasserstoffe, deren charakteristisches Merkmal eine Doppelbindung zwischen 2 Kohlenstoffatomen ist. Ihre Summenformel ist $\mathbf{C_nH_{2n}}$.

Alkene sind der Doppelbindung wegen viel reaktionsfähiger als Alkane. Sie addieren leicht kleine Moleküle an die Doppelbindung. Von der Doppelbindung bleibt eine Bindung erhalten, während die andere sich öffnet und die Teilchen bindet. Additionsreaktionen sind typisch für ungesättigte Verbindungen.

Charakteristisch für Alkene sind ferner Polymerisationsreaktionen. Unter dem Einfluß von Katalysatoren können sich viele Alkenmoleküle zu einem langen kettenförmigen Riesenmolekül zusammenlagern. Die Polymerisation von Alkenen dient zur Herstellung wertvoller Kunststoffe.

Alkine enthalten eine Dreifachbindung zwischen zwei Kohlenstoffatomen. Sie bilden eine homologe Reihe mit der allgemeinen Summenformel $\mathbf{C_nH_{2n-2}}$.

Alkine sind noch reaktionsfähiger als Alkene. Sie gehen zahlreiche Additionsreaktionen ein.

Wegen ihrer großen Reaktionsfähigkeit sind Alkene und Alkine wichtige Ausgangsstoffe für viele Synthesen.

**Aromatische Kohlenwasserstoffe**

Aromatische Kohlenwasserstoffe sind ringförmige Kohlenwasserstoffe, die sich vom Benzol ableiten. Benzol ist der einfachste aromatische Kohlenwasserstoff.

Die Summenformel von Benzol läßt ein stark ungesättigtes Verhalten erwarten. Doch finden wir bei Benzol und den anderen Aromaten bevorzugt Substitutionsreaktionen wie bei den Alkanen und nicht Additionsreaktionen wie bei den ungesättigten Kohlenwasserstoffen. Die Ursache für die Stabilität des Benzolringes liegt in der besonders günstigen symmetrischen Elektronenverteilung. Diese bleibt bei Substitutionen erhalten, nicht dagegen bei Additionen. Deshalb finden Additionen nicht freiwillig statt. Benzol zeigt keine Neigung, seine stabile Bindungsordnung aufzugeben.

Am Beispiel der Kohlenwasserstoffe können wir eindrucksvoll erkennen, wie die Stoffeigenschaften von der Struktur abhängen.

Ethen, Ethin und Benzol sind die wichtigsten Ausgangsstoffe der organisch-chemischen Großindustrie. Die wichtigsten Quellen für Kohlenwasserstoffe sind Erdgas und Erdöl.

# 12 Sauerstoffhaltige Derivate der Kohlenwasserstoffe

## 12.1 Alkohole

**Versuche:**

**V. 1** *Löslichkeit*

*Je 2 cm³ Methanol, Ethanol, Butanol, Pentanol a) mit 2 cm³ Wasser, b) mit 2 cm³ Benzin mischen.*

**V. 2** *Brennbarkeit*

*Einige Tropfen eines Alkohols in ein Porzellanschälchen geben und auf Brennbarkeit prüfen.*

**V. 3** *Nachweis der Verbrennungsprodukte*

*Eine kleine Menge Ethanol anzünden und über die Flamme a) ein trockenes, b) ein mit Kalkwasser ausgespültes Becherglas halten.*

### 12.1.1 Allgemeine Übersicht

Wird in einem kettenförmigen Kohlenwasserstoff ein Wasserstoffatom durch die **OH**-Gruppe ersetzt, so erhält man einen Alkohol.

**Beispiel:**

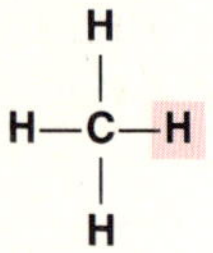

Methan

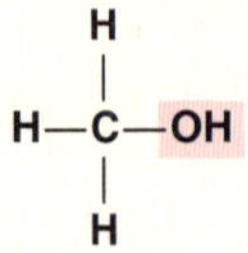

Methanol

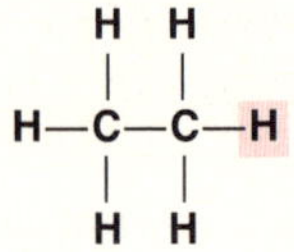

Ethan

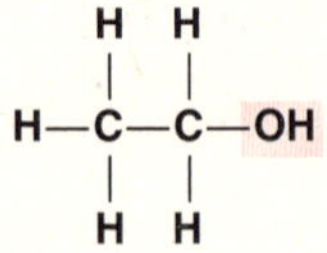

Ethanol

Die **OH**-Gruppe in organischen Verbindungen heißt **Hydroxylgruppe**.

**Alkohole enthalten im Molekül eine oder mehrere OH-Gruppen.**

Die **OH**-Gruppe bedingt das charakteristische Verhalten der Alkohole.

Man nennt Atomgruppen, von denen die typischen Eigenschaften organischer Verbindungen abhängen, **funktionelle Gruppen**.

**Die funktionelle Gruppe der Alkohole ist die Hydroxylgruppe: —OH**

Die systematische Benennung der Alkohole erfolgt durch Anhängen der Endung **ol** an den Namen des betreffenden Kohlenwasserstoffs, z. B. Methan – Methanol; Ethan – Ethanol.

**Die Alkohole, die sich von den Alkanen ableiten, bilden die Gruppe der Alkanole.**

**Die Alkanole sind die wichtigsten Alkohole.**

**Alkanole sind gesättigte Alkohole.** Außer den Alkanolen gibt es noch andere Alkohole, z. B. die Alkenole und die Alkinole. Dies sind Alkohole, die sich von den Alkenen bzw. den Alkinen ableiten.

## 12.1.2 Gesättigte einwertige Alkohole: Alkanole

**Tabelle 12.1: Die Anfangsglieder der homologen Reihe der Alkanole**

| Systematischer Name | Summenformel |
|---|---|
| Methanol | $CH_3OH$ |
| Ethanol | $C_2H_5OH$ |
| Propanol | $C_3H_7OH$ |
| Butanol | $C_4H_9OH$ |
| Pentanol | $C_5H_{11}OH$ |

**Allgemeine Formel der Alkanole:** $C_nH_{2n+1}OH$

**Vereinfachte Formel:** R—OH

R = Alkylrest

## Isomere bei Alkanolen

Von Propanol ab gibt es Isomere, je nachdem mit welchem **C**-Atom die **OH**-Gruppe verknüpft ist.

**Beispiel:**

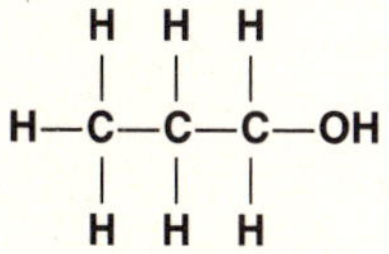
Propanol-(1)

$CH_3$—$CH_2$—$CH_2OH$
Vereinfachte Strukturformel

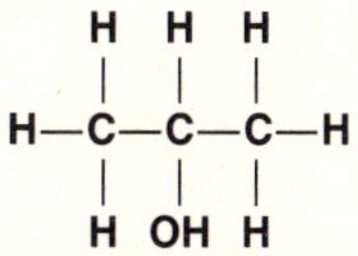
Propanol-(2)

$CH_3$—CHOH—$CH_3$

Um die Isomere zu unterscheiden, wird die Nummer des **C**-Atoms, welches die **OH**-Gruppe trägt, in Klammern hinter den Namen des Alkohols gesetzt.

Es gibt zwei isomere Propanole: Propanol-(1) und Propanol-(2).Von Butanol kennen wir vier Isomere, von Pentanol bereits acht. Mit zunehmender Zahl der Kohlenstoffatome erhöht sich die Zahl der Isomere.

**Nach der Stellung der OH-Gruppe im Molekül unterscheiden wir primäre, sekundäre und tertiäre Alkohole.**

**Schema:**

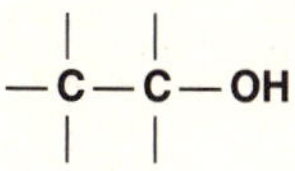
primärer Alkohol

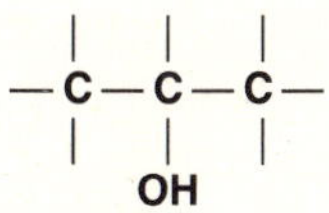
sekundärer Alkohol

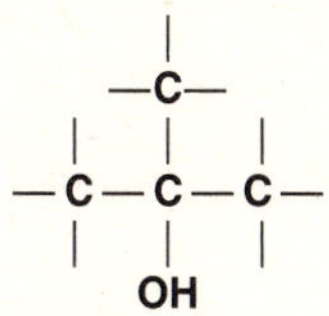
tertiärer Alkohol

**Tabelle 12.2: Primäre, sekundäre und tertiäre Alkohole**

| Alkoholtyp | Kennzeichen | Beispiele |
|---|---|---|
| **Primärer Alkohol** | Das **C**-Atom, das die **OH**-Gruppe trägt, ist höchstens mit e i n e m weiteren **C**-Atom verbunden. | 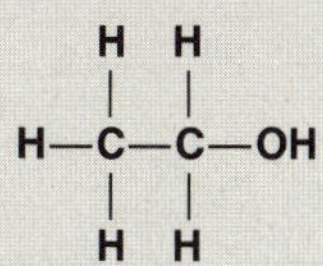 Ethanol |
| **Sekundärer Alkohol** | Das **C**-Atom, das die **OH**-Gruppe trägt, ist mit z w e i weiteren **C**-Atomen verbunden. | 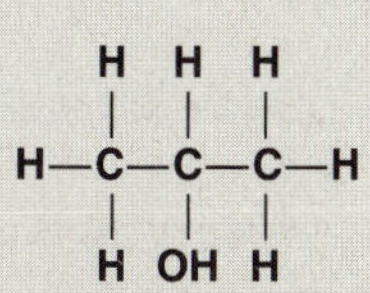 Propanol-(2) |

**Tabelle 12.2:** (Fortsetzung)

| Alkoholtyp | Kennzeichen | Beispiele |
|---|---|---|
| **Tertiärer Alkohol** | Das **C**-Atom, das die **OH**-Gruppe trägt, ist mit d r e i weiteren **C**-Atomen verbunden. | 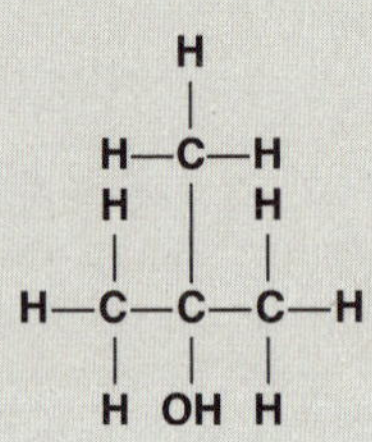 2-Methylpropanol-(2) |

## 12.1.3. Eigenschaften der Alkanole

Die niederen Alkanole (mit 1–3 **C**-Atomen) sind farblose, leicht bewegliche Flüssigkeiten, die mittleren (mit 4–11 **C**-Atomen) werden zunehmend dickflüssiger, die höheren Alkanole (ab 12 **C**-Atomen) sind fest.

Mit zunehmender Molekülmasse steigen, ebenso wie bei den Alkanen, Schmelzpunkt und Siedepunkt und auch die Viskosität, weil die van-der-Waals-Kräfte stärker werden.

**Alkanole bilden Wasserstoffbrücken.**

**Tabelle 12.3: Vergleich der Siedepunkte einiger Alkane und Alkanole**

| Alkan | Sdp. in °C | Alkanol | Sdp. in °C |
|---|---|---|---|
| Methan | − 164 | Methanol | 64,7 |
| Ethan | − 88,5 | Ethanol | 78,3 |
| Propan | − 44,5 | Propanol-(1) | 97,2 |

Die Alkanole sieden bei sehr viel höheren Temperaturen als die Alkane mit gleicher Anzahl von C-Atomen (siehe Tab. 12.3). Das ist darauf zurückzuführen, daß sich zwischen Alkanolmolekülen Wasserstoffbrücken bilden.

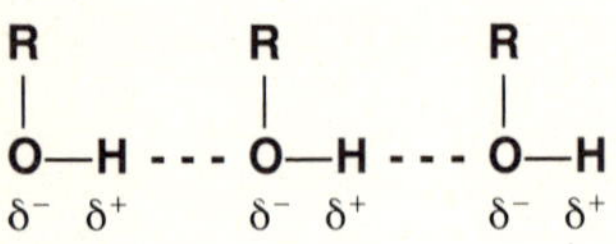

**Abb. 12.1**
**Wasserstoffbrücken (gestrichelt) zwischen Alkanolmolekülen**

**Die alkoholische OH-Gruppe ist polar.** Das Sauerstoffatom zieht die bindenden Elektronen stärker zu sich herüber als das Wasserstoffatom. Dadurch erhält das Sauerstoffatom eine schwach negative, das Wasserstoffatom eine schwach positive Ladung.

Das Wasserstoffatom der **OH**-Gruppe des einen Moleküls wird von dem Sauerstoffatom eines Nachbarmoleküls angezogen und festgehalten. Diese Art der Bindung zwischen zwei Molekülen heißt Wasserstoffbrückenbindung, wie wir bereits erfahren haben.

Ein Ethanolmolekül kann eine Wasserstoffbrücke zu einem zweiten Ethanolmolekül bilden. Die so entstandene Molekülgruppe kann eine Wasserstoffbrücke zu einem dritten Ethanolmolekül bilden usw.

Wir fassen zusammen:

- Zwischen Alkanmolekülen herrschen nur van-der-Waals-Kräfte,
- zwischen Alkanolmolekülen van-der-Waals-Kräfte und Wasserstoffbrückenbindungen.

Beim Verdampfen werden die Moleküle getrennt. Da zwischen Alkanolmolekülen neben den van-der-Waals-Kräften noch Wasserstoffbrückenbindungen wirken, ist zum Trennen der Moleküle mehr Energie erforderlich, d. h., es muß zum Sieden auf höhere Temperaturen erhitzt werden als bei den unpolaren Alkanen, deren Moleküle nur durch van-der-Waals-Kräfte zusammengehalten werden.

Deshalb haben Alkanole höhere Siedepunkte als die Alkane.

Die niederen Alkanole – Methanol, Ethanol, Propanol – sind in Wasser gut löslich. Sie mischen sich mit Wasser in jedem Verhältnis (V. 1). Das ist darauf zurückzuführen, daß die Alkanolmoleküle auch mit Wassermolekülen Wasserstoffbrücken bilden.

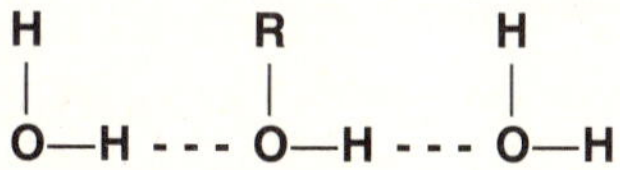

**Abb. 12.2**
**Wasserstoffbrücken zwischen Wassermolekülen und Alkanolmolekülen**

Die Löslichkeit der niederen Alkanole in Wasser wird durch die **OH**-Gruppe bewirkt.

**Die OH-Gruppe ist hydrophil.**

Mit steigender Molekülgröße nimmt die Löslichkeit der Alkanole in Wasser ab. Die höheren Alkanole sind wasserunlöslich.

### Das hat folgenden Grund:

Die Moleküle der Alkanole bestehen aus der hydrophilen (wasserfreundlichen) **OH**-Gruppe und dem hydrophoben (wasserabweisenden) Kohlenwasserstoffrest.

**Beispiel:**

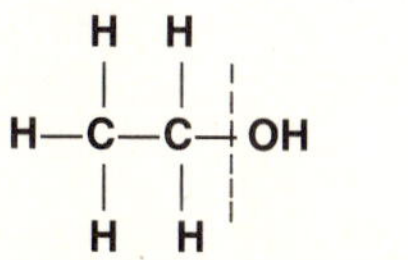

hydrophob hydrophil

kurze Kohlenwasserstoffkette: Dieser Alkohol löst sich in Wasser.

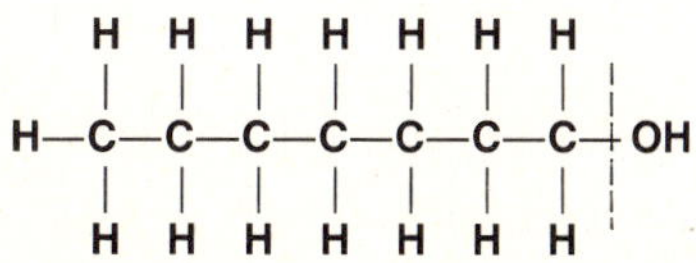

hydrophob hydrophil

lange Kohlenwasserstoffkette: Dieser Alkohol löst sich nicht in Wasser.

In den kleinen Molekülen der niederen Alkanole macht die **OH**-Gruppe einen relativ großen Teil der Molekülmasse aus. Daher überwiegt der Einfluß der wasserlöslich machenden **OH**-Gruppe. Diese Alkohole lösen sich daher in Wasser.

Die höheren Alkanole besitzen eine relativ lange Kohlenwasserstoffkette. Bei ihnen überwiegt die Wirkung des wasserabweisenden Molekülteils. Die gegenseitige Anziehung der Alkanolmoleküle durch die van-der-Waals-Kräfte ist hier stärker als die Anziehung zwischen den Alkanolmolekülen und den Wassermolekülen durch Wasserstoffbrücken. Deshalb lösen sich die höheren Alkanole nicht in Wasser. Mischt man einen solchen Alkohol mit Wasser, so erfolgt Trennung in 2 Schichten (V. 1).

Alle Alkanole lösen sich jedoch in Benzin oder in anderen unpolaren Lösungsmitteln.

Alle Alkohole sind brennbar. Sie verbrennen zu Kohlenstoffdioxid und Wasser (V. 2 und 3).

**Beispiel:**

$$C_2H_5OH + 3\,O_2 \rightarrow 2\,CO_2 + 3\,H_2O$$

## 12.1.4 Methanol und Ethanol

**Versuche:**

**V. 1** *Siedepunktsbestimmung*

*Prüfglas mit 5 cm³ Methanol bzw. Ethanol und eingehängtem Thermometer langsam im Wasserbad erwärmen. Siedepunkt ermitteln.*

**V. 2** *Lösefähigkeit von Methanol und Ethanol*

*Einige junge Blätter mit Methanol übergießen, Prüfglas in heißes Wasser stellen, nach ca. 10 Minuten Alkohol abgießen. Farbe der Blätter, Farbe des Alkohols?*

**V. 3** *Vergären einer Zuckerlösung*

*In einem Glaskolben 50 g Zucker in 500 cm³ Wasser lösen, auf etwa 30 °C erwärmen und 20 g mit Wasser angerührte Hefe zusetzen. Zum* $CO_2$*-Nachweis das entweichende Gas in ein Reagenzglas mit Kalkwasser leiten, Abb. 12.3. Den Gärkolben einige Tage an einem warmen Ort stehen lassen. Ist die* $CO_2$*-Entwicklung beendet, die vergorene Flüssigkeit vorsichtig abgießen und auf Geruch, Geschmack und Brennbarkeit prüfen. Nun 150 cm³ der vergorenen Flüssigkeit in einen Destillierkolben geben, einige Siedesteinchen hinzufügen und destillieren. Der Kolbeninhalt darf nur leise sieden. Siedepunkt? Sind etwa 5 cm³ überdestilliert, Vorlage wechseln und Destillat auf Geschmack und Brennbarkeit prüfen.*

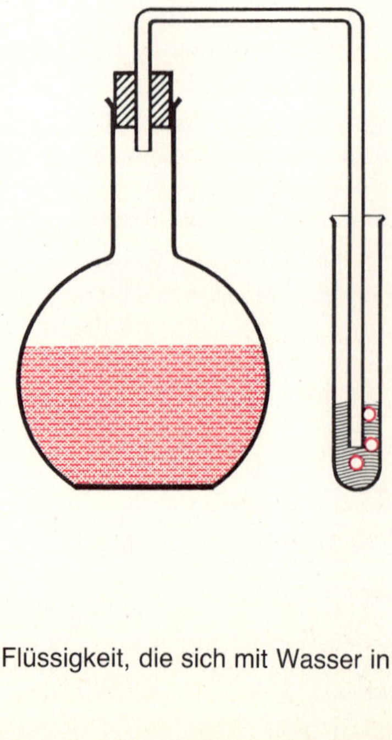

**Abb. 12.3**
**Nachweis von $CO_2$ bei der Gärung.**

**Methanol: $CH_3OH$**

Der einfachste Alkohol ist Methanol, eine farblose, brennbare Flüssigkeit, die sich mit Wasser in jedem Verhältnis mischen läßt.

**Methanol ist sehr giftig.**

Der Genuß schon geringer Mengen kann zu Erblindung oder zum Tode führen. Die tödliche Dosis beträgt 25 g.

**Methanol hat große wirtschaftliche Bedeutung.**

Methanol findet Verwendung als Lösungsmittel und als Zusatz zu Motortreibstoffen. Man braucht Methanol als Ausgangsstoff zur Herstellung wichtiger Kunststoffe.

Technisch wird Methanol aus **Synthesegas**, einem Gemisch aus Kohlenstoffmonooxid und Wasserstoff, hergestellt. Bei einer Temperatur von 400 °C und einem Druck von 200 bar vereinigen sich die beiden Gase bei Gegenwart eines Katalysators zu Methanol:

$$CO + 2\,H_2 \rightarrow CH_3OH$$

Dieses Verfahren ist eine katalytische Hochdruckhydrierung. Synthesegas wurde früher durch Überleiten von Wasserdampf über glühende Kohle gewonnen, heute jedoch aus Erdgas.

## Ethanol, $C_2H_5OH$

Ethanol ist der berauschende Bestandteil aller alkoholischen Getränke. In der Umgangssprache wird er kurz »Alkohol« genannt.

Ethanol ist eine klare, mit Wasser mischbare Flüssigkeit, die bei 78,3 °C siedet.

Ethanol ist ein gutes Lösungsmittel für viele Stoffe, z. B. für Lacke (Spirituslacke), etherische Öle, viele Farbstoffe (V. 2).

Ethanol wird für viele Zwecke gebraucht, so zur Herstellung von pharmazeutischen Präparaten, Parfüms, Gesichtswässern, Haarwässern, Spirituslacken und dgl.

Seine keimtötende Wirkung wird zur Konservierung anatomischer Präparate und in der Medizin benutzt. Man verwendet Ethanol als Zusatz zu Treibstoffen und als Ausgangsstoff für viele Synthesen. Große Mengen von Ethanol werden für Genußzwecke gebraucht.

Ethanol ist ein sehr verbreitetes **Rausch- und Genußmittel**, das schon in geringen Mengen zu einer Verringerung der allgemeinen Leistungsfähigkeit, zu einer oft gefährlichen Selbstüberschätzung und zu einer Schwächung des Konzentrationsvermögens führt. Die Reaktionsgeschwindigkeit wird herabgesetzt. Deshalb reagieren Autofahrer unter Alkoholeinfluß nicht schnell genug. Die Verkehrssicherheit ist gefährdet. Fortgesetzter Alkoholmißbrauch verursacht schwere körperliche und seelische Schäden.

### Brennspiritus

Auf reinem Ethanol liegt eine hohe Steuer. Für technische Zwecke wird daher Ethanol durch Zusatz von Vergällungsmitteln ungenießbar gemacht – denaturiert – und kommt dann als Brennspiritus steuerfrei in den Handel.

## Die Gewinnung von Ethanol

Die Gewinnung von Ethanol erfolgt vorwiegend nach 2 Verfahren:

- durch alkoholische Gärung,
- aus dem Ethen der Crackgase.

Seit alters her gewinnt man Ethanol durch Vergären zuckerhaltiger Flüssigkeiten mittels Hefe. Ausgelöst wird die alkoholische Gärung durch verschiedene Enzyme der Hefe, die mit dem Sammelnamen **Zymase** bezeichnet werden. Die Zymase baut Traubenzucker über verschiedene Zwischenprodukte zu Ethanol und Kohlenstoffdioxid ab.

$$\underset{\text{Traubenzucker}}{C_6H_{12}O_6} \xrightarrow{\text{Zymase}} 2\ \underset{\text{Ethanol}}{C_2H_5OH} + 2\ CO_2$$

Die Spiritusindustrie geht meist von stärkehaltigen Stoffen wie Kartoffeln oder Getreide aus. Da Stärke nicht unmittelbar gärfähig ist, muß sie zunächst zu einem gärfähigen Zucker abgebaut werden. Die Verzuckerung erfolgt durch **Diastase,** einem Enzym der keimenden Gerste.

Technisch wird Ethanol durch katalytische Anlagerung von Wasser an Ethen hergestellt:

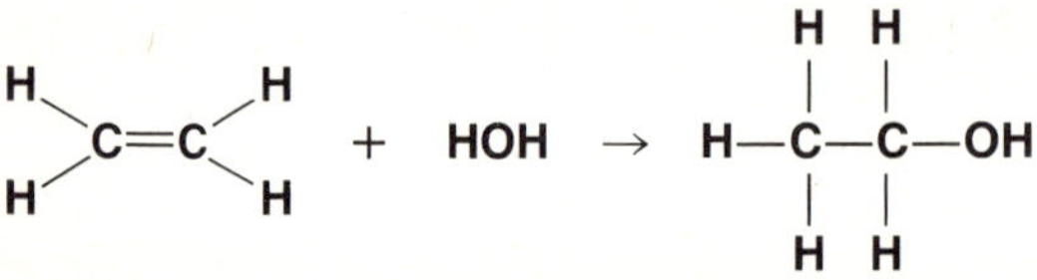

Ethen Ethanol

Ethen erhält man in großen Mengen aus den Crackgasen der Erdölindustrie.

## 12.1.5 Mehrwertige Alkohole

**Versuch:**

**V** *Eigenschaften von Glycerin*

*a) Eine kleine Menge Glycerin mit Wasser mischen. Löslichkeit?*
*b) Einen Tropfen Glycerin kosten.*

### Es gibt Alkohole mit mehreren OH-Gruppen.

Nach der Anzahl der OH-Gruppen teilt man die Alkohole ein in ein-, zwei-, drei- und mehrwertige Alkohole. Die OH-Gruppen sind dabei immer an verschiedene Kohlenstoffatome gebunden. **Zweiwertige** Alkohole werden nach der Genfer Nomenklatur durch die Endung **diol, dreiwertige** durch die Endung **triol** gekennzeichnet. Die Nummern der Kohlenstoffatome, mit denen die OH-Gruppen verbunden sind, werden in Klammern **hinter** den Namen des betreffenden Alkohols gesetzt. Bei natürlich vorkommenden Stoffen, die seit langem bekannt sind, ist der Trivialname gebräuchlicher als der systematische.

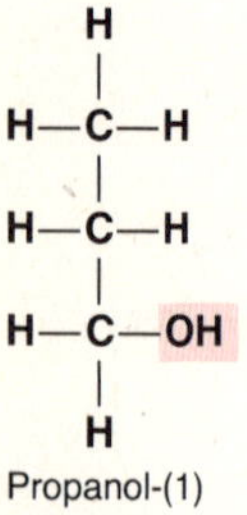

Propanol-(1)

einwertiger Alkohol

**Einwertige Alkohole enthalten nur eine OH-Gruppe.**

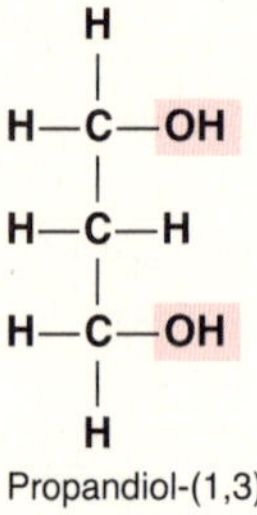

Propandiol-(1,3)

zweiwertiger Alkohol

**Zweiwertige Alkohole enthalten zwei OH-Gruppen.**

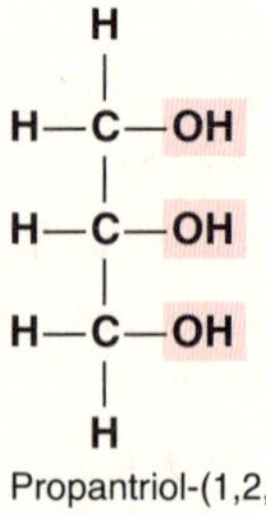

Propantriol-(1,2,3)

dreiwertiger Alkohol

**Dreiwertige Alkohole enthalten drei OH-Gruppen.**

## Propantriol-(1,2,3) oder Glycerin

$CH_2OH$
|
CHOH
|
$CH_2OH$

**Glycerin vereinfachte Strukturformel**

Glycerin, der wichtigste dreiwertige Alkohol, ist ein Baustein der Fette. Die farblose, ölige Flüssigkeit ist in Wasser leicht löslich und zieht an der Luft Feuchtigkeit an.

Die gute Wasserlöslichkeit ist auf die drei hydrophilen **OH**-Gruppen im Molekül zurückzuführen.

Glycerin wird vielseitig verwendet. Die Pharmazie braucht Glycerin zur Herstellung von Hautcremes, da es leicht in die Haut eindringt und sie der hygroskopischen Wirkung wegen geschmeidig macht. Man benutzt Glycerin zum Feuchthalten von Schokolade und Pralinen, von Tabakwaren, von Farbbändern, Stempelfarben usw. Beträchtliche Mengen werden zur Herstellung von Dynamit benötigt.

Großtechnisch gewinnt man Glycerin aus Propen, das in großen Mengen in den Crackgasen enthalten ist.

**Mehrwertige Alkohole schmecken süß. Der süße Geschmack nimmt mit wachsender Anzahl der OH-Gruppen zu.**

Ein sechswertiger Alkohol, der sich von Hexan ableitet, heißt **Sorbit**. Er hat einen stark süßen Geschmack, deshalb verwendet man diesen Alkohol als Süßungsmittel für Diabetiker.

### Kontrollfragen

12.1 Welche Summenformel besitzt ein Alkanol mit 6 Kohlenstoffatomen?

12.2 Benennen Sie folgenden Alkohol:

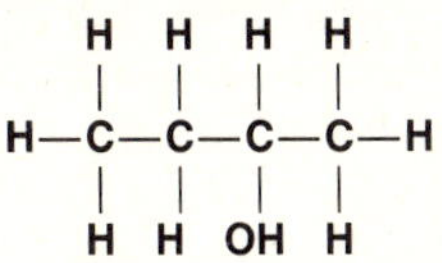

Geben Sie die vereinfachte Strukturformel an.

12.3 Erklären Sie den Begriff »funktionelle Gruppe«.

12.4 Weshalb besitzen Alkanole höhere Siedepunkte als Alkane mit gleicher Zahl von C-Atomen?

12.5 Welcher Zusammenhang besteht zwischen dem Siedepunkt einer Verbindung und den zwischenmolekularen Kräften?

12.6 Ethanol ist ein wievielwertiger Alkohol?

12.7 Was verstehen Sie unter einem sechswertigen Alkohol?

12.8 Pentanol-(3) a) Welche Bedeutung hat die in Klammern nachgestellte Zahl?
b) Schreiben Sie die Strukturformel dieses Alkanols.

12.9 Propantriol (Glycerin) siedet bei 290 °C, Propanol-(1) bei 97,2 °C. Überlegen Sie, weshalb Glycerin einen viel höheren Siedepunkt hat als Propanol-(1).

**Zusammenfassung**

Alkohole sind organische Verbindungen, die eine oder mehrere **OH**-Gruppen im Molekül enthalten. Die chemischen Eigenschaften der Alkohole werden durch die **OH**-Gruppen bestimmt. Die **OH**-Gruppe ist die funktionelle Gruppe der Alkohole.

Die wichtigsten Alkohole sind die Alkanole. Diese Alkohole leiten sich von den Alkanen ab.

Die **OH**-Gruppe ist stark polar. Deshalb können Alkanolmoleküle Wasserstoffbrücken untereinander ausbilden. Das erklärt die relativ hohen Siedepunkte der Alkanole.

Die **OH**-Gruppen können auch Wasserstoffbrücken zu Wassermolekülen ausbilden. Die **OH**-Gruppe ist hydrophil. Alkanole mit 1–3 Kohlenstoffatomen sind deshalb wasserlöslich. In ihren kleinen Molekülen überwiegt die Wirkung der hydrophilen (wasserfreundlichen) **OH**-Gruppe. Höhere Alkanole sind in Wasser unlöslich. Bei ihnen überwiegt die Wirkung des hydrophoben (wasserabweisenden) Kohlenwasserstoffrests.

Alkohole teilt man ein:

1. nach der Anzahl der **OH**-Gruppen in ein-, zwei-, drei- und mehrwertige Alkohole,
2. nach der Stellung der **OH**-Gruppe in primäre, sekundäre, tertiäre Alkohole.

Wichtige Alkanole sind Methanol und Ethanol. Ein Beispiel für einen dreiwertigen Alkohol ist Propantriol-(1,2,3) oder Glycerin.

## 12.2 Aldehyde und Ketone

### 12.2.1 Gesättigte Aldehyde: Alkanale

**Versuche:**

**V. 1** *Oxidation von Methanol und Ethanol*

*a) Eine kleine Rolle aus Kupferdrahtnetz in der Bunsenflamme erhitzen, bis sie schwarz oxidiert ist, und sie dann schnell in ein Prüfglas mit 2 cm³ Methanol werfen. Vorsichtig am Reagenzglas riechen. Farbe der Rolle vor und nach dem Versuch?*

*b) Den Versuch mit Ethanol wiederholen.*

**V. 2** *Nachweis von Aldehyden*

*a) Reduktion von Fehlingscher Lösung*
*1 cm³ Fehlingsche Lösung I mit 1 cm³ Fehlingsche Lösung II mischen. Einige Tropfen Formalin oder Ethanal hinzufügen und vorsichtig erwärmen.* **Mündung des Prüfglases nicht auf Personen richten!** *Beobachtung?*

*b) Bildung eines Silberspiegels durch Reduktion von ammoniakalischer Silbernitratlösung.*

*Prüfglas sorgfältig mit heißer Spülmittellösung reinigen und mit destilliertem Wasser ausspülen. In das völlig fettfreie Reagenzglas einige Tropfen Silbernitratlösung geben, 1 Tropfen starke Natronlauge und tropfenweise so viel starke Ammoniaklösung, bis sich der ausgefallene Niederschlag von* $Ag_2O$ *gerade eben löst. Nun 1 Tropfen Formalin oder Ethanal hinzufügen (mit Glasstab) und im Wasserbad erwärmen. Beobachtung?*

*Versuch 1 wiederholen. Nach der Reaktion 2 cm³ Wasser hinzufügen, umschwenken und mit ammoniakalischer Silbernitratlösung prüfen.*

**Aldehyde entstehen durch Oxidation primärer Alkohole.**

Tauchen wir ein erhitztes, oxidiertes Kupferdrahtnetz in Methanol, so findet folgende Reaktion statt:

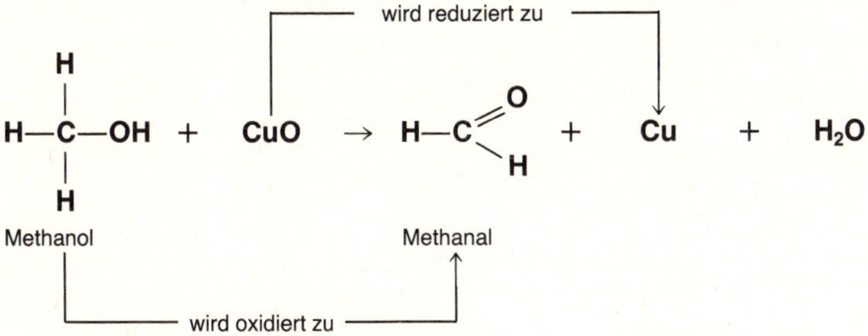


Das schwarze Kupferoxid wird zu rotem Kupfer reduziert. Gleichzeitig wird Methanol zu einem stechend riechenden Gas oxidiert. Dieses Gas heißt Methanal (V.1.).

**Durch Oxidation von Methanol entsteht Methanal:**

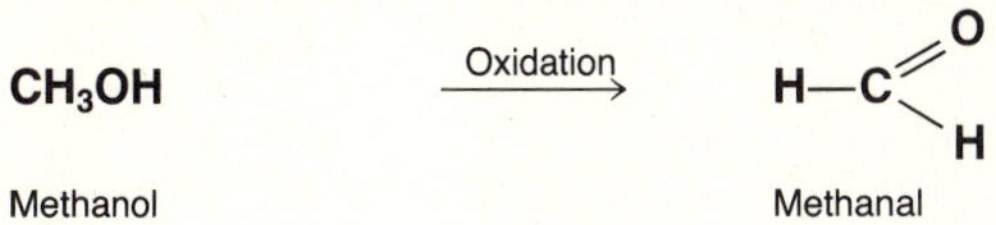


**Durch Oxidation von Ethanol entsteht Ethanal:**

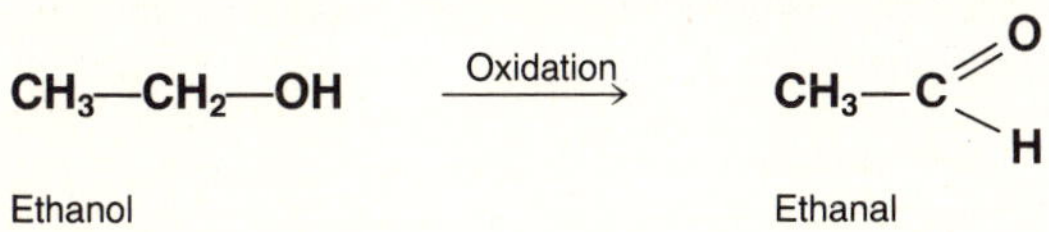


Methanal und Ethanal gehören zur Verbindungsklasse der Aldehyde.

**Aldehyde enthalten die funktionelle Gruppe:** 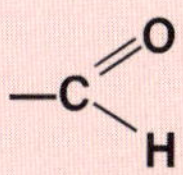

**vereinfachte Schreibweise:** **—CHO**

Wasserstoff und Sauerstoff sind in der Aldehydgruppe einzeln an das Kohlenstoffatom gebunden. Wir schreiben daher –**CHO** und nicht –COH, um Verwechslungen mit der alkoholischen **OH**-Gruppe, bei der das Wasserstoffatom an das Sauerstoffatom gebunden ist, auszuschließen.

Die systematischen Namen der Aldehyde werden gebildet durch Anhängen der Endsilbe **al** an den Namen des Kohlenwasserstoffs mit der gleichen Anzahl von Kohlenstoffatomen.

**Beispiel:**

**HCHO** enthält e i n **C**-Atom. Der Kohlenwasserstoff mit e i n e m **C**-Atom ist Methan. Der systematische Name von **HCHO** ist infolgedessen Methanal.

**Aldehyde, die sich von den Alkanen ableiten, heißen Alkanale.**

**Alkanale sind gesättigte Aldehyde.** Sie bilden eine homologe Reihe, siehe Tab. 12.4.

**Tabelle 12.4: Die Anfangsglieder der homologen Reihe der Alkanale**

| Summenformel | Systematischer Name | Trivialname |
|---|---|---|
| $HCHO$ | Methanal | Formaldehyd |
| $CH_3CHO$ | Ethanal | Acetaldehyd |
| $C_2H_5CHO$ | Propanal | Propionaldehyd |

**Allgemeine Formel der Alkanale:** $C_nH_{2n+1}{-}C{\overset{O}{\underset{H}{\lessgtr}}}$

**Vereinfachte Formel:** **R—CHO**

**Nachweisreaktionen**

**Aldehyde wirken reduzierend.** Auf dieser Eigenschaft beruhen zwei Nachweisreaktionen für Aldehyde:

- Aus Fehlingscher Lösung scheiden Aldehyde gelbes bis rotes $\mathbf{Cu_2O}$ ab. Die $\mathbf{Cu^{2+}}$-Ionen der Lösung werden zu $\mathbf{Cu^{+}}$-Ionen reduziert, die als Kupfer(I)-oxid ausfallen.
- Bildung eines Silberspiegels durch Reduktion einer ammoniakalischen Silbersalzlösung.

  Aldehyde reduzieren Silber-Ionen der Lösung zu metallischem Silber, das sich an der Gefäßwandung als glänzender Silberspiegel absetzt (V. 2b).

An diesen Reaktionen können Aldehyde erkannt werden.

**Methanal, HCHO**

Methanal ist ein stechend riechendes Gas, das in Wasser leicht löslich ist. Eine 40%ige wäßrige Lösung kommt unter dem Namen »Formalin« in den Handel. In dieser Form wird Methanal meist verwendet.

Methanal bringt Eiweiß zum Gerinnen und wirkt daher bakterientötend. Es ist ein ausgezeichnetes Desinfektionsmittel. Die keimtötende Wirkung des Räucherns ist zum Teil auf das im Rauch enthaltene Methanal zurückzuführen.

Große Mengen von Methanal werden zur Herstellung von Kunststoffen gebraucht.

Technisch gewinnt man Methanal durch katalytische Oxidation von Methanol mit Luftsauerstoff.

$$\underset{\text{Methanol}}{2\,CH_3OH} + O_2 \rightarrow \underset{\text{Methanal}}{2\,HCHO} + 2\,H_2O$$

**Ethanal, $CH_3CHO$**

Ethanal ist eine farblose Flüssigkeit von charakteristischem Geruch, die bei 20,2 °C siedet, also sehr leicht flüchtig ist. Ethanal ist ein wichtiges Zwischenprodukt vieler organischer Synthesen.

Die technische Herstellung erfolgt durch katalytische Oxidation von Ethen mit Luftsauerstoff.

$$2\,CH_2{=}CH_2 + O_2 \rightarrow 2\,CH_3CHO$$

## 12.2.2 Ungesättigte Aldehyde: Alkenale

**Versuch:**

**V** *Propenal*

*1 cm³ Glycerin mit 3 g feingepulvertem Kaliumhydrogensulfat oder Natriumhydrogensulfat in ein trockenes Reagenzglas geben und vorsichtig mit ganz kleiner Flamme erhitzen. Die entweichenden Dämpfe in ein Prüfglas mit 4 cm³ Wasser leiten, Abb. 12.4. Nach Beendigung der Reaktion erst Stöpsel lösen, dann Flamme entfernen, um ein Zurücksteigen zu vermeiden.*

*a) Vorsichtig am 1. Prüfglas riechen,*

*b) die Hälfte der wäßrigen Lösung der Vorlage mit ammoniakalischer Silbernitratlösung prüfen,*

*c) die andere Hälfte mit 2 cm³ Bromwasser.*

*Was beweisen die Versuche b) und c)?*

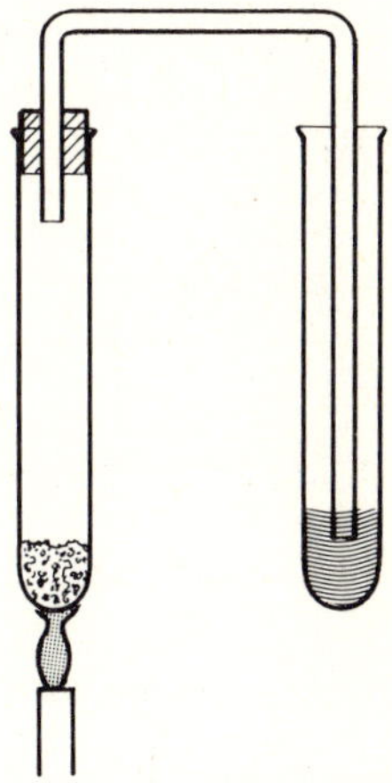

**Abb. 12.4**
**Darstellung von Propenal**

**Aldehyde, die sich von den Alkenen ableiten, heißen Alkenale. Alkenale sind ungesättigte Aldehyde.**

### Propenal, $CH_2{=}CH{-}CHO$

Propenal (Trivialname Acrolein), der einfachste ungesättigte Aldehyd, ist eine Flüssigkeit von unerträglichem Geruch. Er bildet sich durch Abspaltung von Wasser aus Glycerin. Man kann daher diesen Aldehyd durch Erhitzen von Glycerin mit wasserabspaltenden Mitteln, z. B. Kaliumhydrogensulfat, herstellen.

Die Reaktion vollzieht sich nach der Gleichung:

$$\begin{array}{lclcl} CH_2OH & & CH_2 & & \\ | & & \| & & \\ CHOH & \rightarrow & CH & + & 2\ H_2O \\ | & & | & & \\ CH_2OH & & CHO & & \\ \text{Glycerin} & & \text{Propenal} & & \end{array}$$

Der aus der Küche bekannte beißende, zu Tränen reizende Geruch von qualmendem Fett wird durch Propenal verursacht, das sich als Zersetzungsprodukt des Fettes bildet.

## 12.2.3 Ketone

**Versuche:**

**V. 1** *Aceton als Lösungsmittel*

*Kleine Mengen von Fett, Nagellack, Acetatseide mit Aceton übergießen, Löslichkeit?*

**V. 2** *Prüfung auf Brennbarkeit*

*Einige Tropfen Aceton auf ein Uhrglas geben und mit brennendem Streichholz prüfen.*

**Durch Oxidation von sekundären Alkoholen entstehen Ketone.**

**Beispiel:**

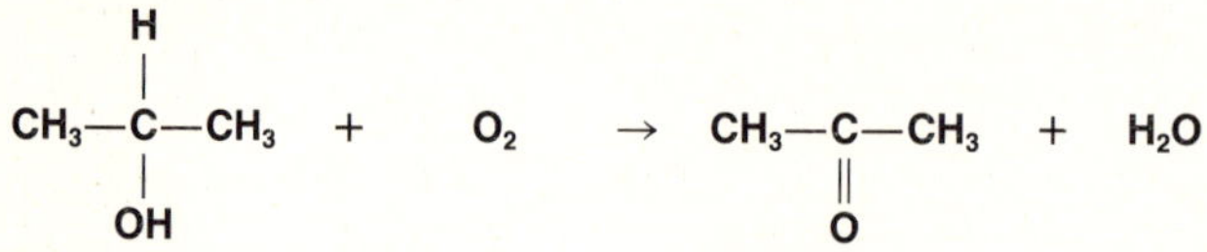

Propanol-(2) Propanon

**Ketone enthalten die funktionelle Gruppe:** $\geq C=O$

Die systematische Benennung erfolgt durch Anhängen der Endsilbe **on** an den Namen des Kohlenwasserstoffs mit der gleichen Anzahl von C-Atomen.

**Ketone, die sich von den Alkanen ableiten, heißen Alkanone.**

### Propanon, $CH_3-CO-CH_3$

Propanon – Trivialname Aceton – ist das einfachste Keton. Es ist ein ausgezeichnetes Lösungsmittel für viele organische Stoffe, z. B. Fette, Lacke, Harze, Klebstoffe. Propanon wird bei zahlreichen organischen Synthesen gebraucht. Die technische Synthese geht vom Propen der Crackgase aus. An Propen wird katalytisch Wasser angelagert:

$$\underset{\text{Propen}}{CH_2{=}CH{-}CH_3} + H_2O \rightarrow \underset{\text{Propanol-(2)}}{CH_3{-}CHOH{-}CH_3}$$

Das entstandene Propanol-(2) wird, wie oben beschrieben, zu Propanon oxidiert.

Im Harn Zuckerkranker tritt Aceton als Produkt des gestörten Abbaus der Fettsäuren auf. Auch mit der Atemluft scheidet der Diabetiker Aceton aus (diagnostisch wichtig).

Bei strengen Abmagerungskuren wird ebenfalls Aceton als Folge des Kohlenhydratmangels ausgeschieden.

**Höhere Aldehyde und Ketone** bilden sich beim Ranzigwerden der Fette und verursachen zum Teil deren unangenehmen Geruch.

#### Kontrollfragen

12.10 Geben Sie die Summenformel an von Butanal.

12.11 Welche der folgenden Verbindungen reduziert Fehlingsche Lösung:
**$C_4H_{10}$, $C_2H_5OH$, $CH_3CHO$, $CH_3{-}CO{-}CH_3$?**

12.12 Welche technisch wichtigen Synthesen, die von Ethen ausgehen, haben Sie bereits kennengelernt?

12.13 Durch Oxidation von Ethanol entsteht Ethanal. Formulieren Sie die Reaktionsgleichung.

12.14 Schreiben Sie die ausführliche und die vereinfachte Strukturformel von Propanal.

**Zusammenfassung**

Aldehyde entstehen durch Oxidation von primären Alkoholen. Ihre funktionelle Gruppe ist: **−CHO**. Die systematischen Namen der Aldehyde enden auf **al**. Wichtige Aldehyde: Methanal und Ethanal.

Ketone entstehen durch Oxidation von sekundären Alkoholen. Ihre funktionelle Gruppe ist: **>C=O.** Die systematischen Namen der Ketone enden auf **on**. Das wichtigste Keton ist Propanon (Aceton).

Aldehyde und Ketone werden für viele technische Synthesen gebraucht. Sie werden auf petrochemischem Wege in großen Mengen hergestellt.

Aldehyde wirken reduzierend. Auf dieser Eigenschaft beruht ihr Nachweis durch Fehlingsche Lösung und durch ammoniakalische Silbernitratlösung. Ketone geben diese Reaktionen nicht.

## 12.3 Carbonsäuren

### 12.3.1 Gesättigte Monocarbonsäuren: Alkansäuren

**Versuch:**

**V** *Eigenschaften von Alkansäuren*

*Methansäure, Ethansäure, Propansäure, Butansäure, Pentansäure, Palmitinsäure, Stearinsäure prüfen a) auf Geruch, b) auf Löslichkeit in Wasser, c) auf Löslichkeit in Benzin.*

**Durch Oxidation von Aldehyden entstehen Carbonsäuren.**

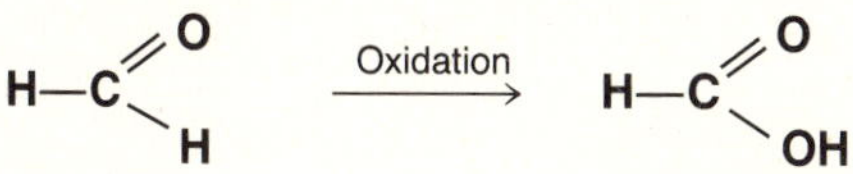


Methanal — Methansäure

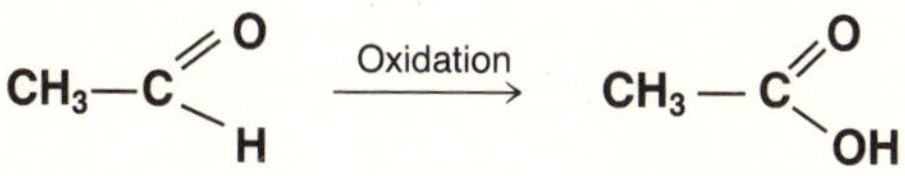


Ethanal — Ethansäure

allgemein:

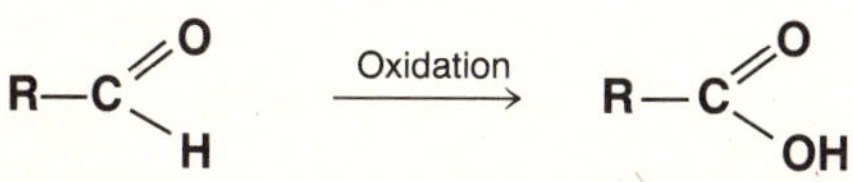


Aldehyd — Carbonsäure

**Kennzeichnend für Carbonsäuren ist die Carboxylgruppe:** 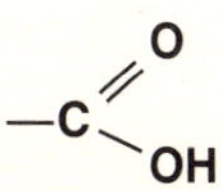

**Vereinfachte Schreibweise: −COOH**

**Carbonsäuren mit e i n e r Carboxylgruppe heißen Monocarbonsäuren,**

**Carbonsäuren mit z w e i Carboxylgruppen sind Dicarbonsäuren.**

Die systematische Benennung der Carbonsäuren erfolgt durch Anhängen der Gruppenbezeichnung **-säure** an den Namen des Kohlenwasserstoffs mit der gleichen Anzahl von Kohlenstoffatomen.

**Carbonsäuren, die sich von den Alkanen ableiten, nennt man Alkansäuren.**

**Tabelle 12.5: Die homologe Reihe der Alkansäuren**

| Summenformel | systematischer Name | Trivialname |
|---|---|---|
| $HCOOH$ | Methansäure | Ameisensäure |
| $CH_3COOH$ | Ethansäure | Essigsäure |
| $C_2H_5COOH$ | Propansäure | Propionsäure |
| $C_3H_7COOH$ | Butansäure | Buttersäure |
| $C_4H_9COOH$ | Pentansäure | Valeriansäure |
| . | | |
| . | | |
| . | | |
| $C_{15}H_{31}COOH$ | Hexadekansäure | Palmitinsäure |
| $C_{17}H_{35}COOH$ | Oktadekansäure | Stearinsäure |
| usw. | | |

**Allgemeine Formel der Alkansäuren:** $C_nH_{2n+1}COOH$
**Vereinfachte Formel:** R—COOH

## Eigenschaften der Alkansäuren

Die ersten Glieder der homologen Reihe der Alkansäuren sind farblose Flüssigkeiten von stechendem Geruch, die mittleren riechen unangenehm ranzig, schweißartig, die höheren sind fest und geruchlos.

Die Löslichkeit in Wasser nimmt mit wachsender Kettenlänge ab. Das hat folgenden Grund: Die Alkansäuren enthalten im Molekül die wasserfreundliche Carboxylgruppe und den wasserabweisenden Kohlenwasserstoffrest. Ihre Moleküle bestehen also aus einem hydrophilen und einem hydrophoben Teil.

**Beispiel:**

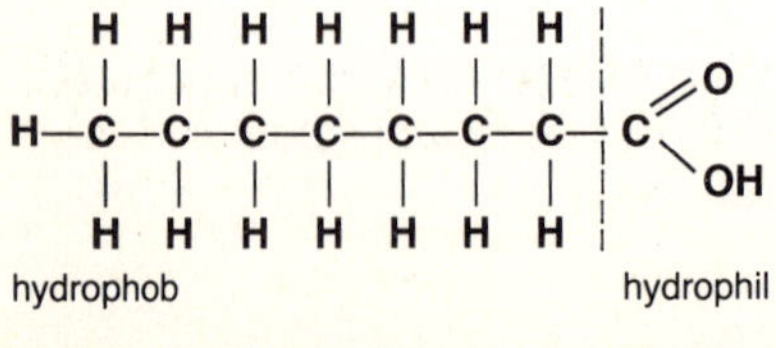

Die Carboxylgruppe ist sehr stark hydrophil. Bei den kurzkettigen Alkansäuren macht die Carboxylgruppe einen relativ großen Teil des Moleküls aus. Deshalb sind die ersten 4 Glieder der Reihe in Wasser gut löslich. Mit wachsender Länge der hydrophoben Kohlenwasserstoffkette überwiegt deren Einfluß. Die höheren Säuren, also diejenigen mit einer längeren Kette, lösen sich deshalb nicht in Wasser, doch sind sie gut löslich in unpolaren Lösungsmitteln.

Die Carboxylgruppe vermag ein Proton abzugeben. Darauf beruht der Säurecharakter der Alkansäuren.

**Beispiel:**

$$CH_3COOH + H_2O \rightarrow CH_3COO^- + H_3O^+$$

Hydronium-Ion

Die meisten Alkansäuren sind schwache Säuren.
Alkansäuren können Salze bilden.

## 12.3.2 Einzelne Alkansäuren

**Versuch:**

**V** *Enzymatische Oxidation von Ethanol*

*In einem flachen Schälchen Wein oder Bier an einem warmen Ort stehenlassen. Nach einigen Tagen mit blauem Lackmuspapier prüfen. Geruch? Geschmack?*

### Methansäure (Ameisensäure), HCOOH

Die Säure findet sich in den Giftdrüsen der Ameise, den Brennhaaren der Brennessel und den Giftsekreten der Biene. Sie ist eine stechend riechende Flüssigkeit, die auf der Haut Blasen zieht.

### Ethansäure (Essigsäure), $CH_3COOH$

Läßt man ethanolhaltige Flüssigkeiten an der Luft stehen, so werden sie allmählich sauer (Versuch). Durch Essigsäurebakterien wird Ethanol bei Gegenwart von Luftsauerstoff zu Ethansäure oxidiert. Das dabei wirksame Enzym ist die Alkoholoxidase. Auf diesem Wege wird Speiseessig hergestellt. In großen Behältern läßt man ethanolhaltige Flüssigkeiten, z. B. Wein, vergorene Fruchtsäfte, über Buchenholzspäne rieseln, während von unten Luft entgegenströmt. Die Buchenholzspäne sind mit Essigbakterien besiedelt, deren Enzyme den Alkohol mit Hilfe des Luftsauerstoffs in Ethansäure überführen. So entsteht z. B. aus Wein Weinessig.

**Die Hauptmenge an Ethansäure wird heute synthetisch auf petrochemischer Grundlage hergestellt.**

Ein modernes Verfahren geht von **Ethen** aus, das in großen Mengen aus den Crackgasen erhalten wird. Ethen läßt sich katalytisch zu Ethanal oxidieren, wie wir bereits erfahren haben. Ethanal wird weiter oxidiert zu Ethansäure.

Ethansäure wird viel gebraucht.

Die Säure dient zur Herstellung von Arzneimitteln, von Lösungsmitteln, von Farbstoffen, von Acetatseide. Verdünnte Lösungen von Ethansäure werden als **Speiseessig** verwendet.

**Die Salze der Ethansäure heißen Ethanate (Acetate).**

**Beispiel:** Natriumethanat (Natriumacetat): $CH_3COONa$

**Butansäure (Buttersäure), $C_3H_7COOH$**

Die Säure kommt, an Glycerin gebunden, in der Butter vor. Sie findet sich in manchen Käsearten und auch im Schweiß. Die Säure riecht sehr unangenehm. Der Geruch ranziger Butter wird durch freigewordene Butansäure verursacht.

Von den höheren Alkansäuren sind die Palmitinsäure, **$C_{15}H_{31}COOH$**, und die Stearinsäure, **$C_{17}H_{35}COOH$**, die wichtigsten. Sie sind Bestandteile der Fette.

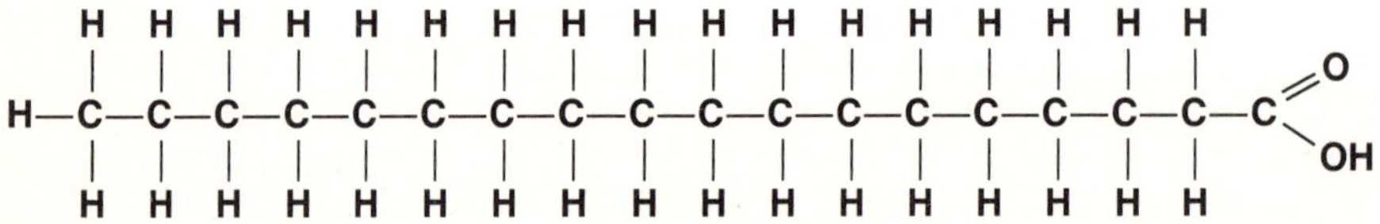

Stearinsäure
**$C_{17}H_{35}COOH$**

## 12.3.3 Ungesättigte Carbonsäuren

**Es gibt gesättigte und ungesättigte Carbonsäuren.** Die ungesättigten Säuren enthalten im Molekül eine oder mehrere Kohlenstoff/Kohlenstoff-Doppelbindungen. Sie sind wasserstoffärmer als die gesättigten Carbonsäuren.

Die einfachste ungesättigte Säure ist Propensäure (Acrylsäure), **$CH_2{=}CH{-}COOH$.** Ihre Derivate werden zu glasklaren Kunststoffen verarbeitet, z. B. Plexiglas.

**Höhere ungesättigte Säuren mit 18 C-Atomen sind wichtige Bestandteile von Fetten.**

**Beispiele:**

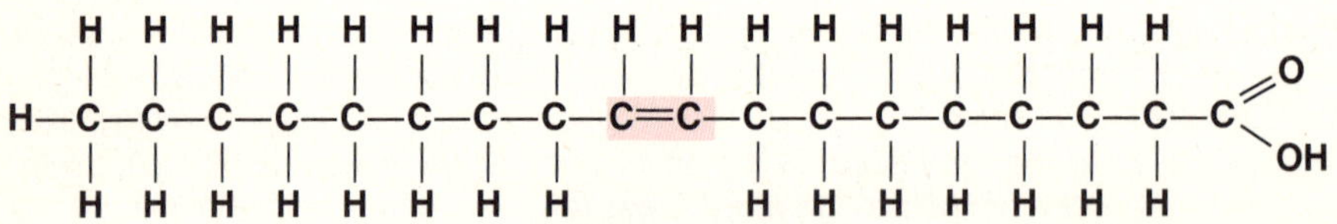

Ölsäure
**$C_{17}H_{33}COOH$**
einfach ungesättigt

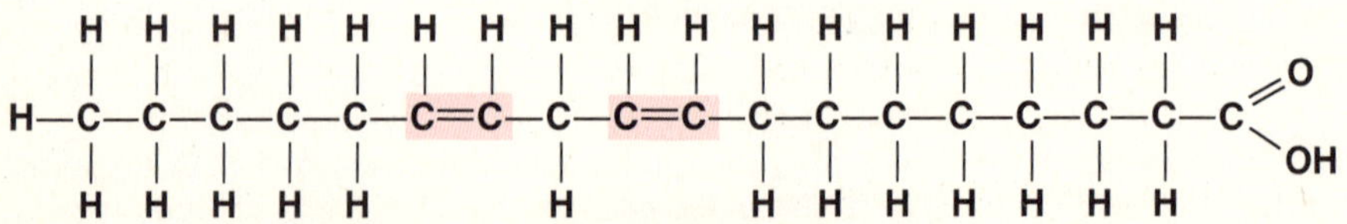

Linolsäure
**$C_{17}H_{31}COOH$**
zweifach ungesättigt

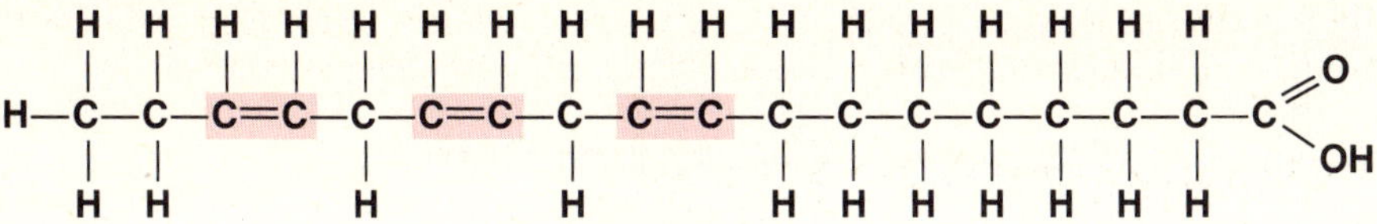

Linolensäure
**$C_{17}H_{29}COOH$**
dreifach ungesättigt

## 12.3.4 Dicarbonsäuren, Hydroxycarbonsäuren

**Versuche:**

**V. 1** *Löslichkeit von Oxalsäure*

*Löslichkeit von Oxalsäure in Wasser prüfen.*
*Reaktion gegenüber Lackmuspapier?*

**V. 2** *Reaktion von Oxalsäure mit Calcium-Ionen*

*Einige Oxalsäurekriställchen in Wasser lösen und tropfenweise mit Calciumchloridlösung versetzen. Beobachtung? Rhabarbersaft mit Calciumchloridlösung prüfen. Folgerung?*

**V. 3** *Calciumnachweis in der Milch*

*50 cm³ Milch eindampfen, Rückstand in einem kleinen Porzellantiegelchen (Verbrennungstiegel) kräftig glühen lassen, bis die organische Substanz verbrannt und die Asche weiß ist.*

*Nach Erkalten Glührückstand in wenig verdünnter Salpetersäure lösen, Lösung mit Ammoniak neutralisieren und dann mit Essigsäure leicht ansäuern.*

*Nun eine Lösung von Ammoniumoxalat oder Oxalsäure tropfenweise zugeben. Beobachtung? Folgerung?*

**V. 4** *Gerinnen von Casein durch Milchsäure*

*Frische Milch mit etwas Milchsäure versetzen und kurze Zeit ruhig stehenlassen. Beobachtung?*

**Dicarbonsäuren enthalten 2 Carboxylgruppen in ihrem Molekül.**

**Beispiele:**

| | | |
|---|---|---|
| | | **COOH** |
| | | \| |
| | **COOH** | **$CH_2$** |
| | \| | \| |
| **COOH** | **$CH_2$** | **$CH_2$** |
| \| | \| | \| |
| **COOH** | **COOH** | **COOH** |
| Ethandisäure | Propandisäure | Butandisäure |

### Ethandisäure oder Oxalsäure, COOH–COOH

Sie ist die einfachste Dicarbonsäure. Oxalsäure findet sich in Form ihrer Salze in vielen Pflanzen. Reich an Oxalsäure sind Spinat, Mangold, Rhabarber.

**Die Salze der Oxalsäure heißen Oxalate.**

Oxalsäure bildet mit Calcium-Ionen Calciumoxalat, das schwer löslich ist.

Oxalsäurereiche Nahrung beeinträchtigt deshalb die Calciumausnutzung im Körper. So genügt z. B. der Oxalsäuregehalt von 100 g Spinat, um den Calciumgehalt von ca. 200 g Milch auszufällen und dadurch unresorbierbar zu machen.

**Oxalsäure und ihre löslichen Salze sind giftig.**

Der Calciumhaushalt des Körpers wird gestört. Die feinen Nierenkanäle können durch Calciumoxalat-Kristalle verstopft werden. Die tödliche Menge für einen Erwachsenen wird mit 4–5 g angegeben. Oxalsäure kann im Körper Nieren- und Gallensteine bilden. Deshalb sollen Menschen, die zur Steinbildung neigen, oxalsäurereiche Nahrungsmittel meiden.

### Nachweis

Oxalsäure läßt sich mit Calcium-Ionen nachweisen: Bildung eines weißen Niederschlags von Calciumoxalat nach Zugabe von Calciumchlorid-Lösung (V. 2). Umgekehrt ist Oxalsäure ein Prüfstoff auf Calcium-Ionen (V. 3).

### Hydroxycarbonsäuren

**Hydroxycarbonsäuren sind Carbonsäuren, die im Molekül eine oder mehrere OH-Gruppen enthalten.**

Es sind Verbindungen, die die Eigenschaften von Alkoholen und Carbonsäuren zugleich besitzen.

Von Ethansäure leitet sich durch Ersatz eines **H**-Atoms durch die **OH**-Gruppe die Hydroxyethansäure ab:

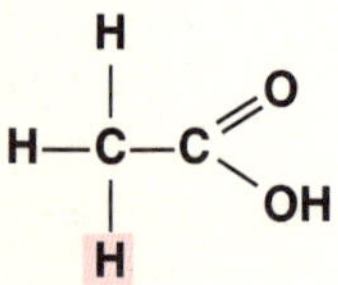

Ethansäure

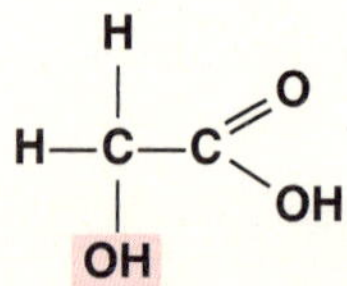

Hydroxyethansäure

Von Propansäure führt der Austausch eines **H**-Atoms des zweiten Kohlenstoffatoms zur 2-Hydroxypropansäure oder Milchsäure.

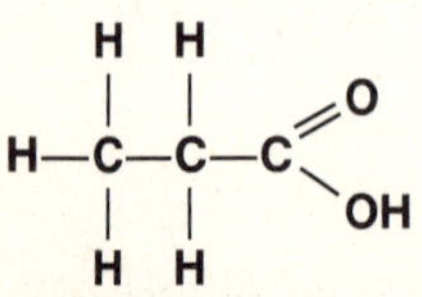

Propansäure

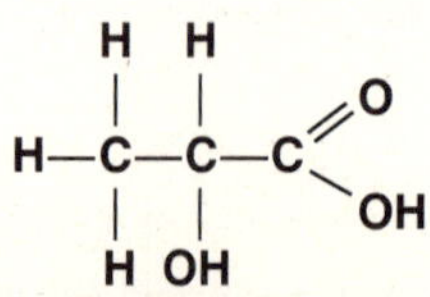

2-Hydroxypropansäure

## 2-Hydroxypropansäure oder Milchsäure, $CH_3-CHOH-COOH$

Ihr Name ist auf das Vorkommen in saurer Milch zurückzuführen, wo sie aus Milchzucker durch Milchsäuregärung entsteht. Die freiwerdende Säure bewirkt das Gerinnen des Caseins (V. 4).

Auch andere Zuckerarten können durch Milchsäurebakterien zu Milchsäure abgebaut werden. So entsteht Milchsäure beim Einsäuern von Weißkohl (Sauerkraut), Gurken, Bohnen, Futterpflanzen (Silofutter).

Auch im Sauerteig findet eine Milchsäuregärung statt.

Wichtig ist das Vorkommen der Milchsäure im Muskel – Fleischmilchsäure. Sie entsteht hier während der Muskelarbeit aus Glykogen und ruft die Ermüdungserscheinungen hervor, die den Körper vor Überanstrengung schützen. In der Ruhepause wird die angesammelte Milchsäure wieder in Glykogen umgewandelt.

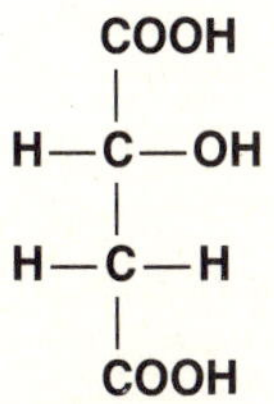
Äpfelsäure

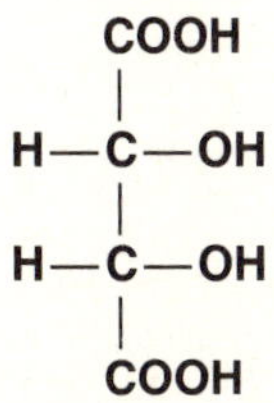
Weinsäure

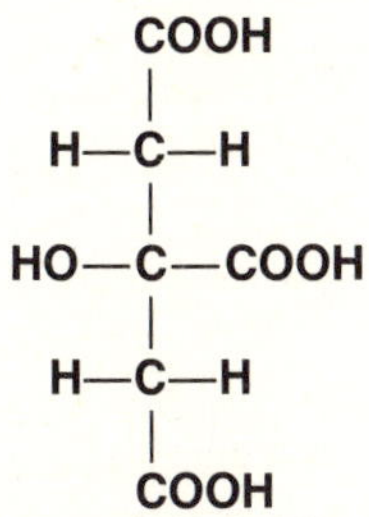
Citronensäure

**Äpfelsäure** ist die wichtigste Säure des Kern- und Steinobstes. Besonders reichlich ist sie in unreifen Äpfeln, Quitten, Stachelbeeren enthalten.

**Weinsäure** kommt, wie der Name sagt, in Weintrauben vor, aber auch in anderem Obst.

**Citronensäure** findet sich in Citronen, Orangen und vielen anderen Früchten.

Frische Milch enthält im Liter 1–2g Citronensäure. Durch die Tätigkeit bestimmter Bakterien entsteht aus Milchzucker und Citronensäure Diacetyl, $\mathbf{CH_3—CO—CO—CH_3}$. Das Aroma der Butter beruht im wesentlichen auf ihrem Gehalt an Diacetyl.

Citronensäure ist auch ein wichtiges Produkt unseres Stoffwechsels.

### Kontrollfragen

12.15 Vergleichen Sie Ethansäure und Palmitinsäure in bezug auf a) Siedepunkt und b) Wasserlöslichkeit. Begründen sie Ihre Aussage.

12.16 Schreiben Sie die Strukturformel von Butansäure.

12.17 Formulieren Sie die Reaktionsgleichung für die Oxidation von Methanal zu Methansäure.

12.18 Formulieren Sie die Reaktionsgleichungen für die Gewinnung von Ethansäure aus Ethen.

12.19 Welcher Zusammenhang besteht zwischen folgenden Verbindungen: Methanol – Methanal – Methansäure?

12.20 Nennen Sie die einfachste Hydroxycarbonsäure.

12.21 Welche funktionellen Gruppen sind im Milchsäuremolekül enthalten?

12.22 Geben Sie die Strukturformeln von folgenden Verbindungen an: Propan, Propen, Propin, Propanal, Propenal, Propansäure, Propanon.

**Tabelle 12.6**
**Stoffklassen mit sauerstoffhaltigen funktionellen Gruppen** (Übersicht)

| Stoffklasse | funktionelle Gruppe | allgemeine Formel | Beispiel | Endung des systematischen Namens |
|---|---|---|---|---|
| Alkohole | —OH | R—OH | $CH_3$—$CH_2$—$CH_2$—OH<br>Propanol-(1) | -ol |
| Aldehyde | 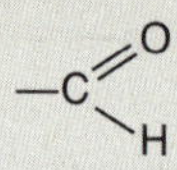 | 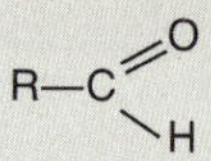 | 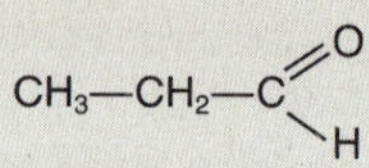<br>Propanal | -al |
| Ketone | 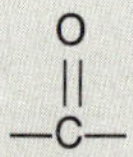 | 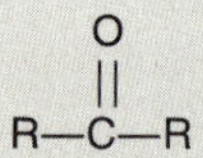 | 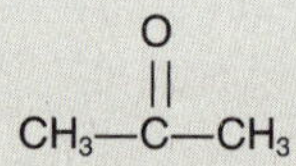<br>Propanon | -on |
| Carbonsäuren | 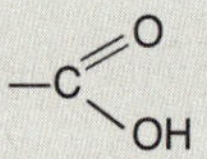 | 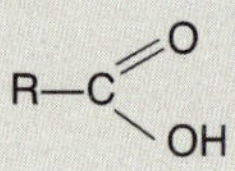 | 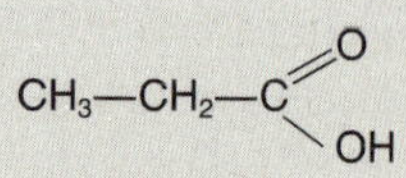<br>Propansäure | -säure |

## Zusammenfassung

Carbonsäuren enthalten als funktionelle Gruppe die Carboxylgruppe: **—COOH**. Carbonsäuren, die sich von den Alkanen ableiten, nennt man Alkansäuren. Diese bilden eine homologe Reihe mit der allgemeinen Formel: $\mathbf{C_nH_{2n+1}COOH}$.

Die Carboxylgruppe ist stark hydrophil. Deshalb lösen sich die kurzkettigen Alkansäuren in Wasser. Bei längerkettigen Alkansäuren überwiegt die Wirkung der hydrophoben Kohlenwasserstoffkette. Diese Säuren lösen sich nicht in Wasser. Ethansäure z. B. ist mit Wasser in jedem Verhältnis mischbar, Stearinsäure dagegen ist der langen Kohlenwasserstoffkette wegen nicht wasserlöslich.

Alkansäuren sind gesättigte Carbonsäuren. Ungesättigte Carbonsäuren enthalten eine oder mehrere Doppelbindungen im Molekül.

Monocarbonsäuren sind Carbonsäuren mit e i n e r Carboxylgruppe. Säuren mit z w e i Carboxylgruppen heißen Dicarbonsäuren. Die wichtigste Dicarbonsäure ist Ethandisäure, Trivialname Oxalsäure.

Hydroxycarbonsäuren enthalten neben der Carboxylgruppe noch eine oder mehrere **OH**-Gruppen. Zu den Hydroxycarbonsäuren gehören wichtige Naturstoffe, wie z. B. die Milchsäure, systematischer Name: 2-Hydroxypropansäure, und Citronensäure.

# 13 Veresterung, Verseifung

## 13.1 Ester

**Versuche:**

**V. 1** *Ethansäure-Ethylester*

*In ein Reagenzglas 2 cm³ Ethanol, 2 cm³ konzentrierte Ethansäure (Eisessig) und dann langsam tropfenweise unter Umschütteln 2 cm³ konzentrierte Schwefelsäure geben. Einige Minuten warten, evtl. leicht im Wasserbad erwärmen. Woran erinnert der Geruch?*

**V. 2** *Butansäure-Ethylester*

*Versuch 1 mit 2 cm³ Ethanol, 2 cm³ Butansäure und 2 cm³ konzentrierter Schwefelsäure wiederholen.*

**V. 3** *Löslichkeitsverhalten von Estern*

*2 cm³ Ethansäure-Ethylester mit der gleichen Menge Wasser schütteln.*

### Esterbildung

Säuren reagieren mit Alkoholen unter Abspaltung von Wasser. Dabei entstehen Ester. So bildet sich aus Ethansäure und Ethanol Ethansäure-Ethylester, der an seinem fruchtartigen Geruch erkannt werden kann (V.1):

$$\mathbf{CH_3CO\,\boxed{OH \quad + \quad H}\,OC_2H_5 \;\rightarrow\; CH_3COOC_2H_5 \quad + \quad H_2O}$$

| Ethansäure | Ethanol | Ethansäure-Ethylester | |
|---|---|---|---|

Aus Butansäure und Ethanol entsteht Butansäure-Ethylester (V. 2):

$$\mathbf{C_3H_7CO\,\boxed{OH \quad + \quad H}\,OC_2H_5 \;\rightarrow\; C_3H_7COOC_2H_5 \quad + \quad H_2O}$$

| Butansäure | Ethanol | Butansäure-Ethylester | |
|---|---|---|---|

In gleicher Weise können die verschiedensten Säuren mit den verschiedensten Alkoholen zu Estern zusammentreten.

**Verbindungen, die aus Säure und Alkohol unter Wasseraustritt entstehen, heißen Ester.**

**Säure + Alkohol → Ester + Wasser**

Das bei der Veresterung entstehende Wasser wird gebildet aus der **OH**-Gruppe der Carbonsäure und dem **H**-Atom der Alkoholgruppe.

Der Nachweis läßt sich durch Isotopenmarkierung erbringen. Verwendet man einen Alkohol, der statt des gewöhnlichen Sauerstoffs $^{16}_{8}\mathbf{O}$ das Sauerstoff-Isotop $^{18}_{8}\mathbf{O}$ enthält, so findet sich hinterher das Sauerstoff-Isotop $^{18}_{8}\mathbf{O}$ nicht im abgespaltenen Wasser, sondern im Ester.

Die Esterbildung verläuft langsam. Sie wird durch Zugabe von konzentrierter Schwefelsäure stark beschleunigt. Die Säure wirkt als Katalysator.

### Eigenschaften, Verwendung

Ester enthalten keine **OH**-Gruppen mehr. Ihre Moleküle können daher keine Wasserstoffbrücken ausbilden. Deshalb sieden Ester bei tieferen Temperaturen als Alkohole oder Carbonsäuren mit der gleichen Anzahl von C-Atomen, deren Moleküle durch Wasserstoffbrücken zusammengehalten werden.

Ester mit kleiner Molekülmasse sind leicht flüchtige Substanzen.

Ester sind im Wasser wenig oder gar nicht löslich, weil hydrophile Gruppen fehlen.

Viele Ester haben einen angenehmen fruchtartigen Geruch, so riecht z. B. der Butansäure-Ethylester nach Ananas (V. 2). Sie werden deshalb als Fruchtessenzen für Bonbons, Limonade, Puddingpulver industriell hergestellt. Ester haben ferner technische Bedeutung als Lösungsmittel für Lacke und Alleskleber (am Geruch erkennbar).

Der Duft der Früchte und die »Blume« des Weins gehen in der Hauptsache auf Ester zurück.

**Die wichtigsten Ester sind die Fette.**

### Dynamit

Alkohole lassen sich nicht nur mit Carbonsäuren, sondern auch mit anorganischen Säuren verestern. Der als Nitroglycerin bezeichnete Ester von Glycerin und Salpetersäure ist eine ölige Flüssigkeit, die auf Stoß und Schlag außerordentlich heftig explodiert. Durch Aufsaugen von Nitroglycerin in Kieselgur gewinnt man das weniger gefährliche Dynamit (Entdeckung von Alfred Nobel).

Alfred Nobel (1833–1896), ein schwedischer Chemiker, bestimmte testamentarisch, daß aus den Zinsen seines Vermögens alljährlich 5 Preise für die größten Leistungen auf dem Gebiet der Physik, Chemie, Medizin, Literatur und für Bemühungen um den Weltfrieden verliehen werden sollen. Der Nobelpreis ist die höchste wissenschaftliche Auszeichnung.

### Verseifung

Alle Ester lassen sich unter Aufnahme von Wasser wieder in Säure und Alkohol zerlegen.

**Ester + Wasser → Säure + Alkohol**

Diese Spaltung wird als Verseifung bezeichnet. Die Verseifung ist die Umkehrung der Veresterung.

$$\textbf{Säure} + \textbf{Alkohol} \underset{\text{Verseifung}}{\overset{\text{Veresterung}}{\rightleftarrows}} \textbf{Ester} + \textbf{Wasser}$$

#### Kontrollfragen

13.1 Formulieren Sie die Reaktionsgleichung für die Bildung von Methansäure-Ethylester.

13.2 Stellen Sie die Reaktionsgleichung auf für die Veresterung von Ethansäure mit Butanol.

13.3 a) Welche Reaktion tritt ein beim Erwärmen eines Gemisches von Ethansäure, Pentanol und konzentrierter Schwefelsäure?
b) Weshalb wird Schwefelsäure zugesetzt?

13.4 Woher stammt der Sauerstoff des bei der Veresterung gebildeten Wassers?

**Zusammenfassung**

Ester sind Verbindungen, die aus Säure und Alkohol unter Wasserabspaltung entstehen.

Die Veresterung ist eine Reaktion zwischen 2 funktionellen Gruppen: zwischen der **COOH**-Gruppe der Carbonsäure und der **OH**-Gruppe des Alkohols.

Der umgekehrte Vorgang, die Spaltung eines Esters in Alkohol und Säure, wird Verseifung genannt.

Ester haben technische Bedeutung als Lösungsmittel und als künstliche Fruchtessenzen. Die wichtigsten Ester sind die Fette.

## 13.2 Fette

**Versuche:**

**V. 1** *Nachweis ungesättigter Fettsäuren*

*Ca. 1 g Kokosfett in 5 cm³ Tetrachlormethan lösen und unter Umschütteln Bromwasser bis zur bleibenden Gelbfärbung zutropfen lassen. Den Versuch mit der gleichen Menge Butter, Olivenöl, Maiskeimöl, Leinöl wiederholen. Welche dieser Proben hat die größte Menge Bromwasser entfärbt? Folgerung für den Gehalt an ungesättigten Bestandteilen?*

**V. 2** *Löslichkeitsverhalten*

*Im Reagenzglas eine kleine Menge Fett a) mit Wasser, b) mit Ether, c) mit Benzin, d) mit Tetrachlormethan schütteln. Löslichkeit? Einen Tropfen der Lösungen auf Papier geben – Fettfleckprobe. Einen Teil der Lösungen auf dem Uhrglas verdunsten lassen. Rückstand?*

**V. 3** *Fettnachweis*

*Zerkleinerte, fetthaltige Substanzen, wie hartgekochtes Gelbei, Kekse, Nüsse, Käse usw., in einem größeren Reagenzglas mit Tetrachlormethan oder einem anderen Fettlösungsmittel übergießen. In dieses Prüfglas als Rückflußkühler ein zweites kleineres, mit Wasser gefülltes hineinhängen. Mit einer Korkscheibe oder einem aus Kordel gewickelten Ring liegt es auf dem Rand des großen Reagenzglases (Abb. 13.1). Erwärmen durch Einstellen in warmes Wasser. Flamme vorher löschen! Filtrieren, Fettfleckprobe durchführen. Filtrat in einem kleinen Schälchen verdunsten lassen. Rückstand?*

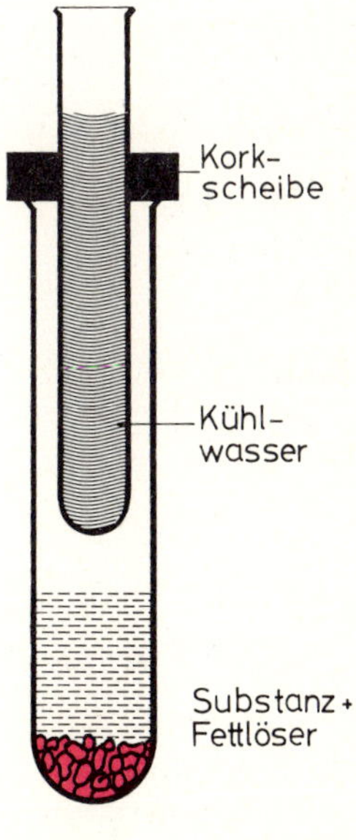

**Abb. 13.1**
**Kleiner Extraktionsapparat**

**V. 4** *Schmelzpunktbestimmung*

*Apfelkerngroße Stückchen Butter, Kokosfett, Schweinefett, Rindertalg in dünnwandige Reagenzgläser geben. Diese in einen Becher mit kaltem Wasser hängen. Thermometer in das Wasser tauchen. Langsam mit sehr kleiner Flamme Becherglas erwärmen. Bei welcher Temperatur beginnen die einzelnen Fettsorten zu schmelzen? Genauere Werte erhält man mit einem Schmelzpunktbestimmungsapparat.*

**V. 5** *Emulsionsbildung*

*5 Tropfen Öl schütteln mit a) Wasser, b) verdünnter Seifenlösung, c) Wasser und einem kleinen Zusatz von Weißei oder Gelatine. Beobachtung?*

## 13.2.1 Der chemische Aufbau der Fette

**Fette sind Ester des Alkohols Glycerin mit Monocarbonsäuren. Die in den Fetten vorkommenden Carbonsäuren werden allgemein als Fettsäuren bezeichnet.**

Ein Glycerinmolekül hat 3 **OH**-Gruppen, vermag sich daher mit 3 Fettsäuremolekülen zu verestern. Das können 3 Moleküle der gleichen Fettsäure sein. Solche Ester finden sich in der Natur jedoch selten. In den meisten Fällen ist ein Glycerinmolekül mit 2 oder 3 verschiedenen Fettsäuremolekülen verestert.

**Beispiel** für die Bildung eines Fettmoleküls:

$$
\begin{array}{l|lcr|l l l l}
C_{17}H_{35}CO & OH & & H & OCH_2 & & C_{17}H_{35}COOCH_2 & \\
\text{Stearinsäure} & & & & \quad | & & \qquad\quad | & \\
C_{15}H_{31}CO & OH & + & H & OCH & \rightarrow & C_{15}H_{31}COOCH & + \; 3\ H_2O \\
\text{Palmitinsäure} & & & & \quad | & & \qquad\quad | & \\
C_{17}H_{33}CO & OH & & H & OCH_2 & & C_{17}H_{33}COOCH_2 & \\
\text{Ölsäure} & & & \text{Glycerin} & & & \text{Stearin-Palmitin-} & \\
 & & & & & & \text{Ölsäure-Glycerin-Ester} &
\end{array}
$$

Hier ist ein Molekül Glycerin mit einem Molekül Stearinsäure, einem Molekül Palmitinsäure und einem Molekül Ölsäure verestert.

**Allgemeine Formel eines Fettes:**

$$
\begin{array}{l}
R'\,COOCH_2 \\
\qquad\quad | \\
R''COOCH \\
\qquad\quad | \\
R'''COOCH_2
\end{array}
\quad \text{oder} \quad
\begin{array}{l}
R'\,COOCH_2 \\
\qquad\quad | \\
R'\,COOCH \\
\qquad\quad | \\
R''COOCH_2
\end{array}
$$

**Tabelle 13.1: Gesättigte Fettsäuren**

| Systematischer Name | Trivialname | Zahl der C-Atome | Summenformel |
|---|---|---|---|
| Butansäure | Buttersäure | 4 | $C_3H_7COOH$ |
| Hexansäure | Capronsäure | 6 | $C_5H_{11}COOH$ |
| Oktansäure | Caprylsäure | 8 | $C_7H_{15}COOH$ |
| Dekansäure | Caprinsäure | 10 | $C_9H_{19}COOH$ |
| Dodekansäure | Laurinsäure | 12 | $C_{11}H_{23}COOH$ |
| Tetradekansäure | Myristinsäure | 14 | $C_{13}H_{27}COOH$ |
| Hexadekansäure | Palmitinsäure | 16 | $C_{15}H_{31}COOH$ |
| Oktadekansäure | Stearinsäure | 18 | $C_{17}H_{35}COOH$ |

**Tabelle 13.2: Ungesättigte Fettsäuren**

| Systematischer Name | Trivialname | Zahl der C-Atome | Summenformel |
|---|---|---|---|
| Oktadekensäure | Ölsäure<br>**1 Doppelbindung** | 18 | $C_{17}H_{33}COOH$ |
| Oktadekadiensäure | Linolsäure<br>**2 Doppelbindungen** | 18 | $C_{17}H_{31}COOH$ |
| Oktadekatriensäure | Linolensäure<br>**3 Doppelbindungen** | 18 | $C_{17}H_{29}COOH$ |
| Eicosatetraensäure | Arachidonsäure<br>**4 Doppelbindungen** | 20 | $C_{19}H_{31}COOH$ |

Die in der Natur vorkommenden Fette sind immer Gemische verschiedener Glycerinester. Sie haben deshalb keinen scharfen Schmelzpunkt, sondern erweichen innerhalb eines bestimmten Temperaturbereichs.

Über die wichtigsten in Fetten gebundenen Säuren unterrichten die Tabellen 13.1 und 13.2.

**Bei den natürlich vorkommenden Carbonsäuren ist der Trivialname gebräuchlicher als der systematische.**

Von den in Fetten veresterten Säuren sind am verbreitetsten:

- Ölsäure
- Palmitinsäure
- Stearinsäure

Mengenmäßig an erster Stelle steht Ölsäure. Die in den natürlichen Fetten gebundenen Fettsäuren enthalten fast immer eine gerade Anzahl von **C**-Atomen (vgl. Tab. 13.1 und 13.2) und eine unverzweigte Kohlenstoffkette.

### Wovon hängt der Schmelzpunkt eines Fettes ab?

Alle Fette enthalten in wechselnden Mengen sowohl gesättigte als auch ungesättigte Fettsäuren. Der Anteil an ungesättigten Fettsäuren und die Kettenlänge der gesättigten Fettsäuren bestimmen den Schmelzpunkt eines Fettes.

**Fette mit einem hohen Gehalt an ungesättigten Fettsäuren sind bei Zimmertemperatur flüssig. Man nennt sie Öle.**

Olivenöl beispielsweise enthält fast 90 % Öl- und Linolsäure (bezogen auf Gesamtfettsäuren). Umgekehrt liegt der Schmelzpunkt eines Fettes um so höher, je mehr Palmitin- und Stearinsäure am Aufbau beteiligt sind. Hammeltalg und Rindertalg z. B. enthalten über 50 % Palmitinsäure und Stearinsäure und haben deshalb einen relativ hohen Schmelzpunkt. Butter verdankt ihren niedrigen Schmelzpunkt ihrem Gehalt an kurzkettigen Fettsäuren.

## 13.2.2 Die Iodzahl

Die in den Fetten enthaltenen ungesättigten Fettsäuren vermögen wie alle ungesättigten Verbindungen Brom oder Iod an ihre Doppelbindungen anzulagern:

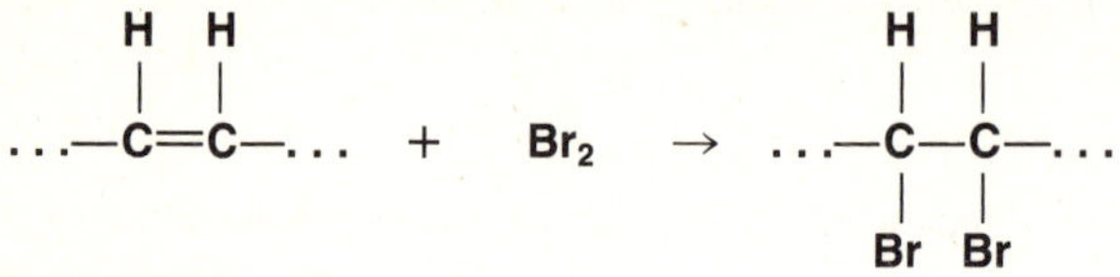

Ausschnitt aus dem Fettmolekül

Je mehr Doppelbindungen vorhanden sind, um so mehr Bromwasser wird entfärbt (V.1). Wir können daher den ungesättigten Charakter eines Fettes mit Hilfe von Bromwasser nachweisen.

In analoger Weise wird Iod angelagert:

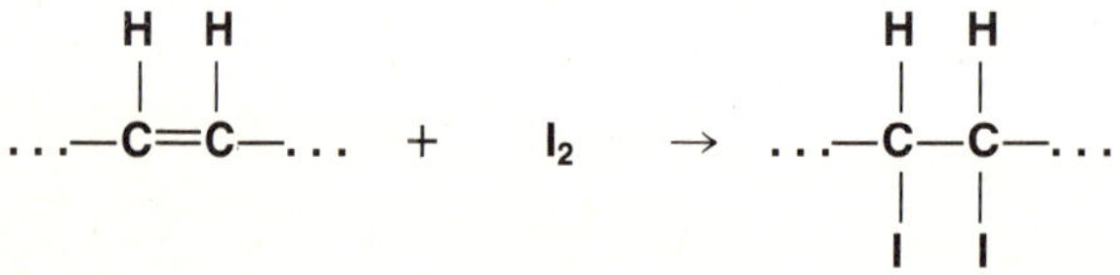

Die verbrauchte Iodmenge – **Iodzahl** – ist daher ein Maß für den Gehalt an Kohlenstoff/Kohlenstoff-Doppelbindungen.

**Die Iodzahl gibt an, wieviel Gramm Iod von 100 g Fett gebunden werden.**

Die Iodzahl ist um so höher, je reicher ein Fett an Mehrfachbindungen ist. Die höchste Iodzahl haben Fette mit einem hohen Gehalt an hochungesättigten Fettsäuren.

**Öle mit einer Iodzahl über 100 sind reich an hochungesättigten Fettsäuren.**

**Tabelle 13.3: Iodzahl verschiedener Fette**

| | |
|---|---|
| Kokosfett | 7– 10 |
| Palmkernfett | 14– 22 |
| Butter | 32– 39 |
| Margarine | 37– 39 |
| Rindertalg | 33– 47 |
| Olivenöl | 85– 90 |
| Erdnußöl | 86– 99 |
| Maiskernöl | 120–128 |
| Sonnenblumenöl | 127–136 |
| Leinöl | 170–200 |

## 13.2.3 Eigenschaften der Fette

**Fette sind hydrophob.**

Wegen der langen unpolaren Kohlenwasserstoffkette der Fettsäuren sind Fette ausgesprochen hydrophob. Sie lösen sich nicht in Wasser, wohl aber in unpolaren Lösungsmitteln wie Ether, Benzin, Benzol, Tetrachlormethan. Unpolare Lösungsmittel sind lipophil.

| | | | |
|---|---|---|---|
| Wir erinnern uns: | hydrophil | = | wasserliebend |
| | lipophil | = | fettliebend |
| | hydrophob | = | wasserabweisend |

**Fette sind leichter als Wasser.** Sie schwimmen auf dessen Oberfläche, deshalb kann man brennendes Fett nicht mit Wasser löschen.

**Fette können Emulsionen bilden.**

Man spricht von einer Emulsion, wenn eine Flüssigkeit in einer anderen in Form feinster Tröpfchen zerteilt ist.

Werden Fette mit Wasser geschüttelt, so bilden sie Emulsionen, die sich jedoch bald entmischen. Durch kleine Mengen von Seife, Eiweiß, Lecithin, Salze der Gallensäuren werden die Emulsionen vor dem Entmischen geschützt (V. 4). Diese Stoffe umhüllen in feiner Schicht die einzelnen Fettkügelchen und verhindern so ein Zusammenfließen der Fetttröpfchen.

Die Emulsionsbildung ist von großer Bedeutung für die Verdauung der Fette. Durch die Salze der Gallensäuren werden die Fette emulgiert und in dieser Form von den fettspaltenden Enzymen leichter angegriffen. Ist die Gallensekretion gestört, so werden die Fette zum größten Teil unverdaut ausgeschieden.

Die Verdaulichkeit eines Fettes hängt von seinem Schmelzpunkt ab. Fette, die bei Körpertemperatur schmelzen, werden leichter emulgiert und daher auch leichter verdaut als solche mit einem höheren Schmelzpunkt, wie z. B. Rindertalg.

Beim Erhitzen auf etwa 300 °C zersetzen sich die Fette unter Bildung stechend riechender, zu Tränen reizender Dämpfe von Propenal (Acrolein). Es ist dies ein ungesättigter Aldehyd, der durch Abspaltung von Wasser aus Glycerin entsteht.

**Fette sind Lösungsmittel für viele Stoffe**, wie z. B. Vitamin A, D und E.

## 13.2.4 Die biologische Bedeutung der Fette

Die Fette sind unentbehrliche Bestandteile unserer Nahrung. Mit 38,9 kJ/g stellen sie unsere wichtigste Energiequelle dar. Im Zellstoffwechsel werden sie zu Kohlendioxid und Wasser verbrannt. Dabei wird Energie abgegeben. Nicht benötigtes Fett wird in Fettgeweben gespeichert und bei Bedarf wieder freigesetzt. Das Speicherfett ist ferner wichtig als Wärmeschutz.

Eine weitere Aufgabe der Fette ist es, den Körper mit fettlöslichen Vitaminen zu versorgen. Diese Vitamine und auch das Karotin, die Vorstufe von Vitamin A, werden im Darm nur bei Anwesenheit von Fett resorbiert.

Das mit der Nahrung aufgenommene Fett wird im Darmkanal durch Lipasen (fettspaltende Enzyme) zerlegt und dann in der Darmwandung zu körpereigenem Fett zusammengefügt. Außerdem ist der Körper befähigt, Kohlenhydrate in Fett umzuwandeln. Er vermag die meisten der benötigten Fettsäuren aus Kohlenhydraten aufzubauen.

Einige mehrfach ungesättigte Säuren, die für den Organismus unentbehrlich sind, vermag der tierische Körper nicht zu synthetisieren. Sie müssen daher mit der Nahrung zugeführt werden. Man bezeichnet sie als essentielle Fettsäuren. Die wichtigsten sind **Linolsäure** und **Arachidonsäure**, daneben auch Linolensäure.

Arachidonsäure sowie einige andere hochungesättigte essentielle Fettsäuren entstehen im Körper durch Umwandlung von Linolsäure. Als Energieträger kann Fett durch Kohlenhydrate und Eiweiß ersetzt werden, nicht aber als Lieferant der essentiellen Fettsäuren.

Reich an essentiellen Fettsäuren sind Sonnenblumenöl, Sojaöl, Maiskeimöl, Leinöl.

## 13.2.5 Fetthärtung

Flüssige Fette stehen in der Natur ausreichend zur Verfügung, nicht dagegen feste Fette. Um den hohen Bedarf der Margarine- und der Seifenindustrie an festen Fetten zu decken, werden große Mengen an flüssigen Fetten durch katalytische Hydrierung in feste Fette umgewandelt. Dieses Verfahren heißt Fetthärtung.

Die Härtung wird in der Weise durchgeführt, daß man die erhitzten Öle mit feinverteiltem Nickel als Katalysator mischt und unter Druck Wasserstoff hindurchleitet. Unter der katalytischen Wirkung von Nickel lagert sich Wasserstoff an die Doppelbindungen der ungesättigten Fettsäuren an.

Diese gehen dadurch in gesättigte Verbindungen über, die einen höheren Schmelzpunkt haben:

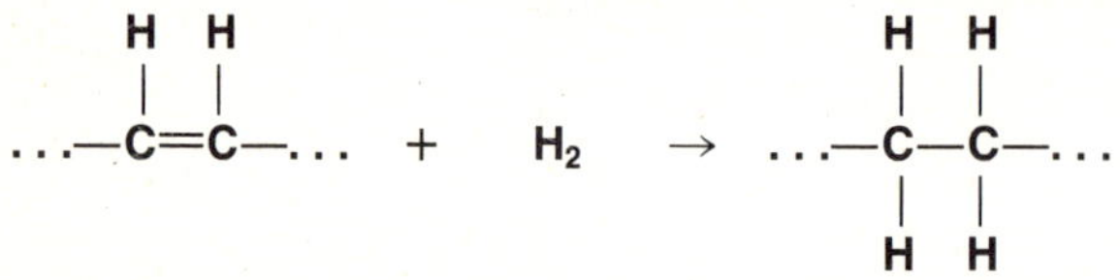

Ausschnitt aus dem Fettmolekül

Die Hydrierung läßt sich in der Weise steuern, daß nur ein Teil der Doppelbindungen abgesättigt wird. Je nach dem Grad der Absättigung lassen sich Fette mit jeder gewünschten Konsistenz herstellen. Wichtig vor allem ist, daß durch die unvollständige Hydrierung ein Teil der essentiellen Fettsäuren erhalten bleibt.

## 13.2.6 Das Ranzigwerden der Fette

### Ursachen

Bei längerem Aufbewahren werden Fette ranzig. Dies kann mehrere Ursachen haben:

1. Durch **Einwirkung des Luftsauerstoffs** werden die in den Fetten enthaltenen ungesättigten Fettsäuren oxidiert und dann weiter zu verschiedenen Aldehyden abgebaut – Aldehydranzigkeit. Daneben entstehen zahlreiche weitere Zerfallsprodukte, die gesundheitlich nicht unbedenklich sind. Licht, Wärme und Schwermetallspuren beschleunigen diese Vorgänge.

**Oxidation durch den Luftsauerstoff ist die Hauptursache des Fettverderbs.**

Die hohe Sauerstoffempfindlichkeit der ungesättigten Fettsäuren erklärt das rasche Ranzigwerden von Ölen bei Luftzutritt. Besonders gering ist die Haltbarkeit der hochungesättigten Öle wie Leinöl, Mohnöl, Sonnenblumenöl.

2. Durch **Enzyme der Fettgewebe** sowie durch Mikroorganismen werden Fette zu einem kleinen Teil in Glycerin und freie Fettsäuren zerlegt. Während die abgespaltenen höheren Fettsäuren Geruch und Geschmack nicht beeinträchtigen, machen schon sehr geringe Mengen Buttersäure, Capronsäure und Caprylsäure das Fett nicht mehr genußfähig. Der typische Geruch ranziger Butter wird durch freie Buttersäure verursacht. Da die Säure leicht flüchtig ist, entweicht sie beim Ausbraten.

3. Gewisse **Schimmelpilze** bauen Fettsäuren mit weniger als 16 C-Atomen zu Ketonen ab – Ketonranzigkeit.

Diese Ketone riechen sehr unangenehm und verursachen zusammen mit den Aldehyden und den flüchtigen Säuren den ranzigen Geruch des Fettes und auch den typischen Geruch mancher Käsesorten wie Roquefort, Gorgonzola, Camembert. Hier wird der Ketonabbau durch Impfen mit Schimmelpilzen absichtlich herbeigeführt.

Der biologischen Zersetzung unterliegen nur wasserhaltige Fette wie Butter, Margarine, Mayonnaise.

Das Ranzigwerden der Fette bedingt auch das Verderben fetthaltiger Lebensmittel (Trockenmilch, Trockenei, Gebäck, Nüsse, Kaffee usw.).

Gering ist auch die Haltbarkeit von dunklen Mehlen, da das Öl des Getreidekeimlings reich an hochungesättigten Fettsäuren ist.

## Antioxidantien

Es gibt viele natürliche und künstliche Stoffe, sogenannte Antioxidantien, die schon in sehr geringen Mengen das Ranzigwerden der Fette verhindern bzw. hinauszögern. Sie schützen über eine gewisse Zeit das Fett vor Oxidation und damit vor dem Verderb.

Der wichtigste natürliche Oxidationsschutz ist Vitamin E (Tokopherol), das in pflanzlichen Fetten reichlich, in tierischen dagegen nur wenig enthalten ist.

Öle, die reich an hochungesättigten Fettsäuren sind, weisen auch einen höheren Gehalt an Vitamin E auf. Das ist verständlich. Da diese Öle besonders leicht oxidieren, benötigen sie während der Ruhezeit der Samen einen erhöhten Oxidationsschutz. Mit fortschreitender Lagerung nimmt der Vitamin-E-Gehalt ab.

Auch Lecithin besitzt gute antioxidative Eigenschaften.

In Deutschland sind als Fettkonservierungsmittel nur natürliche Fettbegleitstoffe zugelassen wie Vitamin E und Lecithin.

### Kontrollfragen

13.5 Beim Schütteln eines Öls mit Bromwasser tritt Entfärbung ein. Welche chemische Reaktion spielt sich hierbei ab?

13.6 Wodurch unterscheiden sich Pflanzenöle chemisch von Mineralölen?

13.7 Weshalb lassen sich Fettflecken mit Benzin entfernen?

13.8 Welche chemische Reaktion findet bei der Fetthärtung statt?

13.9 Welche Fettsäure entsteht bei der vollständigen Hydrierung von a) Ölsäure, b) Linolsäure, c) Linolensäure?

13.10 Formulieren Sie die Reaktionsgleichung für die katalytische Hydrierung von Linolensäure.

13.11 Definieren Sie die Begriffe hydrophil, hydrophob, lipophil.

**Zusammenfassung**

Fette sind Ester von Glycerin mit verschiedenen kettenförmigen Carbonsäuren, den sogenannten Fettsäuren.

Die in den Fetten veresterten Fettsäuren besitzen fast immer eine gerade Anzahl von **C**-Atomen und eine unverzweigte Kohlenwasserstoffkette. Am häufigsten sind Fettsäuren mit 16 und 18 **C**-Atomen, vor allem Palmitinsäure, Stearinsäure und Ölsäure.

Fette mit einem hohen Anteil an ungesättigten Bestandteilen sind bei Zimmertemperatur flüssig. Man nennt sie Öle. Der Gehalt an Kohlenstoff/Kohlenstoff-Doppelbindung kann durch Addition von Iod bestimmt werden. Die Iodzahl gibt an, wieviel Gramm Iod von 100 g Fett gebunden werden.

Die Fettmoleküle enthalten lange unpolare Kohlenwasserstoffketten. Es fehlen hydrophile Gruppen. Deshalb lösen sich Fette nicht in Wasser, wohl aber in unpolaren Lösungsmitteln wie Benzin, Benzol, Ether usw. Fette sind ausgesprochen hydrophob.

Eine wichtige Eigenschaft der Fette ist ihre Fähigkeit, Emulsionen zu bilden, die durch Seife, Eiweiß, Lecithin, Salze der Gallensäuren vor dem Entmischen geschützt werden.

Öle lassen sich durch katalytische Hydrierung in feste Fette überführen. Das Verfahren heißt Fetthärtung.

## 13.3 Die Verseifung der Fette, Seifen

**Versuche:**

**V. 1** *Alkalische Verseifung von Fetten*

*10 g Kokosfett oder ein anderes Fett in einer Email- oder Porzellanschale erwärmen. 5 cm³ destilliertes Wasser hinzufügen und dann nach und nach 10 cm³ 20%ige Natronlauge, unter ständigem Rühren etwa 20 Minuten lang schwach sieden lassen. Das verdampfte Wasser muß von Zeit zu Zeit ersetzt werden. Die Verseifung ist beendet, wenn sich eine Probe des entstandenen fadenziehenden Seifenleims in warmem, destilliertem Wasser klar löst. Nach Beendigung der Verseifung 3 g Natriumchlorid hinzugeben, um die Seife auszusalzen. Erkalten lassen. Die gebildete Seife (obere Schicht) in destilliertem Wasser lösen, schütteln. Schaumbildung zeigt Seife an.*

**V. 2** *Neutralisation von Fettsäuren*

*Unter leichtem Erwärmen ca. 1 cm³ Ölsäure oder etwa die gleiche Menge geschmolzene Stearinsäure mit 3 cm³ 10%iger Natriumcarbonatlösung schütteln. Auftretende Schaumkrone zeigt die gebildete Seife an.*

### 13.3.1 Die Verseifung von Fetten

Fette sind Ester. Sie lassen sich daher verseifen, d. h. unter Aufnahme von Wasser in Glycerin und Fettsäuren zerlegen nach der Gleichung:

$$\begin{array}{lclclcl}
R'\,COOCH_2 & & & & R'\,COOH & & CH_2OH \\
\quad\;\; | & & & & & & \;\; | \\
R''COOCH & + & 3\ H_2O & \rightarrow & R''COOH & + & CHOH \\
\quad\;\; | & & & & & & \;\; | \\
R'''COOCH_2 & & & & R'''COOH & & CH_2OH \\
\text{Fett} & + & \text{Wasser} & \rightarrow & \text{Fettsäuren} & + & \text{Glycerin}
\end{array}$$

Die technische Verseifung von Fetten wird durchgeführt:

- durch Kochen der Fette mit Natrium- oder Kaliumhydroxid,
- durch Einwirkung von überhitztem Wasserdampf.

### Die alkalische Verseifung von Fetten

Erhitzt man Fette mit Natriumhydroxidlösung, so erfolgt Zerlegung der Fette in Glycerin und Fettsäuren. Die freigesetzten Fettsäuren werden durch die Lauge neutralisiert. Man erhält die Natriumsalze der Fettsäuren – **Seife**.

$$\begin{array}{lcccccc}
\mathbf{R'\,COOCH_2} & & & & \mathbf{R'\,COONa} & & \mathbf{CH_2OH} \\
\quad\ | & & & & & & | \\
\mathbf{R''\,COOCH} & + & \mathbf{3\ NaOH} & \rightarrow & \mathbf{R''\,COONa} & + & \mathbf{CHOH} \\
\quad\ | & & & & & & | \\
\mathbf{R'''COOCH_2} & & & & \mathbf{R'''COONa} & & \mathbf{CH_2OH} \\
 & & & & & & \\
\text{Fett} & + & \text{Natriumhydroxid} & \rightarrow & \text{Seife} & + & \text{Glycerin}
\end{array}$$

**Seifen sind die Natrium- oder Kaliumsalze der höheren Fettsäuren (mit vorwiegend 12–18 C-Atomen).**

Die Verseifung von Fetten mit Natriumhydroxidlösung liefert Glycerin und die Natriumsalze der Fettsäuren. Mit Kaliumhydroxid erhält man die Kaliumsalze der Fettsäuren.

Die Natriumseifen sind fest – Kernseife. Die Kaliumseifen sind meist weich – Schmierseife.

**Die handelsüblichen Seifen bestehen aus einem Gemisch von Natrium- bzw. Kaliumsalzen verschiedener Fettsäuren.**

**Seifen sind ein Gemisch verschiedener fettsaurer Salze**, weil die Fette, aus denen sie hergestellt werden, stets ein Gemisch von Glycerinestern verschiedener Fettsäuren sind.

Rindertalg z. B. besteht in der Hauptsache aus den Glycerinestern von:

Palmitinsäure, $\mathbf{C_{15}H_{31}COOH}$
Stearinsäure, $\mathbf{C_{17}H_{35}COOH}$
Ölsäure, $\mathbf{C_{17}H_{33}COOH}$

Daher ist eine aus Rindertalg hergestellte Seife ein Gemisch von:

Natriumpalmitat, $\mathbf{C_{15}H_{31}COONa}$
Natriumstearat, $\mathbf{C_{17}H_{35}COONa}$
Natriumoleat, $\mathbf{C_{17}H_{33}COONa}$

### Verseifung von Fetten mit überhitztem Wasserdampf

Nach einem modernen Verfahren werden Fette mit überhitztem Wasserdampf (180 °C) in Glycerin und freie Fettsäuren zerlegt.

Fettsäure und Glycerin lassen sich hierbei leicht voneinander trennen, während bei der alkalischen Verseifung der Fette die vollständige Abscheidung des wertvollen Glycerins Schwierigkeiten bereitet.

Die Fettsäuren werden anschließend mit Natriumhydroxid oder Natriumcarbonat neutralisiert. Dadurch entstehen die Natriumsalze der Fettsäuren – Seife (V. 2).

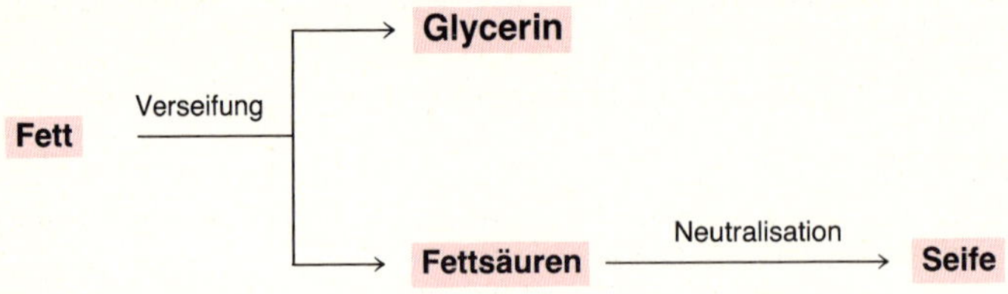


**Seife aus Erdöl**

Die Seifenindustrie verarbeitet auch synthetische Fettsäuren. Höhere Alkane (aus Erdöl) lassen sich katalytisch zu Fettsäuren oxidieren, die dann durch Neutralisation mit Natriumhydroxid oder Natriumcarbonat zu Seife umgesetzt werden.

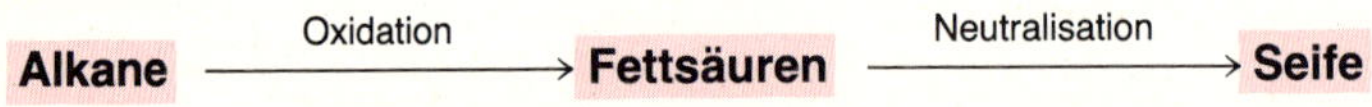


## 13.3.2 Eigenschaften der Seife

**Versuche:**

Für folgende Versuche eine 2%ige Seifenlösung verwenden.

**V. 1** *Reaktion der Seifenlösung*

*Mit Lackmuspapier prüfen.*

**V. 2** *Zersetzen von Seife durch Säure*

*Zu 5 cm³ Seifenlösung einige Tropfen verdünnte Salzsäure geben. Beobachtung? Schütteln. Schaumvermögen?*

**V. 3** *Bildung von Kalkseife*

*Zu 5 cm³ Seifenlösung einige Tropfen verdünnte Calciumchloridlösung geben. Beobachtung? Schütteln, Schaumvermögen?*

**V. 4** *Grenzflächenaktivität der Seife*

*a) Ausbreitung von Seifen-Anionen auf der Wasseroberfläche*

*Breite Kristallisierschale oder breites Becherglas mit Wasser bis zum Rand füllen. Auf die Wasseroberfläche feines Holzkohlepulver stäuben. Dann einen Tropfen Seifenlösung vorsichtig auf die Mitte der Wasseroberfläche geben. Verhalten des Kohlepulvers beobachten. Achten Sie auf die Geschwindigkeit, mit der sich die Waschmittel-Anionen auf der Wasseroberfläche ausbreiten und die Kohlepartikelchen zurückdrängen.*

*b) Herabsetzung der Oberflächenspannung*

*Kristallisierschale oder Becherglas mit Wasser füllen. Eine Büroklammer auf ein Stück grobporiges Filtrierpapier legen und dieses vorsichtig auf die Wasseroberfläche geben. (Das Filtrierpapier saugt sich voll Wasser und sinkt unter. Die Büroklammer bleibt infolge der Oberflächenspannung des Wassers auf der Wasseroberfläche liegen.) Nun einige Tropfen Seifenlösung vorsichtig dazugeben.*

*c) Netzkraft.*

*Baumwollfäden (1–2 cm lang) vorsichtig auf Seifenlösung und zum Vergleich auf Wasser legen (etwaigen Schaum von der Oberfläche entfernen). Sinkgeschwindigkeit? Je rascher die Fäden sinken, um so größer die Netzkraft.*

*1 Tropfen Seifenlösung und 1 Tropfen Wasser auf Stoffproben geben. Beobachtung?*

*d) Emulgiervermögen*

*In ein Reagenzglas 5 cm³ Wasser, in ein zweites 5 cm³ Seifenlösung füllen. Je 10 Tropfen Öl dazugeben und kräftig schütteln, dann beide Gläser beobachten.*

**V. 5** *Die Versuche 3 und 4 mit einer Feinwaschmittellösung wiederholen.*

**Seifen sind Salze.** Beim Lösen in Wasser zerfallen sie in ihre Ionen. Natriumpalmitat, das Natriumsalz der Palmitinsäure z. B. dissoziiert in positiv geladene Natrium-Ionen und negativ geladene Palmitat-Ionen:

$$C_{15}H_{31}COONa \rightarrow C_{15}H_{31}COO^- + Na^+$$

Natriumsalz der Palmitinsäure → Seifen-Anion

Die negativ geladenen Ionen einer Seifenlösung nennt man abkürzend **Seifen-Anionen.**

## Wäßrige Seifenlösungen reagieren alkalisch.

Da Seifen Salze von schwachen Säuren sind, haben ihre Anionen ein großes Bestreben, Protonen aufzunehmen. Sie entreißen den Wassermolekülen Protonen und vereinigen sich mit diesen zu freien Fettsäuren.

**Beispiel:**

$$C_{15}H_{31}COO^- + HOH \rightarrow C_{15}H_{31}COOH + OH^-$$

Seifen-Anion + Wasser → Fettsäure + Hydroxid-Ion

Durch diese Reaktion entsteht ein Überschuß an $OH^-$-Ionen. Deshalb reagiert eine wäßrige Seifenlösung alkalisch.

Die freiwerdenden Fettsäuren lösen sich nicht in Wasser. Sie scheiden sich ab und rufen dadurch die Trübung der Seifenlösung hervor (V. 1).

Die eben geschilderte Reaktion besteht darin, daß ein Proton von einem Wassermolekül auf ein Seifen-Anion übergeht. Reaktionen, bei denen Protonen übertragen werden, nennt man Protolysen.

**Wäßrige Seifenlösungen reagieren wegen Protolyse alkalisch.**

Die alkalische Reaktion der Seife kann von Nachteil sein. Feinwäsche (Wolle, Seide) wird durch Waschen mit Seife geschädigt. Sehr empfindliche Haut kann gereizt werden. Die Augen »brennen«, wenn Seifenlösung in die Augen gelangt.

## Seifenlösungen sind säureempfindlich.

Schon verdünnte Säuren zersetzen Seifenlösungen unter Abscheidung von Fettsäuren (V. 2). Deshalb ist Seife in saurer Lösung nicht waschwirksam.

### Bildung von Kalkseife

Hartes Wasser enthält Calcium-Ionen und Magnesium-Ionen. Diese vereinigen sich mit Seifen-Anionen zu schwerlöslichen Salzen, die man als »Kalkseife« bezeichnet (V. 3).

**Beispiel:**

$$2\ C_{15}H_{31}COO^- + Ca^{2+} \rightarrow \underset{\text{Kalkseife}}{(C_{15}H_{31}COO)_2Ca}$$

**Seife bildet in hartem Wasser schmierige Ausfällungen von Calcium- und Magnesiumsalzen der Fettsäuren – Kalkseife.**

Durch Bildung von Kalkseife entsteht ein erhöhter Seifenverbrauch. Außerdem setzt sich beim Waschen Kalkseife im Waschgut ab, wodurch die Fasern verschmutzen.

Die »Ränder« an Badewannen sind abgeschiedene Kalkseife.

### Die Grenzflächenaktivität der Seife

Seife ist ein gutes Reinigungsmittel.

### Wie kommt ihre reinigende Wirkung zustande?

**Die Wirkungsweise der Seife ergibt sich aus dem Bau ihrer Anionen.**

Ein Seifen-Anion besteht aus einer langen Kohlenwasserstoffkette, an deren einem Ende die relativ kleine elektrisch geladene $COO^-$-Gruppe sitzt. Als Beispiel betrachten wir das Anion der Palmitinsäure:

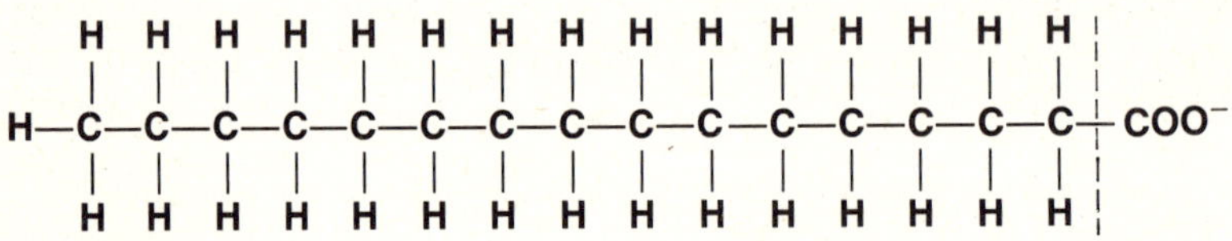

**unpolarer Teil**
hydrophob (wasserabweisend)
lipophil (fettfreundlich)

**polarer Teil**
hydrophil (wasserfreundlich)

Die Kohlenwasserstoffkette ist unpolar, die $COO^-$-Gruppe polar. Beide Teile zeigen entgegengesetzte Eigenschaften:

- Die polare Carboxyl-Gruppe ist stark hydrophil (wasserfreundlich). Sie löst sich in Wasser.
- Die unpolare Kohlenwasserstoffkette ist hydrophob (wasserabweisend). Sie löst sich nicht in Wasser, wohl aber in Fetten.

### Das hat folgende Wirkung:

Kommen in einer Seifenlösung Seifen-Anionen an die Oberfläche, d. h. an die Grenzfläche Wasser/Luft, so werden die Kohlenwasserstoffketten aus dem Wasser herausgedrängt. Sie sind wasserabweisend, sie streben vom Wasser weg. Die kleinen hydrophilen **$COO^-$**-Gruppen dagegen bleiben im Wasser, weil sie von den umgebenden Wassermolekülen durch Wasserstoffbrükken festgehalten werden.

Die Waschmittel-Anionen nehmen an der Wasseroberfläche eine bürstenartige Anordnung ein (Abb. 13.3).

**Abb. 13.2**
**Symbol eines Waschmittel-Anions**

Der lange Strich bedeutet die hydrophobe Kohlenwasserstoffkette, der Kreis das hydrophile Ende.

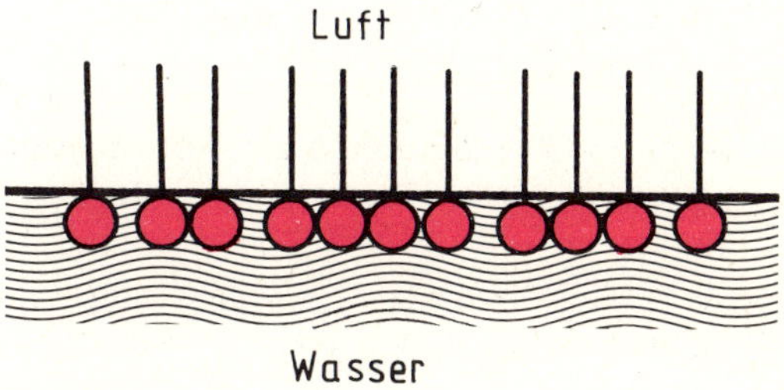


**Abb. 13.3**
**Anordnung der Seifen-Anionen an der Wasseroberfläche**

Der wasserfreundliche Teil taucht ins Wasser, der wasserabweisende Teil ragt aus dem Wasser heraus.

Wie schnell sich die Teilchen wegen der gegenseitigen Abstoßung der geladenen **$COO^-$**-Gruppe auf der Wasseroberfläche ausbreiten, zeigt sehr eindrucksvoll Versuch 4 a.

Die Seifen-Anionen reichern sich also an der Wasseroberfläche an. Dadurch wird die Oberflächenspannung des Wassers verringert (V. 4 b). Das Wasser wird »entspannt«.

**Eine Seifenlösung hat eine geringere Oberflächenspannung als reines Wasser.**

Gleichzeitig wird die Netzkraft erhöht, denn je geringer die Oberflächenspannung ist, um so leichter vermag die Lösung in Poren und feine Zwischenräume zu dringen, um so besser netzt die Flüssigkeit. Es ist einleuchtend, daß nur ein Stoff, der von der Waschflotte benetzt wird, gereinigt werden kann.

**Man nennt Verbindungen, die sich an Oberflächen – Grenzflächen – anreichern und dadurch die Oberflächenspannung herabsetzen, grenzflächenaktiv.**

**Seife ist grenzflächenaktiv.**

## Entfernen von festem Schmutz

Seifen-Anionen werden nicht nur an der Wasseroberfläche, also an der Grenzfläche Wasser/Luft, festgehalten, sondern an allen Grenzflächen.

Taucht eine verschmutzte Faser in eine Seifenlösung, so besetzen die waschaktiven Teilchen rasch die Oberflächen von Schmutz und Fasern. Sie ordnen sich hier so, daß die langen hydrophoben Ketten dem Schmutz bzw. der Faser zugekehrt sind (Abb. 13.4). Die Teilchen zwängen sich zwischen Fasern und Schmutz. Dadurch kommt es zu einem Abheben des Schmutzes von der Faser, gleichzeitig aber auch zu einem feinen Zerteilen – Dispergieren – der Anschmutzung.

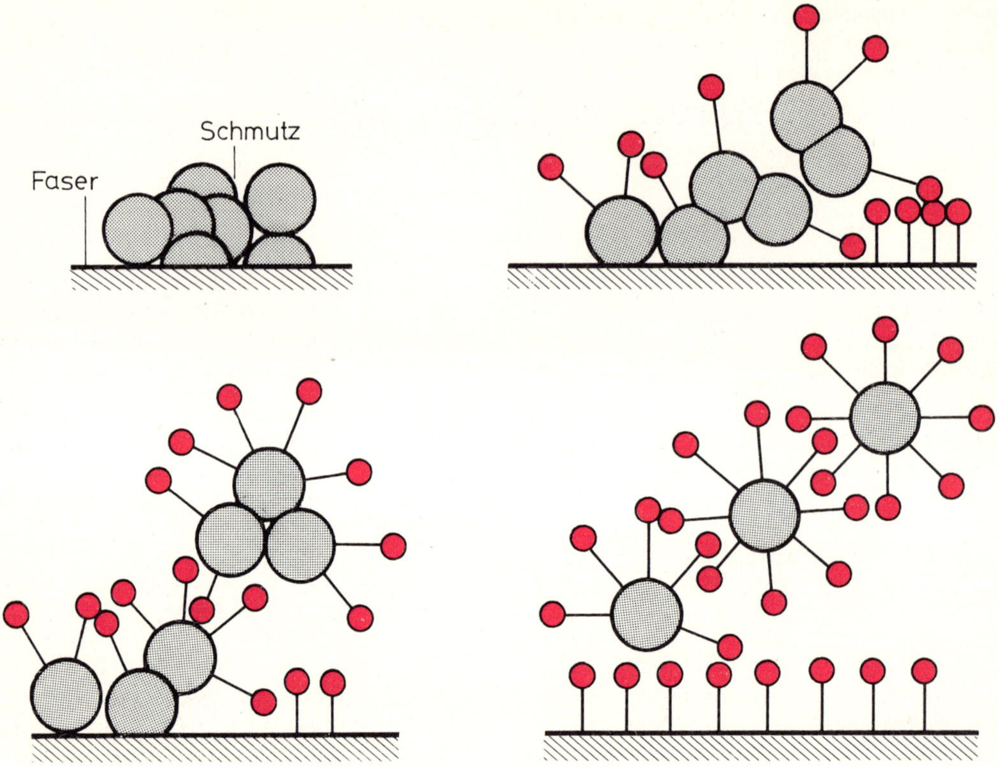


**Abb.13.4 Abheben und Zerteilen von festem Schmutz**

Wir müssen uns vorstellen, daß der Schmutz kein fester einheitlicher Körper ist, sondern ein Konglomerat vieler Partikelchen. Zwischen sie drängen sich die Waschmittelteilchen und besetzen deren Oberflächen, dadurch fallen die Schmutzteilchen auseinander.

**Seife vermag festen Schmutz von der Faser abzuheben und zu dispergieren.**

Die zerteilten Schmutzpartikelchen schweben nun, von Seifen-Anionen umhüllt, in der Waschflüssigkeit. Sie ballen sich nicht wieder zusammen, weil sie durch die umhüllenden Anionen alle negativ geladen sind und sich daher gegenseitig abstoßen.

Auch werden sie von den umgebenden Dipolmolekülen des Wassers nach allen Richtungen hin angezogen und dadurch in der Schwebe gehalten. Deshalb fallen sie nicht wieder zurück auf die Faser.

Man sagt:

**Seife hat ein gutes Schmutztragevermögen.**

### Ablösen von Fettanschmutzungen

Ähnlich wie beim Reinigen von festem Schmutz verhält es sich mit dem Ablösen von Fettanschmutzungen (Abb. 13.5).

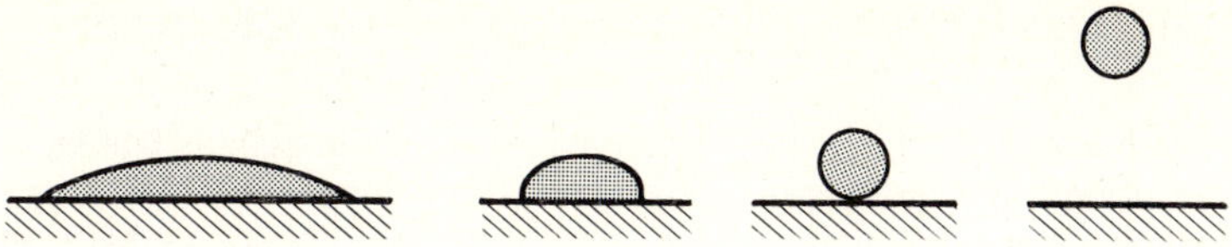

**Abb. 13.5**
**Ablösen von Fettanschmutzung**
(Der besseren Übersicht wegen sind die Seifen-Anionen nicht eingezeichnet.)

Das Fett liegt zuerst flach auf der Faser. Wiederum drängen sich die Seifen-Anionen an die Oberfläche von Fett und Faser und schieben dadurch das Fett immer mehr zusammen, bis es schließlich die Gestalt eines Kügelchens hat und bei einer kleinen Bewegung abschwimmt.

Diese zuerst noch größeren Tröpfchen werden durch mechanische Behandlung – wie Bewegung von Waschgut und Waschflotte, Reiben usw. – in kleinste Tröpfchen zerteilt, um die sich die Seifen-Anionen so anordnen, daß die Kohlenwasserstoffketten in das Innere der Fetttröpfchen tauchen und die $COO^-$-Gruppen dem Wasser zugekehrt sind (Abb. 13.6).

Die Tröpfchen sind dadurch negativ geladen. Sie können nun nicht mehr zusammenfließen, weil sie sich durch ihre gleichsinnige Ladung gegenseitig abstoßen. Das Fett ist emulgiert.

**Seife vermag Fett zu emulgieren.**

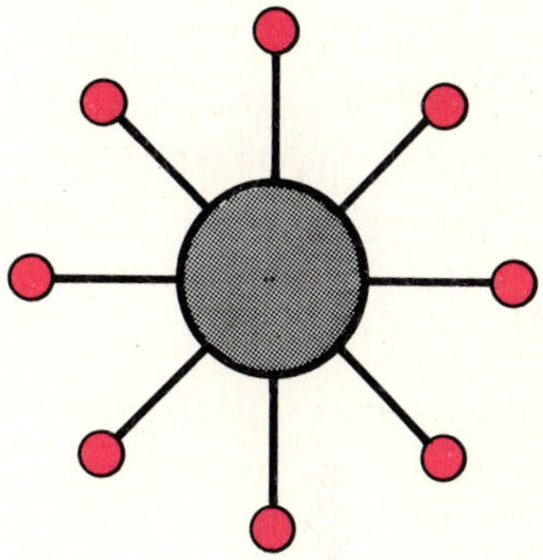

**Abb. 13.6**
**Umhülltes Fetttröpfchen**
Die hydrophoben Kohlenwasserstoffketten dringen in das Fett, die hydrophilen $COO^-$-Gruppen tauchen ins Wasser.

Wir fassen zusammen: Seife ist grenzflächenaktiv. Sie zeigt folgende Eigenschaften:

- Eine Seifenlösung netzt gut, weil die Oberflächenspannung herabgesetzt wird.
- Sie emulgiert Fette, weil sie Fetttröpfchen umhüllt und in der Schwebe hält.
- Sie dispergiert (zerteilt) feste Anschmutzungen und hält die abgehobenen zerteilten Partikelchen durch die umhüllende Schutzschicht in der Schwebe.

Diese Eigenschaften machen im wesentlichen die reinigende Wirkung der Seife aus.

**Verbindungen mit grenzflächenaktiven Eigenschaften nennt man Tenside.**
**Seife ist ein wichtiges Tensid.**

## 13.4 Synthetische grenzflächenaktive Stoffe (Detergenzien)

Nachdem man erkannt hatte, daß die reinigende Wirkung der Seife auf den besonderen Bau ihrer Anionen – **lange unpolare Kohlenwasserstoffkette, verbunden mit kleiner polarer, stark hydrophiler Gruppe** – zurückzuführen ist, war es möglich, Verbindungen mit diesem Bauprinzip synthetisch herzustellen. Diese neuen Tenside sollten die Waschwirksamkeit der Seife, nicht aber deren Nachteile aufweisen.

Ein Beispiel für synthetische Tenside sind die Fettalkoholsulfate.

Man stellt sie in der Weise her, daß man Schwefelsäure mit **Fettalkoholen**, das sind langkettige Alkanole (mit vorzugsweise 10–18 C-Atomen), verestert und den entstehenden sauren Ester anschließend mit Natronlauge neutralisiert:

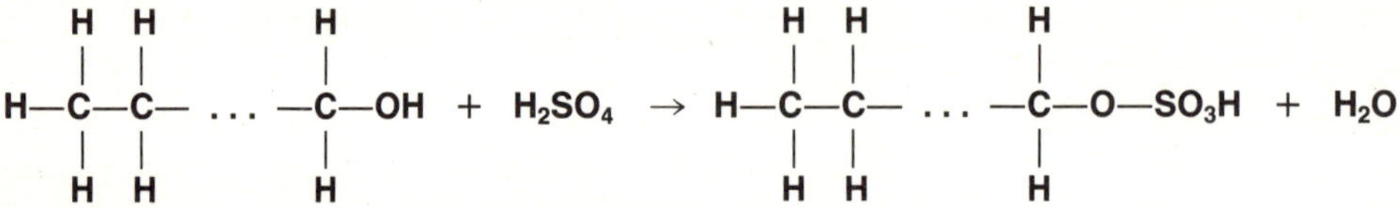

Fettalkohol (10–18 C-Atome) + Schwefelsäure → saurer Fettalkohol-Schwefelsäureester

Durch Neutralisation des sauren Esters mit Natriumhydroxid entsteht das Natriumsalz dieses Esters, ein **Fettalkoholsulfat**:

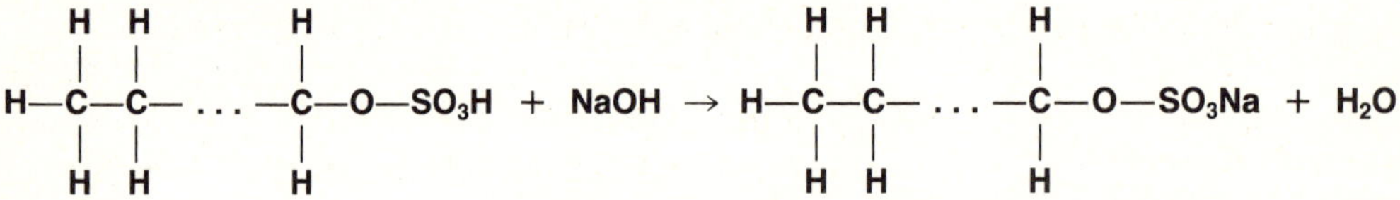

saurer Ester + Natronlauge → Fettalkoholsulfat + Wasser

**Die Fettalkoholsulfate sind die Natriumsalze der sauren Fettalkohol-Schwefelsäureester.**

In wässriger Lösung sind diese Salze in Ionen zerfallen. Die Anionen der Fettalkoholsulfate zeigen die gleiche Bauweise wie die Anionen der Seife: eine lange unpolare Kohlenwasserstoffkette, an deren Ende sich eine polare wasserfreundliche Gruppe befindet. Der polare Teil ist hier die —O—$SO_3$-Gruppe

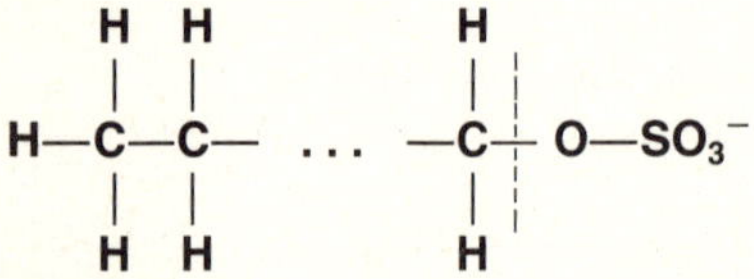

**unpolarer Teil** hydrophob und lipophil

**polarer Teil** hydrophil

Fettalkoholsulfate bilden den Hauptbestandteil der Feinwaschmittel.

Es gibt noch andere Gruppen von synthetischen Tensiden. Sie unterscheiden sich in ihrer chemischen Zusammensetzung, aber allen gemeinsam ist die gleiche charakteristische Bauweise:

- ein langgestreckter unpolarer Teil, der sich in Fett löst,
- verbunden mit einer kleinen polaren, hydrophilen Gruppe, die sich in Wasser löst.

Deshalb sind diese Verbindungen grenzflächenaktiv, deshalb entspricht ihre Wirkungsweise der der Seife. Sie zeigen jedoch nicht die Nachteile der Seife.

**Vergleich der Eigenschaften von Seife und von synthetischen Tensiden**

- Im Gegensatz zu Seife bilden synthetische Tenside keine schwerlöslichen Calcium- und Magnesiumsalze. Auch sind sie gegen verdünnte Säuren ziemlich beständig. Sie behalten daher ihre Wirksamkeit sowohl im harten Wasser als auch bei Gegenwart von verdünnten Säuren.
- Ihre Lösungen reagieren neutral im Gegensatz zu Seife, die als Salz der schwachen Fettsäuren alkalisch reagiert.
- Sie entfalten ihr volles Waschvermögen bei tieferen Temperaturen als Seife. Daher kann bei niedrigen Flottentemperaturen gewaschen werden. Bereits in handwarmer Lösung sind sie voll wirksam. Dieser Eigenschaft wegen sind sie hervorragend geeignet für »pflegeleichte Textilien«, die nicht heiß gewaschen werden dürfen.
- Ihre leichte Löslichkeit auch in kaltem Wasser macht sie gut ausspülbar.
- Ein Nachteil ist, daß ihre Hautverträglichkeit meist weniger gut ist als die der Seife.

**Synthetische Tenside besitzen gegenüber Seife viele waschtechnische Vorteile.**

Die synthetischen Tenside haben heute auf dem Waschmittelsektor die Seife nahezu vollständig verdrängt. Auf dem Gebiet der Körperreinigung dagegen wird nach wie vor Seife verwendet.

## 13.5 Moderne Waschmittel

**Versuche:**

**V. 1** *Nachweis von Phosphaten*

*Etwas Waschmittel in destilliertem Wasser lösen, mit verdünnter Salpetersäure ansäuern und die Lösung 2–3 Minuten erhitzen. In ein zweites Reagenzglas 5 ml 10%ige Ammoniummolybdatlösung geben und so lange verdünnte Salpetersäure zutropfen lassen, bis der anfänglich gebildete Niederschlag von Molybdänsäure wieder in Lösung gegangen ist.*

*Das gelöste Waschmittel in die Ammoniummolybdatlösung geben, auf 60–70 °C erwärmen. Gelber Niederschlag bei Anwesenheit von Phosphaten.*

**V. 2** *Nachweis von Bleichmitteln*

*Etwas Waschmittel lösen und mit verdünnter Schwefelsäure (1 : 4) ansäuern, dann tropfenweise sehr verdünnte Kaliumpermanganatlösung (Farbe von Rotwein) hinzufügen. Entfärbung bei Gegenwart von Bleichmitteln.*

**V. 3** *Nachweis von optischen Aufhellern*

*Unter der Quarzlampe werden betrachtet:*

1. *das trockene Waschmittel,*
2. *Stoffproben, die mit dem Waschmittel gewaschen wurden.*

Die unter den verschiedenen Namen in den Handel kommenden Haushaltswaschmittel sind Kombinationen. Sie enthalten neben der eigentlichen waschaktiven Substanz noch eine Reihe von Waschhilfsmitteln, wie Phosphate, Bleichmittel, optische Aufheller u. ä., die den Waschprozeß unterstützen und das Waschergebnis verbessern.

## Die waschaktive Substanz (WAS)

Die waschaktive Substanz dieser Waschmittel besteht aus einer Mischung verschiedener Tenside. Schaumgesteuerte Waschmittel enthalten einen geringen Zusatz von langkettigen Seifen, die schaumregulierend wirken.

## Polyphosphate

Polyphosphate sind wichtige Bestandteile moderner Waschmittel. Diese Salze binden die Härtebildner des Wassers zu löslichen Komplexen. Sie tauschen dabei einen Teil ihrer Natrium-Ionen gegen Calcium- und Magnesium-Ionen des Wassers aus. Dadurch wird das Wasser enthärtet.

Polyphosphate haben noch weitere waschtechnische Vorzüge. Sie vermögen Metall-Ionen, die immer in der Anschmutzung vorhanden sind, herauszulösen und zu binden. Dadurch wird das Abheben und Zerteilen des Schmutzes erleichtert.

**Polyphosphate erhöhen die Waschkraft der Waschmittel.**

Nachteile: Die Phosphate, die nach dem Gebrauch der Waschmittel in riesigen Mengen mit den häuslichen Abwässern in Flüsse und Seen gelangen, sind eine schwere Belastung unserer Gewässer. Näheres darüber erfahren wir in Kapitel 22.2.

Trotz intensiver Forschungsarbeit ist bisher noch kein Mittel gefunden, das die Phosphate in Waschmitteln voll ersetzen kann. Nur ein gewisser Teilersatz durch Natrium-Aluminiumsilicate ist möglich.

## Bleichmittel

Vielen Waschmitteln werden bleichende Substanzen zugesetzt. Obstflecke, Gemüseflecke, Rotwein und viele andere farbige Verfleckungen sind durch Waschen allein häufig nicht zu beseitigen. Sie lassen sich jedoch bleichen. Deshalb setzt man ein Bleichmittel zu. Meist findet Natriumperborat $\mathbf{NaBO_2 \cdot H_2O_2}$ Anwendung. Das in diesem Salz gebundene Wasserstoffperoxid wird in wäßriger Lösung abgespalten und zerfällt in Wasser und Sauerstoff:

$$\mathbf{2\,H_2O_2 \rightarrow 2\,H_2O + O_2}$$

Wasserstoff-
peroxid

Der Sauerstoff wirkt im Augenblick seines Entstehens desinfizierend und bleichend, d. h. farbstoffzerstörend. Die farbigen Verschmutzungen werden durch Oxidation abgebaut und dadurch auswaschbar gemacht.

Eine zu starke Sauerstoffentwicklung führt zu Faserschädigungen. Die Sauerstoffabgabe muß langsam und gleichmäßig ablaufen. Deshalb setzt man Stabilisatoren zu.

**Tabelle 13.4: Übersicht über die Zusammensetzung von Vollwaschmitteln**

| Wirkstoff | Anteil % |
|---|---|
| **Tenside**<br>lösen den Schmutz von der Faser. | 10–15 |
| **Polyphosphate**<br>enthärten das Wasser, erhöhen die Waschkraft von Waschmitteln.<br>Der Phosphatgehalt kann durch Ersatzstoffe verringert werden. | 30–50 |
| **Bleichmittel**<br>zerstören farbige Verschmutzungen durch Oxidation. | 20–30 |
| **Stabilisatoren**<br>regulieren die Sauerstofffreigabe. | bis 3 |
| **Optische Aufheller**<br>wandeln UV-Strahlen in sichtbares Licht um,<br>erhöhen den Weißgrad der Wäsche. | 0,1–0,3 |
| **Cellulosederivate (CMC)**<br>erhöhen das Schmutztragevermögen der Waschflotte,<br>sie verhindern das »Vergrauen« des Textilguts. | 1–2 |
| **Schaumregulatoren**<br>regulieren die Schaumbildung. | 2–3 |
| **Korrosionsinhibitoren**[1)]<br>verhindern Korrosion an Metallteilen durch die Waschflotte. | 3–6 |
| **Natriumsulfat**<br>(Stellmittel)<br>verhindert Zusammenbacken,<br>erhöht die Rieselfähigkeit des pulverförmigen Waschmittels. | 5–20 |
| **Duftstoffe** und **Farbstoffe** | bis 0,2 |

1) Inhibitoren sind Hemmstoffe.

### Optische Aufheller (Weißtöner)

Diese Stoffe werden heute in großem Umfange in Waschmitteln, Zahnpasten, bei der Textilausrüstung, in der Papierindustrie und auf vielen anderen Gebieten eingesetzt.

Die Aufheller haben die Eigenschaft, die im Tageslicht enthaltenen ultravioletten Strahlen, die dem Auge unsichtbar sind, in sichtbares Licht umzuformen. Es wird also mehr sichtbares Licht zurückgestrahlt als auf die Stoffe fällt. Dadurch erscheinen diese heller. Das Gelbstichige der Textilfaser wird durch die bläuliche Strahlung kompensiert. Der Weißgrad wird erhöht.

Da optische Aufheller nur ultraviolette Strahlen in sichtbares Licht umwandeln, wird der optische Bleicheffekt nur dort zu beobachten sein, wo ultraviolette Strahlen vorhanden sind, also im Tageslicht und unter der Quarzlampe (V. 3), nicht dagegen bei künstlichem Licht, das kaum UV-Strahlen enthält.

**Feinwaschmittel enthalten weder Bleichmittel noch optische Aufheller.**

#### Kontrollfragen

13.12 Nennen Sie die Reaktionsgleichung für die Neutralisation von Ölsäure mit Natriumhydroxidlösung.

13.13 Wenn Sie zu einer Lösung, die Calcium-Ionen enthält, Seifenlösung geben, bildet sich ein weißer Niederschlag. Woraus besteht dieser?

13.14 Welche Formel besitzt a) das Natriumsalz der Stearinsäure, b) das Calciumsalz der Stearinsäure?

13.15 Wann hat eine Verbindung waschaktive Eigenschaften?

13.16 Legt man eine Büroklammer vorsichtig auf eine Wasseroberfläche, so bleibt sie liegen. Nach Zugabe von 1 Tropfen Seifenlösung sinkt sie ab. Erklären Sie diese Erscheinung.

13.17 Geben Sie die Strukturformel eines Fettalkoholsulfats mit 10 C-Atomen an.

13.18 Weshalb fließen in einer Seifenlösung die emulgierten Fetttröpfchen nicht wieder zusammen?

### Zusammenfassung

Seifen sind die Natrium- oder Kaliumsalze von höheren Fettsäuren. Man gewinnt sie durch Verseifung von Fetten oder auf petrochemischem Wege durch Oxidation von höheren Alkanen zu Fettsäuren und anschließende Neutralisation der Fettsäuren mit Natriumhydroxid oder Natriumcarbonat.

Die Waschwirkung der Seife und der synthetischen Tenside ergibt sich aus dem charakteristischen Bau ihrer Anionen. Diese bestehen aus einer langen unpolaren, hydrophoben Kohlenwasserstoffkette mit einer kleinen polaren, hydrophilen Gruppe an einem Ende. Verbindungen mit diesem Strukturmerkmal sind grenzflächenaktiv. Ihre Anionen reichern sich an Grenzflächen an, z. B. an der Grenzfläche Wasser/Luft, und nehmen hier eine bürstenartige Anordnung an. Die hydrophoben Kohlenwasserstoffketten werden aus dem Wasser herausgedrängt, die hydrophilen Gruppen (z. B. $\mathbf{COO^-}$, $\mathbf{OSO_3{}^-}$) werden in das Wasser hineingezogen.

Grenzflächenaktive Stoffe setzen die Oberflächenspannung des Wassers herab, sie netzen gut, zerteilen feste Anschmutzungen und halten sie in der Schwebe. Diese Eigenschaften machen im wesentlichen die reinigende Wirkung eines Waschmittels aus.

Synthetische Tenside zeigen nicht die Nachteile der Seife: alkalische Reaktion, Empfindlichkeit gegenüber Säuren und den Härtebildnern des Wassers.

Haushaltswaschmittel sind Mischungen verschiedener Tenside mit Waschhilfsmitteln, wie Phosphate, Bleichmittel, optische Aufheller, die den Waschprozeß unterstützen und das Waschergebnis verbessern.

# 14 Kohlenhydrate

## 14.1 Einteilung der Kohlenhydrate

Zur Gruppe der Kohlenhydrate gehören die verschiedenen Zucker und hochmolekulare Verbindungen wie Stärke oder Cellulose. Der Name bringt zum Ausdruck, daß die Kohlenhydrate in ihren Molekülen neben Kohlenstoff die Elemente Wasserstoff und Sauerstoff, genau wie das Wasser, im Atomzahlenverhältnis 2:1 enthalten, z. B. $\mathbf{C_6H_{12}O_6}$ oder $\mathbf{C_{12}H_{22}O_{11}}$. Die meisten dieser Verbindungen haben die allgemeine Summenformel:

$$\mathbf{C_n(H_2O)_m}$$

Die Kohlenhydrate sind in der Natur weit verbreitet. In riesigen Mengen werden sie von der assimilierenden Pflanze aus dem Kohlendioxid der Luft und Wasser unter Ausnutzung der Energie des Sonnenlichts aufgebaut. Als Katalysator wirkt dabei der grüne Pflanzenfarbstoff Chlorophyll.

Neben Eiweiß und Fetten bilden sie den Hauptbestandteil unserer Nahrung.

**Die Kohlenhydrate werden in 3 Hauptgruppen eingeteilt: in Monosaccharide, Disaccharide, Polysaccharide.**

### Monosaccharide

Diejenigen Kohlenhydrate, die sich nicht in einfachere Stoffe mit Kohlenhydratcharakter zerlegen lassen, werden Einfachzucker oder Monosaccharide genannt. Sie sind die Bausteine der höheren Kohlenhydrate.

### Disaccharide

In ihren Molekülen sind 2 Monosaccharid-Moleküle miteinander verknüpft.

Je 2 Monosaccharid-Moleküle haben sich unter Austritt von einem Molekül Wasser miteinander vereinigt:

| | | | | | | | | |
|---|---|---|---|---|---|---|---|---|
| $\mathbf{C_6H_{12}O_6}$ | + | $\mathbf{C_6H_{12}O_6}$ | $\rightarrow$ | $\mathbf{C_{12}H_{22}O_{11}}$ | + | $\mathbf{H_2O}$ |
| Mono-saccharid | + | Mono-saccharid | $\rightarrow$ | Disaccharid | + | Wasser |

Umgekehrt lassen sich Disaccharid-Moleküle unter Aufnahme von Wasser in je 2 Monosaccharid-Moleküle spalten.

### Polysaccharide

Polysaccharide sind hochmolekulare Kohlenhydrate. Ihre Moleküle sind durch Verknüpfung einer sehr großen Anzahl von Monosaccharid-Molekülen unter Wasserabspaltung entstanden. Sie bilden Makromoleküle, das sind Riesenmoleküle. Durch Enzyme oder durch Erhitzen mit Säuren lassen sich Polysaccharide in Monosaccharide spalten.

**Tabelle 14.1: Einteilung der Kohlenhydrate**
Übersicht

| Stoffklasse | Summenformel | Beispiele | Merkmale |
|---|---|---|---|
| Monosaccharide | $C_6H_{12}O_6$ | Glucose<br>Fructose<br>Galaktose | Ihre Moleküle lassen sich nicht in einfachere Stoffe mit Kohlenhydratcharakter zerlegen. |
| Disaccharide | $C_{12}H_{22}O_{11}$ | Saccharose<br>Lactose<br>Maltose | Ihre Moleküle lassen sich in 2 Monosaccharid-Moleküle spalten. |
| Polysaccharide | $(C_6H_{10}O_5)_n$ | Stärke<br>Cellulose<br>Glykogen | Ihre Moleküle lassen sich in sehr viele Monosaccharid-Moleküle spalten. |

## 14.2 Monosaccharide

**Versuche:**

**V. 1** *Nachweis von Glucose (Traubenzucker)*

*a) Zu einer Mischung von 1 cm³ Fehling I und 1 cm³ Fehling II etwas Traubenzuckerlösung geben und vorsichtig erwärmen. Reagenzglasöffnung nicht auf Personen richten. Die alkalische Lösung könnte herausspritzen.*

*b) Verschiedene Früchte wie Äpfel, Birnen, Erdbeeren, Weintrauben, Pflaumen, Feigen usw. kleinschneiden, mit wenig Wasser erhitzen, filtrieren und Filtrat mit Fehlingscher Lösung prüfen.*

*c) Zitronensaft, Zwiebeln, Bienenhonig mit Fehlingscher Lösung untersuchen.*

**V. 2** *Süßkraft von Glucose*

*Zuerst den Geschmack von Glucose, dann den von Rohrzucker prüfen. Welcher schmeckt süßer?*

### 14.2.1 Struktur

Monosaccharide enthalten im Molekül mehrere **OH**-Gruppen. Sie sind ihrer chemischen Natur nach mehrwertige Alkohole mit einer Aldehyd- oder Ketogruppe. Wir unterscheiden daher:

- Aldehydzucker oder Aldosen und
- Ketonzucker oder Ketosen.

Glucose (Traubenzucker) ist eine Aldose, Fructose (Fruchtzucker) eine Ketose.

**Aldosen enthalten eine Aldehydgruppe.**

**Ketosen enthalten eine Ketogruppe.**

Als Bestandteile unserer Nahrung begegnen uns hauptsächlich:

**Glucose** **Fructose** **Galaktose**

Diese drei Zucker besitzen die gleiche Summenformel $\mathbf{C_6H_{12}O_6}$, aber unterschiedliche räumliche Anordnung:

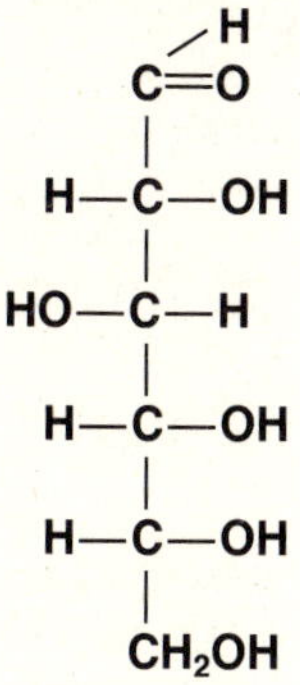

Glucose

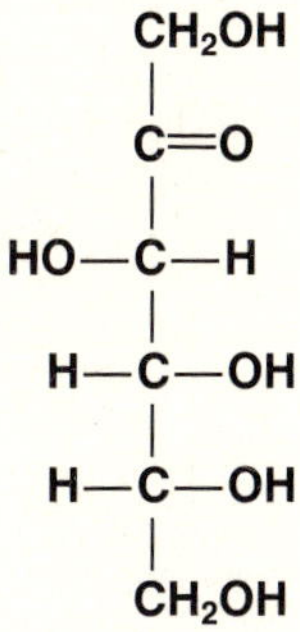

Fructose

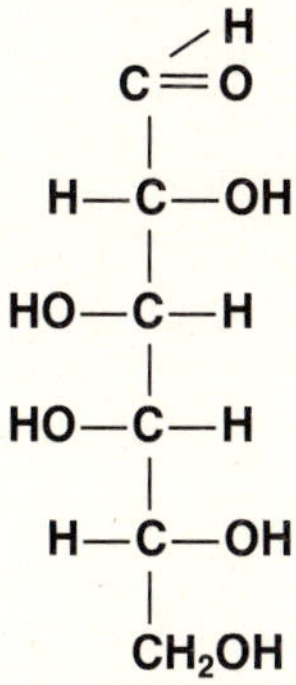

Galaktose

## Die Ringstruktur der Zucker

Viele Beobachtungen weisen darauf hin, daß die Glucose-Moleküle einer wäßrigen Glucoselösung nicht einheitlich gebaut sind. Nur ein kleiner Teil zeigt die oben angegebene Struktur, eine offene Kohlenstoffkette mit freier Aldehydgruppe.

**Die meisten Glucose-Moleküle sind ringförmig gebaut.**

Beide Formen, die offenkettige und die Ringstruktur, lagern sich leicht ineinander um.

Die Ringbildung kommt dadurch zustande, daß innerhalb des Moleküls eine Umlagerung stattfindet: das Proton der **OH**-Gruppe des 5. **C**-Atoms tritt zum Aldehyd-Sauerstoff. Dadurch bildet sich am 1. **C**-Atom eine neue **OH**-Gruppe und das 1. und das 5. Kohlenstoffatom werden über ein Sauerstoffatom miteinander verbunden. Es entsteht ein Sechserring mit 5 **C**-Atomen und einem **O**-Atom im Ring:

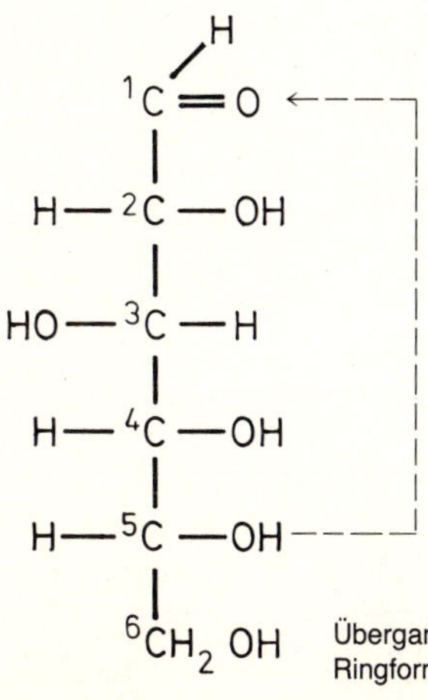

Übergang in die Ringform

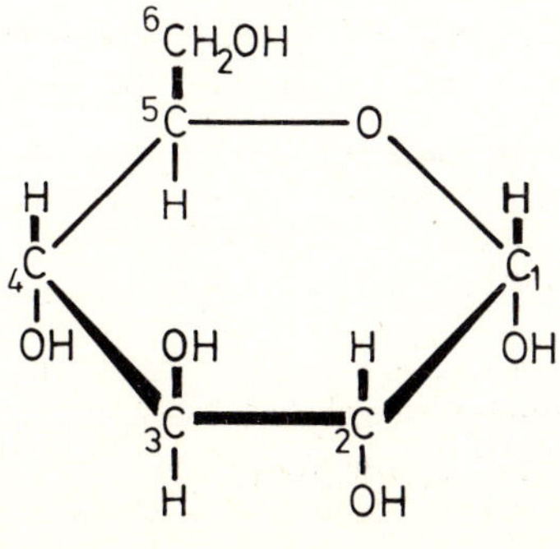

Glucose-Ringformel perspektivisch

Besonders deutlich läßt sich die räumliche Anordnung des ringförmigen Glucose-Moleküls in dem perspektivischen Strukturbild erkennen.

Wir denken uns die 6 Atome, die den Ring bilden, in eine Ebene projiziert, die senkrecht zur Papierebene steht. Der dick ausgezogene Teil des Ringes soll nach vorn zeigen, also zum Leser hin, der dünne nach hinten.

Die dicken, senkrechten Striche sollen die Bindungen oberhalb der Ringebene angeben, die dünnen, senkrechten liegen unter der Ringebene.

Auch die übrigen Monosaccharide zeigen ringförmige Struktur. Die höheren Kohlenhydrate sind gleichfalls aus ringförmigen Monosaccharid-Molekülen aufgebaut.

## 14.2.2 Glucose und Fructose

### Glucose (Traubenzucker)

Das wichtigste und am weitesten verbreitete Monosaccharid ist Glucose oder Traubenzucker. Glucose begegnet uns in vielen süßen Früchten, besonders reichlich in Weintrauben (daher der Name Traubenzucker). Glucose ist ein Bestandteil des Bienenhonigs, aus dem sie oft körnig auskristallisiert.

Im tierischen Organismus ist Glucose in geringer Konzentration im Blut enthalten (Blutzuckergehalt des Menschen ca. 0,1 %). Bei pathologischen Zuständen – Diabetes mellitus – erscheint Glucose in beträchtlichen Mengen im Harn (bis 10 %).

### Eigenschaften der Glucose:

- Glucose wirkt reduzierend. Wie alle Aldehyde reduziert sie Fehlingsche Lösung. Wir können daher Glucose in Fruchtsäften mit Fehlingscher Lösung nachweisen (V. 1).
- Glucose enthält im Molekül 5 alkoholische **OH**-Gruppen. Diese lassen sich mit Säuren verestern. Von besonderer Bedeutung sind die Phosphorsäureester der Glucose. Sie sind wichtige Zwischenprodukte im Stoffwechsel der Kohlenhydrate.
- Der vielen wasserfreundlichen **OH**-Gruppen wegen ist Glucose gut wasserlöslich.
- Glucose ist gärfähig. Durch Hefe wird sie über verschiedene Zwischenprodukte zu Ethanol und Kohlenstoffdioxid abgebaut, Milchsäurebakterien bauen zu Milchsäure ab, Buttersäurebakterien zu Buttersäure.

Unter Gärung verstehen wir eine durch Enzyme von Mikroorganismen hervorgerufene anaerobe Umwandlung stickstofffreier organischer Stoffe in einfachere Verbindungen.

(Anaerob heißt: Die Reaktion braucht keinen Sauerstoff.)

- Glucose ist ein ideales Stärkungsmittel, da sie sehr rasch resorbiert und vom Blut zu den Zellen gebracht wird. Die Verdauungsorgane werden nicht belastet.
- Unser Organismus kann Glucose zu Glucuronsäure oxidieren. Die $\mathbf{CH_2OH}$-Gruppe wird dabei zur Carboxylgruppe.

Glucuronsäure ist biologisch außerordentlich wichtig, da sie giftige Stoffwechselprodukte und viele körperfremde Substanzen, die mit der Nahrung aufgenommen werden, zu binden vermag. Diese gepaarten Glucuronsäuren werden dann mit dem Harn ausgeschieden. Es handelt sich hierbei um einen Entgiftungsvorgang im Körper.

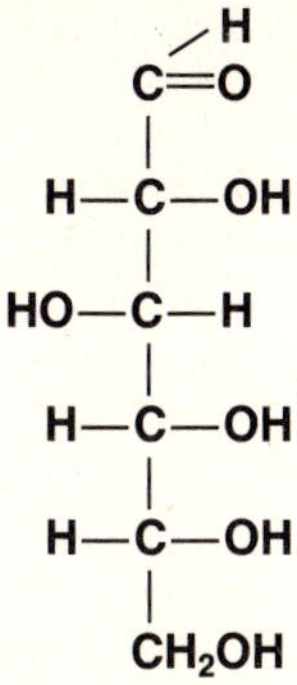

Glucose

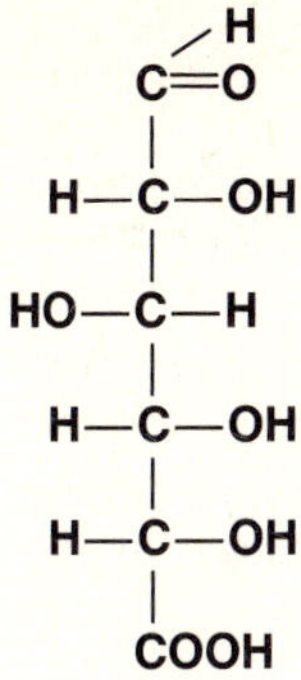

Glucuronsäure

### Fructose (Fruchtzucker)

Zusammen mit Glucose findet sich Fructose oder Fruchtzucker in vielen süßen Früchten, im Bienenhonig und gebunden als Komponente des Rohrzuckers. In reifen Tomaten ist Fructose die einzige Zuckerart.

Fructose hat von allen Zuckern die stärkste Süßkraft. In ihren Eigenschaften ist Fructose der Glucose sehr ähnlich.

## 14.3 Disaccharide

**Versuche:**

**V. 1** *Löslichkeit von Saccharose (Rohrzucker)*

*Die Löslichkeit von Rohrzucker in Wasser, Benzin, Tetrachlormethan prüfen. Folgerung für das Entfernen von Zuckerflecken aus der Kleidung?*

**V. 2** *Inversion des Rohrzuckers*

*a) Eine Rohrzuckerlösung mit Fehlingscher Lösung prüfen. Ergebnis?*

*b) Eine Rohrzuckerlösung mit einigen Tropfen Salzsäure versetzen, kurze Zeit erhitzen, dann mit Natronlauge neutralisieren und mit Fehlingscher Lösung prüfen.*

**V. 3** *Lactose und Saccharose*

*Geschmack und Löslichkeit beider Zucker in Wasser vergleichen.*

### Saccharose (Rohrzucker)

Verbinden sich 2 Monosaccharid-Moleküle unter Abspaltung von Wasser, so entsteht ein Disaccharid-Molekül. Das wichtigste Disaccharid ist **Saccharose oder Rohrzucker**. Dieser Zucker findet sich in vielen Pflanzen und säurearmen Früchten, wie Bananen, Birnen und besonders reichlich in den Stengeln des Zuckerrohrs und in den Wurzeln der Zuckerrübe, aus denen er technisch gewonnen wird. Saccharose ist der im Haushalt verwendete Zucker.

**Saccharose (Rohrzucker) ist aus Glucose und Fructose aufgebaut.**

**Ihre Summenformel: $C_{12}H_{22}O_{11}$**

Je ein Molekül Glucose und Fructose haben sich unter Austritt von einem Wassermolekül zu einem Molekül Saccharose vereinigt:

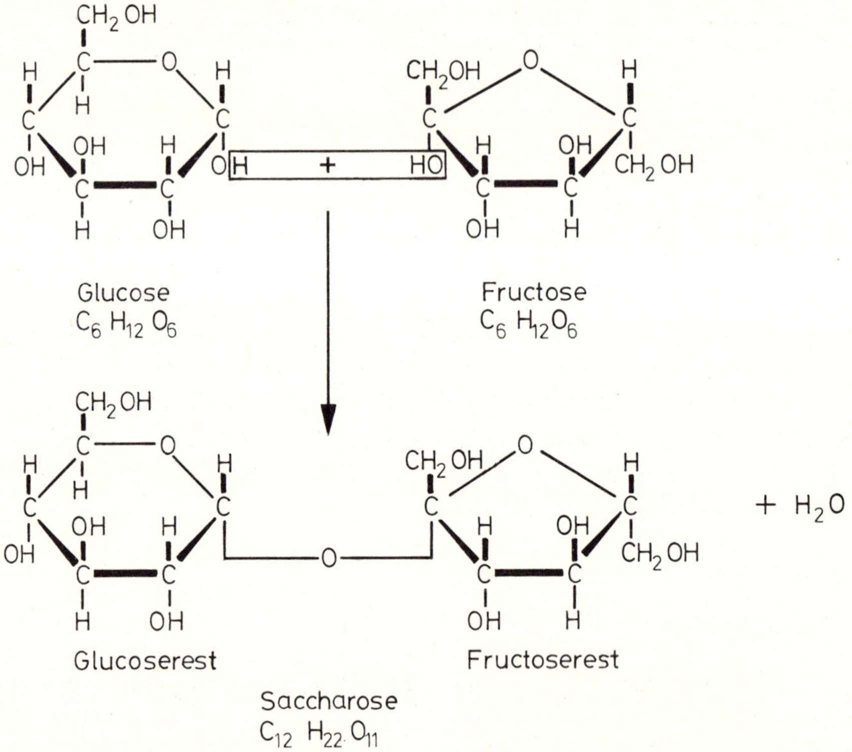


Der Glucose- und der Fructoserest sind über eine Sauerstoffbrücke miteinander verbunden.

**Saccharose löst sich leicht in Wasser.**

Durch die Häufung der polaren hydrophilen **OH**-Gruppen im Molekül ist Saccharose – wie auch die übrigen Zucker – gut wasserlöslich, dagegen unlöslich in unpolaren organischen Lösungsmitteln (V. 1).

**Saccharose bildet harte Kristalle.**

Das ist darauf zurückzuführen, daß die Zuckermoleküle der vielen **OH**-Gruppen wegen auch viele Wasserstoffbrücken untereinander ausbilden. Die Moleküle werden also durch starke Kräfte zusammengehalten. Deshalb muß viel Kraft aufgewendet werden, um die Moleküle zu trennen. Ein Alkan mit gleicher Molekülmasse dagegen ist weich, weil zwischen seinen Molekülen nur schwache van-der-Waals-Kräfte wirken.

**Sind zwischen den Molekülen eines Kristalls Wasserstoffbrücken vorhanden, dann sind die Kristalle härter als diejenigen, die nur durch van-der-Waals-Kräfte zusammengehalten werden.**

Fehlingsche Lösung wird durch Rohrzucker nicht reduziert, wohl aber nach Erhitzen der Zuckerlösung mit verdünnter Salzsäure (V. 2).

Säuren oder Enzyme bewirken eine Spaltung des Disaccharids. Je ein Molekül Saccharose zerfällt unter Aufnahme von einem Molekül Wasser in ein Molekül Glucose und ein Molekül Fructose:

$$\underset{\text{Saccharose}}{C_{12}H_{22}O_{11}} + \underset{\text{Wasser}}{H_2O} \rightarrow \underset{\text{Glucose}}{C_6H_{12}O_6} + \underset{\text{Fructose}}{C_6H_{12}O_6}$$

Dieser Vorgang wird **Inversion** genannt. Das entstehende Gemisch gleicher Teile Glucose und Fructose heißt **Invertzucker**. Ein natürlicher Invertzucker ist Bienenhonig. Der von den Bienen gesammelte Blütennektar enthält Saccharose, die im Honigmagen der Bienen durch deren Enzyme gespalten wird. Der süße Geschmack ist dabei im wesentlichen auf die Fructose zurückzuführen.

Werden Obstkuchen mit Rohrzucker bestreut, so bewirken die Fruchtsäuren eine langsame Spaltung des Disaccharids. Da Invertzucker hygroskopisch ist, hält sich das Gebäck infolge stärkerer Feuchtigkeitsaufnahme länger frisch.

Auch beim Kochen von Früchten oder von Rhabarber mit Saccharose erfolgt eine Spaltung des Zuckers, die eine Verringerung der Süßkraft zur Folge hat. Deshalb sollte der Zucker erst nach dem Kochen zugesetzt werden.

### Lactose (Milchzucker)

Lactose oder Milchzucker befindet sich in der Milch der Säugetiere. Frauenmilch enthält 6–8 % Lactose, Kuhmilch 4–5 %.

Lactose ist das wichtigste Kohlenhydrat in der Nahrung des Säuglings. Im Darm wird Lactose in Glucose und Galaktose zerlegt.

Der Geschmack von Lactose ist weniger süß als der von Saccharose, auch ist sie schwerer löslich als diese (V. 3).

Das »Sandigwerden« von Kondensmilch ist im wesentlichen auf Ausscheidung von Lactose zurückzuführen.

Beim Sauerwerden der Milch wird Milchzucker durch Milchsäurebakterien in Milchsäure übergeführt. Die entstehende Säure bewirkt das Gerinnen des Caseins.

Man gewinnt Lactose durch Eindampfen der bei der Käseherstellung anfallenden Molken.

### Maltose (Malzzucker)

Maltose oder Malzzucker entsteht beim Abbau der Stärke durch Amylasen. Diese Enzyme finden sich besonders reichlich in keimender Gerste, im Mundspeichel, im Saft der Bauchspeicheldrüse.

Durch verdünnte Säure oder durch das Enzym Maltase wird das Maltose-Molekül in 2 Moleküle Glucose gespalten.

**Tabelle 14.2: Bausteine einiger Disaccharide**

| Name | Summenformel | Bausteine |
|---|---|---|
| Saccharose | $C_{12}H_{22}O_{11}$ | Glucose + Fructose |
| Lactose | $C_{12}H_{22}O_{11}$ | Glucose + Galaktose |
| Maltose | $C_{12}H_{22}O_{11}$ | Glucose + Glucose |

## 14.4 Polysaccharide

**Versuche:**

**V. 1** *Mikroskopische Stärkeuntersuchung*

*Eine sehr verdünnte Aufschlämmung von a) Kartoffelstärke, b) Maisstärke, c) Reisstärke unter dem Mikroskop betrachten. Form der Stärkekörner aufzeichnen.*

**V. 2** *Untersuchung der Korngröße*

*Eine Messerspitze Kartoffelstärke in ein Reagenzglas geben, in ein zweites Maisstärke, in ein drittes Reisstärke. Mit Wasser auffüllen, tüchtig schütteln und Absinkgeschwindigkeit beobachten. Folgerung bezüglich Korngröße?*

**V. 3** *Nachweis von Stärke mit Iodlösung*

*a) In einem Porzellanschälchen eine beliebige Stärke mit Wasser aufschlämmen und Iod-Kaliumiodidlösung (Lösung von Iod in Kaliumiodidlösung) hinzufügen. Färbung?*

*b) Die frische Schnittfläche einer Kartoffel mit obiger Iodlösung betupfen.*

*c) Verschiedene Lebensmittel wie Reis, Haferflocken, Sago, Nudeln, Bananen mit Iodlösung auf Stärke untersuchen.*

**V. 4** *Herstellung von Stärkekleister*

*Ca. ½ g Stärke mit etwas kaltem Wasser aufschlämmen und unter Umrühren in 100 cm³ siedendes Wasser gießen.*

**V. 5** *Abbau der Stärke durch Diastase*

*Verdünnten Stärkekleister mit Diastase versetzen und ca. 15 Minuten lang im Wasserbad von 60 °C erwärmen und dann prüfen a) mit Iodlösung, b) mit Fehlingscher Lösung.*

**V. 6** *Abbau der Stärke durch Mundspeichelenzyme*

*1 cm³ Speichel, 1 cm³ Stärkekleister, 3 Tropfen Iodlösung in ein Prüfglas geben und in einem Wasserbad von 40 °C erwärmen. Beobachtung?*

**V. 7** *Abbau der Stärke durch Säuren*

*50 cm³ Stärkekleister mit 10 cm³ konzentrierter Salzsäure versetzen und im Wasserbad erwärmen. Von Zeit zu Zeit Proben entnehmen und mit Iodlösung prüfen.*

**V. 8** *Umwandlung von Stärke in Dextrin*

*Etwas Stärke in einem Reagenzglas unter ständigem Schütteln vorsichtig über kleiner Flamme erhitzen, bis der Inhalt gelbbraun geworden ist. Nach dem Erkalten Wasser hinzugeben, filtrieren und Filtrat mit Iodlösung prüfen.*

## 14.4.1 Stärke

Die Stärke ist der wichtigste Kohlenhydratreservestoff der Pflanze. Sie wird in den grünen Teilen der Pflanze gebildet und in Samen, Früchten, Wurzeln oder Knollen in Form kleiner Körner gespeichert.

Die Stärkekörner sind aus vielen Stärkemolekülen aufgebaut. Größe und Form der Körner ist bei den einzelnen Pflanzen verschieden. Daher lassen sich die einzelnen Stärkesorten mikroskopisch gut unterscheiden. Die Kartoffel z. B. bildet sehr große Stärkekörner, die unter dem Mikroskop eine deutliche Schichtung erkennen lassen. Reisstärke dagegen ist wesentlich feinkörniger (V. 1 und V. 2).

Stärke ist im kalten Wasser nicht löslich. In heißem Wasser beginnen die Stärkekörner durch Wasseraufnahme zunächst stark zu quellen. Dann platzen sie. Es bildet sich eine klebrige, viskose Flüssigkeit, der Stärkekleister, der beim Abkühlen zu einer Gallerte erstarrt.

Die Küchenpraxis benutzt diese Eigenschaft der Stärke u. a. beim Herstellen von Flammeris und beim Andicken von Suppen und Soßen. Auch beim Backprozeß findet eine Verkleisterung der Stärke statt.

Iodlösung färbt Stärke intensiv blau. Wir verwenden diese Reaktion zum Nachweis von Stärke (V. 3).

**Iodlösung ist ein Reagenz auf Stärke.**

### Abbau der Stärke

Die Stärkemoleküle bauen sich aus vielen Glucose-Einheiten auf. Der Abbau der Stärke kann erfolgen:

- durch Säuren

Unter der katalytischen Wirkung von verdünnten Säuren kann Stärke vollständig zu Glucose abgebaut werden (V. 7).

$$\underset{\text{Stärke}}{(C_6H_{10}O_5)_n} + n\,H_2O \rightarrow \underset{\text{Glucose}}{n\,C_6H_{12}O_6}$$

Auf diese Weise werden große Mengen von Glucose aus Kartoffel- oder Maisstärke industriell gewonnen.

- durch Enzyme

Enzyme spalten Stärke bis zum Disaccharid Maltose.

Stärke ist für den Menschen ein wichtiger Nährstoff. Durch Enzyme des Mundspeichels und der Bauchspeicheldrüse wird Stärke zunächst zu Maltose abgebaut. Enzyme des Dünndarms zerlegen dann die Maltose in Glucose, die ihrer geringen Molekülgröße wegen leicht durch die Darmwand diffundiert und ins Blut übertritt.

### Dextrine

Der Abbau der Stärke durch Säuren oder durch Enzyme erfolgt stufenweise über eine Reihe von Zwischenprodukten, den Dextrinen. Die Stärke wird nacheinander in die verschiedenen Dextrine übergeführt, dann in Maltose und schließlich beim sauren Abbau in Glucose.

**Stufenweiser Abbau der Stärke:**

Stärke → höhere Dextrine → mittlere Dextrine → niedere Dextrine → Maltose → Glucose

Das große Stärkemolekül wird in immer kleinere Moleküle zerlegt.

**Dextrine sind Zwischenprodukte des Stärkeabbaus. Sie sind wasserlösliche Polysaccharide, die in ihrer Molekülgröße zwischen Stärke und Glucose liegen.**

Man kann den stufenweisen Abbau der Stärke verfolgen, wenn man die Reaktion vorzeitig unterbricht und mit Iodlösung prüft. Die wenig abgebauten Dextrine zeigen noch wie die Stärke mit Iod-Lösung Blaufärbung, die stärker abgebauten werden durch die Iodlösung rotbraun bis weinrot gefärbt, während die niedermolekularen keine Iodreaktion mehr geben (V. 7).

Dextrine bilden sich auch beim trockenen Erhitzen von Stärke. Sie entstehen z. B. beim Backen des Brotes in der Kruste, beim Rösten von Zwieback oder Toastschnitten, in einer dunklen Mehlschwitze und auch sonst überall dort, wo Stärke auf ca. 200 °C erhitzt wird.

### Glykogen

Mit der Stärke nahe verwandt ist das Glykogen, der Kohlenhydratreservestoff des tierischen Organismus. Es befindet sich in fast allen Zellen des tierischen Körpers, besonders reichlich in der Leber (bis 18 %) und im Muskelgewebe.

Glykogen ist wie die Stärke aus Glucose-Einheiten aufgebaut, hat aber eine größere Molekülmasse als diese. Durch Enzyme wird Glykogen – ebenso wie die Stärke – zu Maltose abgebaut, durch Säuren zu Glucose.

## 14.4.2 Cellulose

**Versuch:**

**V** *Verzuckerung von Cellulose*

*Filtrierpapierschnitzel (ca. ein halbes Rundfilter) mit 10 cm³ konzentrierter Schwefelsäure übergießen, mit Glasstab durchkneten und nach 2 Minuten in ein Becherglas mit 50 cm³ Wasser hinzugeben, filtrieren und Filtrat mit Iodlösung prüfen.*

Cellulose ist das in der Natur am häufigsten vorkommende Kohlenhydrat. Sie bildet den Hauptbestandteil der pflanzlichen Zellwände. Nahezu reine Cellulose begegnet uns in den Samenhaaren der Baumwolle, in Flachs- und Hanffasern. Holz enthält 40–60 % Cellulose.

Man schätzt, daß die Pflanzen jährlich etwa 100 Milliarden Tonnen Cellulose synthetisieren.

Durch Kochen mit Säuren läßt sich Cellulose quantitativ in Glucose überführen. Diese Tatsache beweist, daß Cellulose nur aus Glucose aufgebaut ist. Ihre Moleküle bestehen aus mehreren Tausend kettenförmig verbundenen Glucose-Einheiten.

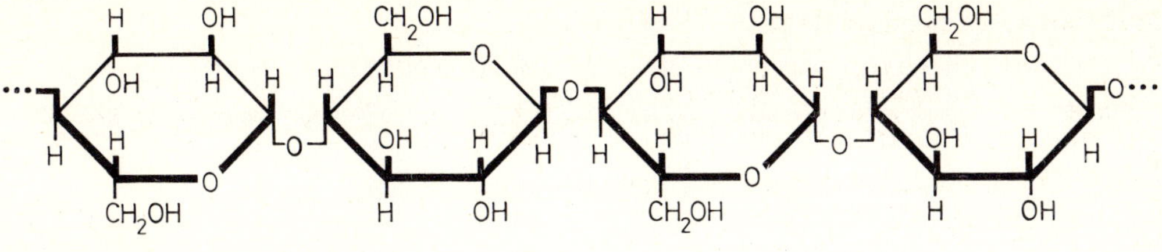

**Ausschnitt aus dem Cellulosemolekül**
oder schematisiert:

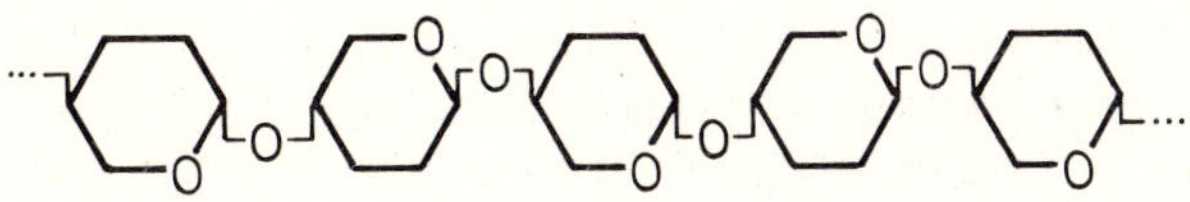

Die Punkte an den Enden deuten an, daß sich die Kette in beiden Richtungen fortsetzt.

Durch paralleles Zusammenlagern dieser langen Kettenmoleküle bildet die Cellulose Fasern von sehr hoher Festigkeit. Die Kettenmoleküle werden durch Wasserstoffbrücken zwischen den zahlreichen **OH**-Gruppen zusammengehalten.

Von den Enzymen unserer Verdauungssäfte wird Cellulose nicht angegriffen. Wir besitzen keine Enzyme für den Celluloseabbau. Die Cellulose ist daher für den Menschen unverdaulich. Doch ist sie wichtig als Ballaststoff. Ballastreiche Nahrung fördert die Peristaltik (Darmbewegung).

Ballastarme Nahrung führt zu Darmträgheit und zu Verstopfung.

Bakterien unserer Darmflora bauen Cellulose für den eigenen Stoffwechsel ab. Dabei entstehen Gase: Methan, Kohlenstoffdioxid und Wasserstoff. Cellulosereiche Nahrung wirkt daher blähend.

Die Cellulose unterscheidet sich von der Stärke durch eine höhere Molekülmasse. Die Cellulose-Moleküle bestehen aus einer größeren Anzahl von Glucose-Einheiten als die Stärke-Moleküle.

## Technische Gewinnung und Verwendung von Cellulose

Zur technischen Gewinnung von Cellulose dient vorwiegend Holz. In den Zellstoffabriken wird das Holz mechanisch zerkleinert und mit Sulfitlauge – $\mathbf{Ca(HSO_3)_2}$ – mehrere Stunden unter Druck gekocht. Dabei werden Lignin und die übrigen Begleitstoffe herausgelöst, während die Cellulose als Faserbrei zurückbleibt und zu Pappen gepreßt wird. In dieser Form gelangt die Cellulose in die celluloseverarbeitenden Betriebe.

Cellulose ist der Rohstoff für Papier, für die Textilfasern Viskose und Acetat und für viele andere technisch wichtige Produkte.

### Kontrollfragen

14.1 Welche funktionellen Gruppen sind im Glucose-Molekül vorhanden?

14.2 Weshalb ist Glucose wasserlöslich?

14.3 Wie erklärt sich die reduzierende Wirkung von Glucose?

14.4 Nennen Sie gemeinsame Eigenschaften der bisher behandelten Mono- und Disaccharide.

14.5 Welcher Vorgang spielt sich ab, wenn Sie Saccharose mit verdünnter Salzsäure erhitzen?

14.6 Worauf beruht die Härte von Zuckerkristallen?

14.7 Nennen Sie eine Erkennungsreaktion von Stärke.

14.8 Weshalb schmeckt Brot, das längere Zeit gekaut wird, allmählich süß?

14.9 Mit Stärke gebundene Obstsuppen werden allmählich wieder dünnflüssig. Überlegen Sie eine Erklärung.

## Zusammenfassung

Kohlenhydrate sind Naturstoffe mit der allgemeinen Formel $\mathbf{C_n(H_2O)_m}$. Dazu gehören die verschiedenen Zucker und hochmolekulare Stoffe wie Stärke und Cellulose. Nach ihrer Molekülgröße unterscheiden wir Monosaccharide (Einfachzucker), Disaccharide (Verknüpfung von 2 Monosaccharid-Einheiten) und Polysaccharide, deren Moleküle aus sehr vielen kettenförmig verbundenen Monosaccharid-Einheiten bestehen.

Unter der Einwirkung von verdünnten Säuren werden Disaccharide und Polysaccharide in die entsprechenden Monosaccharide gespalten, Saccharose z. B. in Glucose und Fructose.

Monosaccharide und Disaccharide werden zusammenfassend als Zucker bezeichnet. Die wissenschaftlichen Namen der Zucker haben die Endung **-ose**.

Ihrer chemischen Natur nach sind die Kohlenhydrate Polyalkohole, d. h. Alkohole mit mehreren **OH**-Gruppen. Die **OH**-Gruppen lassen sich verestern. Monosaccharide mit einer Aldehydgruppe nennt man Aldosen, solche mit einer Ketogruppe Ketosen.

Infolge der vielen hydrophilen **OH**-Gruppen sind die Mono- und die Disaccharide gut wasserlöslich. Mit steigender Molekülgröße nimmt die Wasserlöslichkeit ab. Cellulose z. B. ist völlig wasserunlöslich.

Kohlenhydrate sind wichtige Nährstoffe. Für den Menschen ist Cellulose unverdaulich, da wir keine celluloseabbauenden Enzyme besitzen.

Die Kohlenhydrate werden von der grünen Pflanze unter Aufnahme von Energie des Sonnenlichtes aufgebaut. Kohlenhydrate sind energiereiche Verbindungen. Durch den Stoffwechsel werden sie wieder abgebaut. Dabei wird Energie frei, die der Organismus für seine Lebensfunktionen benötigt.

# 15 Eiweißstoffe oder Proteine

**Versuche:**

**V. 1** *Nachweis von Stickstoff und Schwefel*

*Wolle, Seide, hartgekochtes Weißei, Gelatine im trockenen Reagenzglas erhitzen. In die entweichenden Dämpfe zunächst angefeuchtetes rotes Lackmuspapier halten (Stickstoff entweicht in Form von Ammoniak, das rotes Lackmuspapier blau färbt), dann Bleiacetatpapier (bei schwefelhaltigen Eiweißarten entweicht Schwefelwasserstoff, der Bleiacetatpapier schwärzt).*

**V. 2** *Denaturierung von Proteinen*

*a) In einem dünnwandigen Reagenzglas Eiklar sehr langsam im Wasserbad erwärmen. Bei welcher Temperatur tritt Gerinnung ein?*

*b) Herstellung einer Eiweißlösung. Zu 10 cm³ Eiklar 40 cm³ Wasser geben, umschütteln und durch Glaswolle filtrieren. Je 5 cm³ der Lösung versetzen mit:*

*verdünnter Essigsäure*
*Ethanol*
$CuSO_4$*-Lösung*
$FeCl_3$*-Lösung*
*Bleiacetatlösung*

*c) In einem Becherglas frische ungekochte Milch mit Ethansäure, Milchsäure oder verdünnter Salzsäure leicht ansäuern. Nach Abtrennen des ausgefällten Caseins die klare Molke erwärmen (Hitzegerinnung des Albumins).*

**V. 3** *Xanthoproteinreaktion*

*Hellen Wollstoff, Gelatine, Hühnerfedern, Quark mit konzentrierter Salpetersäure übergießen und leicht erwärmen. Färbung? Tropfenweise* $NH_3$*-Lösung zugeben.*

**V. 4** *Biuretreaktion*

*Verdünnte Gelatinelösung, Milch, Eiweißlösung von V. 2 mit starker Natronlauge alkalisch machen und tropfenweise sehr verdünnte Kupfersulfatlösung (ca. 1%ig) hinzufügen. Färbung?*

**V. 5** *Eiweißabbau durch Pepsin*

*Je 5 cm³ Eiweißlösung von V. 2 in 3 Reagenzgläser geben und 5 Minuten lang in siedendem Wasser erhitzen, dann unter der Wasserleitung abkühlen. Das eine dieser Gläser mit 10 cm³ 2%iger Pepsinlösung versetzen, das 2. mit 10 cm³ Pepsinlösung und 3 Tropfen verdünnter Salzsäure. Das 3. erhält keinen Zusatz.*

*Alle 3 Gläser im Wasserbad oder im elektrischen Trockenschrank 30 Minuten lang auf 38 °C erwärmen, Gläser vergleichen.*

Eiweißstoffe oder Proteine gehören zu den lebensnotwendigen Bausteinen aller Organismen. Sie sind die wichtigsten Bau- und Gerüststoffe des tierischen Organismus. Aus Proteinen bestehen z. B. Muskeln, Haut, Sehnen, Knorpel, Horn. Proteine bilden den Hauptbestandteil des Protoplasmas und des Zellkerns. Auch die den Stoffwechsel regelnden Enzyme und viele Hormone gehören zu den Proteinen.

**Die heute international gebräuchliche Bezeichnung für Eiweißstoffe ist »Proteine«.**

**Proteine = Eiweißstoffe**

## 15.1 Zusammensetzung und Aufbau der Proteine

Proteine bestehen im wesentlichen aus den Elementen Kohlenstoff, Wasserstoff, Sauerstoff und Stickstoff. Sehr häufig enthalten sie auch noch Schwefel und Phosphor (V. 1). Der Stickstoffgehalt ist charakteristisch.

**Alle Proteine enthalten 15–18 % Stickstoff.**

Durch Kochen mit Säuren oder durch Enzyme werden Proteine unter Wasseraufnahme in Aminosäuren zerlegt.

**Aminosäuren sind die Bausteine der Proteine.**

Bisher hat man ca. 20 verschiedene Aminosäuren in Proteinen gefunden.

### Was sind Aminosäuren?

Aminosäuren sind Carbonsäuren, bei denen ein Wasserstoffatom durch die Aminogruppe, **$-NH_2$**, ersetzt ist.

Die einfachste Aminosäure ist Amino-Ethansäure oder Glycin:

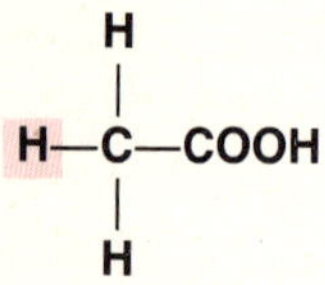

Ethansäure

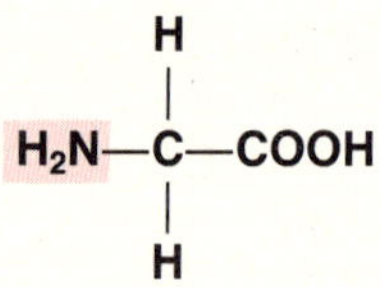

Amino-Ethansäure oder Glycin

In den anderen natürlich vorkommenden Aminosäuren ist ein **H**-Atom an dem **C**-Atom, das der Carboxylgruppe benachbart ist, durch einen beliebigen organischen Rest-**R** ersetzt.
Die allgemeine Formel einer natürlich vorkommenden Aminosäure lautet daher:

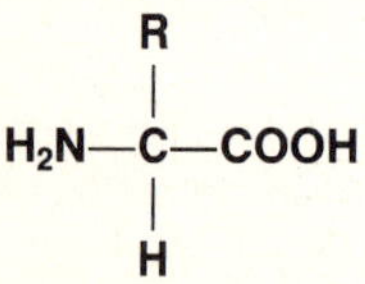

Die verschiedenen Aminosäuren unterscheiden sich in der **R**-Gruppe.

### Die Peptidbindung

Aminosäuren lassen sich miteinander verknüpfen. Dabei reagiert die **COOH**-Gruppe des einen Moleküls mit der **$NH_2$**-Gruppe eines zweiten Moleküls unter Wasserabspaltung. Das Produkt dieser Reaktion ist ein **Dipeptid**. Als Beispiel betrachten wir die Verknüpfung von 2 Glycin-Molekülen:

$$H_2N{-}CH_2{-}CO\ \boxed{OH\ +\ H}\ NH{-}CH_2{-}COOH \rightarrow$$

Glycin Glycin

$$H_2N{-}CH_2{-}CO{-}NH{-}CH_2{-}COOH\ +\ H_2O$$

Dipeptid aus 2 Glycin-Molekülen

In analoger Weise reagieren beliebige andere Aminosäuren miteinander.

Das entstandene Dipeptid trägt an einem Molekülende eine **$NH_2$—Gruppe**, am anderen Ende eine **COOH—Gruppe**, kann also in gleicher Weise mit weiteren Aminosäure-Molekülen reagieren. Verbindet sich ein Dipeptid mit einem dritten Aminosäure-Molekül, entsteht ein Tripeptid, mit einem vierten ein Tetrapeptid.

Der Vorgang läßt sich beliebig fortsetzen. Die Verknüpfung sehr vieler Aminosäure-Moleküle führt schließlich zu **Polypeptiden**.

Die Reaktionsgleichung zeigt uns, daß durch Reaktion der **COOH**—Gruppe mit der **$NH_2$**—Gruppe die Atomgruppierung **—CO—NH—** entsteht. Man nennt sie **Peptidbindung**:

$$H_2N—CH_2—\underbrace{CO—NH}_{\text{Peptidbindung}}—CH_2—COOH$$

**Die Verknüpfung zwischen 2 Aminosäuren-Moleküle zu Peptiden wird Peptidbindung genannt.**

**Peptidbindung: —CO—NH—**

Polypeptide sind aus sehr vielen Aminosäure-Bausteinen aufgebaut. Die durch Peptidbindung verknüpften Aminosäuren bilden eine lange Kette, die **Peptidkette**.

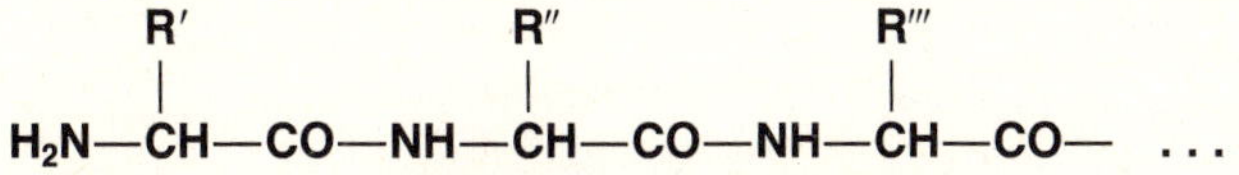

1. Baustein 2. Baustein 3. Baustein

**Polypeptid**

Polypeptide mit sehr großer Molekülmasse – über 10 000 u – heißen Proteine.

**Ein Protein ist ein sehr großes Polypeptid.**

Die Moleküle der Proteine sind aus Hunderten, manchmal sogar Tausenden von Aminosäure-Molekülen aufgebaut. Solche Riesenmoleküle haben natürlich eine sehr große Masse. Die Molekülmasse mancher Proteine beträgt mehr als 1 Million u.

Zum Vergleich: Die Molekülmasse von Wasser beträgt 18 u.

**Die Proteine sind, wie die Polysaccharide, hochmolekulare Verbindungen.**

### Einblick in die Struktur der Proteine

Alle Eiweißstoffe bauen sich aus etwa 20 verschiedenen Aminosäuren auf. Natürlich sind in den einzelnen Proteinen nicht jeweils alle Aminosäuren enthalten.

Die spezifischen Eigenschaften der Proteine hängen nicht nur von der Art und Zahl der beteiligten Aminosäuren ab, sondern weitgehend von der Reihenfolge der Aminosäuren innerhalb der Peptidkette.

Die Zahl der möglichen Kombinationen dieser Bausteine zu einer langen Kette ist unvorstellbar groß. Deshalb ist auch die Zahl der möglichen Proteine riesengroß.

**Alle Moleküle eines bestimmten Proteins enthalten die Aminosäure-Bausteine in einer ganz bestimmten Reihenfolge.**

Der Austausch von nur einer Aminosäure gegen eine andere ändert die Eigenschaften des Proteins.

Welche Auswirkungen eine geringfügige Änderung der Struktur haben kann, zeigt folgendes Beispiel:

Das Hämoglobin-Molekül im Blut gesunder Menschen enthält mehrere Hundert Aminosäure-Bausteine in ganz bestimmter Reihenfolge.

Von diesem Hämoglobin weicht geringfügig das Hämoglobin von Menschen ab, die an Sichelzellenanämie leiden, einer schweren Krankheit, die durch Fehlverhalten und frühen Tod gekennzeichnet ist. Die Krankheit kommt vor allem bei Negern vor. Menschen mit dieser Krankheit erzeugen ein Hämoglobin, bei dem an nur einer einzigen Stelle eine Aminosäure gegen eine andere ausgetauscht ist. Diese geringe Abweichung ist die Ursache der schweren Krankheit.

Die Eigenschaften der Proteine hängen auch von der räumlichen Anordnung der Peptidketten ab. Die langen Molekülketten liegen im allgemeinen nicht gestreckt vor, sondern weisen eine streng gesetzmäßige Anordnung im Raum auf. Die Peptidketten können wie ein Faltblatt gefaltet sein – Faltblattstruktur. Sie können wie eine Spirale schraubenförmig gewunden sein – Helix-Struktur (Helix = die Schraube). Die gewundene Kette kann in einer ganz bestimmten Ordnung geknäult sein.

Die räumliche Lage der Peptidketten wird durch Wasserstoffbrücken zwischen den verschiedenen Peptidgruppen fixiert. Die Protein-Moleküle haben deshalb eine bestimmte Gestalt.

Die Proteine unterscheiden sich:

- durch die Art und Zahl der beteiligten Aminosäuren,
- durch die Reihenfolge der Aminosäuren innerhalb der Peptidkette,
- durch die räumliche Anordnung der Peptidkette.

Die Bestimmung der Reihenfolge der Aminosäuren in einem Protein ist eine schwierige Forschungsarbeit. Als erstem gelang Sanger, einem englischen Chemiker, eine solche Analyse. In 10jähriger Forschungsarbeit ermittelte er die Struktur von Insulin, einem relativ einfachen Protein aus 51 Aminosäure-Bausteinen. Für diese Arbeit erhielt er 1958 den Nobelpreis.

Nachdem die Struktur von Insulin bekannt war, konnte dieses wichtige blutzuckersenkende Hormon synthetisch hergestellt werden.

## 15.2 Charakteristische Eigenschaften von Proteinen

Proteine zeigen eine Reihe charakteristischer Eigenschaften:

- Wird eine Proteinlösung erhitzt, so tritt Gerinnung ein.

**Einige Beispiele:**

Das lösliche, durchsichtige Eiklar gerinnt beim Erhitzen, es wird undurchsichtig und unlöslich.

Die Schaumflöckchen, die sich beim Kochen von Fleisch oder Kartoffeln bilden, sind geronnenes Albumin.

Auf der Gerinnfähigkeit der Kleberproteine beruht die Backfähigkeit des Mehls.

Auf gekochter Milch bildet sich eine Haut.

**Der Grund für diese Erscheinungen:**

Die Proteine werden durch Erwärmen denaturiert. Dabei wird die charakteristische räumliche Anordnung der Peptidketten zerstört. Bei erhöhter Temperatur brechen an einigen Stellen die Wasserstoffbrücken auf, die die Ketten in einer ganz bestimmten Lage festhalten. Dadurch geht die bisherige strenge Anordnung der Peptidketten verloren. Es bildet sich eine ungeordnete Struktur. Die Gestalt des Protein-Moleküls verändert sich, damit ändern sich die Eigenschaften. Die gelösten Proteine werden unlöslich und flocken aus.

Da Enzyme Proteine sind, werden sie durch Erhitzen denaturiert und verlieren ihre Wirksamkeit.

Das Absterben von Lebewesen durch Erhitzen beruht wahrscheinlich auf Hitzedenaturierung der Enzyme.

Denaturiertes Eiweiß wird von Enzymen leichter angegriffen und ist deshalb leichter verdaulich als natürliches.

**Denaturierung ist eine Veränderung von Eiweißstoffen infolge Zerstörung ihres geordneten Aufbaus. Durch Denaturierung verlieren die Proteine ihre ursprünglichen Eigenschaften.**

- Auch durch Einwirkung von Säuren werden Proteine denaturiert. Ein bekanntes Beispiel: Beim Sauerwerden der Milch gerinnt das Casein.
- Ethanol sowie Schwermetallsalze rufen gleichfalls Ausflockungen von Proteinen hervor (V. 2b).

Die Schädigung durch konzentrierten Alkohol und die Giftwirkungen von Schwermetallsalzen haben ihre Ursache zum Teil darin, daß diese Stoffe in Berührung mit lebendem Gewebe Proteine ausflocken.

- Proteine können auch durch Ultraschall, Röntgenstrahlen, UV-Strahlen denaturiert werden.

**Die Denaturierung von Proteinen kann ausgelöst werden durch:**

**Erhitzen,**
**verschiedene Chemikalien,**
**Ultraschall, Röntgenstrahlen, UV-Strahlen.**

Bei längerem Erhitzen mit verdünnten Säuren oder durch Einwirkung von Enzymen werden Proteine zu Aminosäuren abgebaut. Dabei werden die Peptidbindungen unter Aufnahme von Wasser gespalten:

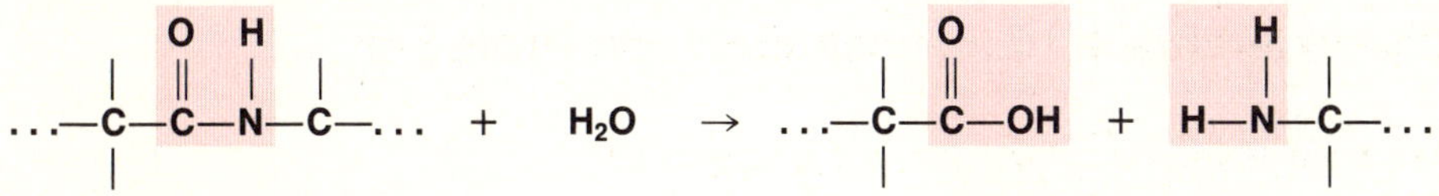

Peptidbindung

Die Peptidbindung ist unter Aufnahme von Wasser gespalten.

**Ausschnitt aus einer Peptidkette**

Im Magen-Darmkanal werden die mit der Nahrung aufgenommenen Proteine durch mehrere Enzymgruppen bis zu den Aminosäuren abgebaut. Der Abbau vollzieht sich in mehreren Schritten:

Das Pepsin des Magens zerlegt die Proteine in größere Bruchstücke, in ein Gemisch mehr oder minder hochmolekularer Peptide. Das Pepsin ist nur in saurer Umgebung wirksam (V. 5).

Das Trypsin des Pankreassaftes spaltet die höheren Peptide zu Di-, Tri- und Tetrapeptiden, zum Teil bis zu den Aminosäuren.

Das Erepsin des Darmsaftes führt den Eiweißabbau zu Ende. Es zerlegt die Peptide in Aminosäuren. Trypsin und Erepsin benötigen schwach alkalische Reaktion.

### Nachweis von Eiweißstoffen

**Einige Farbreaktionen** dienen zum Nachweis von Proteinen.

**Xanthoproteinreaktion:** Konzentrierte Salpetersäure färbt Eiweißstoffe zitronengelb. Auf Zusatz von Ammoniaklösung schlägt die Farbe nach Orange um (V. 3).

**Biuretreaktion:** Mit Kupfer(II)-Ionen geben Proteine in alkalischer Lösung eine Rotviolettfärbung (V. 4).

## 15.3 Einteilung der Proteine

**Tabelle 15.1.: Einteilung der Proteine**

| Globuläre Proteine | Faserproteine | Zusammengesetzte Proteine oder Proteide |
|---|---|---|
| Albumine<br>Globuline | Kollagene<br>Keratine | Phosphorproteide<br>Nucleoproteide<br>Chromoproteide |

Nach der Gestalt der Protein-Moleküle unterscheidet man globuläre Proteine und Faserproteine. Globuläre Proteine bilden mehr oder weniger kompakt gebaute, kugelige oder elliptische Moleküle, während die Faserproteine einen mehr langgestreckten Bau aufweisen.

### Globuläre Proteine

Dazu gehören die Albumine, die Globuline. Sie sind die am weitesten verbreitete Gruppe von Proteinen.

A l b u m i n e sind im Eiklar enthalten, im Blutserum, im Fleischsaft, in der Milch. Auch in Pflanzen kommen sie vor, z. B. in Kartoffeln. Albumine sind in Wasser gut löslich. Beim Kochen von Fleisch oder Kartoffeln treten sie in das Kochwasser über, gerinnen und bilden den Schaum.

G l o b u l i n e kommen zusammen mit den Albuminen in allen lebenden Zellen vor, im Blutserum, in der Milch, in Eiern. Globuline sind auch im Pflanzenreich weit verbreitet, vor allem in Samen (Hülsenfrüchte, Getreide). Die Globuline sind die wichtigsten Reserveeiweißstoffe der Pflanze. Im Gegensatz zu den Albuminen sind die Globuline in reinem Wasser nicht löslich.

## Faserproteine

Unter diesem Namen faßt man einige wasserunlösliche Proteine zusammen, die durch mechanische Festigkeit ausgezeichnet sind. Sie sind Bestandteile des tierischen Gerüsts. Zu ihnen gehören die Kollagene und die Keratine.

Kollagene kommen im Bindegewebe vor, in Knochen, Knorpel und Sehnen. Durch längeres Kochen werden sie zu Leim abgebaut. Gelatine ist ein besonders sorgfältig hergestellter Knochenleim.

Keratine sind die Hauptbestandteile der Haare, Nägel, Hufe, Federn, Wolle.

## Zusammengesetzte Proteine oder Proteide

Häufig ist ein Protein-Molekül mit einer Gruppe verbunden, die nicht aus Aminosäuren besteht und prosthetische Gruppe heißt.

## Diese Proteine nennt man Proteide.

Proteide liefern bei der Spaltung durch Säuren oder durch Enzyme außer Aminosäuren noch einen weiteren Baustein wie Phosphorsäure, Nucleinsäure, Farbstoff.

**Proteide bestehen aus einem Protein-Molekül, verbunden mit einer prosthetischen Gruppe.**

Nach einer älteren Klassifizierung, die auch heute noch gelegentlich in Gebrauch ist, werden lediglich die einfachen Eiweißstoffe, die sich nur aus Aminosäuren aufbauen, als Proteine bezeichnet.

In der modernen Chemie wird die Bezeichnung »Protein« als Oberbegriff verwendet.

Je nach Art der prosthetischen Gruppe unterscheiden wir folgende Proteide:

Phosphorproteide: Sie enthalten als prosthetische Gruppe Phosphorsäure. Ihr wichtigster Vertreter ist das Casein, das in der Milch als Calciumsalz enthalten ist. Durch Säuren oder durch das im Magensaft enthaltene Labferment wird Casein ausgefällt. Dagegen gerinnt es nicht beim Erhitzen. Es schützt auch die in der Milch enthaltenen Albumine und Globuline vor dem Gerinnen.

Nucleoproteide: Sie sind Verbindungen von Proteinen mit Nucleinsäuren.

Nucleinsäuren sind hochmolekulare stickstoff- und phosphorhaltige organische Verbindungen, die in jeder lebenden Zelle vorkommen. Nucleinsäuren sind Träger der Erbanlagen.

Nucleoproteide sind physiologisch von großer Bedeutung. Sie bilden den Hauptbestandteil der Zellkerne. Reich an Nucleoproteiden sind Leber, Milz, Niere und auch die Hefezellen.

Viele Viren bestehen ausschließlich aus Nucleoproteiden.

Viren sind Erreger vieler schwerer Infektionskrankheiten wie Kinderlähmung, Pocken, Tollwut, Schnupfen, Grippe u. a. Bei Temperaturen zwischen 60 und 70 °C werden sie denaturiert und verlieren damit ihre Wirksamkeit.

Chromoproteide: In ihnen ist ein Proteinmolekül mit einem Farbstoff verknüpft. Ein wichtiger Vertreter ist das Hämoglobin, der rote Blutfarbstoff. Das Hämoglobin bewirkt den Sauerstofftransport im Blut.

## Kontrollfragen

15.1 Nennen Sie die funktionellen Gruppen einer Aminosäure.

15.2 Wie entsteht eine Peptidbindung?

15.3 Stellen Sie durch eine Gleichung die Verknüpfung von 3 Aminosäure-Molekülen zu einem Tripeptid dar, und markieren Sie die Peptidbindung.

15.4 Nach unvorsichtigem Umgang mit konzentrierter Salpetersäure haben Sie gelbe Flecken an den Händen. Wodurch kommt die Gelbfärbung zustande?

15.5 Welche Elemente sind in allen Proteinen enthalten?

15.6 Alle Eiweißstoffe bauen sich aus nur etwa 20 verschiedenen Aminosäuren auf. Wie erklärt sich die ungeheure Vielfalt der existierenden Eiweißarten?

15.7 Wir wollen 3 verschiedene Aminosäuren abkürzend mit A, B und C bezeichnen. Wieviel Tripeptide aus diesen 3 Bausteinen sind denkbar? Skizzieren Sie die verschiedenen Möglichkeiten der Aufeinanderfolge der 3 verschiedenen Bausteine.

## Zusammenfassung

Eiweißstoffe oder Proteine sind hochmolekulare Verbindungen, die aus Aminosäuren aufgebaut sind. Charakteristisches Merkmal der Proteine ist die Peptidbindung **—CO—NH—**, die durch Verknüpfung der Carboxylgruppe von einem Aminosäure-Molekül mit der Aminogruppe eines zweiten Aminosäure-Moleküls unter Wasseraustritt entstanden ist. Durch Einwirken von Säuren oder Enzymen werden Proteine zu Aminosäuren abgebaut. Dabei werden die Peptidbindungen unter Wasseraufnahme gespalten.

Aus etwa 20 verschiedenen Aminosäuren sind alle Eiweißstoffe aufgebaut. Die einzelnen Proteine unterscheiden sich durch die Art und Zahl der beteiligten Aminosäuren, durch die Reihenfolge der Aminosäurebausteine in der Molekülkette (Peptidkette) und in der räumlichen Anordnung der Peptidketten.

Proteine sind gegen physikalische und chemische Einwirkungen sehr empfindlich. Durch Erhitzen, durch Einwirkung von Ultraschall, Röntgenstrahlen, UV-Strahlen sowie durch Säuren und verschiedene Salze werden Proteine denaturiert. Dabei ändert sich der räumliche Aufbau der Protein-Moleküle. Die Folge ist eine Änderung der ursprünglichen Eigenschaften, z. B. Abnahme der Löslichkeit – die Proteine werden ausgefällt – oder Verlust der bisherigen biologischen Aktivität. Enzyme z. B. verlieren ihre katalytische Wirkung.

Proteine können durch die Xanthoproteinreaktion und durch die Biuretreaktion nachgewiesen werden.

Proteide sind zusammengesetzte Proteine. Sie bestehen aus Protein-Molekülen, verbunden mit einer prosthetischen Gruppe, d. h. einer nicht aus Aminosäuren bestehenden Komponente, z. B. Phosphorsäure, Nucleinsäure, Farbstoff.

# 16 Kunststoffe

Kunststoffe sind technisch erzeugte organische Werkstoffe, die aus sehr großen Molekülen aufgebaut sind.

Sie werden hergestellt entweder durch Abwandlung von hochmolekularen Naturstoffen, wie z. B. von Cellulose, oder vollsynthetisch durch Aufbau aus kleinen Molekülen, den Monomeren.

Die Verknüpfung der Monomeren zu den Makromolekülen eines Kunststoffs kann geschehen durch:

Polymerisation
Polykondensation
Polyaddition

Die dabei entstehenden Makromoleküle bezeichnet man als Polymere. Die Rohstoffe entstammen fast alle dem Erdöl.

## 16.1 Polymerisation

Bei einer Polymerisation werden Hunderte oder Tausende von Einzelmolekülen aneinandergefügt – wie Glieder einer Kette –, ohne daß dabei Nebenprodukte abgespalten werden. Ausgangsstoffe sind ungesättigte Verbindungen.

Unter Mitwirkung bestimmter Katalysatoren werden einige Moleküle aktiviert. Dabei wird eine der beiden Bindungen der Doppelbindung geöffnet. Das aktivierte Monomere bindet ein Nachbarmolekül, wodurch dessen Doppelbindung aufklappt. Nun wird ein 3. Molekül gebunden, dieses wiederum bindet ein viertes. So geht es weiter. Durch fortschreitende Polymerisation werden Tausende von Einzelmolekülen zu fadenförmigen Makromolekülen verknüpft.

Schema der Polymerisation:

Monomere

fadenförmiges Makromolekül (Ausschnitt)

Nach diesem Prinzip lassen sich viele ungesättigte Verbindungen zu hochmolekularen Stoffen verknüpfen.

### 16.1.1 Polyethylen (PE)

Für die wichtigsten Polymere haben sich Kurzzeichen eingebürgert. PE ist das Kurzzeichen für **P**oly**e**thylen.

Durch Polymerisation von Ethen (Ethylen) entsteht Polyethylen:

$$\underset{\text{Ethen}}{CH_2{=}CH_2} \xrightarrow{\text{Polymerisation}} \ldots \underset{\text{Polyethylen (Molekülausschnitt)}}{-CH_2-CH_2-CH_2-CH_2-} \ldots$$

Polyethylen zeigt den gleichen Molekülaufbau wie die höheren Alkane und ist wie diese sehr beständig gegenüber Chemikalien. Der Kunststoff ist leicht, zäh und kälteunempfindlich.

Polyethylen gehört zu den wichtigsten Kunststoffen. Viele Gebrauchsgegenstände, wie Eimer, Schüsseln, Flaschen, Mülltonnen, Transportkästen für Flaschen, Tragetaschen usw., werden aus Polyethylen hergestellt.

Polyethylen ist seiner chemischen Widerstandsfähigkeit wegen physiologisch unbedenklich. Deshalb werden Folien aus Polyethylen in großem Umfang zur Verpackung von Lebensmitteln benutzt. Da die Folien wenig feuchtigkeitsdurchlässig sind, wird ein Austrocknen der Lebensmittel verhindert. Polyethylen ist brennbar. Der Kunststoff verbrennt zu Kohlenstoffdioxid und Wasser und kann daher in Müllverbrennungsanlagen problemlos verbrannt werden.

## 16.1.2 Polyvinylchlorid (PVC)

Durch Polymerisation von Vinylchlorid entsteht Polyvinylchlorid.

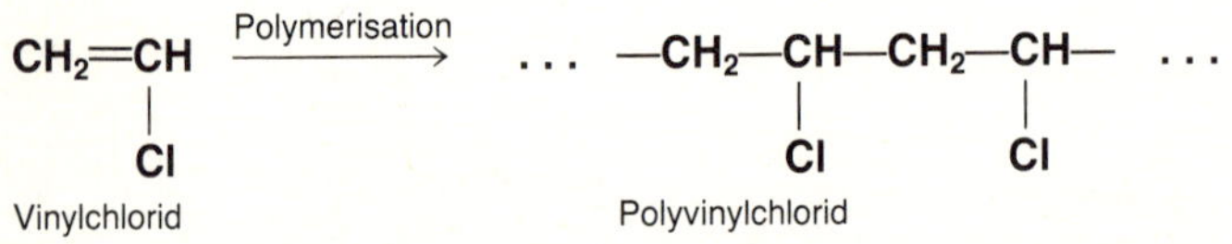

**Abb. 16.1**
**PVC-Fenster**

PVC findet vielseitige Anwendung: Rohre, Dachrinnen, Fensterrahmen, Maschinenteile, Schallplatten u. v. a. werden aus PVC hergestellt.

Reines PVC ist hart. Durch Zusatz von Weichmachern entstehen elastische, weiche bis lederartige Stoffe, die zu Regenschutzkleidung, Tischdecken, Schläuchen, Bodenbelägen u. dgl. verarbeitet werden.

Weichmacher verleihen Kunststoffen Geschmeidigkeit. Sie zwängen sich zwischen deren Moleküle und bewirken dadurch eine leichtere Beweglichkeit der Molekülketten gegeneinander.

**Polyethylen und Polyvinylchlorid sind die am meisten verwendeten Kunststoffe.**

Mehr als 50 % der gesamten Kunststoffproduktion entfällt auf Polyethylen und Polyvinylchlorid.

Ein besonderes Problem ist die Beseitigung von PVC. Der Kunststoff verrottet nicht. Bei seiner Verbrennung entsteht Hydrogenchlorid, das umweltgefährdend ist und daher aus den Abgasen von Müllverbrennungsanlagen entfernt werden muß.

Vinylchlorid, das für die Herstellung von PVC verwendet wird, ist ein sehr giftiges, krebserregendes Gas. Daher sind besondere Sicherheitsmaßnahmen bei der Polymerisation erforderlich, um eine Umweltgefährdung durch entweichendes Vinylchlorid zu verhindern.

## 16.1.3 Polystyrol (PS)

Durch Polymerisation von Styrol erhält man Polystyrol.

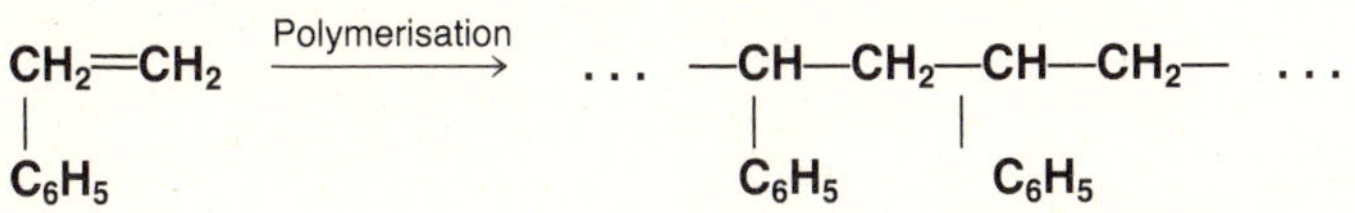


Styrol — Polystyrol

Polystyrol, der billigste Kunststoff, ist glasklar und hart, jedoch spröde und zerbrechlich und wenig wärmebeständig.

Spritzgußartikel aus Polystyrol werden viel verwendet, z. B. für Verpackungen (Dosen, Becher, Flaschen) Frischhaltebehälter, Innenbeleuchtungen von Autos, Blinkleuchten, Spielzeug, Schmuckwaren u. v. a.

Polystyrol-Schaumstoff (Styropor) findet Verwendung für Wärme und Schallisolierung, für feste Verpackungen, für Blumenkästen und dgl.

Schaumkunststoffe erhält man dadurch, daß dem Kunststoff während der Herstellung ein Treibmittel zugesetzt wird. Dies ist ein Stoff, der in der Wärme entweder verdampft oder sich unter Gasbildung zersetzt. Dadurch wird die Kunststoffmasse schaumartig aufgetrieben.

## 16.1.4 Polytetrafluorethylen (PTFE)

Die Polymerisation von Tetrafluorethen liefert Polytetrafluorethylen.

$$\underset{\text{Tetrafluorethen}}{CF_2{=}CF_2} \xrightarrow{\text{Polymerisation}} \underset{\text{Polytetrafluorethylen}}{\ldots\ {-}CF_2{-}CF_2{-}CF_2{-}CF_2{-}\ \ldots}$$

Dieser Kunststoff ist zwar sehr teuer, hat aber hervorragende Eigenschaften. Er ist außerordentlich chemikalienfest und bis 300 °C temperaturbeständig.

Zwischen den Molekülen von Polytetrafluorethylen (PTFE) und den Molekülen anderer Stoffe sind praktisch keine Anziehungskräfte vorhanden. Deshalb bleibt an seiner Oberfläche nichts haften. Das Material wird nicht benetzt. Aus diesem Grunde verwendet man Polytetrafluorethylen zum Beschichten von Pfannen, Töpfen, Backformen, Bügeleisen.

**Abb. 16.2**
**PTFE-beschichtete Leichtmetallpfanne**

**PTFE-beschichtete Geräte dürfen nicht überhitzt werden, da sich der Kunststoff oberhalb 300 °C zersetzt. Es entstehen giftige Zersetzungsprodukte.**

Handelsnamen: Hostaflon, Teflon

## 16.2 Polykondensation

**Versuche:**

**V. 1** *Verhalten beim Erwärmen*

*Verschiedene Kunststoffproben einige Minuten in siedendes Wasser legen, dann herausnehmen und durch Biegen auf Verformbarkeit prüfen. Die verformten Proben erneut erwärmen und verbiegen.*

**V. 2** *Phenoplaste*

*a) Im Reagenzglas 1 g Resorcin (Phenol mit 2 OH-Gruppen) in 2 cm³ Wasser lösen. 1,5 cm³ Formalin und einige Tropfen Natronlauge hinzufügen und leicht erwärmen, bis das Auftreten von Gasblasen das Einsetzen der Kondensation anzeigt. Dann das Reagenzglas sofort in den Reagenzglasständer stellen. Die Kunststoffstange am nächsten Tag auf Härte prüfen.*

*b) Den Versuch wiederholen. Statt Resorcin 1 g Pyrogallol (Phenol mit 3* **OH***-Gruppen) nehmen.*

**V. 3** *Aminoplast*

*1 g Harnstoff in 2 cm³ Wasser lösen, 2 cm³ Formalin und 1 Tropfen konzentrierte Schwefelsäure hinzufügen und bis zum Einsetzen der Reaktion leicht erwärmen.*

### 16.2.1 Der Begriff der Polykondensation

Unter Kondensation verstehen wir die Vereinigung zweier Moleküle unter Abspaltung von Wasser.

Ein Beispiel ist die Esterbildung aus Ethansäure und Ethanol:

$$CH_3CO\boxed{OH \ + \ H}OC_2H_5 \rightarrow CH_3COOC_2H_5 + H_2O$$

Die Reaktion ist jetzt beendet. Ethansäure und Ethanol besitzen jeweils nur e i n e funktionelle Gruppe, mit der sie reagieren können.

Werden jedoch Ausgangsstoffe mit m e h r e r e n funktionellen Gruppen umgesetzt, z. B. Säuren mit zwei Carboxylgruppen und Alkohole mit zwei **OH**-Gruppen (Diole), so kann die Kondensation fortlaufend stattfinden. Wir sprechen von Polykondensation.

**Beispiel:**

$$\underset{\text{Dicarbonsäure}}{\mathbf{HOOC{-}R{-}CO}}\boxed{\mathbf{OH + H}}\underset{\text{Diol}}{\mathbf{O{-}R{-}OH}} \rightarrow \underset{\text{Ester}}{\mathbf{HOOC{-}R{-}COO{-}R{-}OH}} + \mathbf{H_2O}$$

Der entstandene Ester enthält jetzt wieder an einem Ende eine **COOH**-Gruppe, am anderen Ende eine **OH**-Gruppe, kann daher mit weiteren Molekülen Säure und Alkohol reagieren. Der Vorgang läßt sich beliebig fortgesetzt denken, so daß lange Fadenmoleküle entstehen. Das Endprodukt ist ein Polyester.

**Eine Polykondensation ist eine fortlaufende Kondensation zwischen Molekülen, die mindestens je zwei funktionelle Gruppen enthalten.**

## 16.2.2 Thermoplaste, Duroplaste

Werden Moleküle mit je zwei funktionellen Gruppen verknüpft, so entstehen lange, fadenförmige Makromoleküle.

Haben die Moleküle der Ausgangsstoffe drei oder mehr funktionelle Gruppen, so erfolgt die Verknüpfung nach allen drei Richtungen des Raums. Die Moleküle sind jetzt vernetzt. Sie sind untereinander zu einem räumlichen Netzwerk verbunden.

**Abb. 16.3**
**Einzelne fadenförmige Moleküle: Thermoplaste**

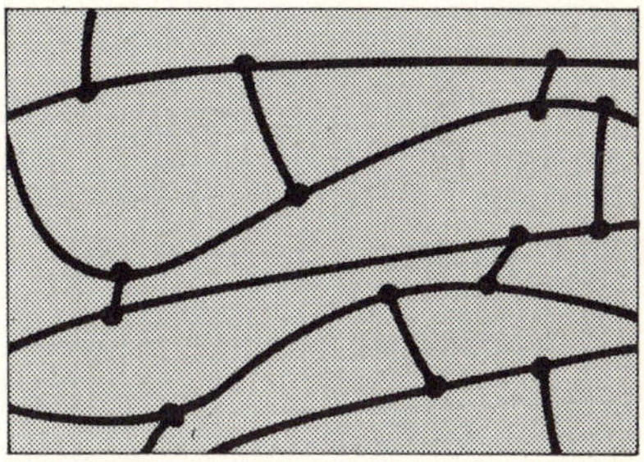

**Abb. 16.4**
**Vernetzte Moleküle: Duroplaste**

**Kunststoffe mit fadenförmigen Molekülen haben ganz andere Eigenschaften als solche mit vernetzten Molekülen.**

### Thermoplaste

Wir wissen, daß viele Kunststoffe beim Erwärmen erweichen und sich in diesem Zustand verformen lassen. Beim Abkühlen erhärten sie wieder (V. 1). Diese Kunststoffe nennt man Thermoplaste. Sie bestehen aus Fadenmolekülen, die untereinander nicht verknüpft sind. Beim Erwärmen werden die Moleküle beweglicher. Sie lassen sich leicht gegeneinander verschieben. Dadurch wird der Kunststoff plastisch verformbar. Bei stärkerem Erhitzen entsteht eine zähflüssige Schmelze.

**Duroplaste**

Stoffe, die aus vernetzten Molekülen bestehen, erweichen nicht beim Erwärmen. Die Vernetzung verhindert, daß die Molekülketten aneinander vorbeigleiten. Diese Kunststoffe nennt man Duroplaste.

| | |
|---|---|
| Thermoplaste | erweichen beim Erwärmen. Sie bestehen aus fadenförmigen Makromolekülen. |
| Duroplaste | erweichen nicht beim Erwärmen. Sie bestehen aus vernetzten Molekülen. |

## 16.2.3 Polyamide

Sie werden hergestellt durch Polykondensation von Dicarbonsäuren mit Diaminen.

**Diamine enthalten zwei $NH_2$-Gruppen.**

Zu den Polyamiden gehört Nylon. Nylon entsteht durch Polykondensation von Adipinsäure, einer Dicarbonsäure, mit 1,6-Diamino-hexan.

$$HOOC—CH_2—CH_2—CH_2—CH_2—COOH$$

Adipinsäure

$$H_2N—CH_2—CH_2—CH_2—CH_2—CH_2—CH_2—NH_2$$

1,6-Diamino-hexan

Beide Stoffe werden zusammengeschmolzen. Bei höheren Temperaturen reagieren die **$NH_2$**-Gruppen des Diamins mit den **COOH**-Gruppen der Säure unter Abspaltung von Wasser. Es entsteht das lange, fadenförmige Nylonmolekül:

$$HOOC—(CH_2)_4—CO\ \boxed{OH\ +\ H}\ NH—(CH_2)_6—NH_2 \rightarrow$$

Adipinsäure Diamino-hexan

$$HOOC—(CH_2)_4—CO—NH—(CH_2)_6—NH_2\ +\ H_2O$$

Das Doppelmolekül enthält an beiden Enden reaktionsfähige Gruppen, kann daher mit weiteren Molekülen des Diamins bzw. der Dicarbonsäure reagieren. Die Polykondensation führt schließlich zum Makromolekül von Nylon:

$$...\ CO—(CH_2)_4—CO—NH—(CH_2)_6—NH—CO—(CH_2)_4—CO—\ ...$$

**Nylon**

Eine sehr ähnliche Struktur besitzt Perlon:

$$—NH—(CH_2)_5—CO—NH—(CH_2)_5—CO—NH—(CH_2)_5—CO—$$

**Perlon**

In ihrem chemischen Aufbau zeigen Perlon und Nylon weitgehende Übereinstimmung. Sie bestehen aus langen kettenförmigen Molekülen mit regelmäßig wiederkehrenden **—CO—NH—** Gruppen.

**Polyamide sind durch die periodisch wiederkehrende Peptidbindung —CO—NH— gekennzeichnet.**

**Abb. 16.5**
**Polyamid-Zahnräder**
Sie sind wartungsfrei, geräuschdämpfend und abriebfest.

**Abb. 16.6**
**Polyamid-Stuhl**
Hohe Belastbarkeit, wirtschaftliche Fertigung

**Abb. 16.7**
**Lebensmittelverpackungen**
Verbundfolien aus Polyamid und Polyethylen sind reißfest, transparent, gesundheitlich unbedenklich, aromafest, geruchs- und geschmacksfrei, fettbeständig.

Polyamide gehören zu den zähesten thermoplastischen Werkstoffen. Man fertigt aus ihnen u. a. Reißverschlüsse, hochwertiges Spielzeug, Sportartikel, Maschinenteile, z.B. Zahnräder, die einen sehr leisen Lauf haben, Gleitlager, die nicht geschmiert zu werden brauchen, Schrauben, ja sogar Schiffsschrauben. Ihr Haupteinsatzgebiet liegt auf dem Textilsektor.

Zur Erzeugung von Fäden wird das Polyamid geschmolzen und die Schmelze durch die Spinndüse, dies ist eine siebartige Brause mit feinen Löchern, direkt in die Luft gedrückt. Dabei erstarren die Flüssigkeitsstrahlen durch Abkühlung zu Fäden, die anschließend auf das 4–5fache ihrer ursprünglichen Länge gereckt werden. Erst durch das Verstrecken erhalten die Fäden ihre hohe Reißfestigkeit.

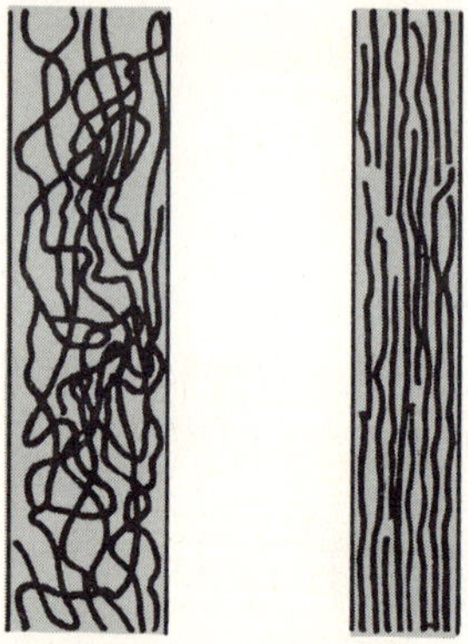

**Abb. 16.8**
**Anordnung der Moleküle vor und nach dem Verstrecken**

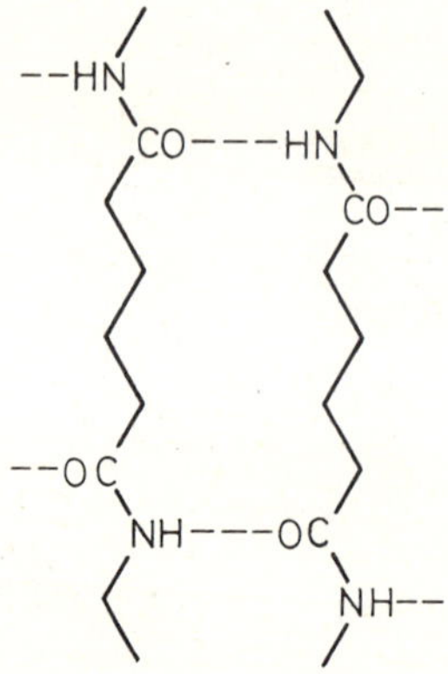


**Abb. 16.9**
**Wasserstoffbrücken zwischen Nylon-Molekülen**
**Schema**

(In den nichtbeschrifteten Ecken sind **$CH_2$**-Gruppen zu denken. Die Ketten verlaufen zickzackförmig parallel zur Faserlängsrichtung.)

### Was geschieht beim Verstrecken?

Die zunächst noch wirr durcheinanderliegenden Fadenmoleküle werden beim Recken in eine zur Faserachse parallele Lage gebracht und dann einander bis auf kleinsten Abstand genähert (Abb. 16.8). Nur dann können sich Querverbindungen bilden.

Passen bei einem bestimmten Maß der Dehnung die **CO**-Gruppen der einen Molekülkette und die **NH**-Gruppe der Nachbarkette gerade aufeinander, dann bilden sich Wasserstoffbrücken zwischen ihnen. Das positiv polarisierte Wasserstoffatom einer **NH**-Gruppe vermag das negativ polarisierte Sauerstoffatom einer **CO**-Gruppe anzuziehen und festzuhalten (Abb. 16.9).

**Polyamidfasern verdanken ihre hohe Reißfestigkeit den vielen Wasserstoffbrücken zwischen CO- und NH-Gruppen benachbarter Moleküle. Diese Querverbindungen halten die Fadenmoleküle gegenseitig fest und verhindern, daß sie bei Beanspruchung voneinander abgleiten. Nur durch hohen Kraftaufwand werden die Moleküle voneinander getrennt.**

Synthetische Fasern werden allgemein nach dem Verspinnen verstreckt, um die Fadenmoleküle in eine zur Faserachse parallele Lage zu bringen, wodurch höchste Reißfestigkeit, Elastizität und Feinfädigkeit erreicht werden.

## 16.2.4 Polyester

Polyester entstehen durch Polykondensation von Dicarbonsäuren mit Diolen.

Ein sehr wichtiger Polyester bildet sich bei der Veresterung von Terephtalsäure mit Ethandiol.

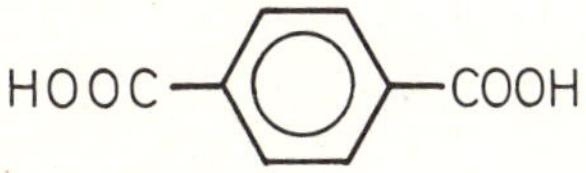


Terephtalsäure

$$HO-CH_2-CH_2-OH$$

Ethandiol

Die Carboxylgruppe der Säure reagiert mit der OH-Gruppe des Alkohols unter Wasserabspaltung. Durch fortgesetzte Verknüpfung der endständigen Gruppen entstehen die langen, fadenförmigen Moleküle eines Polyesters. Dieser Polyester wird auf Folien und auf Textilfasern verarbeitet.

Polyesterfolien haben eine größere Wärmebeständigkeit als Polyethylenfolien. Sie werden u. a. für wärmebeanspruchte Lebensmittelverpackungen, z. B. für Kochbeutel und Wursthüllen, verwendet.

Polyesterfasern werden wie Nylon und Perlon im Schmelzfluß gesponnen und anschließend verstreckt.

Unser obiges Beispiel zeigt, daß die Veresterung von Säuren und Alkoholen mit jeweils zwei funktionellen Gruppen zu Polyestern mit fadenförmigen Makromolekülen führt, die Molekülkette kann nur in zwei Richtungen wachsen.

Ersetzt man Terephtalsäure durch eine ungesättigte Dicarbonsäure, dann kann unter geeigneten Bedingungen die Verknüpfung an mehr als zwei Stellen erfolgen. Es entsteht ein räumlich vernetzter Polyester. Die Festigkeit dieser Polyester läßt sich durch Einlagern von Glasfasern beträchtlich erhöhen.

Glasfaserverstärkte Polyester haben viele Anwendungsgebiete gefunden. Aus ihnen werden u. a. hergestellt: Boote, Autokarosserien, Sturzhelme, Sitzmöbel, Autobahnschilder und viele andere Dinge.

Glasfaser-Polyester erreichen die Zerreißbarkeit von Stahl.

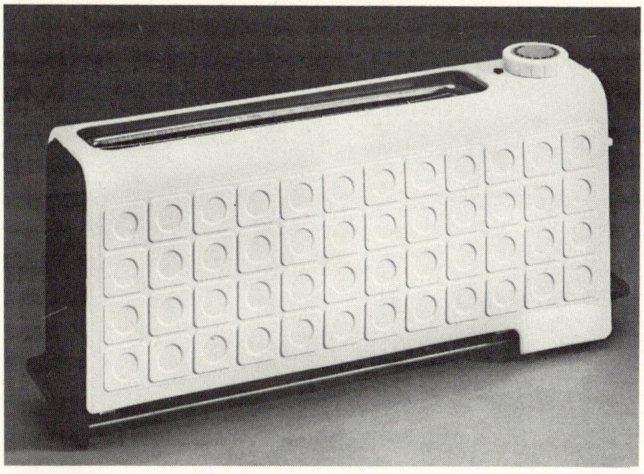

**Abb. 16.10**
**Toaster**
Seitenverkleidung aus Polyester, 20 % glasfaserverstärkt

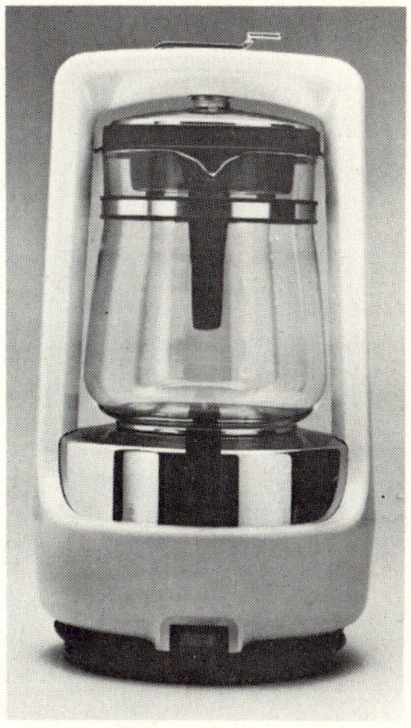

**Abb. 16.11**
**Kaffeemaschine**
Gehäuse aus Polyester

## 16.2.5 Phenoplaste und Aminoplaste

Die **Phenoplaste**, nach ihrem Entdecker Baekeland auch Bakelite genannt, entstehen durch Kondensation von Phenolen mit Methanal (V. 2).

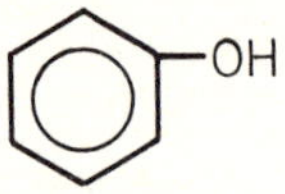


Phenol

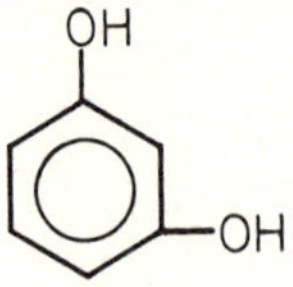


Resorcin
(2wertiges
Phenol)

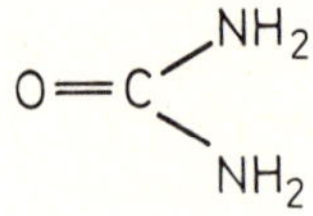


Harnstoff
(ein Diamid)

Die **Aminoplaste** sind Kondensationsprodukte von Aminen, z. B. Harnstoff, mit Methanal (V. 3). Phenoplaste und Aminoplaste gehören zu den Duroplasten. In dem fertig kondensierten Kunststoff sind nahezu alle Moleküle miteinander vernetzt. Der starken Vernetzung wegen lassen sich die Moleküle durch äußere Kraftanwendung nicht gegeneinander verschieben. Deshalb sind diese Kunststoffe hart und kratzfest.

Man verwendet Phenoplaste und Aminoplaste zur Herstellung vieler Massenartikel, z. B. Schalter, Steckdosen, Gehäuse von Haushaltsmaschinen, Möbel, Isolierstoffe in der Elektroindustrie usw.

## 16.2.6 Silicone

Bei den bisher behandelten Makromolekülen besteht das Grundgerüst vorwiegend aus Kohlenstoffatomen. Das Grundgerüst der Silicone dagegen besteht aus einer Silicium-Sauerstoffkette, deren Siliciumatome mit Methylgruppen oder anderen organischen Gruppen verknüpft sind:

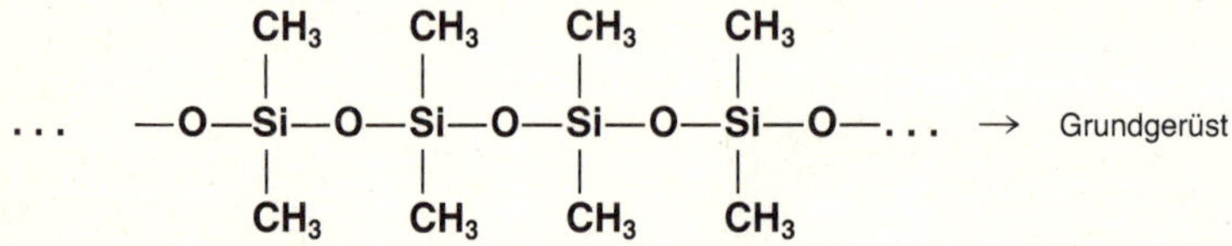


**Silicon** (Ausschnitt)

Es gibt Silicone mit längeren Molekülketten und solche mit kürzeren Ketten. Die Ketten können auch untereinander vernetzen.

Mit der Struktur ändern sich die Eigenschaften:

- Silicone mit kettenförmigen Molekülen sind flüssig: **Siliconöle**
- Mit wachsender Kettenlänge nimmt die Viskosität zu: **Siliconfette**
- Mäßige Vernetzung der Kettenmoleküle führt zu elastischen Produkten: **Siliconkautschuk**
- Silicone mit starker Vernetzung der Moleküle sind fest: **Siliconharze**

Es gibt also feste, flüssige und elastische Silicone.

### Eigenschaften und Verwendung

Alle Silicone besitzen eine ausgeprägte wasserabstoßende Wirkung. Sie sind deshalb hervorragende Imprägniermittel. Leder und Textilien lassen sich mit Siliconöl wasser- und schmutzabweisend ausrüsten.

Man verwendet sie, um Dachziegel, Mauerwerk, Beton vor eindringendem Wasser zu schützen. Damit werden auch Schädigungen durch Frost verhindert.

Man setzt sie Poliermitteln zu, um eine wasserabperlende Wirkung zu erzielen.

Siliconöle und -fette ändern auch bei starken Temperaturschwankungen nur wenig ihre Viskosität. Sie lassen sich daher sowohl bei hohen als auch bei tiefen Temperaturen einsetzen. Die Pharmazie verwendet Siliconfette als Salbengrundlage, da sie bei Wärme nicht flüssig und bei Kälte nicht fest werden, sondern ihre Konsistenz behalten.

Silicone besitzen ausgezeichnete elektrische Isolierfähigkeit und finden dieser Eigenschaft wegen breite Anwendung in der Elektrotechnik. Da sie sehr wärmebeständig sind, können sie höhere Arbeitstemperaturen als die herkömmlichen Isoliermittel aushalten. Daher können siliconisolierte elektrische Maschinen höher belastet werden. (Bei höherer Belastung tritt stärkere Erwärmung ein.)

Durch Verwendung von hitzebeständiger Isolation lassen sich leistungsstarke elektrische Maschinen mit viel kleineren Abmessungen und damit auch geringerem Gewicht als bisher bauen.

## 16.3 Polyaddition

Eine dritte Möglichkeit zum Aufbau von Makromolekülen ist die Polyaddition. Eine Polyaddition ist eine fortlaufende Verknüpfung von Monomeren, wobei ein H-Atom von einem Monomeren zum anderen wandert.

Wichtige Polyadditionsprodukte sind die **Polyurethane**. Sie entstehen durch Reaktion von zweiwertigen Alkoholen (Diolen) mit Di-isocyanaten.

Isocyanate enthalten die funktionelle Gruppe: 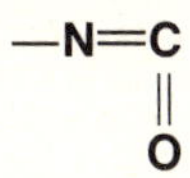

Di-isocyanate besitzen zwei dieser Gruppen.

**Beispiel:**

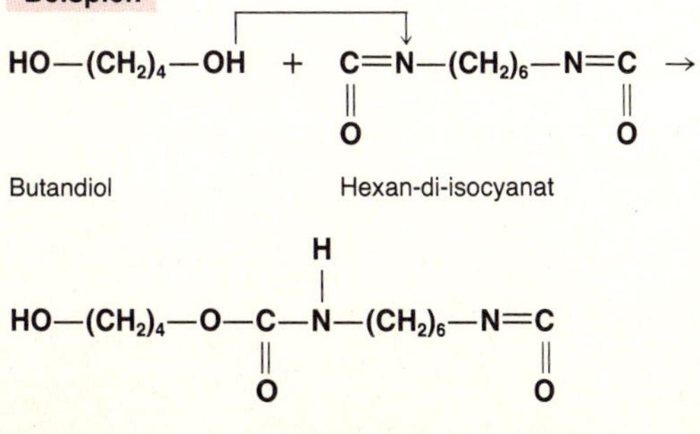

Das **H**-Atom der einen **OH**-Gruppe des Diols wandert zu dem **N**-Atom einer Isocyanatgruppe. Die Doppelbindung zwischen dem **C**-Atom und dem **N**-Atom wird dabei aufgehoben und eine neue Elektronenpaarbindung zwischen den beiden Monomeren geknüpft.

Das entstandene Produkt trägt an einem Ende eine **OH**-Gruppe, am anderen Ende eine Isocyanatgruppe, kann also nach beiden Richtungen in der eben beschriebenen Weise reagieren. So entstehen die langen Kettenmoleküle eines Polyurethans.

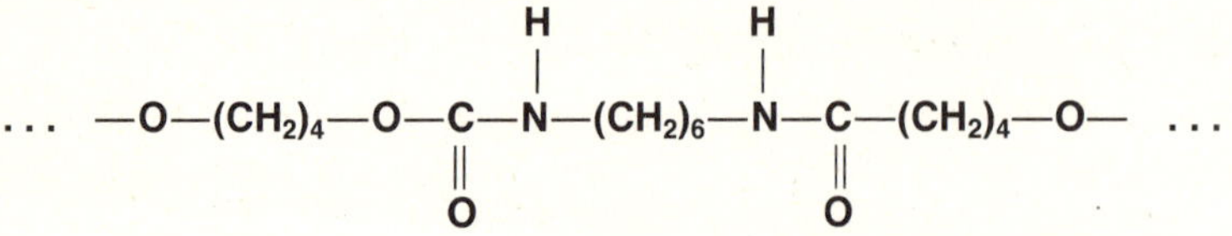

Polyurethan

Polyurethane sind wichtige Kleber für Metalle und Kunststoffe sowie wertvolle Gieß- und Lackharze.

Gibt man kleine Mengen Wasser zu dem Reaktionsgemisch, so tritt Zersetzung des Isocyanats unter Bildung von Kohlenstoffdioxid ein. Das Kohlenstoffdioxid bildet Bläschen. Man erhält einen Schaumstoff. Verschäumte Polyurethane kommen unter dem Namen »Moltopren« in den Handel.

**Abb. 16.12**
**Sessel aus Moltopren**

**Tabelle 16.1: Kunststoffe** Übersicht

| Polymerisate | Polykondensate | Polyaddukte |
|---|---|---|
| Polyethylen | Polyamide | Polyurethane |
| Polyvinylchlorid | Polyester | |
| Polystyrol | Phenoplaste | |
| Polytetrafluorethylen | Aminoplaste | |
| | Silicone | |

## 16.4 Verarbeitung von Kunststoffen

### Thermoplaste

Die Verarbeitung dieser Kunststoffe ist verblüffend einfach. Bei dem modernen, sehr wirtschaftlichen **Spritzgußverfahren** wird der Kunststoff durch Erwärmen verflüssigt und unter hohem Druck in wassergekühlte Hohlformen gespritzt, in denen er formbeständig erstarrt. Dann öffnet sich die zweiteilige Form, und der fertige Gegenstand – Schüssel, Becher, Eimer und dgl. – wird automatisch ausgestoßen.

Bei dem **Strangpreßverfahren** kommt der granulierte Kunststoff in eine beheizte Schneckenpresse – ähnlich einem Fleischwolf. Eine sich drehende Schnecke preßt die erhitzte und erweichte Masse durch eine Öffnung zu einem Strang, der an der Luft abkühlt und erhärtet. Je nach dem Profil dieser Öffnung entstehen Bänder, Stäbe, Röhren, Schläuche.

**Dünne Folien werden geblasen.** Dabei wird ein aus der Strangpresse durch eine Ringdüse austretender Schlauch mit Druckluft aufgeblasen und dadurch auf die gewünschte Foliendicke gedehnt (Folienblasverfahren).

### Duroplaste

Während Thermoplaste beim Erwärmen erweichen und sich dann leicht formen lassen, bleiben Duroplaste hart. Sie lassen sich nur spanabhebend verarbeiten. Das wäre für Massenartikel viel zu teuer. Man geht daher einen anderen Weg. Die Herstellung eines Phenoplasts oder Aminoplasts erfolgt in 2 Stufen. Zuerst läßt man die Kondensation nicht bis zu Ende laufen, sondern unterbricht in einem Zwischenstadium, in dem die Moleküle noch wenig vernetzt sind. Dieses Zwischenprodukt ist noch thermoplastisch und verformbar. Es wird in einer Presse zu dem gewünschten Gebrauchsgegenstand gepreßt. Dabei härtet es aus, d. h., die Kondensation geht weiter, alle Moleküle werden untereinander vernetzt. Jetzt ist der Werkstoff hart und nicht mehr erweichbar.

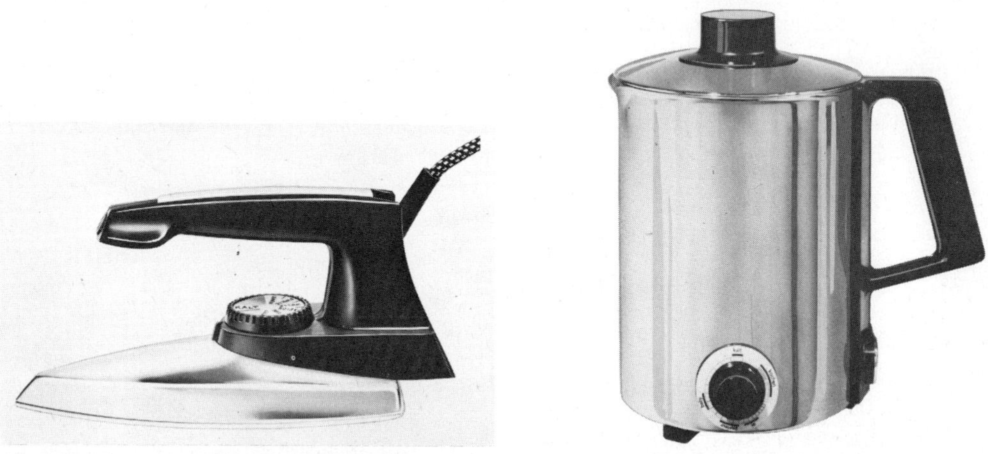

**Abb. 16.13**
**Die Griffe vieler Haushaltsgeräte bestehen aus Phenolharzpreßstoff, der eine geringe Wärmeleitfähigkeit besitzt.**

## 16.5 Vor- und Nachteile von Kunststoffen

Die Kunststoffindustrie hat sich nach dem 2. Weltkrieg stürmisch entwickelt. Sie gehört heute zu den Industriezweigen mit der größten Wachstumsrate. Kunststoffe sind aus unserem Leben nicht mehr fortzudenken.

**Welches sind die Gründe für den vielseitigen Einsatz dieser Werkstoffe?**

- Kunststoffe haben eine geringe Dichte. Sie eignen sich deshalb hervorragend für Verpackungen mit geringem Gewicht, für Behälter, für Gebrauchsgegenstände. Eine Kunststoffschüssel z. B. ist viel leichter als eine aus Glas oder Porzellan oder Stahl. Das geringe Gewicht der Kunststoffe spielt eine entscheidende Rolle für ihren Einsatz im Flugzeug- und Fahrzeugbau.
- Kunststoffe sind beständig gegen Witterungseinflüsse und viele Chemikalien. Sie brauchen daher keine Schutzüberzüge.
- Viele Kunststoffe sind physiologisch unbedenklich, daher eignen sie sich hervorragend zum hygienischen Verpacken von Lebensmitteln und anderen empfindlichen Gütern. Ohne sie wäre das Warenangebot im Supermarkt kaum möglich.
- Kunststoffe sind gute Isolatoren. Sie finden deshalb ausgedehnte Verwendung in der Elektroindustrie.
- Kunststoffe sind in der Herstellung preisgünstig. Sie lassen sich meist vollautomatisch in einem einzigen Arbeitsgang zu beliebig geformten Fertigteilen verarbeiten. Daher sind Gegenstände aus Kunststoff meist erheblich billiger als solche aus anderen Werkstoffen.

Neben vielen günstigen Eigenschaften zeigen Kunststoffe auch erhebliche **Nachteile**:

- Von großem Nachteil ist die geringe Wärmebeständigkeit vieler Kunststoffe. Viele Thermoplaste verformen sich schon bei Temperaturen unter 100 °C.
- Ein weiterer Nachteil ist die geringe Härte vieler Kunststoffe. Die Oberfläche zerkratzt und wird unansehnlich.
- Manche Kunststoffe altern. Sie vergilben und werden spröde und brüchig, wenn sie dem Sonnenlicht ausgesetzt sind.
- Eine typische Eigenschaft von Kunststoffen ist, daß sie sich elektrostatisch aufladen und deshalb Staubteilchen anziehen und an der Oberfläche verschmutzen.
- Kunststoffabfälle sind zum Umweltproblem geworden. Kunststoffe werden von Bakterien nicht angegriffen. Sie verrotten daher nicht. Zu ihrer Beseitigung müssen sie verbrannt werden, dabei entstehen z. T. aggressive Gase. Achtlos weggeworfene Kunststoffeinkaufsbeutel und dgl. bleiben jahrelang unverändert und verschandeln die Natur.

## 16.6 Umwandlungsprodukte von Cellulose

Das Cellulose-Molekül hat in jeder Glucose-Einheit drei freie **OH**-Gruppen. Cellulose läßt sich daher wie ein Alkohol mit Säure verestern. Verschiedene Ester der Cellulose haben technische Bedeutung.

### Celluloseacetat

Wird Cellulose mit Ethansäure verestert, so entsteht Cellulose-Ethansäureester. Die technische Bezeichnung ist Celluloseacetat. Aus Celluloseacetat werden photographische Filme und Acetatseide hergestellt.

### Viskose

Mit Kohlenstoffdisulfid **($CS_2$)** und Natriumhydroxid bildet Cellulose einen Ester, der sich in verdünnter Natronlauge löst. Die zähflüssige Lösung heißt Viskose.

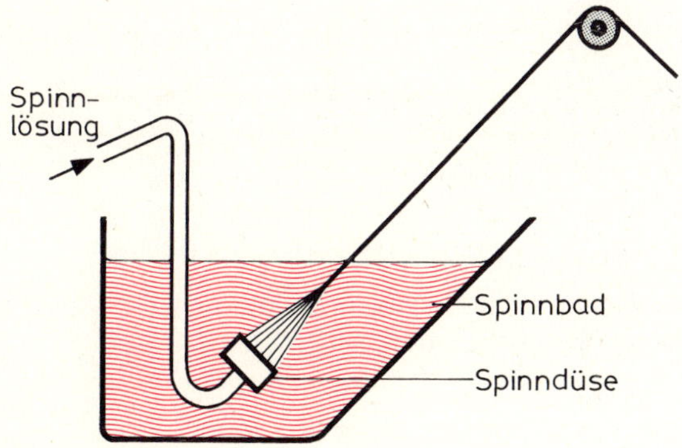


**Abb. 16.14**
**Spinnvorgang beim Viskoseverfahren**

Zur Erzeugung von Fäden wird die Lösung durch eine Spinndüse in ein saures Spinnbad gedrückt. Die Säure zersetzt die Viskose, dabei wird die Cellulose in Form eines feinen Fadens zurückgebildet – regeneriert (Abb. 16.4).

Die auf diesem Wege aus Cellulose gewonnenen Fäden werden im Handel als Viskose bezeichnet.

Viskosefasern bestehen aus regenerierter Cellulose. Sie enthalten viele hydrophile **OH**-Gruppen und können deshalb viel Feuchtigkeit aufnehmen.

Acetatfasern zeigen eine geringe Feuchtigkeitsaufnahme, weil die **OH**-Gruppen verestert sind. Sie trocknen deshalb schneller als Viskosefasern.

### Cellophan

**Abb. 16.15**
**Cellophanverschlossene Einmachgläser**

Läßt man die Viskose durch einen Schlitz in das Fällbad treten, so entstehen Folien, die unter dem Namen Zellglas oder Cellophan in den Handel kommen.

Viskoseschwämme erhält man durch Erhitzen von Viskose mit einem Treibmittel.

## Kontrollfragen

16.1 Wie wird Ethen gewonnen?

16.2 Zeichnen Sie die Strukturformeln von a) Ethen, b) Vinylchlorid, c) Tetrafluorethan.

16.3 Zeichnen Sie die Strukturformeln von Molekülausschnitten mit jeweils 6 C-Atomen von a) Polyethylen, b) Polyvinylchlorid, c) Polytetrafluorethylen.

16.4 Weshalb perlt Wasser von einer Polyethylen-Oberfläche ab?

16.5 Weshalb sind die meisten Polymerisate Thermoplaste?

16.6 Welches ist das Strukturmerkmal aller Polyamide?

16.7 Weshalb trocknen Synthesefasern viel schneller als Cellulosefasern?

16.8 Baumwollwäsche saugt den Schweiß stärker auf als Perlonwäsche. Geben Sie eine Erklärung.

16.9 Nennen Sie einige Vorzüge von Gegenständen aus Kunststoff gegenüber solchen aus herkömmlichen Werkstoffen.

16.10 Weshalb bringt der Verbrauch von Kunststoffartikeln Umweltprobleme mit sich?

16.11 Welches ist Ihrer Meinung nach ein Hauptnachteil von Kunststoffgegenständen?

## Zusammenfassung

Kunststoffe sind makromolekulare Werkstoffe, die durch Abwandlung von Naturstoffen oder vollsynthetisch aus Stoffen mit kleinen Molekülen, den Monomeren, hergestellt werden.

Der Aufbau der Makromoleküle kann geschehen:

**1.** durch Polymerisation:
Ausgangsstoffe sind ungesättigte Verbindungen. Unter Aktivierung der Doppelbindung werden die Monomeren zu langen Kettenmolekülen zusammengefügt, ohne daß Spaltprodukte austreten.

**2.** durch Polykondensation:
Die Verknüpfung der Monomeren erfolgt unter Austritt von Wasser.

**3.** durch Polyaddition:
Die Verknüpfung der Monomeren erfolgt unter Wanderung von Wasserstoffatomen. Es treten keine Spaltprodukte aus.

Die Vereinigung von Monomeren mit z w e i funktionellen Gruppen ergibt fadenförmige Moleküle. Kunststoffe mit fadenförmigen Molekülen erweichen beim Erwärmen. Es sind Thermoplaste. Sie sind bei erhöhter Temperatur plastisch verformbar, weil die langen Kettenmoleküle voneinander abgleiten können.

Werden Monomeren mit d r e i oder mehr funktionellen Gruppen umgesetzt, so erfolgt die Verknüpfung in allen Richtungen. Es entsteht ein vernetzter Duroplast. Duroplaste erweichen nicht beim Erwärmen.

Die Formgebung erfolgt, b e v o r der Kunststoff entgültig vernetzt (ausgehärtet) ist. Die Aushärtung erfolgt in der gewünschten Form.

Wegen vieler hervorragender Eigenschaften, wie z. B. geringes Gewicht, Beständigkeit gegenüber Witterungseinflüssen und vielen Chemikalien, gute Isolierfähigkeit, und vor allem des günstigen Preises wegen haben Kunststoffe unzählige Anwendungsgebiete gefunden.

Kunststoffmüll ist zum Umweltproblem geworden, denn Kunststoffe verrotten nicht. Zu ihrer Beseitigung müssen sie verbrannt werden, wobei zum Teil aggressive Gase entstehen.

ab, so herrscht am Metallstab Elektronenmangel. Er ist nun positiv geladen. (Cu-Elektrode)

Werden nun beide Metalle durch einen Draht miteinander verbunden, so fließt ein elekt. Strom (Elektronen) von der Zinkelektrode zur Kupferelektrode.

Die Zinkelektrode wird zur ~~Kathode~~ Anode und die Kupferelektrode zur ~~Anode~~ Kathode

~~Kathode~~ Anode:

$Zn \xrightarrow{\text{Oxidation}} Zn^{2+} + 2e^- \xrightarrow[\text{zur}]{\text{wandern}}$ ~~Anode~~ Kathode:

Zinkstab — geht in Lösung

$Cu^{2+} + 2e^- \xrightarrow{\text{Reduktion}}$ (c[illegible]

aus der Lösung — sc[illegible] si[illegible] a[illegible]

Es fließt ein elekt. Strom

# Gewinnung von elektrischer Energie aus chemischen Vorgängen

Bringt man einen Metallstab in die Lösung seines Salzes, so gehen Metallionen aus dem Metallgitter unter Zurücklassung der zugehörigen Elektronen (–) in die Salzlösung.

Gleichzeitig scheiden sich auch Metallionen aus der Lösung im Metallstab ab.

Gehen mehr Metallionen in Lösung, so hat der Metallstab einen Elektronenüberschuß (Zinkelektrode) → Negative dadurch

... Metallionen auf dem Metallstab

# AUSGEWÄHLTE THEMEN

# 17 Angewandte Oxidations-Reduktionsverfahren

## 17.1 Bleichen von Textilien

**Versuche:**

**V. 1** *Bleichwirkung von Wasserstoffperoxid*

*In ein Reagenzglas einige $cm^3$ sehr verdünnte Indigolösung geben, dazu Wasserstoffperoxid und 1 Körnchen Eisen(II)-Sulfat als Katalysator.*

**V. 2** *Katalytischer Zerfall von Wasserstoffperoxid*

*Zu je $5\,cm^3$ Wasserstoffperoxid a) eine Messerspitze Braunstein, b) eine Messerspitze Eisenpulver geben. In die Reagenzglasmündung einen glimmenden Holzspan halten. Aufflammen des Holzspans zeigt Sauerstoff an.*

**V. 3** *Nachweis von Bleichmitteln in Vollwaschmitteln*

*Eine kleine Menge Waschmittel in Wasser lösen und mit verdünnter Schwefelsäure (1 : 4) ansäuern, dann tropfenweise sehr verdünnte Kaliumpermanganat-Lösung (Farbe von Rotwein) hinzufügen. Entfärbung bei Gegenwart von Natriumperborat.*

**V. 4** *Bleichen mit Schwefeldioxid*

*Schwefelfäden auf Asbestpapier geben, anzünden und ein Becherglas darüberstülpen, an dessen Innenwandung ein Stück feuchtes, mit verdünnter Fuchsinlösung getränktes Filtrierpapier haftet. Nach Entfärben Becherglas mit der Mündung nach oben offen hinstellen. Beobachtung?*

### Die Wirkung von Bleichmitteln

Bleichen heißt Aufhellen von Färbungen. Die Wäsche wird einem Bleichprozeß unterworfen zur Erzielung eines reinen Weißtons und zur Beseitigung von farbigen Flecken.

In der Textilindustrie werden alle Faserarten gebleicht, wenn ein reines Weiß gewünscht wird oder wenn in hellen Farben gefärbt werden soll.

**Es gibt Oxidations- und Reduktionsbleichen.**

- Durch oxidierend wirkende Bleichmittel wird der Farbstoff oxidiert, dadurch abgebaut und auswaschbar gemacht.
- Reduzierend wirkende Bleichmittel führen den Farbstoff in eine farblose, leicht auswaschbare Verbindung über, die durch den Luftsauerstoff wieder zum Farbstoff zurückoxidiert werden kann (V. 4).

Wird das gebleichte Textilgut nicht genügend gespült, kann die ursprüngliche Farbe wieder zum Vorschein kommen.

## Oxidationsbleichen

### Wasserperoxid, $H_2O_2$

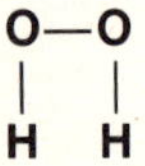

Wasserstoffperoxid

Wasserstoffperoxid ist ein bekanntes Bleichmittel. Im $H_2O_2$-Molekül sind 2 Sauerstoffatome durch ein gemeinsames Elektronenpaar miteinander verbunden. Die Verbindung ist wenig beständig, sie neigt zum Zerfall in Wasser und Sauerstoff:

$$2\,H_2O_2 \rightarrow 2\,H_2O + O_2$$

Da Wasserstoffperoxid leicht Sauerstoff abspaltet, ist es ein gutes Oxidationsmittel. Der abgespaltene Sauerstoff wirkt desinfizierend und bleichend. Er zerstört die Farbstoffe durch Oxidation.

Auf der milden Oxidationswirkung einer verdünnten Wasserstoffperoxid-Lösung beruht seine Verwendung zum Bleichen von Textilien und in der Kosmetik zum Bleichen von Haaren (V. 1–3).

### Natriumperborat, $NaBO_2 \cdot H_2O_2$

Der bleichende und desinfizierende Bestandteil vieler Haushaltswaschmittel ist Natriumperborat. Die Formel zeigt, daß in diesem Salz Wasserstoffperoxid gebunden ist. Beim Auflösen in Wasser wird das gebundene Wasserstoffperoxid allmählich abgespalten – langsam bei Zimmertemperatur, schneller beim Erwärmen.

Eine wäßrige Natriumperboratlösung zeigt daher die gleichen Eigenschaften wie eine Wasserstoffperoxid-Lösung. Sie wirkt bleichend und desinfizierend.

Versuch 2 zeigt, daß der Zerfall des Wasserstoffperoxids in Wasser und Sauerstoff durch Anwesenheit von Katalysatoren stark beschleunigt wird. Als solche wirken z. B. Braunstein, Eisen-Ionen, Kupfer-Ionen u. v. a. Spuren dieser Stoffe können in der Wäsche vorkommen und eine stürmische Sauerstoffentwicklung auslösen. Diese würde die Faser schädigen.

**Starkes Bleichen greift die Faser an.**

Deshalb werden den perborathaltigen Waschmitteln Stabilisatoren zugesetzt, das sind Stoffe, wie z. B. Magnesiumsilicat, die die katalytisch wirkenden Ionen binden, so daß die Sauerstoffentwicklung langsam, gleichmäßig und faserschonend abläuft.

### Natriumhypochlorit, NaOCl

Natriumhypochlorit ist ein starkes Oxidationsmittel. Deshalb werden Hypochloritlösungen – Bleichlaugen – zum Bleichen verwendet. Natriumhypochlorit ist ein Salz der schwachen hypochlorigen Säure, HOCl. Die Bleichwirkung beruht darauf, daß sich in der wäßrigen Lösung des Salzes durch Protolyse hypochlorige Säure bildet:

$$OCl^- + HOH \rightarrow HOCl + OH^-$$

Hypochlorit-Ion; Hypochlorige Säure

Die hypochlorige Säure ist sehr unbeständig. Sie zersetzt sich unter Abspaltung von Sauerstoff. Der frei werdende Sauerstoff zerstört die Farbstoffe durch Oxidation.

Die Hypochloritbleiche muß im Gegensatz zur Peroxidbleiche bei niedrigen Temperaturen durchgeführt werden, da bei ansteigenden Temperaturen die Sauerstoffentwicklung so stark ist, daß Faserschädigungen eintreten.

Das Bleichen mit Natriumperborat ist bequemer und sicherer durchzuführen. Deshalb hat Natriumhypochlorit für Haushaltswäsche keine Bedeutung. Es findet technische Verwendung zum Bleichen von Baumwolle.

### Reduktionsbleichen

### Schwefeldioxid

Viele Farbstoffe werden durch Reduktion entfärbt. Darauf beruht die Verwendung von Schwefeldioxid zum Bleichen von Wolle, Seide, Stroh. Man läßt gasförmiges Schwefeldioxid auf die angefeuchteten Stoffe einwirken (V. 4).

### Natriumdithionit, $Na_2S_2O_4$

Das Salz ist ein sehr starkes Reduktionsmittel. Es reduziert faserschonend viele Farbstoffe. Verwendung findet Natriumdithionit zum Entfernen von Obst-, Rost- und Farbstoffflecken.

#### Kontrollfragen

17.1 Was heißt Bleichen?

17.2 Begründen Sie, weshalb vielen Haushaltswaschmitteln Bleichmittel zugesetzt werden.

**Zusammenfassung**

Bleichen heißt Entfärben. Oxidierend wirkende Bleichmittel zerstören den Farbstoff durch Oxidation. Eine zu starke Sauerstoffentwicklung des Bleichmittels kann zur Zerstörung der Faser führen.

Reduzierend wirkende Bleichmittel führen den Farbstoff durch Reduktion in eine farblose, leicht auswaschbare Verbindung über, die bei Oxidation durch den Luftsauerstoff wieder zum ursprünglichen Farbstoff zurückoxidiert wird.

## 17.2 Gewinnung von Metallen

**Versuche:**

**V. 1** *Elektrolyse einer wäßrigen Kupfersalzlösung*

*In ein Becherglas eine ½%ige Kupfersalzlösung (*$CuSO_4$ *oder* $CuCl_2$*) geben, 2 Graphitelektroden oder besser 2 Platinelektroden eintauchen und 4 Volt Gleichspannung anlegen. Nach einigen Minuten Elektroden beobachten, dann umpolen.*

**V. 2** *Elektrolyse von Natriumchloridlösung*

*Filtrierpapier mit starker NaCl-Lösung, der einige Tropfen Phenolphthaleinlösung zugesetzt sind, tränken. Papier auf Stein- oder Glasplatte ausbreiten und auf das Papier 2 Elektroden drücken, 4 Volt Gleichspannung. An welchem Pol erfolgt Rotfärbung?*

### 17.2.1 Darstellung von Metallen durch Reduktion

Nur wenige Metalle kommen in der Natur gediegen vor, das heißt im elementaren Zustand. Es sind dies die Edelmetalle. Sie müssen nur von dem umgebenden Gestein getrennt werden, um sie in reiner Form zu erhalten.

Alle übrigen Metalle stellt man aus ihren Verbindungen her. Die wichtigsten Erze, aus denen Metalle gewonnen werden, sind die oxidischen Erze und die sulfidischen Erze.

**In oxidischen Erzen ist das Metall an Sauerstoff gebunden,**

**in sulfidischen an Schwefel.**

Es gibt verschiedene Verfahren, um Erze zu verhütten, d. h., um aus ihnen die Metalle in Freiheit zu setzen. Die größte technische Bedeutung hat die **Reduktion von oxidischen Erzen mit Hilfe von Kohlenstoff in Form von Koks.**

Sulfidische Erze und andere nichtoxidische Erze werden zunächst in die entsprechenden Metalloxide übergeführt. Danach können die Oxide zu Metallen reduziert werden.

Beispiel: Ein wichtiges Zinkerz ist Zinksulfid, ZnS. Durch Rösten – d. h. durch Erhitzen unter Luftzutritt – wird Zinksulfid in Zinkoxid und Schwefeldioxid übergeführt:

$$2\,ZnS + 3\,O_2 \rightarrow 2\,ZnO + 2\,SO_2$$

Zinkoxid kann durch Kohlenstoff reduziert werden:

$$ZnO + C \rightarrow Zn + CO$$

**Aus Metalloxiden gewinnt man die Metalle durch Reduktion.**

Das billigste Reduktionsmittel der Technik ist Koks.

#### Elektrolytische Reduktion

Einige Metalle werden durch Elektrolyse in großer Reinheit gewonnen. Schickt man den elektrischen Strom durch eine wäßrige Salzlösung oder durch ein geschmolzenes Salz, so wandern die positiv geladenen Metall-Ionen zum negativen Pol, zur Kathode. Hier nehmen sie Elektronen auf und werden dadurch zu Metall reduziert.

Wir erinnern uns: Elektronenaufnahme = Reduktion

Sehr unedle Metalle, wie Natrium, Magnesium, Aluminium, werden durch Schmelzelektrolyse gewonnen.

### 17.2.2 Die Elektrolyse – eine Redoxreaktion

Taucht man in die Lösung eines Elektrolyten 2 Elektroden und legt eine Gleichspannung an, so fließt Strom. Während des Stromdurchgangs findet eine chemische Zersetzung der Lösung statt, die man E l e k t r o l y s e nennt.

Als Beispiel betrachten wir die Vorgänge bei der Elektrolyse einer Kupfer(II)-chloridlösung. Kupfer(II)-chlorid ist in wäßriger Lösung in Ionen zerfallen.

$$CuCl_2 \rightarrow Cu^{2+} + 2\,Cl^-$$

Eine Kupfer(II)-chloridlösung enthält Kupfer-Ionen und Chlorid-Ionen.

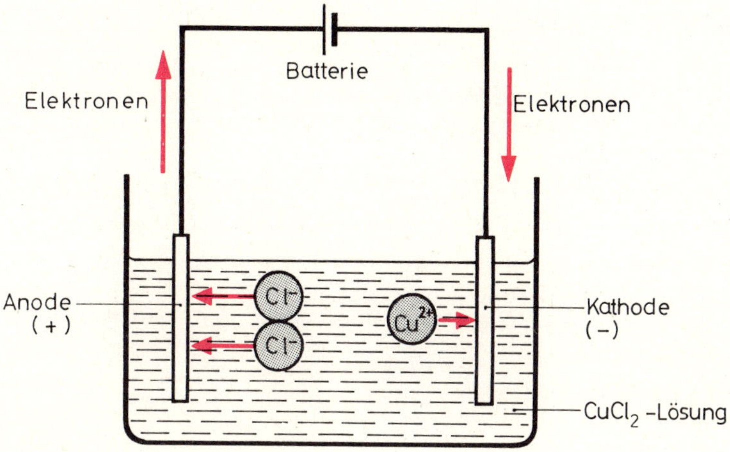


**Abb. 17.1**
**Elektrolyse einer $CuCl_2$-Lösung** (Schema)

Bei Anlegen einer Spannung wandern die positiv geladenen Kupfer-Ionen zum negativen Pol, zur Kathode.

**Vorgang an der Kathode:** $Cu^{2+} + 2\,e^- \rightarrow Cu$

Kupfer-Ion + Elektron → Kupferatom

Von der Kathode gehen je 2 Elektronen auf ein Kupfer-Ion über. Die Kupfer-Ionen werden durch Elektronenaufnahme zu Kupferatomen reduziert, die sich auf der Kathode als roter Metallüberzug absetzen. Die Kathode wird verkupfert (V. 1).

Die negativ geladenen Chlorid-Ionen wandern zum positiven Pol, zur Anode.

**Vorgang an der Anode:** $2\,Cl^- \rightarrow 2\,Cl + 2\,e^-$

Chlorid-Ion → Chloratom

Die Chlorid-Ionen geben je ein Elektron an die Anode ab. Dadurch werden die Chlorid-Ionen zu Chloratomen oxidiert. Je 2 Chloratome vereinigen sich zu einem Chlormolekül:

$$2\,Cl \rightarrow Cl_2$$

Chlormolekül

An der Anode perlt Chlorgas in kleinen Blasen an die Oberfläche.

**Zusammenfassung**

An der Kathode findet eine Reduktion statt:

Reduktion von Kupfer-Ionen zu metallischem Kupfer:

$$Cu^{2+} + 2\,e^- \rightarrow Cu$$

An der Anode findet eine Oxidation statt:

Oxidation von Chlorid-Ionen zu Chlor:

$$2\,Cl^- \rightarrow Cl_2 + 2\,e^-$$

Die von den Chlorid-Ionen an die Anode abgegebenen Elektronen werden von der Spannungsquelle abgesaugt und über die äußere Leitung auf die Kathode gedrückt, wo sie von den Kupfer-Ionen aufgenommen werden.

*Ergebnis*: Kupfer(II)-chlorid wird durch den elektrischen Strom in metallisches Kupfer und Chlorgas zerlegt.

**Die Zerlegung einer chemischen Verbindung durch den elektrischen Strom heißt Elektrolyse.**

**Kathodische Reduktion:**

- Bei *jeder* Elektrolyse nehmen Teilchen an der Kathode Elektronen auf. Aufnahme von Elektronen ist eine Reduktion. An der Kathode werden also Teilchen reduziert.

**Anodische Oxidation:**

- An der Anode geben Teilchen Elektronen ab. Jede Abgabe von Elektronen ist eine Oxidation. Die Teilchen werden also an der Anode oxidiert.

**In der Technik werden Elektrolysen in großem Umfang zur Gewinnung von Metallen durchgeführt.**

**Elektrolyse einer wäßrigen Natriumchlorid-Lösung**

Wird eine wäßrige NaCl-Lösung elektrolysiert, so beeinflußt das Lösungsmittel *Wasser* den Verlauf der Elektrolyse.

Eine Natriumchlorid-Lösung enthält Natrium-Ionen und Chlorid-Ionen. Bei Anlegen einer Spannung wandern die Chlorid-Ionen zur Anode und werden hier durch Abgabe von je einem Elektron zu Chloratomen oxidiert. Die Chloratome schließen sich paarweise zu Chlormolekülen zusammen. An der Anode wird also Chlorgas entwickelt.

**Anodenreaktion:** $2\,Cl^- \rightarrow Cl_2 + 2\,e^-$

Die Natrium-Ionen wandern zur Kathode. Hier aber werden sie *nicht* reduziert. Die Elektronen gehen von der Kathode nicht auf die Natrium-Ionen, sondern auf die Protonen des Wassers über.

**Kathodenreaktion:** $2\,e^- + 2\,H_2O \rightarrow H_2 + 2\,OH^-$

Durch diese Reaktion entstehen an der Kathode **$OH^-$**-Ionen und Wasserstoff. An der Kathode entweicht Wasserstoff.

An der Kathode werden immer die Stoffe reduziert, die am leichtesten Elektronen aufnehmen. Die Protonen des Wassers lassen sich leichter reduzieren als die Natrium-Ionen. Infolgedessen bleiben die Natrium-Ionen in Lösung.

In der Umgebung der Kathode sammeln sich die **$Na^+$**-Ionen und die durch die Kathodenreaktion entstehenden **OH**-Ionen. Im Kathodenraum bildet sich also Natronlauge (V. 2).

Die Elektrolyse einer wäßrigen Natriumchlorid-Lösung liefert Chlor, Wasserstoff und Natronlauge.

**Sehr unedle Metalle, wie Natrium, Magnesium oder Aluminium, kann man nicht durch Elektrolyse einer wäßrigen Salzlösung erhalten, da die Protonen des Wassers leichter zu Wasserstoff reduziert werden als die Metall-Ionen zu Metall.**

**Man gewinnt diese Metalle durch Elektrolyse ihrer geschmolzenen Salze: Schmelzelektrolyse.**

## 17.3 Eisen

### 17.3.1 Vorkommen und Gewinnung

Eisen ist das wichtigste und meistverwendete Gebrauchsmetall. In den Erzlagerstätten kommt das Metall meist als Oxid vor.

**Wichtige Eisenerze** sind:

- Magneteisenstein oder Magnetit, **$Fe_3O_4$**
- Roteisenstein oder Hämatit, **$Fe_2O_3$**
- Brauneisenstein oder Limonit, **$Fe_2O_3 \cdot n\ H_2O$** (ein Eisenoxid mit wechselnden Mengen Wasser)
- Pyrit oder Eisenkies, **$FeS_2$**

**Die Gewinnung des Eisens geschieht durch Reduktion der Eisenoxide im Hochofen.**

Pyrit, ein sulfidisches Erz, wird vorher durch Rösten, d. h. durch Erhitzen an der Luft, in Eisenoxid übergeführt. Das Eisenoxid wird dann im Hochofen zu Eisen reduziert.

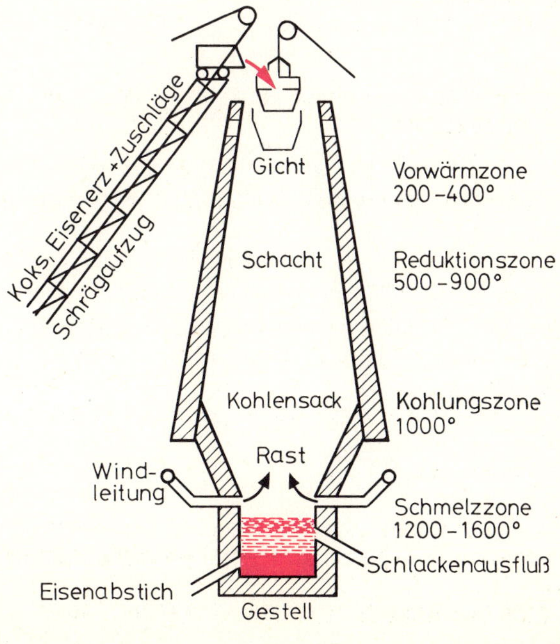


**Abb. 17.2**
**Hochofen**
**Schematische Darstellung**

Die vorstehende Abbildung zeigt den Aufbau eines Hochofens. Der Hochofen ist ein 30–40 m hoher Schachtofen. Seine drei wesentlichen Teile sind:

1. **der Schacht**, er hat die Form eines sich nach unten erweiternden abgestumpften Kegels, dessen oberster Teil als Gicht und dessen breiteste Stelle als Kohlensack bezeichnet werden,
2. **die Rast**, von der Form eines umgekehrten Kegelstumpfes,
3. **das Gestell**, der zylindrische untere Teil mit den Zuführungen für den Heißwind und den Abflußöffnungen für Schlacke und Roheisen.

Der Hochofen wird von oben beschickt, und zwar abwechselnd mit einer Schicht Koks und einer Schicht Erz + Zuschläge. Die **Zuschläge** (meist Kalk) haben den Zweck, das begleitende taube Gestein, die **Gangart**, in die leicht schmelzende **Schlacke** überzuführen.

Die Beschickung erfolgt automatisch. Ein Schrägaufzug befördert die Behälter mit Koks, Erz und Kalk zur Gichtbühne, wo sie sich selbsttätig in den Ofen entleeren. In dem Maße, wie die Füllung des Hochofens nach unten absinkt, wird neues Gut nachgefüllt, so daß der Hochofen – einmal angeblasen – jahrelang ununterbrochen in Betrieb ist, bis die Ausmauerung erneuert werden muß.

Die Vorgänge im Hochofen erstrecken sich im wesentlichen über 4 Zonen:

- Im obersten Teil, der **Vorwärmzone**, werden bei 200–400 °C die eingebrachten Stoffe getrocknet und vorgewärmt.
- Im anschließenden Gebiet, der **Reduktionszone**, erfolgt bei etwa 500–900 °C die Reduktion der Erze zu festem metallischen Eisen.
- Bei weiterem Absinken nimmt das Eisen in der **Kohlungszone** bei etwa 1000 °C Kohlenstoff auf.
- In der noch tiefer liegenden **Schmelzzone** schmilzt dann das gekohlte Eisen.

**Der Hochofen arbeitet nach dem Gegenstromprinzip: Die festen und später geschmolzenen Stoffe sinken von oben nach unten ab. Die heißen Gase strömen von unten nach oben.**

### 17.3.2 Die chemischen Vorgänge im Hochofen

In den unteren Teil des Hochofens wird vorgewärmte Luft – der sogenannte **Heißwind** – eingeblasen. Hier verbrennt der Koks zu Kohlenstoffdioxid:

$$C + O_2 \rightarrow CO_2$$

Das gebildete Kohlenstoffdioxid ist bei den hohen Temperaturen der weißglühenden Koksschichten nicht beständig. Es wird sofort von dem heißen Koks zu Kohlenstoffmonooxid reduziert:

$$CO_2 + C \rightarrow 2\,CO$$

Das heiße Kohlenstoffmonooxid wirkt als Reduktionsmittel. Es steigt im Schacht auf und reduziert die Eisenoxide zu Eisen.

Bruttogleichung:

$$Fe_2O_3 + 3\,CO \rightarrow 2\,Fe + 3\,CO_2$$

bzw.

$$Fe_3O_4 + 4\,CO \rightarrow 3\,Fe + 4\,CO_2$$

Reines Eisen schmilzt bei 1537 °C. Da diese Temperatur in der Reduktionszone nicht erreicht wird, scheidet sich hier das Eisen in fester Form ab. An seiner Oberfläche findet ein wichtiger katalytischer Prozeß statt: Ein Teil des Kohlenstoffmonooxids zerfällt bei Berührung mit dem porösen Eisen in Kohlenstoff und Kohlenstoffdioxid:

$$2\,CO \rightarrow C + CO_2$$

Dieser feinstzerteilte Kohlenstoff reduziert ebenfalls die Eisenoxide, was durch den grobzerteilten Koks nicht gelingt.

$$Fe_2O_3 + 3\,C \rightarrow 2\,Fe + 3\,CO$$

bzw.

$$Fe_3O_4 + 4\,C \rightarrow 3\,Fe + 4\,CO$$

Ein beträchtlicher Teil des Kohlenstoffs aus dem Zerfall des Kohlenstoffmonooxids dringt in das Eisen ein. Dadurch sinkt dessen Schmelzpunkt von 1537 °C auf 1100–1200 °C. Ist dann das gekohlte Eisen bis zur Schmelzzone abgesunken, schmilzt es, tropft in das Gestell und wird alle 2½ bis 4 Stunden – je nach Ofengröße – abgestochen.

In der Schmelzzone findet auch die Umsetzung der Gangart mit den Zuschlägen zur Schlacke statt. Die geschmolzene Schlacke tropft herunter und sammelt sich, da sie spezifisch leichter ist, auf dem geschmolzenen Eisen. Dadurch wird das Eisen vor Oxidation durch den eingeblasenen Heißwind geschützt. Auch die Schlacke wird von Zeit zu Zeit abgestochen.

Die Schlacke wurde früher ungenutzt auf Halde geschüttet. Heute verwendet man sie zur Herstellung von Mauersteinen, Pflastersteinen, Straßenschotter, Schlackensand für Zement. Durch Zerstäuben der aus dem Hochofen abfließenden Schlacke mit einem Dampfstrahl oder mit Preßluft erhält man die Schlackenwolle, die zur Wärme- und Schallisolierung dient.

#### Der Hochofen liefert Roheisen

Das aus dem Hochofen kommende Roheisen enthält ca. 4 % Kohlenstoff, daneben noch andere Verunreinigungen wie Silicium, Schwefel, Mangan und Phosphor.

Roheisen ist spröde, es läßt sich aber gut in Formen gießen und kann daher zu Gußeisen umgeschmolzen werden.

Die Hauptmenge des Roheisens – mehr als 90 % – wird in Stahl übergeführt.

### 17.3.3 Reduktion von Eisenerzen ohne Verwendung von Koks

Das beherrschende Verfahren zur Erzeugung von Roheisen ist die Reduktion von Eisenerzen im Hochofen mittels Koks. Der Hochofen benötigt sehr große Mengen an Koks. Für die Erschmelzung von 1 t Roheisen sind mindestens 0,350 t Koks erforderlich.

Ein modernes Hamburger Stahlwerk reduziert Eisenerze auf der Basis von Erdgas – ohne Verwendung von Koks. Die Hüttenanlage besteht im wesentlichen aus der Spaltanlage und dem Reduktionsschachtofen.

In der Spaltanlage wird Erdgas bei Gegenwart von Sauerstoff in ein Gemisch von Kohlenstoffmonooxid und Wasserstoff gespalten. Dieses Gasgemisch nennt man Reduktionsgas:

$$2\,CH_4 + O_2 \rightarrow 2\,CO + 4\,H_2$$

Im Reduktionsschachtofen wird das gekörnte Eisenerz von dem heißen Reduktionsgas durchströmt und dabei zu Eisen reduziert.

## 17.3.4 Stahl

Roheisen ist seines hohen Kohlenstoffgehaltes wegen nicht schmiedbar. Beim Erhitzen schmilzt es, ohne vorher zu erweichen. Es bleibt bis zum Schmelzpunkt fest und spröde, kann daher nicht geschmiedet oder gewalzt werden.

Ein Eisen mit einem Kohlenstoffgehalt von weniger als 1,7 % dagegen erweicht vor dem Schmelzen und kann in diesem erweichten Zustand geschmiedet und gewalzt werden, d. h. durch Hämmern und Pressen verformt werden.

**Eisen mit einem Kohlenstoffgehalt bis zu 1,7 % ist schmiedbar. Schmiedbares Eisen wird als Stahl bezeichnet.**

**Um Roheisen in Stahl zu überführen, muß der Kohlenstoffgehalt verringert werden.** Auch müssen die übrigen Begleitstoffe, vor allem Schwefel, Silicium und Phosphor, entfernt werden. Man erreicht dies durch Oxidation der Fremdbestandteile. Die dabei entstehenden Oxide sind im geschmolzenen Eisen unlöslich und scheiden sich aus der Schmelze ab.

**Die wichtigsten Verfahren zur Stahlerzeugung sind:**

- das Sauerstoff-Aufblas-Verfahren
- das Siemens-Martin-Verfahren

### Das Sauerstoff-Aufblas-Verfahren

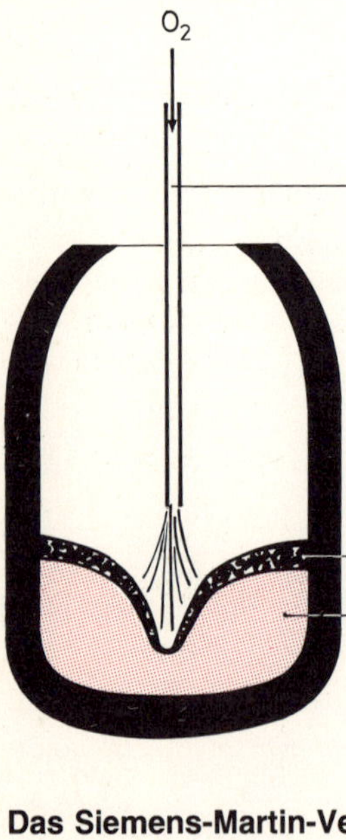


Das flüssige Roheisen kommt zusammen mit gepulvertem Kalk in den Konverter. Dies ist ein riesiges birnenförmiges Stahlgefäß mit einem Fassungsvermögen bis zu 400 t. Der Kalk dient zur Bildung von Schlacke.

Durch ein langes, wassergekühltes Kupferrohr, die **Sauerstofflanze**, wird Sauerstoff unter hohem Druck auf die Oberfläche des geschmolzenen Metalls geblasen. Dabei verbrennen der Kohlenstoff des Roheisens und die übrigen Begleitstoffe zu Oxiden, die in die Schlacke übergehen oder gasförmig entweichen. So wird aus Roheisen Stahl. Der erzeugte Stahl ist von hoher Qualität. Das Verfahren ist sehr wirtschaftlich. Es hat das klassische Thomas-Verfahren, bei dem Luft durch Düsen im Boden des Konverters geblasen wurde, abgelöst.

**Abb. 17.3**
**Konverter für Sauerstoff-Aufblas-Verfahren**
(Schematische Darstellung)

### Das Siemens-Martin-Verfahren

In einem flachen, von oben durch Gasflammen beheizten Herd werden Roheisen und Schrott (bis zu 85 %) zusammengeschmolzen. Dabei oxidiert der Sauerstoff des verrosteten, also oxidierten Alteisens zusammen mit der über den Herd streichenden Verbrennungsluft den Kohlenstoff und die übrigen Begleitstoffe des Roheisens.

So wird das Roheisen entkohlt und der Schrott wieder zu Stahl reduziert.

**Nach diesem Verfahren werden große Mengen Schrott zu hochwertigem Stahl wieder aufbereitet.**

**Stahllegierungen**

Legierte Stähle erhält man durch Zusatz von Chrom, Nickel, Wolfram und anderen Metallen. Die Edelstähle werden fast ausschließlich in Elektroöfen erschmolzen. Je nach Art und Menge der zugesetzten Metalle lassen sich die Stahleigenschaften, z. B. Härte, Zähigkeit, chemische Widerstandsfähigkeit, gezielt beeinflussen.

**Rostfreie Stähle sind mit Chrom und Nickel legiert.**

Der bekannte V2A-Stahl ist ein Chrom-Nickel-Stahl mit einem Gehalt von 18–20 % Chrom und 8–12 % Nickel. Er ist beständig gegen alle Witterungseinflüsse, Säuren, Laugen und Waschmittel.

Chromstähle mit 12–20 % Chrom sind billiger als Chrom-Nickel-Stähle. Ihre Rost- und Säurebeständigkeit ist nicht ganz so groß.

**Das Kennzeichen aller Stähle ist, daß sie sich durch mechanische Einwirkungen, wie Hämmern, Pressen, Ziehen, verformen lassen.**

### 17.3.5 Rosten und Rostschutz

Eisen ist nicht witterungsbeständig. An feuchter Luft überzieht es sich mit einer bröckligen Rostschicht, die leicht abblättert und das darunterliegende Metall neuen Angriffen der Luft aussetzt. So wird langsam das Metallgefüge zerstört.

**Rost ist ein wasserhaltiges Eisenoxid. Die genaue Zusammensetzung ist nicht bekannt.**

Um Eisen vor Rost zu schützen, müssen Luft und Feuchtigkeit ferngehalten werden. Man überzieht deshalb die Oberfläche mit einer Schutzschicht. Gebäuchliche Verfahren sind: Emaillieren, Lackieren, Kunststoffbeschichten, Vernickeln, Verchromen.

Das Rosten wird durch Chlorid-Ionen beschleunigt. Deshalb tritt im Winter, wenn Natriumchlorid als Streusalz verwendet wird, erhöhte Korrosion der Kraftwagen ein.

**Unter Korrosion versteht man die von der Oberfläche eines Werkstoffs ausgehende Zerstörung durch chemische oder elektrochemische Vorgänge.**

## 17.4 Aluminium

### 17.4.1 Vorkommen

Aluminium ist das in der Natur am häufigsten vorkommende Metall. In der Anordnung der Elemente nach ihrer Häufigkeit steht es an 3. Stelle, vgl. Tabelle 1.6.

Seiner Reaktionsfähigkeit wegen kommt Aluminium niemals gediegen vor, sondern immer nur in Verbindungen. Sehr verbreitete aluminiumhaltige Mineralien sind die Feldspate und die durch Verwitterung aus ihnen entstehenden Tone. Sie eignen sich jedoch nicht zur Verhüttung, weil ihr Aluminiumgehalt zu gering ist.

## 17.4.2 Aluminiumgewinnung durch Schmelzelektrolyse

Die technische Gewinnung von Aluminium erfolgt durch Schmelzelektrolyse von Tonerde.

**Tonerde ist Aluminiumoxid, $Al_2O_3$.**

Ausgangsstoff ist das Aluminiumerz Bauxit. Bauxit wird zuerst in Aluminiumoxid übergeführt.

Reines Aluminiumoxid zu elektrolysieren wäre schwierig, weil das Oxid einen sehr hohen Schmelzpunkt (2050 °C) hat. Man löst deshalb die aus Bauxit erhaltene Tonerde in geschmolzenem Kryolith (**$Na_3AlF_6$**). Das Gemisch Kryolith-Tonerde schmilzt bereits bei ca. 950 °C.

Die Schmelze wird elektrolysiert. Dabei erfolgt die Zerlegung des Aluminiumoxids in Aluminium und Sauerstoff. Abb. 17.4 zeigt den Aufbau des Elektrolyseofens.

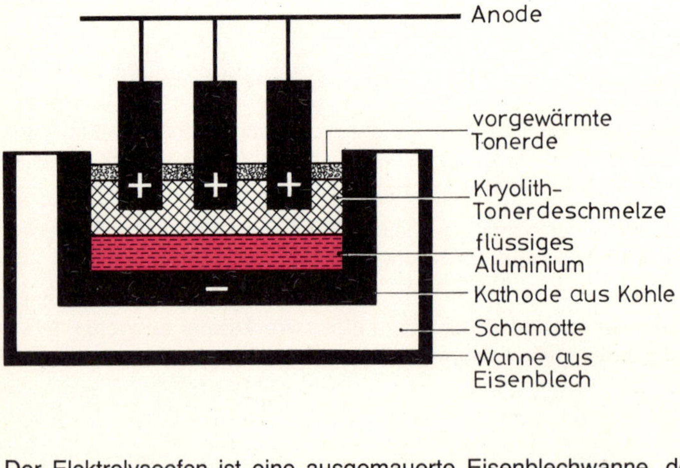


**Abb. 17.4**
**Elektrolyseofen zur Gewinnung von Aluminium (Schema)**

Der Elektrolyseofen ist eine ausgemauerte Eisenblechwanne, deren Boden und Seitenwände innen mit Kohle ausgekleidet sind. Die Kohleschicht bildet die Kathode.

Als Anode werden Kohlenblöcke verwendet, die an einer Stromschiene so aufgehängt werden, daß sie in die Schmelze tauchen.

Aluminiumoxid besteht aus **$Al^{3+}$**-Ionen und **$O^{2-}$**-Ionen. Bei Stromdurchgang wandern die positiv geladenen Aluminium-Ionen zum negativen Pol, zur Kathode. Hier nehmen sie Elektronen auf und werden dadurch zu metallischem Aluminium reduziert.

| | | | | | | |
|---|---|---|---|---|---|---|
| **Kathodenvorgang:** | $Al^{3+}$ | + | $3\,e^-$ | → | Al | |
| | Aluminium-Ion | | Elektron | | Aluminiumatom | |

Das geschmolzene Aluminium sammelt sich am Boden der Wanne und wird von Zeit zu Zeit in fahrbare Tiegel abgesaugt.

Die negativ geladenen Sauerstoff-Ionen wandern zum positiven Pol, zur Anode, wo sie durch Abgabe von Elektronen zu Sauerstoffatomen oxidiert werden.

| | | | | | |
|---|---|---|---|---|---|
| **Anodenreaktion:** | $O^{2-}$ | → | O | + | $2\,e^-$ |
| | Sauerstoff-Ion | | Sauerstoffatom | | |

Der entstehende Sauerstoff oxidiert den Kohlenstoff der Anode zu Kohlenstoffmonooxid und Kohlenstoffdioxid. Die Anoden werden also während der Elektrolyse verbraucht.

Der Energiebedarf der Aluminiumwerke ist außerordentlich hoch. Zur Gewinnung von 1 kg Aluminium ist eine Energie von etwa 22 kWh erforderlich.

Ein Umweltproblem sind die fluorhaltigen Abgase der Aluminiumhütten.

Aluminium ist weitgehend korrosionsbeständig. Das ist darauf zurückzuführen, daß sich Aluminium an der Luft mit einer dünnen Oxidschicht überzieht, die sehr fest auf der Oberfläche haftet und das darunterliegende Metall vor weiteren Angriffen des Luftsauerstoffs und vor Feuchtigkeit schützt.

Diese natürliche Schutzschicht kann durch elektrolytische Oxidation erheblich verstärkt werden, wodurch die chemische Widerstandsfähigkeit und die Oberflächenhärte erhöht werden.

Eloxal heißt elektrisch oxidiertes Aluminium.

**Kontrollfragen**

17.3 Metalle werden aus ihren Verbindungen durch Reduktion gewonnen. Welche Reduktionsmittel haben Sie in diesem Zusammenhang bisher kennengelernt?

17.4 Was sind Erze?

17.5 Die Vorgänge im Hochofen erstrecken sich über 4 Zonen. Nennen Sie diese in der Reihenfolge von oben nach unten.

17.6 Was ist Stahl?

17.7 Welches ist der wesentliche Unterschied in der Zusammensetzung von Roheisen und Stahl?

17.8 Worauf beruht das Überführen von Roheisen in Stahl?

17.9 Formulieren Sie die Kathoden- und Anodenreaktion bei der Elektrolyse von geschmolzenem $MgCl_2$.

17.10 Was verstehen Sie unter Metallegierungen?

17.11 Wozu wird Aluminium verwendet? Nennen Sie Anwendungen aus Ihrem Erfahrungsbereich.

17.12 Wie reagieren Eisen und Aluminium mit Luftsauerstoff und Feuchtigkeit?

**Zusammenfassung**

Die meisten Metalle gewinnt man durch Reduktion ihrer Oxide. Ein wichtiges Reduktionsmittel ist Kohlenstoff in Form von Koks.

Einige Metalle, z. B. Kupfer, können durch Elektrolyse der wäßrigen Lösungen ihrer Salze gewonnen werden. Die Metall-Ionen werden dabei an der Kathode durch Elektronenaufnahme zu Metallatomen reduziert: kathodische Reduktion. Sehr unedle Metalle, wie Natrium, Magnesium oder Aluminium, erhält man durch elektrolytische Reduktion ihrer geschmolzenen Verbindungen: Schmelzelektrolyse.

Eisen, das wichtigste Metall, wird durch Reduktion von oxidischen Erzen im Hochofen gewonnen. Reduktionsmittel sind Kohlenstoffmonooxid und zum Teil Kohlenstoff. Das im Hochofen entstandene Roheisen enthält ca. 4 % Kohlenstoff und einige Verunreinigungen wie Schwefel, Phosphor, Silicium Mangan. Es ist spröde und läßt sich nicht schmieden.

Stahl ist schmiedbares Eisen. Sein Kohlenstoffgehalt beträgt weniger als 1,7 %. Um Roheisen in Stahl umzuwandeln, werden die Begleitstoffe des Roheisens oxidiert. Das geschieht im modernen Sauerstoff-Aufblas-Verfahren durch Aufblasen von Sauerstoff auf das geschmolzene Roheisen oder im Siemens-Martin-Verfahren durch Zusammenschmelzen von Roheisen mit Schrott.

Legierte Stähle erhalten Zusätze von Nickel, Chrom, Wolfram und anderen Metallen.

Aluminium, das häufigste Metall der Erdrinde, ist ein wichtiges Gebrauchsmetall. Rohstoff für seine Gewinnung ist Bauxit. Das Erz wird zu Aluminiumoxid (Tonerde) aufgearbeitet.

Das erhaltene Aluminiumoxid wird in geschmolzenem Kryolith gelöst und dann durch den elektrischen Strom in Aluminium und Sauerstoff zerlegt (Schmelzelektrolyse).

Aluminium ist korrosionsbeständiger als Eisen, da es sich an der Luft mit einer dichten, festhaftenden Oxidschicht überzieht, die das darunterliegende Metall schützt. Eine Rostschicht dagegen blättert ab. Dadurch werden immer neue Metallschichten freigelegt und zerstört.

# 18 Teiglockerungsmittel

**Versuche:**

**V. 1** *Zersetzen von Backpulver durch Wasser*

*In einen kleinen, trockenen Erlenmeyerkolben Backpulver geben, aus einem Tropftrichter Wasser zutropfen lassen und das entweichende Kohlenstoffdioxid in einem umgestülpten, mit Wasser gefüllten Zylinder auffangen (Abb. 18.1).*

**V. 2** *Hitzezerfall von Ammoniumhydrogencarbonat*

*Eine Messerspitze Ammoniumhydrogencarbonat in einem trockenen Reagenzglas erhitzen. Über die Mündung angefeuchtetes rotes Lackmuspapier halten. Geruch? Auf Wassertropfenbildung achten. Das entweichende Gas mit Kalkwasser prüfen. Erhitzen, bis alles verflüchtet ist.*

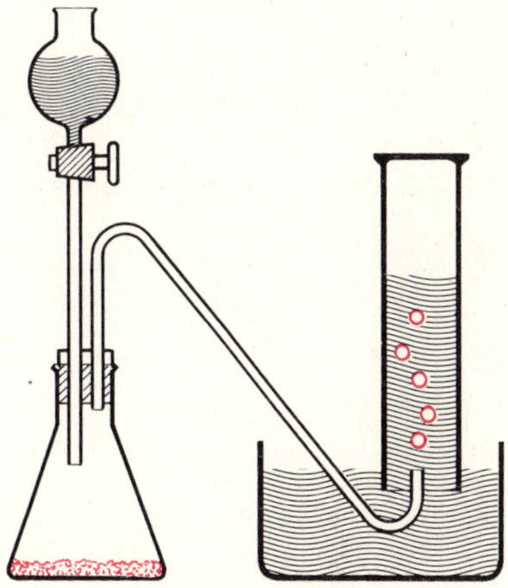

**Abb. 18.1**
**Zersetzen von Backpulver durch Wasser**

## 18.1 Wirkungsweise eines Teiglockerungsmittels

Teiglockerungsmittel dienen zur Lockerung von Teigen. Ihre Wirkung beruht darauf, daß sie in der zähen Teigmasse Gase – meist Kohlenstoffdioxid – in Form vieler kleiner Blasen entwickeln, wodurch der Teig aufgeht und seine porige Struktur erhält.

Beim Backprozeß dehnen sich die Gasblasen infolge Erwärmung stärker aus. Der Teig geht dadurch noch weiter auf. Das Klebereiweiß erstarrt und bildet um die gasgefüllten Hohlräume ein festes Gerüst. Die Lockerung bleibt bestehen.

Die Teiglockerung wird gefördert durch Wasserdampf, der aus der Feuchtigkeit des Teiges stammt.

Zu den Teiglockerungsmitteln gehören:

- Hefe
- Sauerteig
- Backpulver
- Kaliumcarbonat (Pottasche)
- Ammoniumhydrogencarbonat (Hirschhornsalz)

Hefe und Sauerteig lockern den Teig auf biochemischem Wege.

## 18.2 Einzelne Teiglockerungsmittel

### Hefe

Hefe besteht aus einzelligen Pilzen, die sich durch Sprossung vermehren.

**Hefe ruft im Teig eine alkoholische Gärung hervor.**

Im Teig finden folgende Reaktionen statt:

- Mehl enthält Amylasen, das sind stärkespaltende Enzyme aus dem Getreidekorn, diese bauen einen kleinen Teil der Stärke zu Maltose (Malzzucker) ab.
- Ein Enzym der Hefe, die Maltase, zerlegt das Disaccharid Maltose in Glucose:

$$\underset{\text{Maltose}}{\mathbf{C_{12}H_{22}O_{11}}} + \mathbf{H_2O} \rightarrow \underset{\text{Glucose}}{\mathbf{2\ C_6H_{12}O_6}}$$

- Weitere Enzyme der Hefe bauen Glucose zu Ethanol und Kohlenstoffdioxid ab – alkoholische Gärung:

$$\underset{\text{Glucose}}{\mathbf{C_6H_{12}O_6}} \rightarrow \underset{\text{Ethanol}}{\mathbf{2\ C_2H_5OH}} + \underset{\text{Kohlenstoffdioxid}}{\mathbf{2\ CO_2}}$$

- Auch Rohrzucker wird durch Hefeenzyme gespalten und dann vergoren.
- Das entstehende Kohlenstoffdioxid bildet kleine Blasen im Teig. Der Teig »geht«. Kommt der aufgegangene Teig in den Backofen, so dehnen sich die Gasbläschen stärker aus. Außerdem verdampft der Alkohol. Dadurch geht der Teig noch weiter auf.
- Bei 50–60 °C wird Hefe unwirksam. Die Ursache ist Hitzegerinnung der Proteine ihrer Enzyme.

### Sauerteig

Teiglockerung durch Sauerteig wird vor allem bei der Roggenbrotherstellung angewendet.

Sauerteig enthält Hefepilze und Milchsäurebakterien. Die Hefepilze entwickeln durch alkoholische Gärung Ethanol und Kohlenstoffdioxid, wodurch der Teig gelockert wird.

Milchsäurebakterien führen Glucose in Milchsäure über. Diese erteilt dem Sauerteigbrot einen angenehmen säuerlichen Geschmack und verhindert die Entwicklung von Fäulnisbakterien, da diese gegen saure Reaktion sehr empfindlich sind.

### Backpulver

Die käuflichen Backpulver sind Mischungen von Natriumhydrogencarbonat mit einem sauer reagierenden Stoff. Dieser entwickelt bei Anwesenheit von Wasser aus Natriumhydrogencarbonat Kohlenstoffdioxid, das den Teig lockert.

Der meistverwendete saure Bestandteil der Backpulver ist ein saures Salz der Diphosphorsäure, und zwar Dinatriumdihydrogendiphosphat.

Die Umsetzung der beiden Salze des Backpulvers vollzieht sich nach der Gleichung:

$$\underset{\text{Natriumhydrogencarbonat}}{\mathbf{2\ NaHCO_3}} + \underset{\text{Dinatriumdihydrogendiphosphat}}{\mathbf{Na_2H_2P_2O_7}} \rightarrow \underset{\text{Natriumdiphosphat}}{\mathbf{Na_4P_2O_7}} + \mathbf{2\ CO_2} + \mathbf{2\ H_2O}$$

In trockenem Zustand reagieren die beiden Salze nicht miteinander. Um während der Lagerung eine vorzeitige **$CO_2$**-Entwicklung durch die Luftfeuchtigkeit zu verhindern, wird als Trennmittel feinkörnige Stärke beigemengt.

Wie stark der Triebkraftverlust durch feuchtes Lagern sein kann, zeigt Versuch 1.

Ein Backpulver für 500 g Mehl soll wenigstens 2,35 g Kohlenstoffdioxid entwickeln, das sind rund 1,2 l (bei normalen Umständen).

### Kaliumcarbonat (Pottasche)

Man verwendet das stark hygroskopische Salz für süße Teige (Lebkuchen, Pfefferkuchen), die man längere Zeit an einem nicht zu kühlen Ort ruhen läßt. Durch die Wirkung von Milchsäurebakterien bildet sich aus Glucose Milchsäure, die aus Kaliumcarbonat langsam **$CO_2$** entwickelt.

$$\underset{\text{Kalium-carbonat}}{K_2CO_3} + \underset{\text{Milchsäure}}{2\,CH_3{-}CHOH{-}COOH} \rightarrow \underset{\text{Kaliumsalz der Milchsäure}}{2\,CH_3{-}CHOH{-}COOK} + H_2O + CO_2$$

### Ammoniumhydrogencarbonat (Hirschhornsalz)

Das Salz zerfällt beim Erhitzen in lauter flüchtige Bestandteile, so daß kein fester Rückstand bleibt (V. 2).

$$\underset{\text{Ammonium-hydrogen-carbonat}}{NH_4HCO_3} \rightarrow \underset{\text{Ammoniak}}{NH_3} + H_2O + CO_2$$

Das entstehende Ammoniak ist in Wasser sehr leicht löslich. Von hohen, feuchten Teigen wird es daher immer in einem gewissen Umfange zurückgehalten, wodurch das Gebäck einen sehr unangenehmen Geschmack erhält. Ammoniumhydrogencarbonat eignet sich daher nur für scharf ausgebackenes Flachgebäck.

#### Kontrollfragen

18.1 Worauf beruht die Wirkung eines Teiglockerungsmittels?

18.2 Erklären Sie die Treibwirkung von Hefe.

18.3 Backpulver enthält als Trennmittel Stärke. Wie würden Sie die Stärke im Backpulver nachweisen?

18.4 Welchen Vorteil hat Backpulver gegenüber Hefe?

**Zusammenfassung**

Teiglockerungsmittel entwickeln während der Teigbereitung bzw. während des Backprozesses Gase, die den Teig auftreiben. Die folgende Tabelle gibt einen Überblick:

**Tabelle 18.1: Wirkungsweise von Teiglockerungsmitteln** (Überblick)

| Teiglockerungsmittel | Wirkungsweise | Reaktionsgleichung |
|---|---|---|
| Hefe | alkoholische Gärung | $C_6H_{12}O_6 \rightarrow 2\ C_2H_5OH + 2\ CO_2$ |
| Sauerteig | alkoholische Gärung | $C_6H_{12}O_6 \rightarrow 2\ C_2H_5OH + 2\ CO_2$ |
| | Milchsäuregärung | $C_6H_{12}O_6 \rightarrow 2\ CH_3CHOHCOOH$ |
| Backpulver | Umsetzung von Natriumhydrogencarbonat mit Dinatriumdihydrogendiphosphat | $2\ NaHCO_3 + Na_2H_2P_2O_7 \rightarrow Na_4P_2O_7 + 2\ CO_2 + 2\ H_2O$ |
| Kaliumcarbonat (Pottasche) | Zersetzen des Carbonats durch Milchsäure, die sich bei Stehenlassen des Teiges bildet | $K_2CO_3 + 2\ CH_3CHOHCOOH \rightarrow 2\ CH_3CHOHCOOK + CO_2 + H_2O$ |
| Ammoniumhydrogencarbonat (Hirschhornsalz) | Hitzezerfall des Salzes in gasförmige Bestandteile | $NH_4HCO_3 \rightarrow NH_3 + CO_2 + H_2O$ |

# 19 Die Wasserhärte

## 19.1 Die Härtebildner

Das in der Natur vorkommende Wasser (z. B. Quellwasser, Flußwasser, Grundwasser) ist chemisch niemals rein, sondern enthält stets mehr oder minder große Mengen von Calcium- und Magnesiumsalzen, die aus dem Boden herausgelöst wurden. Diese Salze verursachen die Härte des Wassers.

Wir unterscheiden:

- die **Carbonathärte**,
  hervorgerufen durch Calciumhydrogencarbonat und Magnesiumhydrogencarbonat.
- die **Nichtcarbonathärte**,
  hauptsächlich verursacht durch Calciumsulfat.
- die **Gesamthärte**,
  sie ergibt sich als Summe von Carbonat- und Nichtcarbonathärte.

Beim Kochen verschwindet die durch Hydrogencarbonate bedingte Härte, da diese Salze sich beim Erhitzen unter Abscheidung von unlöslichen Carbonaten zersetzen – Kesselsteinbildung:

$$Ca(HCO_3)_2 \rightarrow CaCO_3\downarrow + CO_2 + H_2O$$

Calcium-hydrogen-carbonat → Calcium-carbonat

$$Mg(HCO_3)_2 \rightarrow MgCO_3\downarrow + CO_2 + H_2O$$

Magnesium-hydrogen-carbonat → Magnesium-carbonat

Man bezeichnet daher die Carbonathärte auch als **vorübergehende** oder **temporäre Härte** im Gegensatz zu der durch Calciumsulfat verursachten **bleibenden** oder **permanenten Härte**, die beim Kochen unverändert bleibt und daher nur auf chemischem Wege beseitigt werden kann.

## 19.2 Härtebereiche

Ein Wasser mit einem hohen Gehalt an Calcium- und Magnesiumsalzen wird als hart bezeichnet. Weiches Wasser enthält nur wenig Härtebildner.

Die Wasserhärte wird angegeben in

**Millimol Gesamthärte je Liter,**

d. h., wieviel Millimol Calcium- und Magnesiumsalze in 1 l Wasser enthalten sind.
(Frühere Einheit der Wasserhärte: Grad deutscher Härte.)

Die Wasserwerke geben die Härte des von ihnen gelieferten Leitungswassers abgestuft nach Wasserhärtebereichen an.

**Tabelle 19.1: Wasserhärtebereiche**

| Bereiche | Gesamthärte je Liter |
|---|---|
| Härtebereich 1<br>weich | bis 1,3 Millimol |
| Härtebereich 2<br>mittel | 1,3–2,5 Millimol |
| Härtebereich 3<br>hart | 2,5–3,8 Millimol |
| Härtebereich 4<br>sehr hart | über 3,8 Millimol |

| Wasserhärtebereiche nach Angaben Ihres Wasserwerks<br>1 = weich<br>2 = mittel<br>3 = hart<br>4 = sehr hart | Vorwäsche Meßbecher | Hauptwäsche Meßbecher | Gesamtmenge*) Meßbecher |
|---|---|---|---|
| Härtebereich 1 | 1 | 1 | 2 |
| Härtebereich 2 | 1¼ | 1¼ | 2¼ |
| Härtebereich 3 | 1½ | 1½ | 2½ |
| Härtebereich 4 | 1¾ | 1¾ | 2¾ |

Die Hersteller von phosphathaltigen Wasch- und Reinigungsmitteln sind verpflichtet, eine Dosierungsempfehlung für die 4 Wasserhärtebereiche auf der Packung anzugeben. So soll eine unnötige Belastung der Gewässer durch Überdosierung von Waschmitteln vermieden werden.

**Abb. 19.1**
**Dosierungsempfehlung auf der Packung eines Waschmittels**

## 19.3 Auswirkungen der Wasserhärte

### Kesselsteinbildung

In Dampfkesseln, Kochtöpfen, Heißwasserbereitern und dgl. führt die Verwendung von hartem Wasser zur Bildung von Kesselstein, der sich als dicker Steinbelag an der Wandung abscheidet und den Wärmeübergang zum Wasser erschwert.

Bei Dampfkesseln führt die Kesselsteinschicht infolge ihrer geringen Wärmeleitfähigkeit zu einer Überhitzung der äußeren Kesselwandung und damit zu einer erhöhten Abnutzung.

Wenn die Kesselsteinschicht stellenweise abplatzt, so kommt das Wasser direkt mit der überhitzten Kesselwandung in Berührung. Das plötzliche Verdampfen des Wassers kann eine Kesselexplosion zur Folge haben.

In Waschmaschinen verursacht hartes Wasser Verkrustungen an allen Maschinenteilen, die mit Wasser in Berührung kommen. Diese Kesselsteinablagerungen behindern das Funktionieren der Maschinen.

Abb. 19.2
**Durch hartes Wasser verkrustete Heizschlange**

Abb. 19.3
**Innenseite eines abgelösten Krustenstückes mit Abdruck der Heizschlangenbeschriftung**

Bei verkrusteten Heizschlangen ist infolge der Wärmespeicherung im Inneren die Gefahr des Durchbrennens der Heizdrähte besonders groß.

In Heißwasserspeichern läßt sich die Kesselsteinbildung wesentlich herabsetzen, wenn die Wassertemperaturen 60 °C nicht überschreiten, da bis zu dieser Grenze die Hydrogencarbonate von Calcium und Magnesium noch ziemlich beständig sind. Eine merkliche Zersetzung tritt erst bei höheren Temperaturen ein.

Auch in der Küchenpraxis macht sich die Wasserhärte oft unliebsam bemerkbar. Hülsenfrüchte bleiben beim Kochen hart, da die Pektinstoffe der Mittellamellen der Zellwände mit den $\mathbf{Ca^{2+}}$-Ionen unlösliche Calciumverbindungen eingehen, die das Eindringen des Wassers in das Zellinnere erschweren.

Der dunkle Bodensatz in Teekannen ist darauf zurückzuführen, daß die $\mathbf{Ca^{2+}}$-Ionen des Wassers den kolloiden Teefarbstoff zum Koagulieren bringen.

## 19.4 Die Enthärtung des Wassers

Für viele Zwecke ist hartes Wasser unerwünscht und schädlich. In diesem Fall muß das Wasser enthärtet werden. Es sind mehrere Methoden gebräuchlich:

**1. Enthärtung durch Ausfällen der störenden $Ca^{2+}$- und $Mg^{2+}$-Ionen,** z. B. durch Natriumcarbonat (Soda).

Wird dem zu enthärtenden Wasser Natriumcarbonat zugesetzt, dann vereinigen sich die Calcium-Ionen des Wassers mit den Carbonat-Ionen des Natriumcarbonats zu unlöslichem Calciumcarbonat:

$$\mathbf{Ca^{2+} + CO_3{}^{2-} \rightarrow CaCO_3}$$

Das $\mathbf{CaCO_3}$ setzt sich nicht als Kesselstein ab, sondern bildet einen feinen, lockeren Schlamm.

**2. Enthärtung durch Polyphosphate**

Während die Härtebildner des Wassers durch Natriumcarbonat als unlösliche Verbindungen niedergeschlagen werden, lassen sie sich durch Polyphosphate zu löslichen Komplexsalzen binden und damit unschädlich machen.

**Polyphosphate enthärten niederschlagsfrei.**

Das Kalkbindevermögen dieser Polyphosphate ist so groß, daß sie auch alte Kalkablagerungen wieder in Lösung bringen. Phosphate müssen stets in großer Menge eingesetzt werden. Sie bilden nur bei Überschuß lösliche Calciumverbindungen.

Über Umweltbelastung durch Phosphate vgl. 22.2.

### 3. Enthärtung durch Ionenaustauscher

Dies ist die modernste Methode. Ionenaustauscher sind Kunstharze, z. B. Lewatite. Sie enthalten locker gebundene Ionen, die durch Ionen aus einer Lösung ausgetauscht werden können.

**Die Ionenaustauscher besitzen die Eigenschaft, Ionen bei Berührung mit Lösungen auszutauschen.**

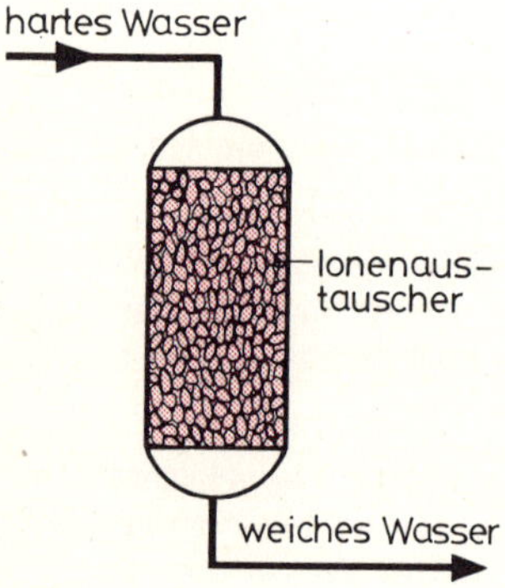


Das zu enthärtende Wasser wird durch zylindrische Filterbehälter geführt, die mit gekörnten Ionenaustauschern gefüllt sind (Abb. 19.4). Dabei werden die Calcium-Ionen des Wassers gegen die Natrium-Ionen der Filtermasse ausgetauscht. Das Wasser wird enthärtet, die Natrium-Ionen gehen in die Lösung über.

**Abb. 19.4 Enthärtung durch Ionenaustauscher (Schema)**

**Beispiel:**

$$\textbf{Na}_2\textbf{-Lewatit} + \textbf{Ca}^{2+} \rightarrow \textbf{Ca-Lewatit} + \textbf{2 Na}^{+}$$

Hat der Austauscher seine gesamten $Na^+$-Ionen abgegeben, ist die Filtriermasse erschöpft. Zur Regenerierung (Wiederbelebung) läßt man eine gesättigte Natriumchloridlösung darüber rieseln. Nun findet der umgekehrte Vorgang statt. Der Austauscher nimmt $Na^+$-Ionen auf und gibt dafür $Ca^{2+}$-Ionen ab:

$$\textbf{Ca-Lewatit} + \textbf{2 Na}^{+} \rightarrow \textbf{Na}_2\textbf{-Lewatit} + \textbf{Ca}^{2+}$$

Der Austauscher ist wieder betriebsbereit und vermag erneut $\mathbf{Ca^{2+}}$-Ionen aufzunehmen.

**Kontrollfragen**

19.1 Welche Salze bedingen a) die vorübergehende, b) die bleibende Härte des Wassers?

19.2 Wieviel Gramm sind 1 Millimol Calciumsulfat?

19.3 Woraus besteht Kesselstein?

19.4 Was geschieht bei der Enthärtung des Wassers durch Polyphosphate?

19.5 Worauf beruht die Enthärtung des Wassers durch Ionenaustauscher?

**Zusammenfassung**

Die Wasserhärte wird durch gelöste Calcium- und Magnesiumsalze verursacht. Die Carbonathärte, hervorgerufen durch die Hydrogencarbonate von Calcium und Magnesium, wird auch vorübergehende oder temporäre Härte genannt, da diese Salze beim Kochen in unlösliche Carbonate übergehen. Es bildet sich Kesselstein.

Die vorwiegend durch Calciumsulfat verursachte Sulfathärte heißt auch bleibende oder permanente Härte, da sie durch Kochen nicht beseitigt wird.

Die Wasserhärte wird heute in Millimol Gesamthärte je Liter angegeben. Für die Praxis genügt i. allg. die Angabe nach Härtebereichen.

Für viele Zwecke muß Wasser enthärtet werden. Die wichtigsten Methoden sind: Enthärtung durch Polyphosphate und Enthärtung durch Ionenaustauscher.

# 20 Silicate

## 20.1 Silicium, Quarz, Silicate

**Silicium** ist nach Sauerstoff das häufigste Element der Erdoberfläche. Die Erdrinde besteht zu etwa 50 % aus Sauerstoff und zu etwa 25 % aus Silicium.

Silicium, ein Element der 4. Hauptgruppe des Periodensystems, kommt in der Natur immer nur in Verbindungen vor. Die wichtigsten Siliciumverbindungen sind Siliciumdioxid und die Silicate.

**Siliciumdioxid, $SiO_2$,** ist die in der Natur verbreitetste Siliciumverbindung. Siliciumdioxid findet sich vor allem als Quarz. Quarz bildet den Hauptbestandteil von Sand. Weißer Seesand ist nahezu reiner Quarz. Besonders gut ausgebildete und wasserklare Quarzkristalle heißen Bergkristall.

**Silicate** sind Salze der verschiedenen Kieselsäuren.

Kieselsäuren leiten sich von $SiO_2$ ab.

Silicate sind in der Erdrinde sehr verbreitet. Häufig vorkommende Silicate sind die Feldspate und die durch Verwitterung aus ihnen hervorgehenden Tone. Die Feldspate machen fast 60 % aller Minerale aus.

**Die meisten Minerale, aus denen sich die Gesteine und die Böden zusammensetzen, bestehen aus Quarz und aus Silicaten.**

**Technische Silicate,** wie Glas, keramische Werkstoffe, Zement, sind von großer wirtschaftlicher Bedeutung.

**Oxidformeln**

Silicate haben vielfach eine komplizierte Zusammensetzung. Man gibt deshalb im allgemeinen nicht die sonst übliche Summenformel an, sondern verwendet die übersichtlichere Oxidformel.

Beispiel:

Die Summenformel eines Feldspats lautet: **K $(AlSi_3O_8)$**

Man schreibt dafür die Oxidformel: **$K_2O \cdot Al_2O_3 \cdot 6\ SiO_2$**

Sie gibt darüber Auskunft, daß dieses Silicat eine Verbindung aus Kaliumoxid, Aluminiumoxid und Siliciumdioxid ist.

**Die Formeln der Silicate schreibt man als Summe von Oxiden.**

## 20.2 Technische Silicate

### 20.2.1 Glas

Erhitzt man Siliciumdioxid mit Metalloxiden oder mit Carbonaten, die beim Erhitzen Metalloxide bilden, dann erhält man eine zähflüssige Schmelze, die beim Abkühlen erstarrt, ohne zu kristallisieren. Die erstarrte Schmelze ist ein Glas.

Die Schmelze ist so zähflüssig, die innere Reibung ist so groß, daß sich die Teilchen beim Abkühlen nicht schnell genug zu einem Kristallgitter ordnen können. Deshalb bezeichnet man Glas als unterkühlte Schmelze.

**Glas ist eine unterkühlte Schmelze aus Silicaten.**

Im Gegensatz zu kristallisierten Stoffen schmilzt Glas nicht bei einer bestimmten Temperatur, sondern erweicht allmählich innerhalb eines ziemlich großen Temperaturbereichs. Im erweichten Zustand läßt sich Glas durch Blasen, Pressen, Gießen oder Ziehen gut formen.

**Gewöhnliches Glas** (Fensterglas, Flaschenglas) besteht aus Natrium-Calcium-Silicaten. Es hat die ungefähre Zusammensetzung **$Na_2O.CaO.6\ SiO_2$**, und zwar 12,9 % **$Na_2O$**, 11,6 % **CaO** und 75,5 % **$SiO_2$**.

Es wird durch Zusammenschmelzen von Sand, Natriumcarbonat und Calciumcarbonat hergestellt.

Durch Änderung der Zusammensetzung erhält man Gläser mit bestimmten, gewünschten Eigenschaften. Erhöhung des Quarzgehalts macht das Glas schwerer schmelzbar und unempfindlich gegen Chemikalien. Leichter schmelzbar wird ein Glas, wenn der Quarzgehalt verringert wird.

In dem **böhmischen Kristallglas** ist **$Na_2O$** durch **$K_2O$** ersetzt. Dieses Glas besteht aus Kalium-Calcium-Silicaten.

Das schwere stark lichtbrechende **Bleikristallglas** ist ein Kalium-Blei-Silicat. **CaO** ist durch **PbO** ersetzt.

Im **hitzebeständigen Glas** ist ein Teil des $SiO_2$ gegen $Al_2O_3$ und $B_2O_3$ (Bortrioxid) ausgetauscht. Dieses Glas besitzt einen sehr geringen Wärmeausdehnungskoeffizienten. Es ist deshalb widerstandsfähig gegen plötzliche Temperaturänderungen. Es springt nicht so leicht beim raschen Erhitzen oder Abkühlen.

**Email** ist ein leicht schmelzendes borhaltiges Glas, das auf Metalle aufgeschmolzen wird. Durch Trübungsmittel, wie Titandioxid, $TiO_2$, die der Glasschmelze zugesetzt werden, wird das Glas undurchsichtig. Besonders wichtig ist das Emaillieren von Eisenblech, um das Metall vor Korrosion zu schützen.

**Farbige Gläser** entstehen durch geringe Zusätze von Schwermetalloxiden. So färbt z. B. Eisen (II)-oxid grün, Cobaltdioxid blau, Chromoxid grün, Nickeloxid violett.

### Sicherheitsglas

Windschutzscheiben von Kraftfahrzeugen bestehen aus splittersicherem Glas. Das bekannte **Sekuritglas** ist ein Einscheiben-Sicherheitsglas. Die Glasscheibe, die bereits ihre endgültige Form hat, wird erhitzt und dann plötzlich abgekühlt (abgeschreckt). Dadurch entstehen innere Spannungen, die bewirken, daß das Glas bei Stoß oder Schlag zerbröckelt. Es bilden sich keine langen, scharfen Glassplitter wie bei nicht vorbehandeltem Glas. Die Verletzungsgefahr ist also verringert.

**Verbundgläser** enthalten eine durchsichtige, elastische Kunststoffschicht, auf die beiderseits Glasscheiben aufgeklebt sind. Bei Bruch werden die Glassplitter von der Folie festgehalten. Verbundgläser sind auch wichtig für Schutzbrillen.

Im **Panzerglas** sind eine größere Anzahl von Glasschichten durch Kunststoffolien zusammengeklebt. Panzerglas besitzt eine sehr hohe Durchschlagsfestigkeit.

**Plexiglas** ist kein Silicatglas, sondern ein Kunststoff.

**Glas gehört zu den ältesten künstlich hergestellten Werkstoffen.**

## 20.2.2 Keramik

Tonwaren oder keramische Erzeugnisse sind Produkte, die durch Brennen von Tonen hergestellt werden.

Tone bestehen im wesentlichen aus wasserhaltigen Aluminiumsilicaten, die mehr oder weniger durch andere mineralische Stoffe verunreinigt sind. Sie sind feinkörnige, erdige Massen, die durch Verwitterung von Feldspaten entstehen.

Ein sehr reiner Ton ist Kaolin oder Porzellanerde, der Rohstoff für Porzellan. Weniger reine Tone dienen zur Herstellung von Steinzeug, Steingut und Töpferwaren. Ein stark eisen- und sandhaltiger Ton heißt Lehm. Aus ihm werden Ziegelsteine und Dachziegel gebrannt. Tone, die reich an Eisenoxiden sind, werden beim Brennen braunrot bis dunkelrot.

**Angefeuchteter Ton ist plastisch**. Er läßt sich gut formen. Das Formen geschieht mit der Hand, auf der Töpferscheibe oder durch Gießen in poröse Gipsformen.

Die geformten und getrockneten Gegenstände werden im Brennofen bei 900–2000 °C **gebrannt**. Dabei tritt **Sinterung** ein. Die Tonteilchen erweichen oberflächlich und verkleben zu einer zusammenhängenden Masse, zum Scherben.

Bei niedrigen Brenntemperaturen bleibt der Scherben porös und wasserdurchlässig. Der Scherben ist dann nur wenig gesintert. Bei höheren Brenntemperaturen ist der Scherben stärker gesintert. Er ist dann durch Verschluß der Poren glasartig dicht.

Nach der Art des Scherbens unterteilt man die Tonwaren in zwei Hauptklassen:

- **Tonwaren mit dichten Scherben:** Porzellan, Steinzeug
- **Tonwaren mit porösen Scherben:** Steingut, Töpfereierzeugnisse, Ziegeleierzeugnisse

## Porzellan

Als Ausgangsmaterial dient eine Mischung von Kaolin, Quarz und Feldspat. Die Masse wird pulverfein gemahlen, mit Wasser angerührt und geformt. Die Formgebung erfolgt durch Gießen in poröse Gipsformen oder auf der Drehscheibe.

Die geformten Gegenstände werden bei 900 °C »rohgebrannt«. Die Masse wird fest, bleibt aber noch porös. Anschließend wird eine dünne Glasurschicht aufgetragen und dann im »Garbrand« bei 1400–1500 °C fertig gebrannt. Die Glasur schmilzt und überzieht die Oberfläche mit einer glänzenden Schicht. Der Scherben wird dicht, klingend und durchscheinend. Während des Brennens finden folgende Umsetzungen statt: Der Feldspat schmilzt und bildet mit dem Quarz eine glasige Grundmasse. Gleichzeitig entsteht ein neues Silicat (Mullit, $\mathbf{3\ Al_2O_3 \cdot 2\ SiO_2}$) in Form feiner, nadelförmiger Kriställchen, die die Grundmasse in allen Richtungen durchziehen und das Gefüge verfestigen.

**Das fertige Porzellan besteht aus einem Gewirr von nadelförmigen Silicatkriställchen, die in die glasige Grundmasse eingebettet sind.**

## Hartporzellan

Wird der Kaolingehalt erhöht und der Gehalt an Quarz und Feldspat verringert, so kommt es zu einer vermehrten Bildung von Mullitkriställchen, die sehr dicht miteinander verfilzen. Die mechanische Festigkeit und die chemische und thermische Widerstandsfähigkeit des Porzellans werden dadurch erhöht.

## Steinzeug

Die Ausgangsstoffe sind die gleichen wie bei Porzellan, nur verwendet man statt Kaolin einen Ton von geringerer Reinheit. Der Scherben sieht deshalb grau, gelb oder braun aus. Steinzeug zeichnet sich durch hohe mechanische Festigkeit und Säurebeständigkeit aus. Steinzeug wird wie Porzellan bis zum »dichten Scherben« gebrannt.

**Steingut, Töpferwaren, Ziegelsteine** werden bei tieferen Temperaturen als Prozellan oder Steinzeug gebrannt, deshalb bleibt der Scherben porös.

### 20.2.3 Zement

Zement wird durch Brennen von Kalk und Ton hergestellt. Die Rohstoffe werden fein gemahlen, mit Wasser zu einem Brei angerührt und dann in Drehrohröfen bei etwa 1400 °C gebrannt. Die Masse sintert dabei zu harten, rundlichen Brocken zusammen, den Klinkern. Anschließend werden die Klinker unter Zusatz von Gips in Kugelmühlen zu einem staubfeinen Pulver, dem Zement, gemahlen.

Mit Wasser angerührt, erstarrt Zement in kurzer Zeit zu einer sehr harten Masse. Das hat folgenden Grund:

Beim Brennen bilden sich verschiedene Calcium-Aluminium-Silicate. Diese nehmen beim »Anmachen« des Zements das zugefügte Wasser auf unter Bildung neuer Silicate. Die neuentstehenden Silicate scheiden sich in langen Kristallnädelchen aus, die innig miteinander verfilzen und das Gefüge verfestigen.

**Der erhärtete Zement besteht aus einem dichten Netzwerk von verfilzten Silicatkristallen.**

#### Beton

Ein Gemenge von Zement und Kies heißt Beton. Beton ist ein hervorragendes Baumaterial (Betonbauten).

Einen besonders widerstandsfähigen Baustoff erhält man durch Einbetten von Stahlstäben oder Drahtgeflechten in Beton – Stahlbeton. Der Stahl nimmt dabei die Zugspannung, der Beton die Druckspannung auf. Stahlbeton vereinigt also die Zugfestigkeit des Stahls mit der Druckfestigkeit des Betons.

Es gibt mehrere Zementsorten, die wichtigste ist Portlandzement. Hüttenzement ist eine Mischung von Portlandzement mit feingemahlener Hochofenschlacke.

#### Kontrollfragen

20.1 Zu welcher Gruppe des PSE gehört Silicium?
Nennen Sie die Elemente dieser Gruppe.

20.2 Welches sind die Rohstoffe für die Herstellung von Fensterglas?

20.3 Weshalb ist Email sehr empfindlich gegen Stoß und Schlag?

20.4 Wie unterscheiden sich im Scherben Tonwaren, die bei niedrigen Temperaturen gebrannt sind, von solchen, die bei hohen Temperaturen gebrannt sind?

20.5 Wodurch wird die rotbraune Farbe von Dachziegeln hervorgerufen?

20.6 Wie erklärt sich die große Festigkeit von erhärtetem Zement?

**Zusammenfassung**

Silicate sind die Salze der verschiedenen Kieselsäuren. Ihre Zusammensetzung gibt man als Summe von Oxiden an. Natürlich vorkommende Silicate und Siliciumdioxid gehören zu den wichtigsten, gesteinsbildenden Mineralien.

Technische Silicate sind Glas, Keramik, Zement.

Gewöhnliches Glas erhält man durch Zusammenschmelzen von Sand, Calciumcarbonat und Natriumcarbonat. Dabei bilden sich Natrium-Calcium-Silicate.

Durch Änderung der Zusammensetzung des Rohstoffgemisches entstehen Gläser mit ganz bestimmten Eigenschaften.

Tone, die Verwitterungsprodukte von Feldspaten, bestehen im wesentlichen aus wasserhaltigen Aluminiumsilicaten.

Tonwaren oder Keramik sind Erzeugnisse aus gebranntem Ton. Zement wird durch Brennen von Calciumcarbonat und Ton hergestellt. Er besteht im wesentlichen aus Calcium-Aluminium-Silicaten.

# 21 Sicherung der Ernährung mit Hilfe der Chemie

## 21.1 Die Mineraldüngung

### 21.1.1 Pflanzennährstoffe

Die Pflanze braucht zum Aufbau ihrer Substanz folgende Elemente:

**C, H, O, N, S, P, K, Ca, Mg, Fe**

Einige weitere Elemente, z. B. **Cu, Mn,** werden nur in Spuren benötigt. Dies sind die **Spurenelemente,** deren Mangel zu Pflanzenkrankheiten führt.

Aus der L u f t nimmt die Pflanze:

- Kohlenstoff in Form von $\mathbf{CO_2}$,
- ferner den Sauerstoff zur Atmung.

Aus dem E r d b o d e n nimmt die Pflanze:

- Wasser, das Wasserstoff und Sauerstoff liefert,
- und die übrigen Elemente in Form gelöster Salze. Da die Salze in wäßriger Lösung in Ionen vorliegen, nimmt die Pflanze mit den Wurzeln I o n e n auf.

Unter natürlichen Bedingungen, d. h. ohne Eingriff des Menschen, bleibt die Pflanze an Ort und Stelle, stirbt ab, vermodert, und die Nährstoffe, die sie dem Boden entnommen hatte, werden wieder in den Boden zurückgeführt. Die Bodenfruchtbarkeit bleibt erhalten.

Den Kulturböden jedoch werden durch die Ernte große Mengen an Nährstoffen entzogen.

Tab. 21.1 zeigt an einem Beispiel, welche Mengen von Pflanzennährstoffen pro Hektar vom Acker gefahren werden.

Um eine Verarmung des Bodens an Nährstoffen zu verhindern und um die Ernteerträge zu steigern, müssen Nährstoffe dem Boden zugeführt werden. Das geschieht durch Düngung.

In früheren Zeiten verwendete man ausschließlich wirtschaftseigene Dünger wie Stallmist, Jauche, Kompost. Das ist längst nicht mehr ausreichend. Seit über 100 Jahren werden zusätzlich Mineraldünger eingesetzt.

**Tabelle 21.1**

**Bei einer Weizenernte von 5 t/ha werden dem Boden entzogen:**

| | |
|---|---|
| 150 kg | **N** |
| 50 kg | **$P_2O_5$** |
| 120 kg | **$K_2O$** |
| 30 kg | **CaO** |

**Der Gehalt von Düngemitteln wird in % N, % $P_2O_5$, % $K_2O$, % CaO angegeben.**

**Deshalb rechnet man die entzogenen Nährstoffe entsprechend um.**

**Mineraldünger oder Handelsdünger sind industriell hergestellte Düngemittel. Man benennt sie nach dem Hauptnährstoff.**

Dem Boden müssen vor allem zugeführt werden:

- Stickstoffdünger
- Phosphordünger
- Kalidünger
- Kalkdünger

## 21.1.2 Stickstoffdünger

Stickstoff ist ein Bestandteil der lebenswichtigen Eiweißstoffe. Alle Eiweißstoffe enthalten 15–18 % Stickstoff. Zum Aufbau von Eiweiß ist deshalb Stickstoff erforderlich. Die größte Stickstoffquelle ist die Luft.

Die Synthese von Eiweiß aus einfachen Verbindungen geschieht in der Natur durch die Pflanze. Diese vermag jedoch nicht den Luftstickstoff zu verwerten.

Lediglich einige Bodenbakterien – dazu gehören auch die Knöllchenbakterien, die in den Wurzeln von Schmetterlingsblütlern knöllchenartige Verdickungen hervorrufen – können den Luftstickstoff aufnehmen und ihn in organische Stickstoffverbindungen überführen.

Die Pflanze deckt ihren Stickstoffbedarf aus stickstoffhaltigen Verbindungen des Bodens. Diese liefern Ammonium-Ionen, $NH_4^+$, und Nitrat-Ionen, $NO_3^-$, die von der Pflanze leicht aufgenommen und zu Eiweiß verarbeitet werden.

**Die Pflanze nimmt aus dem Boden $NH_4^+$-Ionen und $NO_3^-$-Ionen auf.**

**Sie verwendet den darin enthaltenen Stickstoff zum Aufbau von Eiweiß.**

**Tabelle 21.2: Einige Stickstoffdünger**

| Chemische Bezeichnung | Formel | Handelsname |
|---|---|---|
| Ammoniumsulfat | $(NH_4)_2SO_4$ | Ammonsulfat |
| Kaliumnitrat | $KNO_3$ | Kalisalpeter |
| Calciumnitrat | $Ca(NO_3)_2$ | Kalksalpeter |
| Calciumcyanamid | $CaCN_2$ | Kalkstickstoff |
| Harnstoff | $CO(NH_2)_2$ | Harnstoff |

Aus Kalkstickstoff und Harnstoff entstehen im Boden Ammonium-Ionen und Nitrat-Ionen.

**Die chemische Industrie gewinnt stickstoffhaltige Düngemittel aus dem Stickstoff der Luft.**

Zur Sicherung der Ernährung der Weltbevölkerung werden jährlich Millionen Tonnen Ammoniakgas nach dem Haber-Bosch-Verfahren aus Luftstickstoff und Wasserstoff hergestellt:

$$\mathbf{N_2 + 3\,H_2 \rightarrow \underset{\text{Ammoniak}}{2\,NH_3}}$$

Das erzeugte Ammoniak wird zu den verschiedenen Düngemitteln weiterverarbeitet.

Unter den Stickstoffdüngern steht Harnstoff an 1. Stelle. Er wird in riesigen Mengen durch Umsetzung von Ammoniak und Kohlenstoffdioxid hergestellt.

$$\mathbf{CO_2 + 2\,NH_3 \rightarrow \underset{\text{Harnstoff}}{O{=}C(NH_2)_2} + H_2O}$$

## 21.1.3 Der Kreislauf des Stickstoffs

In der Natur werden ständig Stickstoffverbindungen auf- und wieder abgebaut. Dadurch macht der Stickstoff einen Kreislauf durch. Der Kreislauf des Stickstoffs in der Natur besteht im wesentlichen aus folgenden Vorgängen:

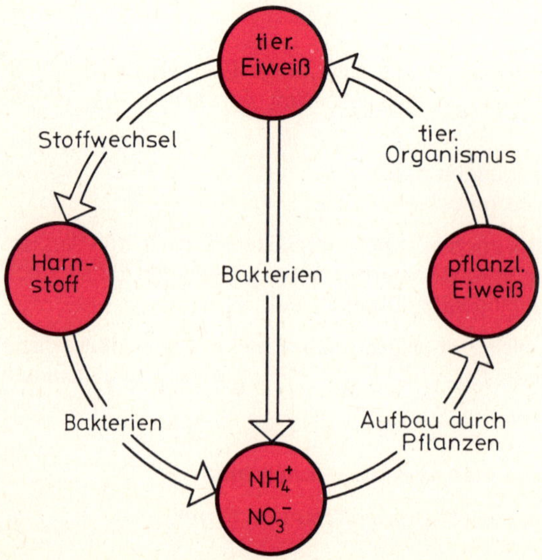


**Abb. 21.1**
**Kreislauf des Stickstoffs** – (vereinfachtes Schema)

- Die Pflanze entzieht dem Boden Stickstoff in Form von **$NH_4^+$**-Ionen und **$NO_3^-$**-Ionen und baut ihr Eiweiß auf.
- Der tierische Organismus nimmt Stickstoff in Form von pflanzlichem Eiweiß auf und formt dieses zu arteigenem Eiweiß um.
- Menschen und Tiere bauen im Stoffwechsel Eiweißstoffe ab. Dabei entsteht u. a. Harnstoff, der mit dem Harn ausgeschieden wird. Harnstoff ist eine organische Stickstoffverbindung.
- Durch das Absterben von Pflanzen und Tieren und durch tierische Ausscheidungsprodukte gelangen die organischen Stickstoffverbindungen in den Boden. Hier setzen Fäulnisprozesse ein. Über eine Reihe von Zwischenprodukten bauen Bakterien die stickstoffhaltige organische Substanz ab. Es entstehen schließlich Ammonium-Ionen und Nitrat-Ionen, die der Pflanze wieder zur Verfügung stehen. Der Kreislauf des Stickstoffs hat sich geschlossen.

In den Stickstoffkreislauf ist auch der Luftstickstoff einbezogen. Einige Bodenbakterien verwerten direkt den Stickstoff der Luft. Sie binden ihn zu Eiweiß, das dann in den Stickstoffkreislauf eingeht.

Andererseits gibt es Bakterien, die Nitrate des Bodens abbauen. Dabei entsteht elementarer Stickstoff. Dadurch wird der Atmosphäre Stickstoff zurückerstattet.

### 21.1.4 Phosphordünger, Kalidünger, Kalkdünger

Als **Phosphordünger** verwendet man Phosphate. Die in der Natur vorkommenden Phosphorminerale Phosphorit und Apatit enthalten Tricalciumphosphat. Dieses Salz ist nicht löslich und kann daher nicht von den Wurzeln der Pflanze aufgenommen werden. Es muß erst aufgeschlossen, d. h. in eine lösliche Form übergeführt werden. Das geschieht durch Behandeln mit Schwefelsäure:

$$\mathbf{Ca_3(PO_4)_2 + H_2SO_4 \rightarrow Ca(H_2PO_4)_2 + 2\ CaSO_4}$$

Das entstehende Gemisch von Calcium-dihydrogenphosphat und Calciumsulfat heißt **Superphosphat**.

Superphosphat ist der wichtigste Phosphordünger. Etwa 50 % der Welterzeugung an Schwefelsäure wird für die Gewinnung dieses Düngers gebraucht.

Ein anderer wichtiger Phosphordünger ist Thomasphosphat (Thomasmehl), ein Nebenprodukt bei der Stahlerzeugung.

**Kalidünger** sind Kaliumsalze. Aus den obersten Schichten der Salzlagerstätten werden kaliumhaltige Salze bergmännisch gewonnen. Die Rohsalze werden vor allem auf Kaliumchlorid, **KCl**, und Kaliumsulfat, **$K_2SO_4$**, aufgearbeitet.

Als **Kalkdünger** verwendet man Calciumcarbonat, **$CaCO_3$**, und Calciumoxid, **CaO**. Hüttenkalk ist feingemahlene Hochofenschlacke.

### 21.1.5 Die Bedeutung der Mineraldünger

**Die Pflanzen nehmen Nährstoffe aus dem Boden in Ionenform auf.**

**Beispiele:**

| | | |
|---|---|---|
| **Stickstoff** | **als** | **$NH_4^+$, $NO_3^-$** |
| **Phosphor** | **als** | **$PO_4^{3-}$, $HPO_4^{2-}$, $H_2PO_4^-$** |
| **Kalium** | **als** | **$K^+$** |
| **Calcium** | **als** | **$Ca^{2+}$** |

Mit den Mineraldüngern werden dem Boden große Mengen an Ionen, die für das Pflanzenwachstum notwendig sind, zugeführt. Dadurch lassen sich hohe Ernteerträge erzielen.

Die mineralische Düngung hat im Laufe der letzten 100 Jahre die Ernteerträge auf altem Kulturland verdreifacht und die Kultivierung von Brachland ermöglicht.

**Die Mineraldüngung hat zu einer großen Steigerung der Ernteerträge geführt.**

Seit Mitte des 18. Jahrhunderts ist ein sehr starkes, ständiges Wachstum der Weltbevölkerung zu beobachten. In jedem Jahr werden mehr Menschen geboren als sterben. Die jährliche Wachstumsrate der Weltbevölkerung beträgt z. Z. 2 %.

Die zunehmende Bevölkerungszahl zwingt zur Erzeugung immer größerer Nahrungsmittelmengen. Eine Steigerung der landwirtschaftlichen Produktion läßt sich durch erhöhten Einsatz von Mineraldüngern erreichen. Ohne mineralische Düngung wären die Ernteerträge so gering, daß ein Teil der Menschheit verhungern müßte.

Gelegentlich hört man die irrige Auffassung, daß nur biologisch gedüngte Pflanzen »gesund« seien. Die mineralische Düngung wird für »unnatürlich« und gesundheitsschädigend angesehen. Die Ablehnung mineralischer Düngung ist nicht berechtigt. Zahlreiche wissenschaftliche Untersuchungen in der ganzen Welt haben immer wieder gezeigt, daß sich bei ausreichender Düngung mineralisch gedüngte Pflanzen nicht von biologisch gedüngten unterscheiden. Das ist leicht einzusehen. Da die Pflanze ihre Nährstoffe aus dem Boden in Ionenform aufnimmt, ist es belanglos, ob die Ionen aus Stalldung oder aus Handelsdüngern stammen. Die Ionen sind die gleichen.

**Düngung bedeutet Ernährung der Pflanzen.**

Das Wachstum und damit der Ertrag einer Pflanze richtet sich immer nach dem Nährstoff, der in der geringsten Menge der Pflanze zur Verfügung steht. Der Mangel an einem Nährstoff läßt sich nicht durch einen Überschuß an anderen Nährstoffen ausgleichen.

**Der in geringster Menge vorhandene Nährstoff bestimmt das Wachstum der Pflanze.**

**Dies ist das Gesetz des Minimums.**

Damit sich eine Pflanze optimal entwickeln kann, müssen a l l e Nährstoffe in einem bestimmten Nährstoffverhältnis zur Verfügung stehen. Die richtige Anwendung eines Düngemittels setzt deshalb eine genaue Kenntnis der Bodenzusammensetzung voraus. Diese wird durch Bodenuntersuchungen ermittelt und die Düngung dann dem Bedarf der Pflanze genau angepaßt.

Die Düngung richtet sich nach:

- dem Nährstoffbedarf der Pflanze,
- dem Gehalt des Bodens an pflanzenlöslichen Stoffen.

Eine sachgemäße mineralische Düngung erhöht nicht nur die Pflanzenerträge, sondern führt auch zu einer Qualitätsverbesserung.

Umgekehrt kann eine unsachgemäße Düngung Qualitätsminderungen verursachen. Überhöhte Gaben eines Nährstoffs können zu Mangel an einem anderen führen. So behindert z. B. einseitig überhöhter Einsatz von Stickstoffdünger oder Kalidünger die Aufnahme von Calcium-Ionen und verursacht damit Störungen des Wachstums.

## 21.2 Der chemische Pflanzenschutz

### 21.2.1 Schädlingsbekämpfungsmittel (Biozide)

Ein großer Teil der Ernte geht jährlich durch Schädlinge verloren. Schätzungen zufolge wird ein Drittel der Welternte durch Schadorganismen vernichtet.

Zur Sicherung der Ernte müssen die Kulturpflanzen vor Pilzbefall, vor schädlichen Insekten und vor Unkräutern geschützt werden. Deshalb werden heute große Mengen von Schädlingsbekämpfungsmitteln eingesetzt.

Zu diesen gehören:

| | |
|---|---|
| Fungizide: | zur Bekämpfung von Pilzen |
| Insektizide: | zur Bekämpfung von Insekten |
| Herbizide: | zur Bekämpfung von Unkräutern |

Alle Chemikalien, die zur Schädlingsbekämpfung genutzt werden, bezeichnet man als **Biozide** oder auch als Pestizide.

**Fungizide**

Sie dienen zur Bekämpfung von Pilzen. Eine Reihe von parasitischen Pilzen bedrohen unsere Kulturpflanzen und richten oft schwere Schäden an, z. B. die Kraut- und Knollenfäule der Kartoffeln, Rost- und Brandkrankheiten an Getreide. In früheren Zeiten, als es noch keine Bekämfungsmittel gab, wurde oft die gesamte Ernte eines Landes vernichtet. Die Folgen waren schwere Hungersnöte.

Da bei Getreide bereits die Körner von Pilzsporen befallen sind, wird das Saatgut noch vor der Aussaat gebeizt, d. h. mit Fungiziden behandelt, um die jungen Pflänzchen vor Pilzbefall zu schützen. Die Beizmittel sind schwere Gifte. Als Beizmittel verwendet man meist organische Quecksilberverbindungen, die sich im Boden anreichern und nützliche Bodenorganismen schädigen. Auch gelangen sehr kleine Mengen mit dem Regenwasser in Grundwasser, Flüsse, Seen und Meere und erhöhen die Quecksilberkonzentration des Wassers.

**Insektizide**

Mit Hilfe von Insektiziden kann man schädliche Insekten weitgehend vernichten. Der Ernteertrag wird dadurch gesichert und die Qualität des Ernteguts erhöht. Doch werden auch nützliche Insekten getötet.

Die Anwendung von Insektiziden und Fungiziden ist im Erwerbsobstbau eine Notwendigkeit. In sehr großen Mengen werden Insektizide zur Bekämpfung von Seuchen, die durch Insekten übertragen werden, z. B. Schlafkrankheit, Malaria, Gelbfieber, eingesetzt.

**Herbizide**

Herbizide werden zur Unkrautbekämpfung im Getreide-, Rüben- und Gemüseanbau eingesetzt. Sie vernichten die Unkräuter, ohne die Kulturpflanzen zu schädigen. Die früher übliche Unkrautvernichtung durch Jäten oder Hacken läßt sich heute nicht mehr durchführen, da für diese mühselige Arbeit kaum noch Arbeitskräfte zu erhalten sind.

**Der Herbizideinsatz ermöglicht die vollmechanische Ernte.**

Voraussetzung für den Gebrauch automatischer Erntemaschinen ist Unkrautfreiheit der Felder. Verunkrautete Felder lassen sich nicht vollmechanisch ernten.

**Der chemische Pflanzenschutz leistet einen entscheidenden Beitrag zur Sicherung der Ernährung.**

### 21.2.2 Welches sind die Nachteile?

Alle chemischen Schädlingsbekämpfungsmittel sind mehr oder minder starke Gifte. Sie dürfen nur unter Einhaltung strenger Sicherheitsvorschriften angewendet werden.

Nach dem Aufspritzen, Aufsprühen oder Aufstäuben des Pflanzenschutzmittels bleiben Rückstände auf der Pflanze oder im Boden. Diese sollen gering sein und rasch abgebaut werden, damit es zu keiner gefährlichen Anreicherung in der Umwelt kommen kann.

Verbindungen, die langsam abgebaut werden, können sich im Boden, in Wasser und im tierischen Organismus zu größeren Konzentrationen ansammeln und zu schweren Störungen führen.

### 21.2.3 Was sagt der Gesetzgeber?

Die Bundesrepublik Deutschland hat ein strenges Pflanzenschutzgesetz. Danach dürfen nur Pflanzenschutz- und Vorratsschutzmittel in den Handel gebracht werden, die von der Biologischen Bundesanstalt im Einvernehmen mit dem Bundesgesundheitsamt geprüft und zugelassen sind.

Rückstände von Schädlingsbekämpfungsmitteln auf und in Pflanzen werden beim Verzehr mit aufgenommen.

**Abb. 21.2**
**Zeichen für amtlich zugelassene Pflanzen- und Vorratsschutzmittel.**

Zum Schutz des Verbrauchers wurde deshalb **die Höchstmengen-Verordnung** erlassen. Darin ist festgelegt, welche Restmengen von Wirkstoffen auf oder in Lebensmitteln *höchstens* vorkommen dürfen. Diese geduldeten geringen Mengen von Bioziden gelten nach unseren heutigen Erfahrungen als unbedenklich. Die angegebenen Werte basieren auf langfristigen Fütterungsversuchen an Tieren, bei denen auch die Nachkommen der Versuchstiere untersucht werden.

Es bedarf einer strengen Überwachung, daß die geduldeten Höchstmengen nicht überschritten werden. Die Marktkontrollen werden in Form von Stichproben durchgeführt. Die Untersuchung erfolgt durch die Lebensmitteluntersuchungsämter.

**Kontrollfragen**

21.1 Wie decken die höheren Pflanzen ihren Stickstoffbedarf?

21.2 Welches sind die Voraussetzungen für hohe Ernteerträge?

21.3 Weshalb sinkt der Ertrag eines Ackers, wenn mehrere Jahre nicht gedüngt wird?

21.4 Was verstehen Sie unter chemischem Pflanzenschutz?

21.5 Bilden Sie sich ein eigenes Urteil über die Forderung nach Anbauverfahren ohne Einsatz von Mineraldüngern und Schädlingsbekämpfungsmitteln.

## 21.3 Haltbarmachen von Lebensmitteln durch chemische Stoffe

### 21.3.1 Chemische Konservierungsmethoden

Unsere Lebensmittel sind ständigen Veränderungen unterworfen, die schließlich zu völligem Verderb führen können. Die Ursachen hierfür sind Luft, Licht und Wärme, eigene Fermente der Lebensmittel, vor allem aber Mikroorganismen (Kleinlebewesen). Dazu gehören Bakterien, Hefepilze, Schimmelpilze.

Zur Sicherung der Ernährung müssen Lebensmittel vor dem Verderb geschützt werden. Wir kennen verschiedene Möglichkeiten der Haltbarmachung von Lebensmitteln.

Neben physikalischen Methoden, z. B.
Konservieren durch Erhitzen,
Konservieren durch Kühlen,
Konservieren durch Wasserentzug,

gibt es chemische Stoffe, mit deren Hilfe wir Lebensmittel über eine gewisse Zeit vor dem Verderb bewahren können.

Zu den chemischen Konservierungsverfahren gehören z. B.
Einsalzen,
Räuchern,
Säuern,
Zusatz von chemischen Konservierungsstoffen.

Alle diese Verfahren verfolgen den Zweck, Mikroorganismen abzutöten oder in ihrer Entwicklung zu hemmen.

**Einsalzen**

Kleinlebewesen vermehren sich nur in einer Umgebung mit ausreichendem Wassergehalt. Bei zu geringem Feuchtigkeitsgehalt hört das Wachstum der Mikroorganismen auf. Daher lassen sich Lebensmittel durch Trocknen, Eindampfen oder Eindicken vor dem Verderb schützen. Auch durch Zusatz von viel Kochsalz wird eine Herabsetzung des Wassergehalts erreicht.

**Kochsalz wirkt wasserentziehend.**

Es entzieht den Lebensmitteln unter Bildung von Lake einen Teil ihres Wassers, wodurch diese wasserärmer und damit haltbarer werden. Auch den Bakterien, die zu etwa 85 % aus Wasser bestehen, wird Wasser entzogen. Es wird jedoch meist keine vollständige Abtötung, sondern nur eine Abschwächung der Kleinlebewesen erreicht.

Durch hohe Salzkonzentrationen wird der rote Muskelfarbstoff zerstört. Das Fleisch sieht grau aus. Man verwendet deshalb in vielen Fällen Nitrit-Pökelsalz, das 0,5 % Natriumnitrit ($NaNO_2$) enthalten darf. Natriumnitrit führt den Muskelfarbstoff in eine stabile, rotbleibende Verbindung über, die der Pökelware ihre charakteristische Farbe verleiht.

Der geringe Nitritgehalt des Pökelsalzes ist gesetzlich zulässig, weil er gesundheitlich unbedenklich ist. In etwas größerer Konzentration ist Natriumnitrit ein starkes Gift. Deshalb ist die Verwendung von reinem Natriumnitrit, auch die Lagerung dieses Salzes, Lebensmittelbetrieben streng verboten.

### Räuchern

Das Verfahren des Räucherns besteht darin, Fleisch- und Fischwaren dem Rauch von verschwelendem Laubholz auszusetzen. Dabei findet eine Austrocknung statt. Gleichzeitig dringen antiseptisch wirkende Stoffe, die im Rauch enthalten sind, in das Fleisch ein. Dazu gehören: Phenol, Kresol, Methanal, Methanol, Ameisensäure, Essigsäure.

### Säuern

Viele Kleinlebewesen sind gegen Säuren empfindlich, vor allem Fäulnisbakterien, die neutrale oder schwach alkalische Umgebung bevorzugen. Deshalb wird Essig seit alters her zum Einlegen von Fisch und Gemüse verwendet.

Bei der natürlichen Säuerung führen Milchsäurebakterien den im Gemüse enthaltenen Zucker in Milchsäure über, die andere schädliche Mikroorganismen unterdrückt (Sauerkraut, saure Gurken).

## 21.3.2 Chemische Konservierungsstoffe

Es gibt viele Stoffe, die schon in sehr geringer Konzentration die Entwicklung von Mikroorganismen hemmen oder sie abtöten. Als Zusätze zu Lebensmitteln sind nur solche geeignet, die für Kleinlebewesen giftig, für den Menschen aber in den zur Anwendung gelangenden Konzentrationen gesundheitlich unbedenklich sind.

Als Konservierungsstoffe sind heute zugelassen:

- Sorbinsäure (Kenn-Nr. 1)
- Benzoesäure (Kenn-Nr. 2)
- PHB-Ester (Kenn-Nr. 3)

Die zugelassenen Konservierungsstoffe sind nicht für alle Lebensmittel erlaubt. Sie dürfen nur bestimmten Lebensmitteln zugesetzt werden und auch nur bis zu einer gesetzlich festgelegten Höchstgrenze.

Unseren Grundnahrungsmitteln – Getreideerzeugnisse, Milch, Butter, Fleisch – dürfen keine Konservierungsstoffe zugesetzt werden.

**Sorbinsäure** $CH_3{-}CH{=}CH{-}CH{=}CH{-}COOH$

Die zweifach ungesättigte Säure ist gegen Kleinlebewesen sehr wirksam, besonders gegen Schimmelpilze. In der Natur kommt sie in den Früchten der Eberesche (Vogelbeere) vor.

**Benzoesäure**

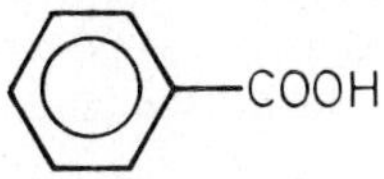


Ihr Konservierungseffekt hängt stark vom pH-Wert der Lebensmittel ab. Benzoesäure ist nur in saurer Lösung wirksam, nicht dagegen in neutraler.

Die Zellmembran der Bakterien läßt nur die nicht dissoziierten Benzoesäuremoleküle hindurchtreten, weil diese fettlöslich sind, nicht aber ihre fettunlöslichen Ionen.

In neutraler Lösung ist die Säure in Ionen zerfallen und daher nicht wirksam, während sie in saurer Lösung nicht dissoziiert ist! Es liegen die ganzen Moleküle vor.

Da Benzoesäure in kaltem Wasser schwer löslich ist, verwendet man sie meist in Form ihres leichtlöslichen Natriumsalzes.

**PHB-Ester**

Man versteht darunter den Ethyl- und den Propylester der para-Hydroxybenzoesäure, abgekürzt PHB. Sie sind also Derivate der Benzoesäure.

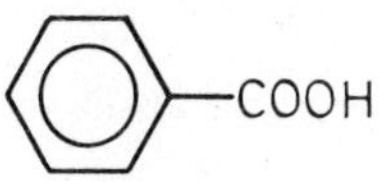


**Benzoesäure**

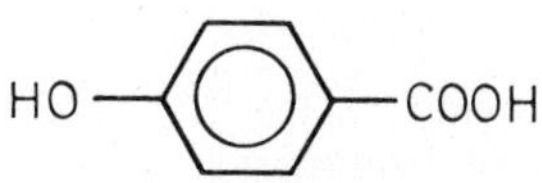


**PHB**
**(para-Hydroxybenzoesäure)**

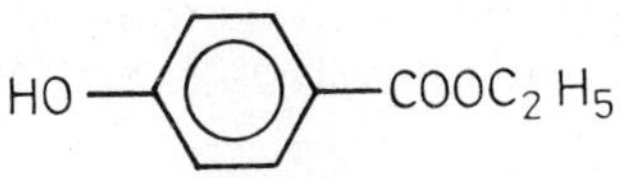


**PHB-Ethylester**

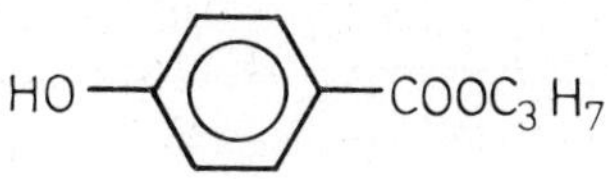


**PHB-Propylester**

Diese Verbindungen sind besonders geeignete Konservierungsmittel. Sie haben den Vorzug, daß sie in Wasser leicht löslich sind, stark keimtötend wirken und nahezu frei von Nebengeschmack sind.

Ihre Wirkung ist unabhängig vom pH-Wert. Sie können daher auch bei neutraler Reaktion verwendet werden.

**Diphenyl und Orthophenylphenol**

Diphenyl Orthophenylphenol

Man verwendet die beiden Stoffe zur Oberflächenbehandlung von Citrusfrüchten, um Schimmelbildung zu verhüten. Die Früchte werden entweder in diphenylgetränktes Papier gehüllt oder mit Orthophenylphenol besprüht. Die Konservierungsstoffe dringen in die Schale ein. Die Schale ist daher nicht zum Verzehr geeignet.

**Kontrollfrage**

21.6 Ein Zusatz von Konservierungsmitteln muß kenntlich gemacht werden. Welchen Nutzen bringt diese Verordnung dem Verbraucher?

**Zusammenfassung**

Die ständig wachsende Bevölkerung zwingt zu erhöhter Lebensmittelproduktion. Eine Steigerung der Ernteerträge läßt sich nur erreichen durch mineralische Düngung und durch Schutz der Kulturpflanzen vor Schädlingen.

Durch Düngung werden dem Boden die Nährstoffe, die die Pflanze zum Wachstum benötigt, zugeführt. Es gibt Wirtschaftsdünger, wie Stalldung, Jauche und Kompost, und Mineraldünger. Zu den Mineraldüngern gehören Stickstoffdünger, Phosphordünger, Kalidünger und Kalkdünger. Sie werden nach dem Hauptnährstoff benannt.

Die einzelnen Nährstoffe werden von den Pflanzenwurzeln vorwiegend als Ionen aus dem Boden aufgenommen.

Schädlingsbekämpfungsmittel (Biozide) werden eingesetzt zur Bekämpfung von schädlichen Insekten (Insektizide), Pilzen (Fungizide), Unkräutern (Herbizide). Sie helfen die Ernteerträge zu sichern, die Qualität zu verbessern, die Arbeit zu erleichtern.

Viele Lebensmittel verderben leicht. Sollen sie gelagert werden, muß man sie haltbar machen.

Die verschiedenen Methoden der Konservierung verfolgen letztlich den Zweck, Mikroorganismen, die die Hauptursache des Verderbs sind, abzutöten oder in ihrer Entwicklung zu hemmen.

Chemische Konservierungsstoffe sind Chemikalien, die schon in sehr geringer Konzentration Mikroorganismen abtöten, für den Menschen aber in den verwendeten Mengen gesundheitlich unbedenklich sind. Ihre Anwendung unterliegt strengen gesetzlichen Bestimmungen.

Behandelte Lebensmittel sind kennzeichnungspflichtig.

# 22 Chemie und Umwelt

## 22.1 Nutzen und Gefahren chemischer Stoffe

Die Chemie prägt unser Leben. In entscheidendem Maße trägt die Chemie dazu bei, die Menschheit mit den zur Lebensführung benötigten Gütern zu versorgen:

- Mineraldünger und Schädlingsbekämpfungsmittel erhöhen die landwirtschaftlichen Erträge und sichern die Ernährung der ständig wachsenden Menschheit.
- Synthetische Faserstoffe, wie Perlon, Nylon, Dralon, Trevira, tragen bei zur Versorgung des einzelnen mit Kleidung.
- Arzneimittel helfen im Kampf gegen Krankheiten und erhöhen die durchschnittliche Lebenserwartung des Menschen.
- Kunststoffe treten an die Stelle von Naturprodukten. Unzählige Gebrauchsartikel, die wir täglich benutzen, bestehen aus Kunststoff.
- Farbstoffe verschönern die Umwelt.

Diese und viele andere Stoffe haben Chemiker entwickelt. Die Erzeugnisse der chemischen Industrie werden in allen Lebensbereichen verwendet. Sie haben unseren Lebensstandard erhöht, unsere Lebensqualität verbessert. Sie sind uns unentbehrlich.

Aber der Fortschritt bringt auch Gefahren. Viele Begleitstoffe der Zivilisation belasten unsere Umwelt und gefährden unseren Lebensraum. Bei der Herstellung der chemischen Stoffe entstehen oft schädliche Nebenprodukte, die in die Luft gelangen oder ins Wasser geleitet oder auf Halde geschüttet werden. So kommt es zu Verschmutzungen von Luft und Wasser.

Nicht nur die Herstellung, sondern auch die Anwendung der chemischen Produkte kann zu schweren Umweltbelastungen führen, die unsere Gesundheit bedrohen.

Wir betrachten einige Beispiele:

## 22.2 Beispiele für Umweltgefährdung durch chemische Stoffe

### Umweltgefährdung durch Waschmittel

Mit der allgemeinen Verbreitung der elektrischen Waschmaschine und der vielseitigen Verwendung von pflegeleichten Textilien ist der Verbrauch von Waschmitteln stark angestiegen. Dies führt zu einer schweren Belastung unserer Gewässer.

Moderne Waschmittel enthalten beträchtliche Mengen Phosphate (30–50 %). Diese gelangen mit den Abwässern in Flüsse und Seen und wirken hier als Düngemittel.

Werden einem Gewässer laufend Phosphate zugeführt, so kommt es zu einer Überdüngung, die man Eutrophierung nennt.

**Phosphate eutrophieren unsere Gewässer.**

Die Folge der Nährstoffanreicherung im Wasser ist ein übermäßiges Algenwachstum.

Die abgestorbenen Algen sinken in die Tiefe und werden von Bakterien abgebaut. Dabei wird sehr viel Sauerstoff verbraucht. Das Tiefenwasser wird sauerstoffarm. Jetzt setzen Fäulnisprozesse ein. Anaerobe Bakterien, das sind solche, die ohne Sauerstoff leben, bewirken nun den weiteren Abbau der abgestorbenen Algen. Dabei entstehen Methan, Ammoniak, Schwefelwasserstoff und andere giftige übelriechende Gase. Der Fischbestand geht zurück. Giftiger Faulschlamm bedeckt den Gewässerboden. Der See »stirbt«.

**Überversorgung der Gewässer mit Nährstoffen (Eutrophierung) führt zur Sauerstoffverarmung des Wassers.**

Fließende Gewässer sind weniger gefährdet als stehende Gewässer, weil das bewegte Wasser stärker mit Luft in Berührung kommt und daher mehr Luftsauerstoff aufnimmt als ruhendes Wasser. Außerdem kommt aus Quellen und Bächen ständig Frischwasser dazu.

### Wie läßt sich eine Verringerung des Phosphatgehalts der Abwässer erreichen?

- Phosphate lassen sich in Kläranlagen durch Zusatz gewisser Salze ausfällen und aus dem Wasser entfernen. Die chemische Klärung der Abwässer ist kostenaufwendig und wird in den meisten Orten noch nicht durchgeführt.
- Bisher ist noch kein Stoff gefunden, der die Phosphate in Waschmitteln voll ersetzen kann. Doch läßt sich der Phosphatgehalt durch Ersatzstoffe verringern.
- Durch sparsamen Umgang mit Waschmitteln kann der einzelne dazu beitragen, die Phosphatlast der Abwässer zu verringern. Dies ist ein kleiner Schritt zur Verbesserung der Wasserqualität.

### Umweltgefährdung durch Düngemittel

Nicht alle dem Boden durch Düngen zugeführten Nährstoffe werden von den Pflanzen verbraucht. Ein Teil wird durch Regen ausgewaschen und gelangt in Grundwasser, Flüsse und Seen. Nitrate und Phosphate, die durch Auswaschungen von Düngern in die Gewässer gelangen, tragen zu deren Eutrophierung bei.

### Umweltgefährdung durch Schädlingsbekämpfungsmittel

Mit großer Sorge beobachtet man die weltweite Verbreitung von Bioziden. Diese sind nicht nur Giftstoffe für Schädlinge, sondern schädigen in größerer Konzentration auch den Menschen. Deshalb müssen die Rückstände so gering wie nur möglich sein.

Ein schweres Problem sind die Biozide, die über die Nahrungskette in den Körper des Menschen gelangen. Kleine Mengen von Bioziden werden vom Wind fortgetragen, vom Regen weggespült, gelangen über die Flüsse ins Meer und werden hier vom Plankton aufgenommen und gespeichert. Da das Plankton Fischen als Nahrung dient, nehmen die Fische laufend kleine Biozidmengen auf und speichern sie in ihrem Fett zu größeren Konzentrationen.

Schließlich gelangen die in den Fischen angereicherten Biozidmengen in den Körper der Warmblütler, die die Fische als Nahrung aufnehmen, und auch in den Körper des Menschen.

Gefährlich sind vor allem die langlebigen Biozide, d. h. solche, deren Zersetzung sich über Jahre erstreckt. Die Anwendung vieler dieser Mittel ist heute in den meisten westlichen Staaten verboten oder zumindest stark eingeschränkt.

Auch die vielen Insektenspraydosen, die überall erhältlich sind, tragen zur Verseuchung der Umwelt mit Bioziden bei. Sie werden oft sorglos und unsachgemäß angewendet.

**Umweltbelastung durch Kunststoffe**

Die zunehmende Produktion von Kunststoffen und die Verwendung riesiger Mengen als Verpackungsmaterialien haben immer größer werdende Abfallberge zur Folge.

Ihre Beseitigung ist ein Umweltproblem. Kunststoffe verrotten nicht auf Mülldeponien. Sie lassen sich zwar in Müllverbrennungsanlagen verbrennen. Die Abgase enthalten aber Hydrogenchlorid, das aus Polyvinylchlorid, PVC, stammt. Das aggressive Gas schädigt die Umwelt. In modernen Müllverbrennungsanlagen wird es aus den Abgasen abgeschieden. Dadurch erhöhen sich die Kosten der Müllverbrennung.

**Umweltgefährdung durch Motorabgase**
**Luftverschmutzung**

Durch den wachsenden Kraftfahrzeugverkehr gelangen in steigendem Maße Schadstoffe in die Luft, die die Gesundheit gefährden.

An **Giftstoffen** sind in Abgasen von Kraftfahrzeugen vor allem enthalten:

- **Kohlenstoffmonooxid**
  Das stark giftige Gas verbindet sich mit dem Hämoglobin der roten Blutkörperchen, so daß dieses keinen Sauerstoff aufzunehmen vermag. Dadurch wird der Körper ungenügend mit Sauerstoff versorgt.
- **Oxide des Stickstoffs**
  Sie schädigen die roten Blutkörperchen.
- **Bleiverbindungen**
  Vom Körper aufgenommene Bleiverbindungen rufen vielerlei gesundheitliche Störungen hervor.
- **Unverbrannte Kohlenwasserstoffe**
  Unter ihnen befindet sich Benzpyren, ein Kohlenwasserstoff, dessen krebserregende Wirkung mit Sicherheit feststeht.

Gefährliche Schadstoffkonzentrationen in der Atemluft können auftreten:

- bei längerem Stau,
- bei langsamem Kolonnenfahren,
- in großen Unterführungen.

Daher sollte der Autofahrer in diesen Fällen die Fenster schließen und Lüftung und Heizung abstellen, damit die Schadstoffe sowenig wie möglich ins Wageninnere gelangen. Der Ausstoß von Kohlenstoffmonooxid ist bei Otto-Motoren **im Leerlauf am stärksten**. Deshalb sollte bei Stau oder längerem Warten an Ampeln der Motor abgestellt werden.

**Umweltgefährdung durch Treibgase von Spraydosen**

Die Erde ist in sehr großer Höhe (in der Stratosphäre) von einer Ozonschicht umgeben. Diese Ozonschicht absorbiert den größten Teil der von der Sonne kommenden UV-Strahlen. Die auf die Erde gelangende geringe UV-Bestrahlung bewirkt bekanntlich Sonnenbrand und Sonnenbräune, kann aber auch bei Einwirkung über längere Zeiträume zu Hautkrebs führen.

Würde die gesamte UV-Strahlung der Sonne ungehindert bis zur Erde gelangen, käme es zu einer Zunahme von Hautkrebserkrankungen. Auch sind Klimaänderungen und Schädigungen von pflanzlichen und tierischen Organismen zu erwarten.

**Die Ozonschicht in der Stratosphäre übt eine Schutzwirkung aus.**

Diese Ozon-Schutzschicht ist jetzt in Gefahr, durch die sehr verbreitete Anwendung von Spraydosen zerstört zu werden.

Die meisten Spraydosen enthalten als Treibgas die Fluor-Chlor-Kohlenstoffverbindungen $\mathbf{CF_2Cl_2}$ oder $\mathbf{CFCl_3}$. Sie sind unter dem Namen Frigen oder Freon bekannt.

Diese Treibgase sind chemisch sehr stabil. Sie werden nicht wie andere Schadstoffe in der unteren Atmosphäre abgebaut, sondern gelangen ganz allmählich in die Stratosphäre und zerstören hier einen Teil des Ozons.

## 22.3 Abfallbeseitigung (Müllbeseitigung)

### 22.3.1 Das Abfallproblem

**Abfälle aller Art, deren sich die Besitzer entledigen, bezeichnet man als Müll.**

Die Zusammenballung der Bevölkerung in Städten, der wachsende Wohlstand, die steigende Produktion von kurzlebigen oder modeabhängigen Gebrauchsgütern, die aufwendigen Verpackungen, die starke Zunahme von Einwegpackungen – alle diese Faktoren haben immer größer werdende Abfallmengen zur Folge.

Zu dem Hausmüll kommen große Mengen an Abfällen aus Gewerbe und Industrie.

Die Abfälle müssen beseitigt werden, und zwar so, daß die Umwelt sowenig wie möglich belastet wird.

Zum Schutz der Natur und der Gesundheit des Menschen wurde das Abfallbeseitigungsgesetz erlassen. Es regelt Einsammeln, Transport, Lagern und Behandeln von Abfällen.

### 22.3.2 Möglichkeiten der Abfallbeseitigung

Es gibt verschiedene Möglichkeiten der Müllbeseitigung:

- Mülldeponie
- Müllverbrennung
- Kompostierung

## Mülldeponie

Der Müll wird an bestimmten, behördlich genehmigten Lagerplätzen, den Müllkippen oder Mülldeponien, abgelagert.

Die ungeordnete Müllablagerung führt zu schwerer Umweltbelastung:

- Hausmüll enthält Küchenabfälle, die sich zersetzen und starke Geruchsbelästigungen verursachen.
- Insekten, Mäuse und Ratten siedeln sich an und übertragen Krankheitskeime, die immer im Müll vorhanden sind.
- Die organischen Bestandteile des Mülls werden durch Bakterien abgebaut. Dabei tritt Erwärmung ein, die oft so stark ist, daß es zu Selbstentzündung kommt. Es bilden sich giftige, übelriechende Schwelgase.
- Lösliche Bestandteile des Mülls werden durch Regenwasser herausgespült, dringen in den Boden ein und gelangen bis ins Grundwasser, das für die Trinkwassergewinnung wichtig ist.

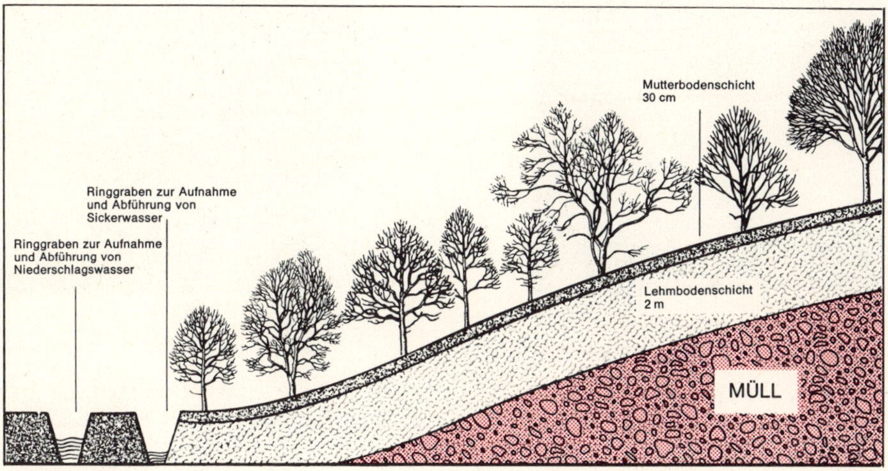


**Abb. 22.1**
**Schnitt durch den abgedeckten und bepflanzten Hang einer Deponie. Sicker- und Regenwasser werden getrennt abgeführt.**

Durch geordnete und kontrollierte Müllablagerung wird eine Umweltbelastung weitgehend vermieden.

Die geordnete Mülldeponie muß einen wasserdichten Untergrund haben. Lockeres Erdreich wird zum Schutz des Grundwassers mit Lehm, Beton, Kunststoffolien oder dgl. abgedichtet. Dann wird der Müll in 1–2 m hohen Schichten aufgeschüttet, mit schweren Planierfahrzeugen zusammengedrückt. Darüber kommt eine Schicht Bauschutt oder Sand. Es folgt eine weitere Müllschicht, die wiederum mit Planiermaschinen verdichtet und mit Bauschutt oder Sand abgedeckt wird. So werden mehrere Schichten übereinander gelagert. Schließlich wird die Oberfläche mit Erde abgedeckt und mit Sträuchern und Bäumen bepflanzt. So wird eine neue Grünfläche geschaffen, die als Erholungsgebiet genutzt werden kann.

Es wird immer schwieriger, geeignetes Gelände zur Errichtung neuer Mülldeponien zu finden.

## Müllverbrennung

Müll besteht zum großen Teil aus brennbaren Bestandteilen, wie Papier, Textilien, Kunststoffen usw., und läßt sich daher in Müllverbrennungsanlagen verbrennen. Die Verbrennungswärme kann zur Gewinnung von elektrischer Energie oder zum Betrieb von Fernheizwerken genutzt werden. Die Nutzung der Abwärme lohnt sich jedoch nur bei großen Anlagen.

**Abb. 22.2**
**Ein Müllwagen entlädt seinen Inhalt in den Müllbunker der Müllverbrennungsanlage**

**Abb. 22.3**
**Müllverbrennungsanlage**

Der Hauptvorteil der Müllverbrennung liegt in der Volumenverringerung des Abfalls. Die zurückbleibende Schlacke nimmt einen wesentlich geringeren Raum ein als der ursprüngliche Müll. Die Schlacke wird meist deponiert.

Nachteilig sind die hohen Kosten der Verbrennungsanlage.

Ein besonderes Problem sind die chlor- und fluorhaltigen Kunststoffe (PVC, PTFE). Bei ihrer Verbrennung entstehen aggressive Gase, die aus den Abgasen entfernt werden müssen, was erhöhte Kosten verursacht.

## Kompostierung

Bei diesem Verfahren der Müllbeseitigung werden die im Müll enthaltenen organischen Bestandteile durch Bakterien abgebaut (verrottet). Es entsteht Kompost, der in der Landwirtschaft, im Weinbau oder in Gärtnereien zur Bodenverbesserung dient.

Die nichtverrottbaren Bestandteile des Mülls, wie Kunststoffe, Metalle, Glas usw., müssen vor der Kompostierung ausgesondert werden.

Die Kompostierungsanlagen haben einen sehr großen Platzbedarf. Der Verrottungsvorgang verläuft langsam, daher kann nur ein geringer Anteil des Mülls auf diesem Wege verwertet werden.

### 22.3.3 Recycling

Die bedrohlich zunehmende Rohstoffverknappung und die wachsenden Schwierigkeiten in der Beseitigung der Abfälle führen dazu, viele Abfallstoffe nicht zu beseitigen, sondern als Rohstoffe zur Produktion von Gebrauchsgütern wieder zu verwenden.

**Man bezeichnet die Rückführung von Abfallstoffen in den Produktionsprozeß als Recycling.**

#### Beispiele für Recycling

Alteisen wird wieder zu Stahl verarbeitet. Aus dem Müll werden mit Hilfe von Magnetabscheidern Eisenteile herausgeholt. Auch andere Altmetalle (Aluminium, Kupfer, Zinn) lassen sich wieder verwerten.

Gebrauchte Textilien dienen zur Herstellung von Reißwolle und von Papier, Altpapier zur Herstellung von Pappe und von preiswertem Papier.

Kunststoffabfälle werden wieder aufbereitet.

Glasflaschen werden gesammelt, eingeschmolzen und zur Gewinnung neuer Flaschen verwertet.

Neue Verfahren wurden erarbeitet, um Altöl aus Kraftfahrzeugen, abgefahrene Autoreifen und viele andere Abfallstoffe einer erneuten wirtschaftlichen Verwendung zuzuführen.

Die Wiederverwendung von Abfallstoffen in der Industrie als Rohstoff für die Herstellung neuer Produkte gewinnt wachsende Bedeutung.

**Abb. 22.4**
**Recycling von Rohstoffen. Aus alten Telefonen lassen sich der Kunststoff und das Kabelmetall Kupfer zurückgewinnen.**

#### Kontrollfragen

22.1 Wie können Sie dazu beitragen, die Wasserbelastung durch Phosphate zu verringern?

22.2 Wie können Sie den Kunststoffmüll verringern helfen?

22.3 Überlegen Sie, wie Sie in Ihrem Bereich umweltfreundlich handeln können.

**Zusammenfassung**

**Nutzen und Gefahren einiger chemischer Substanzen**

| Substanz | Nutzen | Gefahren |
|---|---|---|
| Waschmittel | Reinigung, Verbesserung der Hygiene | Eutrophierung der Gewässer |
| Mineraldünger | Steigerung der Ertragsfähigkeit des Bodens | Eutrophierung der Gewässer |
| Schädlingsbekämpfungsmittel (Biozide) | Sicherung der Ernten, Verbesserung der Qualität des Ernteguts, Schutz vor Schädlingen bei der Lagerung von Nahrungsmitteln, Verhütung von Seuchen | Giftigkeit, Rückstände auf und in der Nahrung, Belastung von Boden und Wasser, Schädigung vieler nützlicher Organismen |
| Kunststoffe | Preiswerte, leicht zu verarbeitende Werkstoffe für unzählige Gebrauchsartikel, ideales Verpackungsmaterial, unentbehrlicher Bestandteil unserer Zivilisation | Probleme bei der Abfallbeseitigung, kein Verrotten auf Mülldeponien, beim Verbrennen chlor- und fluorhaltiger Kunststoffe Entwicklung aggressiver Gase |
| Motortreibstoffe | Motorisierung des Verkehrs | Luftverpestung durch die in den Motorabgasen enthaltenen Giftstoffe |
| Treibgase in Spraydosen | Gleichmäßige Verteilung der Wirkstoffe, bequeme Anwendung | Zerstörung der Ozonschutzschicht der Stratosphäre |

Diese wenigen Beispiele machen deutlich, daß die Vorteile, die chemische Substanzen uns bringen, oft mit schweren Gefahren erkauft werden.

Es muß daher der Nutzen gegen die Risiken abgewogen werden.

Die Schadwirkungen müssen durch wirksame Maßnahmen so gering wie nur möglich gehalten werden.

Wir alle tragen mehr oder minder zur Umweltbelastung bei. Jeder einzelne kann daher durch kritischen Konsum und durch umweltbewußtes Verhalten die Belastung der Umwelt vermindern helfen.

Durch die Produktion von Konsumgütern, deren Verpackungen und deren Gebrauch entstehen riesige Abfallmengen, die man in ihrer Gesamtmenge als Müll bezeichnet. Die Abfallbeseitigung ist zu einem ernsten Problem geworden. Sie muß umweltfreundlich durchgeführt werden. Möglichkeiten der Abfallbeseitigung sind:

Mülldeponie, Müllverbrennung und Kompostierung.

Viele Abfallstoffe lassen sich wieder verwerten. Die Rückführung von Abfallstoffen in den Produktionsprozeß nennt man Recycling.

## Antworten zu den Kontrollfragen

1. 1 Proben entnehmen und Siedepunkt bestimmen

1. 2 Gasförmig

1. 3 Ether, weil sein Siedepunkt tiefer liegt als der von Ethanol

1. 4 Im Bier ist Kohlenstoffdioxid gelöst, das beim Erwärmen ausgeschieden wird, weil die Löslichkeit von Gasen in Flüssigkeiten mit steigender Temperatur abnimmt.

1. 5 a) Durch Eindampfen
b) Die unterschiedlichen Siedepunkte. Das Salz siedet bei einer viel höheren Temperatur als Wasser (1465 °C). Es ist also viel schwerer flüchtig als Wasser und bleibt deshalb als Rückstand.

1. 6 Die Mischung in Wasser geben. Natriumchlorid löst sich in Wasser, Sand dagegen nicht. Dann trennt man durch Filtrieren die Salzlösung vom Sand und dampft anschließend das Filtrat ein.

1. 7 z. B. Filterkaffee

1. 8 Blei: Pb, Zink: Zn, Brom: Br, Silber: Ag, Fluor: F
b) Na: Natrium, Ra: Radium, I: Iod, Ni: Nickel, U: Uran, Si: Silicium

1. 9 Aus 2 Wasserstoffatomen, einem Schwefelatom und 4 Sauerstoffatomen

1.10 Aus 4 Phosphoratomen und 10 Sauerstoffatomen

1.11 $Mg + H_2O \rightarrow MgO + H_2$

1.12 $C + O_2 \rightarrow CO_2$

1.13 $2\,Zn + O_2 \rightarrow 2\,ZnO$

1.14 Endotherm

1.15 Als Wärme und als Licht

1.16 Bei einer exothermen Reaktion sind die Endprodukte energieärmer und deshalb stabiler als die Ausgangsstoffe.

---

2. 1 127

2. 2 102

2. 3

| Element | Ordnungszahl | Zahl der Protonen | Zahl der Elektronen | Zahl der Neutronen | Massenzahl |
|---|---|---|---|---|---|
| Kohlenstoff | 6 | 6 | 6 | 6 | 12 |
| Uran | 92 | 92 | 92 | 143 | 235 |
| Chlor | 17 | 17 | 17 | 18 | 35 |

2. 4 a) Eine negative Elementarladung
b) Eine positive Elementarladung

2. 5 Die Massenzahl dieses Cobaltatoms beträgt 60. Sein Kern enthält 27 Protonen und 60−27= 33 Neutronen.

2. 6 In der Anzahl der Neutronen

2. 7 92 Protonen, 143 Neutronen und 92 Elektronen

2. 8 $^1_1H$, $^2_1H$, $^3_1H$

2. 9 Aus einem Proton und einem Elektron

---

3. 1 a) 64 u, b) 98 u, c) 284 u, d) 63 u

3. 2 a) 16 u b) 32 u

3. 3 $6{,}02 \cdot 10^{23}$ Phosphoratome

3. 4 31 g

3. 5 $6{,}02 \cdot 10^{23}$ Schwefelsäuremoleküle

3. 6 98 g

3. 7 2 mol

3. 8 In 1 Molekül $CO_2$ 3 Atome, in 1 mol $CO_2$ folglich $3 \cdot 6{,}02 \cdot 10^{23}$ Atome

3. 9 73,3 g

3.10 58,3 g

3.11 40 %

---

4. 1 Schwefel: VI, Silicium: IV, Magnesium: II, Aluminium: III, Kalium: I, Neon: VIII, Kohlenstoff: IV

4. 2 Sie gehören zur gleichen Gruppe des PSE. Ihre Atome haben gleichviel Elektronen auf ihrer Außenschale.

4. 3 a) Brom, Chlor und Fluor, b) Neon, Xenon, Helium, c) Natrium und Kalium

4. 4 Gruppe VII, Periode 5

4. 5 55 Protonen, 55 Elektronen

4. 6 5 Außenelektronen

4. 7 Sauerstoff: 6, Neon: 8, Calcium: 2, Phosphor: 5

4. 8 a) Gleiche Zahl von Außenelektronen, b) gleiche Zahl von Elektronenschalen

4. 9 63,5 °C

4.10 16 Protonen und 16 Elektronen, die sich auf 3 Schalen verteilen. Elektronenanordnung: K-Schale 2 Elektronen, L-Schale 8 und M-Schale (Außenschale) 6 Elektronen.

---

5. 1 Durch die Zahl der Protonen im Kern: Chlorid-Ion 17 Protonen, Argonatom 18 Protonen

5. 2 Ionen

5. 3 Die gegenseitige Anziehung der positiv und negativ geladenen Ionen

5. 4 $K^+$ positiv einwertig, $Sr^{2+}$ positiv zweiwertig, $Br^-$ negativ einwertig, $S^{2-}$ negativ zweiwertig, $F^-$ negativ einwertig, $O^{2-}$ negativ zweiwertig

5. 5

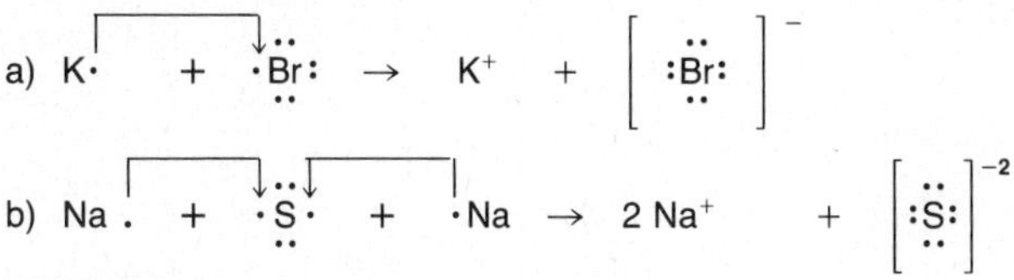

5. 6 a) Kaliumchlorid aus $K^+$- und $Cl^-$-Ionen
b) Magnesiumbromid aus $Mg^{2+}$- und $Br^-$-Ionen
c) Calciumoxid aus $Ca^{2+}$- und $O^{2-}$-Ionen

5. 7 Metalle bilden positive Ionen, Nichtmetalle negative Ionen.

5. 8 $CH_4$: Verbindung aus 2 Nichtmetallen: Atombindung
CaO: Verbindung aus Metall und Nichtmetall: Ionenbindung

5. 9 Aus Molekülen

5.10 Aus Ionen

5.11 Vierbindig

5.12 Ihre Elektronenschalen sind voll besetzt. Sie haben keine einfach besetzten Elektronenwolken.

5.13

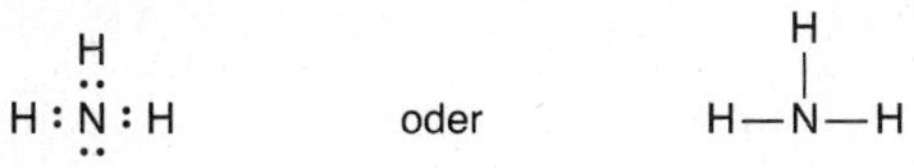

5.14 Wenn die an der Bindung beteiligten Atome das bindende Elektronenpaar unterschiedlich stark anziehen

5.15 Das H-Atom ist positiv polarisiert, das Cl-Atom negativ polarisiert

5.16 Wassermoleküle werden durch starke Wasserstoffbrücken zusammengehalten, die bei Schwefelwasserstoff fehlen.

5.17 Auf der Dipolnatur des Wassers. Mit ihrem positiven Ende ziehen die Wassermoleküle negative Ionen, mit ihrem negativen Ende positive Ionen an.

5.18 a) Ionenbindung: Elektronenübergang von einem Atom zum anderen,
b) Atombindung: Bildung gemeinsamer Elektronenpaare,
c) metallische Bindung: Abgabe von Elektronen, die im Metallgitter frei beweglich sind.

5.19 Auf den Gitterplätzen eines Metallkristalls sitzen positive Metall-Ionen, dazwischen leicht bewegliche Elektronen, die das Gitter zusammenhalten.

5.20 Durch die leichte Verschiebbarkeit der Elektronen des Elektronengases

6. 1 Von Metallatomen zu Nichtmetallatomen

6. 2 a) Calcium wird oxidiert, denn es gibt Elektronen ab,
b) das Oxidationsmittel ist Chlor, denn Chloratome entziehen den Calciumatomen Elektronen.

6. 3 Dem betreffenden Stoff werden Elektronen entzogen

6. 4 $\overset{+4}{S}\overset{-2}{O_2}$, $\overset{+6}{S}\overset{-2}{O_3}$, $\overset{-4}{C}\overset{+1}{H_4}$, $\overset{-3}{N}\overset{+1}{H_3}$, $\overset{+1}{Na}\overset{-1}{Cl}$

6. 5 a) $\overset{+2}{Cu}\overset{-2}{O}$ und $\overset{+1}{Cu_2}\overset{-2}{O}$

b) CuO: Kupfer(II)-oxid, $Cu_2O$: Kupfer(I)-oxid

6. 6 Von Zinkatomen auf Sauerstoffatomen

6. 7 $\overset{+1}{H_2}\overset{-2}{O} + \overset{+6}{S}\overset{-2}{O_3} \rightarrow \overset{+1}{H_2}\overset{+6}{S}\overset{-2}{O_4}$
Diese Reaktion ist keine Redoxreaktion, denn die Oxidationszahlen haben sich nicht geändert.

---

7. 1 Erhöhung der Temperatur, Erhöhung der Konzentration, Anwendung eines Katalysators

7. 2 Die Verbrennungsgeschwindigkeit hängt von der Sauerstoffkonzentration ab.

7. 3 Zerkleinertes Holz hat eine größere Oberfläche als ein kompakter Holzscheit gleicher Masse.

7. 4 Die Geschwindigkeit der Zersetzung wird durch Erniedrigung der Temperatur verringert.

7. 5 Bei hohen Temperaturen laufen chemische Reaktionen schneller ab als bei tieferen.

7. 6 16mal so schnell

---

8. 1 $H_3O^+$-Ionen

8. 2 $OH^-$-Ionen

8. 3 Durch Protonenübergang von Säuremolekülen auf Wassermoleküle

8. 4 Bei Protolysen Protonen, bei Redoxreaktionen Elektronen

8. 5 Eine starke Säure setzt sich mit Wasser fast vollständig um unter Bildung von $H_3O^+$-Ionen und Säureanionen, eine schwache Säure nur zu einem geringen Teil. Die Lösung enthält vorwiegend ungespaltene Säuremoleküle und nur wenig Hydronium-Ionen.

8. 6 Magensaft, Schweiß

8. 7 Alkalisch

8. 8 Lösung mit pH = 2

8. 9 Lösung mit pH = 13

8.10 $10^{-7}$ mol

8.11 pH = 4

8.12 $10^{-9}$ mol/l

8.13 Schwefelsäure ist sehr hygroskopisch und nimmt Wasserdampf aus der Luft auf.

8.14 Stets die Säure in Wasser einfließen lassen, nie umgekehrt.

8.15 Schwefelsäure kann 2 Protonen abgeben.

8.16 Das untersuchte Wasser enthält Sulfat-Ionen:
$Ba^{2+} + SO_4^{2-} \rightarrow BaSO_4 \downarrow$

8.17 $H_3O^+$-Ionen und $Cl^-$-Ionen

8.18 Es gehen Protonen von HCl-Molekülen auf $H_2O$-Moleküle über.

8.19 HCl-Moleküle können ihre Protonen nahezu vollständig an Wasser abgeben

8.20 Proben der drei Flüssigkeiten mit Lackmuspapier, Silbernitrat- und Bariumchlorid-Lösung prüfen

8.21 $HCO_3^-$-Ionen sind negativ einwertig, $CO_3^{2-}$ negativ zweiwertig.

8.22 Kalium: 1. Gruppe des PSE, Kalium-Ionen sind positiv einwertig, Calcium: 2. Gruppe des PSE, Calcium-Ionen sind positiv zweiwertig.

8.23 Kaliumhydrogencarbonat: $KHCO_3$
Kaliumcarbonat: $K_2CO_3$
Calciumhydrogencarbonat: $Ca(HCO_3)_2$
Calciumcarbonat: $CaCO_3$

8.24 $KH_2PO_4$: Kalium-dihydrogenphosphat
$MgHPO_4$: Magnesiumhydrogenphosphat
$AlPO_4$: Aluminiumphosphat

8.25 $Ca_3(PO_4)_2$
$Ca^{2+}$-Ionen tragen 2 positive Ladungen, $PO_4^{3-}$-Ionen 3 negative Ladungen. Die Ladungen müssen sich ausgleichen, folglich kommen auf 3 positiv zweiwertige Calcium-Ionen 2 negativ dreiwertige Phosphat-Ionen.

8.26 Stickstoff aus der Luft und Wasserstoff heute aus Erdöl/Erdgas, früher aus Wasser

8.27 Salpetersäure oxidiert Holz so energisch, daß es zur Selbstentzündung kommen kann. Aus Salpetersäure entsteht rotbraunes Stickstoffdioxid, $NO_2$, das sehr giftig ist.

8.28 $K_2CO_3$: Kaliumcarbonat, $Ca(NO_3)_2$: Calciumnitrat,
$CuSO_4$: Kupfersulfat, $(NH_4)_2SO_4$: Ammoniumsulfat, $NaNO_3$: Natriumnitrat

8.29 Ammoniumnitrat: $NH_4NO_3$, Magnesiumsulfat: $MgSO_4$,
Magnesiumnitrat: $Mg(NO_3)_2$

---

9. 1 $3\,NaOH + H_3PO_4 \rightarrow Na_3PO_4 + 3\,H_2O$

9. 2 $MgO + 2\,HCl \rightarrow MgCl_2 + H_2O$

9. 3 a) Durch Reaktion von Magnesium mit Salzsäure:
$Mg + 2\,HCl \rightarrow MgCl_2 + H_2$
b) Durch Reaktion von Magnesium mit Chlor:
$Mg + Cl_2 \rightarrow MgCl_2$

9. 4 a) $Zn(OH)_2 + H_2SO_4 \rightarrow ZnSO_4 + 2\,H_2O$
b) $ZnO + H_2SO_4 \rightarrow ZnSO_4 + H_2O$
c) $Zn + H_2SO_4 \rightarrow ZnSO_4 + H_2$

9. 5 Aluminiumnitrat, $Al(NO_3)_3$

9. 6 Stoffgleichung: $KOH + HNO_3 \rightarrow KNO_3 + H_2O$
Ionengleichung:
$K^+ + OH^- + H_3O^+ + NO_3^- \rightarrow K^+ + NO_3^- + 2\,H_2O$

9. 7 Weil die Carbonat-Ionen dem Wasser Protonen entziehen, dadurch Bildung von $OH^-$-Ionen, die die alkalische Reaktion der Lösung verursachen:
$CO_3^{2-} + H_2O \rightarrow HCO_3^- + OH^-$

9. 8 Die Ammonium-Ionen geben Protonen an Wassermoleküle ab, dadurch Bildung von Hydronium-Ionen, die die saure Reaktion der Lösung bewirken:
$NH_4^+ + H_2O \rightarrow NH_3 + H_3O^+$

---

10. 1 Alle organischen Verbindungen enthalten Kohlenstoff.

10. 2 Die Oxide des Kohlenstoffs, Kohlensäure und ihre Salze

10. 3 Kohlenstoff, Wasserstoff, Sauerstoff, Stickstoff

10. 4 Atombindung

---

11. 1 Eine Reihe von Verbindungen, deren Nachbarglieder sich um eine $CH_2$-Gruppe unterscheiden

11. 2 $C_{17}H_{36}$

11. 3 Nein, erst ab Butan

11. 4 n-Alkane haben unverzweigte Kohlenstoffketten, i-Alkane verzweigte.

11. 5 Sie haben gleiche Summenformel, aber die Atome sind unterschiedlich angeordnet.

11. 6 a) n-Butan: 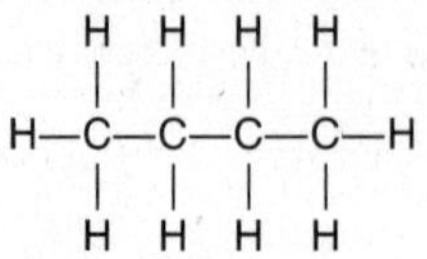 oder $CH_3—CH_2—CH_2—CH_3$

b) i-Butan: 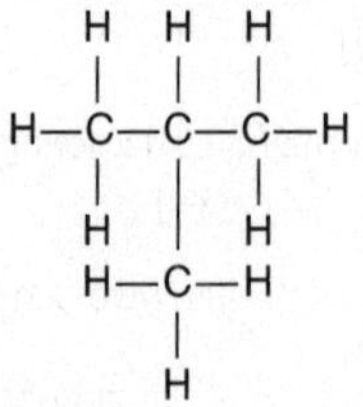 oder 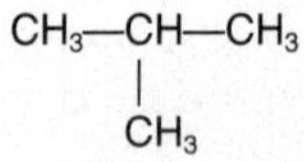

11. 7 Die Hauptkette wird von 6 C-Atomen gebildet. Daraus ergibt sich der Stammname -hexan. Am 2. C-Atom zweigt eine Methyl- und am 4. C-Atom eine Ethylgruppe ab. Deshalb lautet der systematische Name dieser Verbindung:
2-Methyl-4-ethyl-hexan

11. 8 a) 3-Methyl-pentan: 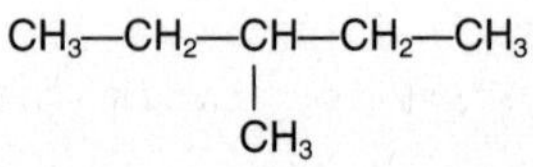

b) 2,2,4-Trimethyl-pentan: 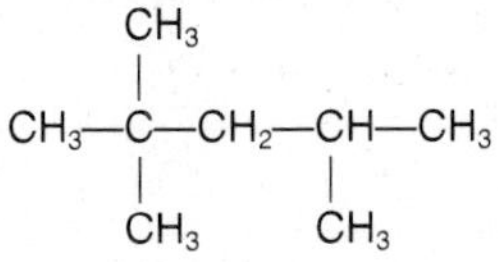

c) 2,4-Dimethyl-hexan: 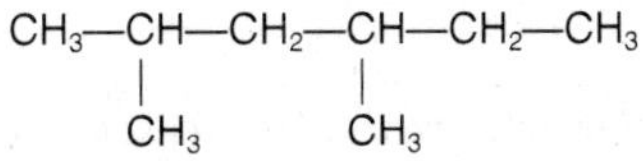

d) n-Oktan

11. 9 In beiden Fällen handelt es sich um 2-Methyl-butan. Die Numerierung der C-Atome der Hauptgruppe beginnt immer an dem Ende, das der Verzweigungsstelle am nächsten ist.

11.10 Zwischen den großen $C_{15}H_{32}$-Molekülen sind stärkere Anziehungskräfte wirksam als zwischen den kleineren Hexanmolekülen.

11.11 Je größer die Moleküle, um so höher die Siedepunkte. Dies ist auf zunehmende van-der-Waals-Kräfte zurückzuführen.

11.12 Die Alkanmoleküle sind unpolar. Sie können die starken Anziehungskräfte zwischen den polaren Wassermolekülen nicht überwinden. Sie lösen sich dagegen in anderen Kohlenwasserstoffen, weil diese auch unpolar sind. Unpolare Stoffe lösen sich in unpolaren Lösungsmitteln.

11.13 Polare Moleküle enthalten eine polare Atombindung. Sie haben ein positives und ein negatives Ende.

11.14 Zwischen den größeren Hexanmolekülen sind stärkere van-der-Waals-Kräfte wirksam als zwischen den kleineren Ethanmolekülen. Die Bewegungsenergie der Ethanmoleküle bei Raumtemperatur reicht nicht aus, um die gegenseitigen Anziehungskräfte zu überwinden.

11.15 a) $C_3H_8 + 5\,O_2 \rightarrow 3\,CO_2 + 4\,H_2O$
b) $C_5H_{12} + 8\,O_2 \rightarrow 5\,CO_2 + 6\,H_2O$

11.16 Cracken ist ein Spaltverfahren. Durch Cracken werden langkettige Moleküle in kleinere zerlegt.

11.17 Motortreibstoffe, Heizstoffe, Schmierstoffe, Ausgangsstoffe für die Petrochemie

11.18 Die Petrochemie ist ein Zweig der chemischen Großindustrie, der Chemikalien auf Erdöl- und Erdgasbasis herstellt.

11.19 Weil die zwischenmolekularen Anziehungskräfte im Dieselöl infolge größerer Moleküle stärker sind als im Benzin

11.20 Die Anziehungskräfte zwischen Alkan- und Wassermolekülen sind ganz gering. Die Wassermoleküle dagegen werden durch starke Wasserstoffbrücken zusammengehalten.

11.21 Funkenbildung an der Unterbrecherstelle, Gefahr einer Explosion des Benzin-Luftgemisches

11.22 Der Siedepunkt sinkt mit abnehmendem äußeren Druck und steigt mit zunehmendem Druck.

11.23 Im Vakuum siedet eine Flüssigkeit bei tieferen Temperaturen als bei normalem Luftdruck. Man braucht also nicht so hoch zu erhitzen und vermeidet dadurch Zersetzungen.

11.24 Um zu verhindern, daß mit dem Waschwasser Ölreste in den Boden bzw. in die Abwasserleitung gelangen

11.25 Substitution ist der Austausch eines Atoms in einem Molekül durch ein anderes Atom oder durch eine Atomgruppe.

11.26 s. Text

11.27 Durch die Beilsteinprobe

11.28 Gesättigte Kohlenwasserstoffe enthalten nur Einfachbindungen. Sie können daher keinen Wasserstoff mehr aufnehmen. Ungesättigte Kohlenwasserstoffe enthalten Doppel- oder Dreifachbindungen zwischen zwei C-Atomen. An die Mehrfachbindungen können Wasserstoff oder andere Stoffe angelagert werden.

11.29 Durch die Bromwasserprobe. Ungesättigte Verbindungen können Brom an die Mehrfachbindung anlagern. Sie entfärben daher Bromwasser.

11.30 Anlagerung von Wasserstoff an die Mehrfachbindung

11.31 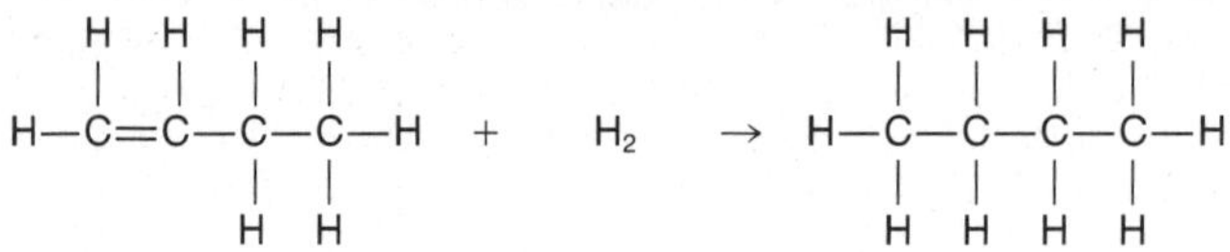

11.32 a) 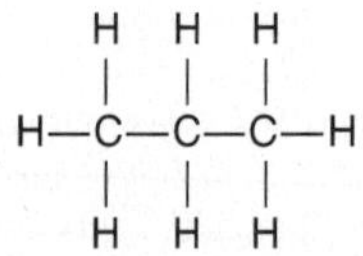 Propan, $C_3H_8$

b) 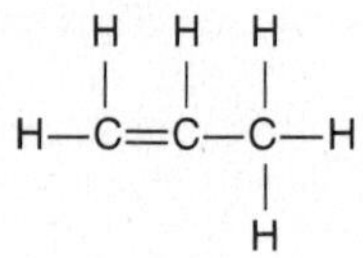 Propen, $C_3H_6$

c) 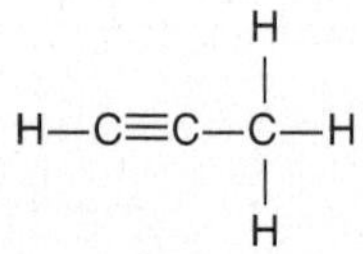 Propin, $C_3H_4$

11.33 a) $CH_2{=}CH_2 + Br_2 \rightarrow CH_2Br{-}CH_2Br$
b) $CH_3{-}CH_3 + Br_2 \rightarrow CH_3{-}CH_2Br + HBr$
a) Additionsreaktion b) Substitutionsreaktion

11.34 $CH_2{=}CH_2 + HCl \rightarrow CH_3{-}CH_2Cl$
Additionsreaktion Monochlorethan

11.35 a) Ethin, b) Propin, c) Butin-(1), d) Butin-(2)

11.36 Alipathische Kohlenwasserstoffe sind kettenförmige Verbindungen. Die C-Atome sind in Form einer Kette angeordnet. Bei ringförmigen oder cyclischen Kohlenwasserstoffen sind die C-Atome in Form eines Ringes gebunden.

11.37 Aromatische Verbindungen sind ringförmige Verbindungen mit dem besonderen ringförmigen Elektronensystem von Benzol.

11.38 Daß der relative Kohlenstoffgehalt hoch sein muß

11.39 a) 92,3 % b) 93,75 %

11.40 Ethen, Ethin, Benzol

11.41 Drei Isomere: 1,2,3-Trimethylbenzol, 1,2,4-Trimethylbenzol und 1,3,5-Trimethylbenzol

11.42 Als Zusatz zu Motortreibstoffen, als Fettlösungsmittel, als Ausgangsstoff zur Herstellung vieler Aromaten

11.43 a) Alken, b) Alkin, c) aromatischer Kohlenwasserstoff, d) Alkan

---

12. 1 $C_6H_{13}OH$

12. 2 Butanol-(2): $CH_3—CH_2—CH_2OH—CH_3$

12. 3 Funktionelle Gruppen sind Atomgruppen, von denen die charakteristischen Eigenschaften organischer Verbindungen abhängen.

12. 4 Die Moleküle der flüssigen Alkane werden nur durch van-der-Waals-Kräfte zusammengehalten, die der Alkanole durch van-der-Waals-Kräfte und zusätzlich durch Wasserstoffbrücken.

12. 5 Je stärker die Kräfte sind, die die Moleküle zusammenhalten, um so höher ist der Siedepunkt.

12. 6 Einwertiger Alkohol

12. 7 Einen Alkohol mit 6 OH-Gruppen

12. 8 a) Sie gibt an, daß sich die OH-Gruppe am 3. C-Atom befindet.

b) 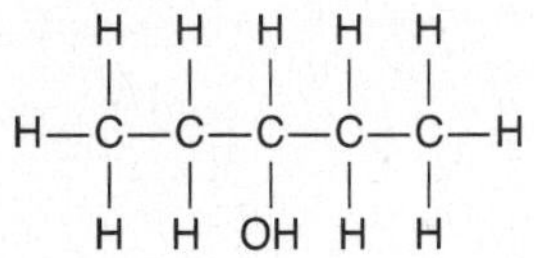

12. 9 Durch die Häufung der OH-Gruppen im Glycerinmolekül können sich viele Wasserstoffbrücken zwischen den Molekülen ausbilden. Glycerinmoleküle werden deshalb stärker zusammengehalten als Propanolmoleküle.

12.10 $C_3H_7CHO$

12.11 $CH_3CHO$

12.12 Bildung von Ethanol durch katalytische Anlagerung von Wasser an Ethen,
Bildung von Ethanal durch katalytische Oxidation von Ethen

12.13 $2\ CH_3—CH_2OH + O_2 \rightarrow 2\ CH_3—CHO + 2\ H_2O$

12.14 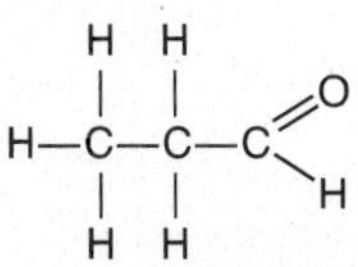 vereinfacht $CH_3—CH_2—CHO$

12.15 Ihrer größeren Molekülmasse wegen hat Palmitinsäure einen höheren Siedepunkt als Ethansäure.
b) Ethansäure ist wasserlöslich. In ihren kleinen Molekülen überwiegt die Wirkung der hydrophilen Carboxylgruppe. Palmitinsäure löst sich nicht in Wasser. In ihren großen Molekülen überwiegt die Wirkung der langen hydrophoben Kohlenwasserstoffkette.

12.16 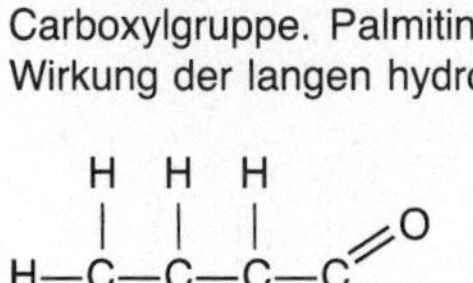 vereinfacht $CH_3—CH_2-CH_2—COOH$

12.17 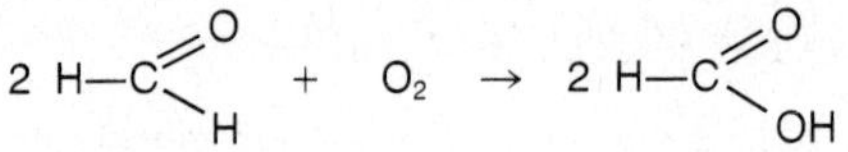

Methanal Methansäure

oder vereinfacht:

$2\ HCHO + O_2 \rightarrow 2\ HCOOH$
Methanal Methansäure

12.18 1.) Katalytische Oxidation von Ethen zu Ethanal: $CH_2{=}CH_2 + O_2 \rightarrow 2\ CH_3{-}CHO$ (Ethen → Ethanal)

2.) Weiteroxidation von Ethanal zu Ethansäure: $2\ CH_3CHO + O_2 \rightarrow 2\ CH_3COOH$ (Ethanal → Ethansäure)

12.19 Verschiedene Oxidationsstufen: Durch Oxidation von Methanol entsteht Methanal, durch Oxidation von Methanal Methansäure.

12.20 Hydroxyethansäure oder Milchsäure

12.21 Carboxylgruppe und Hydroxylgruppe

12.22
| | |
|---|---|
| Propan: | $CH_3{-}CH_2{-}CH_3$ |
| Propen: | $CH_3{-}CH{=}CH_2$ |
| Propin: | $CH_3{-}C{\equiv}CH$ |
| Propanal: | $CH_3{-}CH_2{-}CHO$ |
| Propenal: | $CH_2{=}CH{-}CHO$ |
| Propansäure: | $CH_3{-}CH_2{-}COOH$ |
| Propanon: | $CH_3{-}CO{-}CH_3$ |

---

13. 1 $HCO\,\boxed{OH + H}\,OC_2H_5 \rightarrow HCOOC_2H_5 + H_2O$
Methansäure Ethanol

13. 2 $CH_3CO\,\boxed{OH + H}\,OC_4H_9 \rightarrow CH_3COOC_4H_9 + H_2O$
Ethansäure Butanol

13. 3 a) Veresterung der Säure mit dem Alkanol
b) Die Schwefelsäure beschleunigt katalytisch die Esterbildung. Ohne Schwefelsäure würde die Reaktion sehr langsam verlaufen.

13. 4 Aus der OH-Gruppe der Carbonsäure

13. 5 Anlagerung von Brom an die Doppelbindungen der ungesättigten Fettsäuren

13. 6 Pflanzenöle sind Glycerinester, Mineralöle sind Kohlenwasserstoffe.

13. 7 Benzin ist ein Fettlösungsmittel. Die in Benzin enthaltenen Kohlenwasserstoffe sind lipophil.

13. 8 Anlagerung von Wasserstoff an die Doppelbindungen der ungesättigten Fettsäuren.

13. 9 In allen 3 Fällen Stearinsäure

13.10 $C_{17}H_{29}COOH + 3\ H_2 \rightarrow C_{17}H_{35}COOH$

13.11 Hydrophil = wasserliebend, hydrophob = wasserabweisend, lipophil = fettliebend

13.12 $C_{17}H_{33}COOH + NaOH \rightarrow C_{17}H_{33}COONa + H_2O$

13.13 Kalkseife

13.14 a) $C_{17}H_{35}COONa$ b) $(C_{17}H_{35}COO)_2Ca$

13.15 Wenn ihre Moleküle einen gemischt polar-unpolaren Bau aufweisen.

13.16 Wegen der hohen Oberflächenspannung des Wassers bleibt die Klammer auf der Wasseroberfläche liegen. Gibt man Seifenlösung dazu, so breiten sich die Seifenanionen auf der Wasseroberfläche aus. Dadurch wird die Oberflächenspannung verringert.

13.17 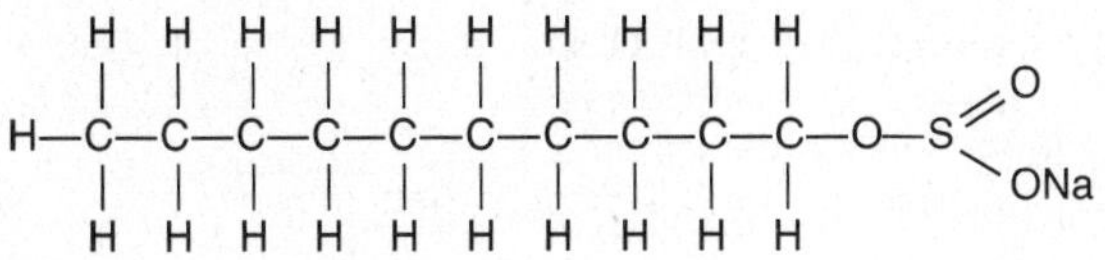

13.18 Durch die Umhüllung mit Seifenanionen sind die Tröpfchen alle gleichsinnig geladen und stoßen sich gegenseitig ab.

---

14. 1 1 Aldehydgruppe, 5 OH-Gruppen

14. 2 Wegen der zahlreichen hydrophilen OH-Gruppen. Diese bilden Wasserstoffbrücken zu den umgebenden Wassermolekülen.

14. 3 Durch das Vorhandensein der Aldehydgruppe

14. 4 Süßer Geschmack, gute Löslichkeit in Wasser, Bildung harter Kristalle.

14. 5 Das Disaccharid Saccharose wird unter Aufnahme von Wasser in Glucose und Fructose gespalten.

14. 6 Wegen der vielen OH-Gruppen bilden benachbarte Zuckermoleküle untereinander viele Wasserstoffbrücken. Die zwischenmolekularen Kräfte sind dadurch sehr groß.

14. 7 Jod färbt Stärke intensiv blau.

14. 8 Im Speichel sind stärkespaltende Enzyme (Amylasen) enthalten, die Stärke zu Maltose abbauen.

14. 9 Die Ursache ist ein Abbau der Stärke durch die Fruchtsäuren.

---

15. 1 Die Carboxylgruppe und die Aminogruppe

15. 2 Durch Verknüpfung der COOH-Gruppe von einem Aminosäuremolekül mit der $NH_2$-Gruppe eines zweiten Aminosäuremoleküls unter Abspaltung von Wasser:

$$\ldots\ \text{—CO}\ \boxed{\text{OH} + \text{H}}\ \text{NH—}\ \ldots \rightarrow \ldots\ \text{—CO—NH—}\ \ldots + H_2O$$

15. 3 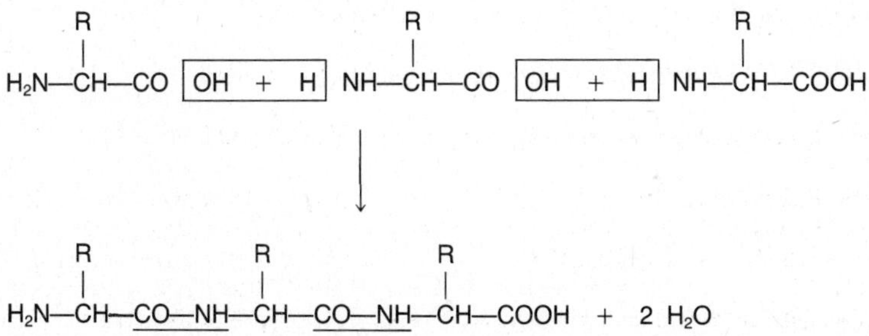

15. 4 Salpetersäure gibt mit den Proteinen der Haut die Xanthoproteinreaktion.

15. 5 Kohlenstoff, Wasserstoff, Sauerstoff, Stickstoff

15. 6 Vor allem durch die unterschiedliche Reihenfolge der Aminosäuren in der Peptidkette und durch die unterschiedliche räumliche Anordnung der Ketten

15. 7 6 Möglichkeiten: A—B—C; A—C—B; B—A—C; B—C—A; C—A—B; C—B—A

---

16. 1 Durch Cracken von Erdölfraktionen

16. 2

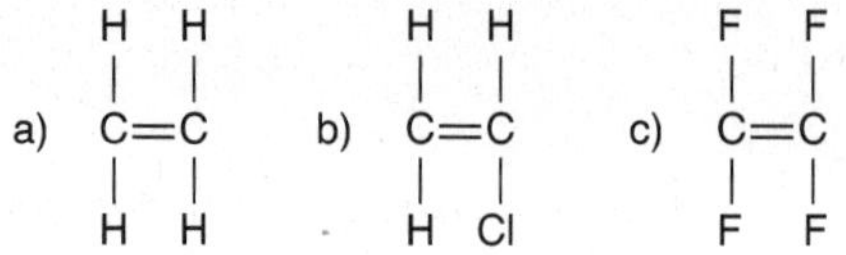

16. 3

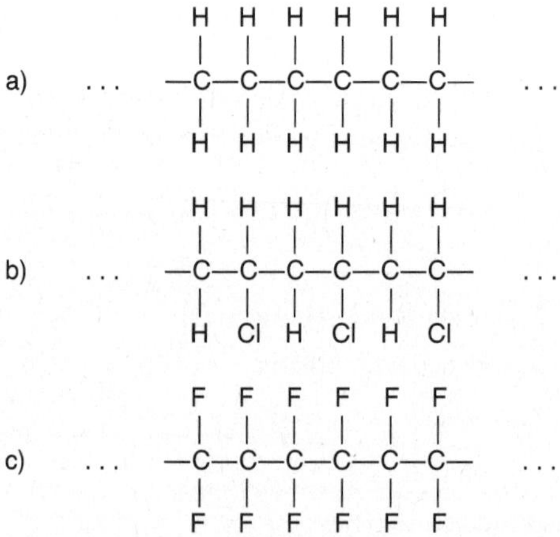

16. 4 Die Anziehungskräfte zwischen den Wassermolekülen untereinander sind sehr viel stärker als die Anziehungskräfte zwischen Wasser- und Polyethylenmolekülen.

16. 5 Sie bestehen aus fadenförmigen Makromolekülen, die untereinander nicht vernetzt sind.

16. 6 Peptidbindung

16. 7 Es fehlen wasserfreundliche Gruppen. Cellulosefasern dagegen besitzen viele hydrophile OH-Gruppen.

16. 8 Die vielen wasserfreundlichen OH-Gruppen der Cellulosemoleküle bewirken die starke Feuchtigkeitsaufnahme von Baumwollwäsche.

16. 9 Geringes Gewicht, geringer Preis, chemische Beständigkeit

16.10 Kunststoffe verrotten nicht. Beim Verbrennen entstehen z. T. aggressive Gase.

---

17. 1 Entfärben durch Oxidation oder Reduktion von Farbstoffen

17. 2 Viele farbige Flecke lassen sich durch Waschen allein nicht beseitigen. Sie lassen sich jedoch bleichen. Außerdem wird die Wäsche durch den von dem Bleichmittel abgegebenen Sauerstoff desinfiziert.

17. 3 Reduktion durch Koks, kathodische Reduktion

17. 4 Erze sind Gesteinsarten, die das betreffende Metall in einer solchen Konzentration enthalten, daß die Verhüttung lohnend ist.

17. 5 s. Text

17. 6 Stahl ist schmiedbares Eisen.

17. 7 Roheisen hat einen höheren Kohlenstoffgehalt als Stahl.

17. 8 Die Begleitstoffe des Roheisens werden oxidiert.

17. 9 An der Kathode werden Magnesium-Ionen durch Aufnahme von Elektronen zu metallischem Magnesium reduziert, an der Anode werden Chlorid-Ionen durch Abgabe von Elektronen zu Chlorgas oxidiert.

17.10 Durch Zusatz von anderen Metallen lassen sich die Eigenschaften eines Metalls günstig beeinflussen. Solche Mischungen nennt man Legierungen.

17.11 s. Text

17.12 Eisen überzieht sich mit einer bröckligen Rostschicht, die leicht abblättert. Die darunterliegende Metallschicht wird freigelegt und kann erneut korrodieren. Aluminium überzieht sich mit einer dichten, festhaftenden Oxidschicht, die das darunterliegende Metall schützt.

---

18. 1 Entwicklung von Gasen, die den Teig auftreiben

18. 2 Bildung von Ethanol und Kohlenstoffdioxid durch alkoholische Gärung

18. 3 Mit Iodlösung

18. 4 Schnelle Teigbereitung

---

19. 1 a) $Ca(HCO_3)_2$ und $Mg(HCO_3)_2$ b) $CaSO_4$

19. 2 Ein Mol $CaSO_4$ = (40+32+64) g = 136 g
Ein Millimol $CaSO_4$ = 0,136 g

19. 3 Vorwiegend aus Calciumcarbonat

19. 4 Polyphosphate binden Calcium- und Magnesium-Ionen zu löslichen Komplexen. Dadurch werden Kalkablagerungen verhindert.

19. 5 Die Filtermasse nimmt Calcium- und Magnesium-Ionen aus dem Wasser auf und gibt dafür Natrium-Ionen an das Wasser ab.

---

20. 1 Zur 4. Gruppe des Periodensystems gehören Kohlenstoff, Silicium, Germanium, Zinn, Blei.

20. 2 Natriumcarbonat (Soda), $CaCO_3$ (Kalk) und $SiO_2$ (Sand)

20. 3 Email ist ein Glas.

20. 4 Bei niedrigen Brenntemperaturen ist der Scherben nur wenig gesintert und deshalb porös, bei hohen Brenntemperaturen ist der Scherben stark gesintert und deshalb durch Verschluß der Poren dicht.

20. 5 Durch Eisenoxide

20. 6 Beim »Anmachen« des Zements bilden sich feine, lange Silicatkriställchen, die miteinander verfilzen.

21. 1 Die Pflanze nimmt mit den Wurzeln Ammonium- und Nitrat-Ionen aus dem Boden auf.

21. 2 Es müssen alle Nährstoffe im Boden ausreichend zur Verfügung stehen, ferner müssen die Pflanzen vor Schädlingen geschützt werden.

21. 3 Durch die Ernte werden dem Boden Nährstoffe entzogen.

21. 4 Schutz der Kulturpflanzen vor Schädlingen durch chemische Mittel

21. 6 Der Verbraucher kann selbst entscheiden, ob er behandelte Lebensmittel verzehren will.

---

22. 1 Z. B. durch Vermeiden von jeder Überdosierung von Wasch- und Reinigungsmitteln

22. 2 Z. B. durch Verzicht auf Kunststoff-Tragetaschen beim Einkauf

**Bildquellenverzeichnis**

Arbeitsgemeinschaft Kunststoffindustrie, Frankfurt/Main, Abb. 16.15
Bayer AG, Leverkusen, Abb. 10.10, 16.1, 16.5, 16.6, 16.7, 16.11, 16.12
I. A. Benckiser, Düsseldorf, Abb. 19.2, 19.3
Braun AG, Kronberg, Abb. 16.13
Braunschweiger Zucker AG, Wierthe, Abb. S. 8, rechts unten, Bild 4 und 5
CMA mbH, Bonn, Abb. Seite 8, rechts oben
Deutsche Presseagentur GmbH, Hamburg/Frankfurt, Abb. 1.1, 11.4, 11.6, 11.7, 22.2, 22.3, 22.4
Fissler GmbH, Idar-Oberstein, Abb. 16.2
Lurgi Gesellschaften, Frankfurt/Main, Abb. 8.5
Merck AG, Darmstadt, Abb. 8.4
Mobil Oil A.G., Hamburg, »Foto: Mobil«
Siemens-Elektrogeräte AG, München, Abb. 16.13
Thyssen AG, Duisburg, Abb. Seite 8, links oben und links unten

# Sachwortverzeichnis

## Tabelle der Elemente

| Element | Symbol | Ordnungszahl | Atommasse in u |
|---|---|---|---|
| Actinium | Ac | 89 | 227 |
| Aluminium | Al | 13 | 26.98154 |
| Americium | Am | 95 | 243 |
| Antimon | Sb | 51 | 121.75 |
| Argon | Ar | 18 | 39.948 |
| Arsen | As | 33 | 74.9216 |
| Astat | At | 85 | 210 |
| Barium | Ba | 56 | 137.34 |
| Berkelium | Bk | 97 | 247 |
| Beryllium | Be | 4 | 9.01218 |
| Bismut | Bi | 83 | 208.9808 |
| Blei | Pb | 82 | 207.2 |
| Bor | B | 5 | 10.81 |
| Brom | Br | 35 | 79.904 |
| Cadmium | Cd | 48 | 112.40 |
| Cäsium | Cs | 55 | 132.9054 |
| Calcium | Ca | 20 | 40.08 |
| Californium | Cf | 98 | 251. |
| Cer | Ce | 58 | 140.12 |
| Chlor | Cl | 17 | 35.453 |
| Chrom | Cr | 24 | 51.996 |
| Cobalt | Co | 27 | 58.9332 |
| Curium | Cm | 96 | 247 |
| Dysprosium | Dy | 66 | 162.50 |
| Einsteinium | Es | 99 | 254 |
| Eisen | Fe | 26 | 55.847 |
| Erbium | Er | 68 | 167.26 |
| Europium | Eu | 63 | 151.96 |
| Fermium | Fm | 100 | 257 |
| Fluor | F | 9 | 18.99840 |
| Francium | Fr | 87 | 223 |
| Gadolinium | Gd | 64 | 157.25 |
| Gallium | Ga | 31 | 69.72 |
| Germanium | Ge | 32 | 72.59 |
| Gold | Au | 79 | 196.9665 |
| Hafnium | Hf | 72 | 178.49 |
| Hahnium | Ha | 105 | 262 |
| Helium | He | 2 | 4.00260 |
| Holmium | Ho | 67 | 164.9304 |
| Indium | In | 49 | 114.82 |
| Iod | I | 53 | 126.9045 |
| Iridium | Ir | 77 | 192.22 |
| Kalium | K | 19 | 39.098 |
| Kohlenstoff | C | 6 | 12.011 |
| Krypton | Kr | 36 | 83.80 |
| Kupfer | Cu | 29 | 63.546 |
| Kurtschatovium | Ku | 104 | 261 |
| Lanthan | La | 57 | 138.9055 |
| Lawrencium | Lr | 103 | 257 |
| Lithium | Li | 3 | 6.941 |
| Lutetium | Lu | 71 | 174.97 |
| Magnesium | Mg | 12 | 24.305 |
| Mangan | Mn | 25 | 54.9380 |
| Mendelevium | Md | 101 | 256 |

| Element | Symbol | Ordnungszahl | Atommasse in u |
|---|---|---|---|
| Molybdän | Mo | 42 | 95.94 |
| Natrium | Na | 11 | 22.9898 |
| Neodym | Nd | 60 | 144.24 |
| Neon | Ne | 10 | 20.179 |
| Neptunium | Np | 93 | 237.0482 |
| Nickel | Ni | 28 | 58.71 |
| Niob | Nb | 41 | 92.9064 |
| Nobelium | No | 102 | 254 |
| Osmium | Os | 76 | 190.2 |
| Palladium | Pd | 46 | 106.4 |
| Phosphor | P+ | 15 | 30.97376 |
| Platin | Pt | 78 | 195.09 |
| Plutonium | Pu | 94 | 244 |
| Polonium | Po | 84 | 210 |
| Praseodym | Pr | 59 | 140.9077 |
| Promethium | Pm | 61 | 145 |
| Protactinium | Pa | 91 | 231.0359 |
| Quecksilber | Hg | 80 | 200.59 |
| Radium | Ra | 88 | 226.0254 |
| Radon | Rn | 86 | 222 |
| Rhenium | Re | 75 | 186.2 |
| Rhodium | Rh | 45 | 102.9055 |
| Rubidium | Rb | 37 | 85.4678 |
| Ruthenium | Ru | 44 | 101.07 |
| Samarium | Sm | 62 | 150.4 |
| Sauerstoff | O | 8 | 15.9994 |
| Scandium | Sc | 21 | 44.9559 |
| Schwefel | S | 16 | 32.06 a |
| Selen | Se | 34 | 78.96 |
| Silber | Ag | 47 | 107.868 |
| Silicium | Si | 14 | 28.086 |
| Stickstoff | N | 7 | 14.0067 |
| Strontium | Sr | 38 | 87.62 |
| Tantal | Ta | 73 | 180.9479 |
| Technetium | Tc | 43 | 98.9062 |
| Tellur | Te | 52 | 127.60 |
| Terbium | Tb | 65 | 158.9254 |
| Thallium | Tl | 81 | 204.37 |
| Thorium | Th | 90 | 232.0381 |
| Thulium | Tm | 69 | 168.9342 |
| Titan | Ti | 22 | 47.90 |
| Uran | U | 92 | 238.029 |
| Vanadin | V | 23 | 50.9414 |
| Wasserstoff | H | 1 | 1.0079 |
| Wolfram | W | 74 | 183.85 |
| Xenon | Xe | 54 | 131.30 |
| Ytterbium | Yb | 70 | 173.04 |
| Yttrium | Y | 39 | 88.9059 |
| Zink | Zn | 30 | 65.38 |
| Zinn | Sn | 50 | 118.69 |
| Zirkonium | Zr | 40 | 91.22 |

Die neuen Schreibweisen für die Namen der Elemente mit den Ordnungszahlen 27, 53 und 83 sind Cobalt (**Co**), Iod (**I**) und Bismut (**Bi**): Deutscher Zentralausschuß für Chemie »Internationale Regeln für die chemische Nomenklatur und Terminologie«.

# PERIODENSYSTEM DER ELEMENTE

| | Hauptgruppen I | Hauptgruppen II | Nebengruppen IIIa | IVa | Va | VIa | VIIa | VIIIa | VIIIa | VIIIa | Ia | IIa | Hauptgruppen III | IV | V | VI | VII | VIII |
|---|---|---|---|---|---|---|---|---|---|---|---|---|---|---|---|---|---|---|
| 1. Periode | 1 H Wasserstoff | | | | | | | | | | | | | | | | | 2 He Helium |
| 2. Periode | 3 Li Lithium | 4 Be Beryllium | | | | | | | | | | | 5 B Bor | 6 C Kohlenstoff | 7 N Stickstoff | 8 O Sauerstoff | 9 F Fluor | 10 Ne Neon |
| 3. Periode | 11 Na Natrium | 12 Mg Magnesium | | | | | | | | | | | 13 Al Aluminium | 14 Si Silizium | 15 P Phosphor | 16 S Schwefel | 17 Cl Chlor | 18 Ar Argon |
| 4. Periode | 19 K Kalium | 20 Ca Calcium | 21 Sc Scandium | 22 Ti Titan | 23 V Vanadium | 24 Cr Chrom | 25 Mn Mangan | 26 Fe Eisen | 27 Co Cobalt | 28 Ni Nickel | 29 Cu Kupfer | 30 Zn Zink | 31 Ga Gallium | 32 Ge Germanium | 33 As Arsen | 34 Se Selen | 35 Br Brom | 36 Kr Krypton |
| 5. Periode | 37 Rb Rubidium | 38 Sr Strontium | 39 Y Yttrium | 40 Zr Zirkon | 41 Nb Niob | 42 Mo Molybdän | 43 Tc Technetium | 44 Ru Ruthenium | 45 Rh Rhodium | 46 Pd Palladium | 47 Ag Silber | 48 Cd Cadmium | 49 In Indium | 50 Sn Zinn | 51 Sb Antimon | 52 Te Tellur | 53 I Iod | 54 Xe Xenon |
| 6. Periode | 55 Cs Cäsium | 56 Ba Barium | 57 La Lanthan × | 72 Hf Hafnium | 73 Ta Tantal | 74 W Wolfram | 75 Re Rhenium | 76 Os Osmium | 77 Ir Iridium | 78 Pt Platin | 79 Au Gold | 80 Hg Quecksilber | 81 Tl Thallium | 82 Pb Blei | 83 Bi Bismut | 84 Po Polonium | 85 At Astat | 86 Rn Radon |
| 7. Periode | 87 Fr Francium | 88 Ra Radium | 89 Ac Actinium ×× | 104 Ku Kurtschatovium | 105 Ha Hahnium | 106 | 107 | | | | | | | | | | | |

| | | | | | | | | | | | | | | |
|---|---|---|---|---|---|---|---|---|---|---|---|---|---|---|
| × | 58 Ce Cer | 59 Pr Praseodym | 60 Nd Neodym | 61 Pm Promethium | 62 Sm Samarium | 63 Eu Europium | 64 Gd Gadolinium | 65 Tb Terbium | 66 Dy Dysprosium | 67 Ho Holmium | 68 Er Erbium | 69 Tm Thulium | 70 Yb Ytterbium | 71 Lu Lutetium |
| ×× | 90 Th Thorium | 91 Pa Protactinium | 92 U Uran | 93 Np Neptunium | 94 Pu Plutonium | 95 Am Americium | 96 Cm Curium | 97 Bk Berkelium | 98 Cf Californium | 99 Es Einsteinium | 100 Fm Fermium | 101 Md Mendelevium | 102 No Nobelium | 103 Lr Lawrencium |

Die Namen für die Elemente 106 und 107 sind noch nicht festgelegt worden.